Kritische Würdigung

„... eine klare Erläuterung der Funktionsweise von Reaktoren auf der Basis von Thorium. Obligatorischer Lesestoff für alle, die an unserer Energiezukunft interessiert sind!"

Leon Cooper, Brown University Physiker und 1972 Gewinner des Nobelpreises für Supraleitung.

„... So einen Schatz an Information habe ich noch nie und nirgends gesehen habe. Äusserst informativ und voller Einsichten."

Steve Kirsch, San Jose. Unternehmer und Philanthrop

„Das Buch beschreibt die Hoffnung der Menschen auf eine nachhaltige und prosperierende Zukunft: Hochtemperaturreaktoren auf der Basis von Thorium. Der Stil ist klar und faktenbasiert und das Buch wird für alle hilfreich sein, der sich für unsere Energie-Entscheidungen interessieren.

Meredith Angwin, Direktor für Energie-Ausbildung am Ethan Allen Institute

„Robert Hargraves hat recht: wenn Kernenergie fossile Brennstoffe ersetzen soll, muss sie sicherer, sauberer und billiger werden – und die Thorium-Technik der nächsten Generation ist ein führender Kandidat für diese Zielsetzung. In seinem hervorragenden neuen Buch: „Thorium: billiger als Kohlestrom" bringt Hargraves überzeugende Argumente dafür, dass Thorium das Potential hat, eine Welt von 7 und bald 10 Milliarden Menschen mit Energie zu versorgen, Menschen, die sich danach sehnen ein modernes Leben zu führen in dem es an Energie nicht mangelt. Aber *Thorium* beschränkt sich nicht darauf, die Technik anzupreisen, sondern gibt eine detaillierte Beschreibung der schwierigen technischen Herausforderungen mit denen sie sich konfrontiert sieht und die kühnen Entscheidungen die es braucht, um diese Energietechnik, welche die Welt verändern kann, vorwärts zu bringen. Indem er darlegt, wie nachhaltige Entwicklung erreicht werden kann nicht indem man Energie verteuert, sondern verbilligt leistet Hargraves' *Thorium* einen wichtigen Dienst an der Gesellschaft."

THORIUM – BILLIGER ALS KOHLE-STROM

Ted Nordhaus und Michael Shellenberger, Mitbegründer des Breakthrough Institute, und Mitautoren von „Durchbruch: vom Ende der Umweltbewegung zur Politik der Möglichkeiten"

"Da unsere Energiezukunft essentiell wichtig ist kann ich dieses Buch jedermann empfehlen, der an diesem entscheidenden Thema interessiert ist."

George Olah, Nobelpreis 1994 für Kohlenstoffchemie

"Eine phantastische, Buch-füllende Beschreibung der Notwendigkeit einer Energielösung für dieses Jahrhundert. Der Leser wird zu den Vorzügen von Thorium, das in einem Bad von flüssigem Salz Energie erzeugt, herangeführt. Der Autor erklärt die technischen Grundlagen des Funktionierens dieses Reaktors und warum er Energie billiger produzieren kann als Kohle – heute die wichtigste Quelle elektrischer Energie. Dieses Buch wird für alle eine wertvolle Hilfe sein, welche diese bewiesene Technik aus dem Oak Ridge National Laboratory in Tennessee der 60er Jahre einer Wiedergeburt zuführen möchten, damit sie endlich angewendet wird und möglicherweise die entscheidende Rolle in der Energieversorgung im späteren 21. Jahrhundert spielen wird."

Ralph Moir, Physiker am Lawrence Livermore Laboratory im Ruhestand, Experte in Fusion Flüssigsalz-Reaktoren

„Alles, was Robert Hargraves schreibt, ist lesenswert, aber dieses Buch ist obligatorischer Lesestoff. Es vernichtet alle Argumente gegen Kernenergie. Lest dieses Buch und versteht, wie wir alle einer Gehirnwäsche durch die fossile Industrie unterzogen wurden. Es gibt keinen real existierenden Ersatz für Kernenergie und Hargraves zeigt uns, wie sauber sie sein kann.

Reese Palley, Autor: „THE ANSWER: Why Only Inherently Safe Mini Nuclear Power Plants Can Save The World"

THORIUM
billiger als Kohle-Strom

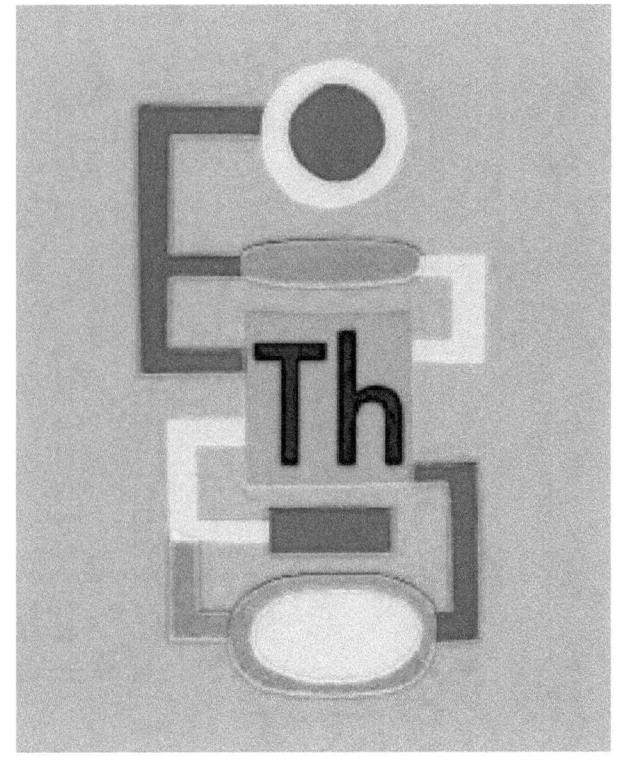

Robert Hargraves

Robert Hargraves hat über den Flüssigfluorid Thorium-Reaktor Artikel geschrieben und Vorträge gehalten und gezeigt, wie diese Energiequelle, die billiger ist als Kohle, die einzige realistische Art ist, wie alle Länder davon abgehalten werden können fossile Brennstoffe zu verbrennen.

Seine Präsentation „Aim High" (Hoch zielen!) über die Technik und den gesellschaftlichen Nutzen des Flüssigfluorid Thorium-Reaktors hat er in Dartmouth, an der Thayer School of Engineering, der Brown University, dem Columbia Earth Institute, am Williams College, der Royal Institution, der Thorium Energy Alliance, der International Thorium Energy Association, Google, der American Nuclear Society, and dem Presidents Blue Ribbon Commission of America's Nuclear Future vorgeführt.

Zusammen mit Ralph Moir hat er Artikel für das „American Physical Society Forum on Physics and Society" geschrieben: „Liquid Fuel Nuclear Reactors" (Januar 2011) sowie im „American Scientist": „Liquid Fluoride Thorium Reactors (Juli 2010).

Robert Hargraves ist Studienleiter für Energiepolitik am Dartmouth ILEAD. Er war Informationschef bei der Firma Boston Scientific Corporation und zuvor Berater von Arthur D. Little. Während er am Dartmouth College Assistenzprofessor für Mathematik und stellvertretender Direktor des Rechenzentrums war, gründete er eine Software-Firma, DTSS Inc.

Er schloss seine Studien an der Brown University 1967 mit einem PhD in Physik und am Dartmouth College 1961 mit einem Master in Physik und Mathematik.

Website: http://www.thoriumenergycheaperthancoal.com

Entwurf und graphische Abstraktion des Flüssigfluorid Thorium-Reaktors auf dem Titelblatt von Suzanne Hobbs Baker von Pop-Atomic Studios http://www.popatomic.org/ 20130313

Deutsch von Simon Aegerter

Kapitel

1 Einleitung: Eine Einführung in die globale Krise im Zusammenhang mit dem Klima und den Ressourcen und die Möglichkeiten für gute Lösungen.

2 Energie und Zivilisation: Über den Zusammenhang zwischen Energie, Leben und menschlicher Zivilisation. Ein wenig Energie-Wissenschaft, die Abhängigkeit des Lebens von Energieflüssen, der Fortschritt der Zivilisation mit der Energie der Industriellen Revolution und die Krise des 21sten Jahrhunderts mit dem Klimawandel und dem Energieverbrauch.

3 Unsere Welt ist nicht nachhaltig: Der Klimawandel und seine erschreckenden Auswirkungen auf Wasser, Landwirtschaft, Nahrung, und Zivilisation; das Schwinden der wirtschaftlichen Ölreserven, die tödliche Luftverschmutzung wegen des Verbrennens von Kohle, den zunehmenden Wettbewerb um Ressourcen wegen der wachsenden Bevölkerung und die Lösung mit einer neuen Energietechnik, die billiger ist als Kohle.

4 Energiequellen: Die Charakteristik und Kosten der gängigen und künftigen Energiequellen: Kohle, Öl, Erdgas, Wasserkraft, Solarenergie, Wind, Biomasse und Kernenergie.

5 Der Flüssigfluorid Thorium-Reaktor (LFTR): Die Geschichte und das technische Prinzip des Flüssigfluorid Thorium-Reaktors, die Flüssigsalz-Reaktoren im Oak Ridge National Laboratory, Thorium, der LFTR, der DMSR, Kraftwerkbauer und mögliche Anwärter für billigere Energie als aus Kohle.

6 Sicherheit: Die Sicherheit der Flüssigsalz-Reaktoren, Vergleiche mit alternativen Energiequellen, Strahlen-Risiko, Müll, Waffen und Angst.

7 Eine nachhaltige Welt: Der Umweltnutzen von Thorium-Energie, die billiger ist als Kohle: weniger CO_2-Emissionen, weniger Ölverbrauch, sythetische Treibstoffe, Wasserstoff, Wasserversorgung, Meerwasserentsalzung.

8 Energiepolitik: Die gegenwärtige Konfusion, Versagen des Klimaschutzes, Subventionsunwesen; Empfehlungen und Aufruf.

GLOSSAR

Aktiniden:	Elemente mit einer Atom-Zahl > 89 (Actinium)
BTU:	Energieeinheit (British Thermal Unit); 3412 BTU = 1 kWh Energie
BWR:	Siedewasserreaktor (Boiling Water Reactor), LWR mit ~60 Bar Druck
C:	Celsius
CANDU:	Kanadischer Schwerwasser-Reaktor (Canadian deuterium uranium reactor)
CCGT:	Gas- und Dampfturbine, auch GuD (combined cycle gas turbine)
DMSR:	Denaturierter Flüssigsalz-Reaktor (denatured molten salt reactor) enthält U-238
DOE:	US Energieministerium (Department of Energy)
EIA:	Energie-Informations-Agentur des DOE
Flibe:	Fluorid-Salze von Lithium und Beryllium
FHR:	Hochtemperatur Fluorid-Reaktor
G:	Giga, Präfix, bedeutet 1,000,000,000 (Milliarde)
GDP:	Brutoinlandprodukt, BIP, der Wert der in einem Land pro Jahr produzierten Güter und Dienstleistungen (gross domestic product)
Gt:	Gigatonne, 1,000,000,000 Tonnen
GW:	Gigawatt, 1,000,000,000 Watt
GWa:	Gigawattjahr
ha:	Hektare, 10'000 Quadratmeter

THORIUM – BILLIGER ALS KOHLE-STROM

HEU: Hochangereichertes Uran (highly enriched uranium), über 20% U-235 oder 12% U-233

INL: Idaho National Laboratory

J: Joule, Energieeinheit = 1 Wattsekunde

K: Kelvin, Temperatureinheit, C über dem absoluten Nullpunkt, K = °C + 273

k: Kilo, Präfix, bedeutet 1,000 (Tausend)

kW: Kilowatt, 1,000 Watt, = 3412 BTU

kWh: Kilowatt-Stunde, die Energie von 1 kW fliesst eine Stunde lang

LEU: Leicht angereichertes Uran (low enrichment uranium), weniger als 20% U-235 oder 12% U-233

LFTR: Flüssigfluorid Thorium-Reaktor (liquid fluoride thorium reactor)

LMFBR: Mit Flüssigmetall gekühlter schneller Brüter (Liquid Metal Fast Breeder Reactor)

LNT: Linear, kein Schwellenwert (linear no threshold), ein Modell für die Wirkung ionisierender Strahlung

LWR: Leichtwasser-Reaktor (light water reactor), ein Kernreaktor, der mit gewöhnlichem Wasser gekühlt wird

M: Mega, Präfix, bedeutet 1,000,000 (Million)

Mt: Megatonne

MSR: Flüssigsalzreaktor (molten salt reactor)

MW: Megawatt, 1,000,000 Watt

MW(e):   MW elektrische Leistung

MW(th):   MW Wärmeleistung

NGCT: Erdgas-Turbine (natural gas combustion turbine)

GLOSSAR

OECD:	Organisation für wirtschaftliche Zusammenarbeit und Entwicklung (Organization for Economic Cooperation and Development)
ORNL:	Oak Ridge National Laboratory
PB-AHTR:	Fortgeschrittener Hochtemperatur Kugelhaufen-Reaktor (pebble bed advanced high-temperature reactor)
PWR:	Druckwasser-Reaktor, LWR mit ~160 Bar Druck
quad:	1 Billiarde (amerikanisch: quadrillion) BTUs
RBMK:	Russischer graphitmoderierter Hochleistungsreaktor
rem:	„Roentgen equivalent man" eine veraltete Dosiseinheit für Strahlung, entspricht 0.01 Sv,
Sv:	Sievert, absorbierte Energie pro Kilogramm Lebendmasse in Joule.
T:	Tera, Präfix, bedeutet 1,000,000,000,000 (Billion)
t:	Tonne, 1000 Kilogramm
TCF:	Billion Kubikfuss (amerikanisch: trillion) 1 TCF Erdgas enthält 1 quad
Transuran:	ein Element mit einer Atom-Zahl höher als 92 (Uran)
W:	Watt, eine Einheit der Leistung

VORWORT

THORIUM ist der Name eines schweren metallischen Elements, das reichlich Energie spenden kann, aber Thorium ist nur ein Teil der Geschichte. Die Schlüsseltechnologie ist der *Flüssigsalz-Reaktor*, der einen Kernbrennstoff in flüssiger Form ermöglicht, was Kosten senkt und Strom produziert der billiger ist als Kohlestrom.

Der Untertitel, **billiger als Kohle-Strom**, weist auf die Grundidee hin, dass Wirtschaftlichkeit und Innovation die Voraussetzungen sind, Kohle als Quelle elektrischer Energie zu ersetzen. Damit noch mehr CO_2-Emissionen verhindert werden können, muss Thorium-Energie sogar billiger sein als Erdgas. Als wirtschaftlich nachhaltige und saubere Energie muss Thorium-Energie auch billiger sein als Wind-, Solar- und Biomasse-Energie.

Ich habe Mathematik und Physik studiert und verbrachte meine professionelle Karriere in der Informationstechnik. Nach meinem Rückzug aus dem Berufsleben nach Hannover (New Hampshire) begann ich mich für die weltweite Energie- und Klimakrise zu interessieren. Ich kam zum Schluss, dass die Kernenergie als Lösung dieser schwierigen Probleme zu sehr vernachlässigt wird. Darum begann ich, Vorträge über neuartige Kernreaktoren zu halten, auch über den Kugelhaufenreaktor.

Mit dem Aufkommen der Umweltbewegung und dem steigenden Interesse der Leute an erneuerbarer Energie, beschloss ich, mehr darüber zu lernen. Während vier Jahren hielt ich am Dartmouth College im Rahmen eines Programms für lebenslanges Lernen eine Vorlesung mit dem Thema: *„Energiepolitik und Umweltentscheidungen: Ein neuer Blick auf die Kernenergie"*. Dabei verglich ich fossile Brennstoffe, erneuerbare Energiequellen und Kernenergie. Anschliessend veranstaltete ich eine „Energie-Safari" während der die Teilnehmer Gelegenheit hatten verschiedene Kraftwerke zu studieren und zu besichtigen: Solare, Wind-, Biomasse-, Kohle-, Wasser-, Erdgas- und Kernkraftwerke.

Bei der Vorbereitung dieser Kurse stiess ich auf verschiedene neuartige Nukleartechnologien, die nicht allgemein bekannt sind. Von all diesen schien mir der Flüssigsalz-Reaktor am ehesten in der Lage zu sein, Strom billiger zu produzieren als aus Kohle. Dieser Flüssigsalz-Reaktor kann die verschiedensten Kernbrennstoffe nutzen wie Uran, Thorium, Plutonium und die Abfälle der konventionellen Kernkraftwerke. Vom *„Energy from Thorium"* Blog und Forum lernte ich mehr über der Flüssigfluorid Thorium-Reaktor (LFTR) und trage seither ab und zu mit einem kurzen Artikel dazu bei.

Es wurde mir klar, dass die Länder der Welt niemals Kohlensteuern erheben würden, die ihre Volkswirtschaften benachteiligen würden und dass nur eine wirtschaftlich überlegene Technik die fossilen Brennstoffe verdrängen kann. Wenn wir eine bessere und billigere Technik anbieten können wird es im Eigeninteresse eines jeden Landes liegen, ihre Kohlekraftwerke stillzulegen.

Ich wurde ein Befürworter des LFTR und hielt meinen Vortrag „Hohe Ziele setzen!" viele Male. Darin plädiere ich dafür, nicht nur einen besseren Kernreaktor zu entwickeln, sondern einen, der Kohlestrom unterbieten kann, der sich zur Massenproduktion eignet und der überall auf der Welt sicher betrieben werden kann, um die CO_2-Emissionen zu stoppen. Zusammen mit Ralph Moir schrieb ich einen Artikel in der Zeitschrift „American Scientist" vom Juli/August 2010 *„Liquid Fluoride Thorium Reactors"* und im Newsletter der Amerikanischen Physikalischen Gesellschaft *„Liquid Fuel Nuclear Reactors"*.

Seit diese Artikel erschienen sind, wurden ein halbes Dutzend Projekte gestartet um einen Flüssigfluorid Thorium-Reaktor zu entwickeln, einige privat andere öffentlich mit insgesamt hunderten von Millionen an zugesagten Mitteln. Die Regierung der Vereinigten Staaten ist weiterhin kaum interessiert.

Die Zahlen in diesem Buch sind gerundet, so dass sie leichter zu merken sind und sich für rasche Überschlagsrechnungen eignen die oft eine Beurteilung von Aussagen zur Energiedebatte erlauben. Kostenschätzungen sind grobe Annäherungen, die vergleichbare Zahlen als Grundlage für politische Entscheidungen liefern. Für weitere Lektüre sind die Referenzen mit Seitenbezug nach dem letzten Kapitel angeführt und ausserdem abrufbar auf:

http://www.thoriumenergycheaperthancoal.com.

VORWORT DES ÜBERSETZERS

Als ich auf Hargraves Buch stiess war ich sofort begeistert. Es enthält all die Information, die zeigt, wie unrealistisch und wirtschaftsfeindlich – und damit letztlich menschenfeindlich – die „Energiewenden" in Deutschland und der Schweiz sind. Es sind Informationen, die man im Deutschen Sprachraum kaum findet. Darum habe ich entschieden, dass dieses Buch als Argumentarium in die Hände derjenigen gehört, die darum kämpfen, diese unselige Energiewende abzuwenden. Als Physiker, ehemaliger wissenschaftlicher Mitarbeiter von Hans Oeschger und Willard F. Libby, früherer Chef-Physiker in der Schweizer Armee und langjähriger Kämpfer für eine objektive Information der Öffentlichkeit über die Vor- und Nachteile aller Energieträger habe ich die Übersetzung gleich selbst an die Hand genommen.

Schon Konfuzius hat darauf hingewiesen, dass die Sprache stimmen muss, wenn die Verständigung klappen soll.

Gegen diesen Grundsatz sündigen wir in der deutschen Sprache bei allem, was man im Englischen „nuclear" nennt. Besonders, wenn es um „nuclear power" geht. Wer dafür ist, spricht von Kernkraftwerken, wer dagegen ist, von Atomkraftwerken; tönt halt irgendwie gefährlicher. Bei der Übersetzung von Hargraves' Text habe ich versucht, mich diesem sprachlichen Wirrwar zu entziehen.

„Nuclear Power" heisst darum konsequent „Kernenergie", nicht „Atomenergie" und nicht „Kernkraft". Dass „Powerplant" auf Deutsch „Kraftwerk" heisst, ist unglücklich, aber das lässt sich nicht ändern. Wörtlich müsste es „Leistungswerk" heissen. In einem Kernkraftwerk wird Energie erzeugt, Kernenergie. Wobei auch da ein Kompromiss drin steckt: Energie kann man nicht erzeugen; man kann sie nur von einer Art in eine andere umwandeln. Genau genommen wird also in einem Kernkraftwerk Kernenergie in Wärmeenergie umgewandelt. Kompliziert! Ich bleibe darum beim falschen, aber umgangssprachlich verständlichen „erzeugen".

Eine weitere Inkonsequenz führt zu Verwirrung: Bei einem GAU (Grössten Anzunehmenden Unfall) findet eine Kernschmelze statt. Heisst es deshalb „*Kern*kraftwerk"? Natürlich nicht! Das was schmilzt, heisst auf Englisch „core" was normaler- und fälschlicherweise genau wie „nucleus" mit „Kern" übersetzt wird. Dabei ist das Wort „core" etymologisch das „Herz" des Reaktors. Diese Unterscheidung in die Deutsche Sprache einzuführen, traue ich mir nicht zu. Aber ich werde das Wort „Kern" in diesem Zusammenhang vermeiden. Ich verwende stattdessen das Original: „Core". In diesem Buch findet also keine Kernschmelze statt; allenfalls eine Core-Schmelze.

Hargraves schreibt einen ausserordentlich dichten Stil, der so kaum auf Deutsch übertragen werden kann. Ich habe mich bemüht, seinen Duktus so weit wie möglich zu emulieren, aber nur soweit, dass der Text verständlich bleibt.

Abgesehen von den universell gültigen physikalischen und technischen Grundlagen bezieht sich das Buch auf US-amerikanische Verhältnisse. Dort, wo diese von den Unsrigen allzu stark abweichen, habe ich mir die eine oder andere „Anmerkung des Übersetzers" erlaubt.

Man möge mir nördlich und östlich des Rheins allfällige Helvetizismen nachsehen.

Wollerau, Schweiz, im März 2014   Simon Aegerter, Dr. phil. nat.

simon@aegerter.net
www.kaltduschenmitdoris.ch

1 Einleitung

Die Geschichte vom Feuer

Stellen Sie sich vor: Sie sind ein Höhlenmensch auf dem Heimweg. Sie tragen einen Stock der brennt, eine Fackel.

Fragt da einer: was ist das?

Ich nenne es Feuer.

Wozu ist es gut?

Oh – zu vielem! Es wärmt. Es kocht das Essen und es verscheucht die bösen Tiere.

Und was ist mit dem Müll?

Nun, solange wir die Höhle gut lüften, sollte es in Ordnung sein und man soll es nicht berühren und ihm nicht zu nahe kommen; so ist das Feuer für uns richtig nützlich.

Ach, ich weiss nicht. Mir gefällt dieses neumodische Zeug nicht. Ich schlaf heut Nacht lieber draussen in der Savanne. Ich will nicht in der gleichen Höhle sein wie dieses schreckliche Feuer.

Und in dieser Nacht hat ihn der Säbelzahntiger aufgefressen. Der Kerl mit dem Feuer aber hat sich fortgepflanzt. Seine Nachkommen nutzen das Feuer und so weiter. Bald nutzte die ganze Menschheit das Feuer, denn alle, die das nicht taten, starben aus. Gesellschaften, die Energie effizient nutzen, sind erfolgreich. Die andern verschwinden. Zu welchen wollen wir gehören?

Kirk Sorensen, in "The Good Reactor movie trailer"

ERSTAUNLICHER NUTZEN DER KERNENERGIE

"... wir wollen nie vergessen, welch erstaunlichen Nutzen die Kerntechnik in unser Leben gebracht hat. Kerntechnik macht unsere Nahrung sicher. Sie verhindert Krankheiten in den Entwicklungsländern. Sie ist die high-tech Medizin, die Krebs heilt und neue Behandlungen erfindet. Und, natürlich, es ist die Energie – die saubere Energie – die hilft, die Kohlenstoffverschmutzung zu vermindern, die dazu beiträgt, unser Klima zu verändern."

US Präsident Barack Obama 26. März, 2012

ENERGIE- UND UMWELTFRAGEN SIND DRÄNGEND

ABER ES GIBT GUTE LÖSUNGEN

Der Klimawandel schadet uns allen.

Der CO_2-Gehalt der Atmosphäre steigt, weil wir fossile Brennstoffe verbrennen. Die Wissenschaftler sind sich einig, dass deswegen die Temperatur der Erde steigt, das Wetter und das Klima sich ändern, der Meeresspiegel steigt und das Meer versauert. Dadurch kann die Nahrungskette unterbrochen werden, und Gletscher, die uns bisher mit Wasser zum Bewässern der Felder versorgt haben, schmelzen,.

> Doch fortgeschrittene Kernkraftwerke können Energie im Überfluss liefern ohne CO_2-Emission und damit den Klimawandel stoppen.

Die wachsende Bevölkerung belastet die natürlichen Ressourcen.

Es wird erwartet, dass die Weltbevölkerung auf 9 Milliarden Menschen steigen wird, die alle auf die schwindenden Ressourcen angewiesen sind – Trinkwasser, Öl, Landwirtschaftsland, und Nahrung. Die Bevölkerung wächst am schnellsten in den ärmsten Ländern, wo die Menschen zwar jung an Krankheiten, Hunger und Krieg sterben, wo aber am meisten Kinder auf die Welt kommen.

> Doch bezahlbare, zuverlässige Stromversorgung ist der Schlüssel zum Wohlstand in den Entwicklungsländern. Eine Grundversorgung mit Elektrizität führt zu bescheidenem Wohlstand und gibt den Frauen mehr Zeit, etwas zu lernen, zu arbeiten und unabhängig zu werden. So können sie selbst über Familienplanung entscheiden und die Bevölkerung stabilisieren.

Billiges Öl geht zu Ende.

Die Weltwirtschaft ist auf Öl für Treibstoffe angewiesen. Weil die konventionellen Vorräte schwinden, halten wir die Versorgung aufrecht, indem wir tiefer bohren, in schwierigerem Gelände, schwere Öle raffinieren und Teer-Sand abbauen, all das zu immer höheren Kosten und immer höheren CO_2-Emissionen.

Doch, wenn wir kleine Fahrzeuge mit Elektrizität aus Kernkraftwerken antreiben, verringern wir die Ölabhängigkeit und Hochtemperaturreaktoren können synthetische flüssige Treibstoffe herstellen.

Luftverschmutzung tötet Millionen.

Russ aus der Verbrennung von Kohle führt zu Erkrankungen der Atemwege an denen jedes Jahr tausende in den USA sterben, hunderttausende in China und eine Million weltweit.

Doch Kernkraftwerke machen keinen Russ.

Energiemangel führt zu Konflikten.

Nationen benötigen Versorgungssicherheit für Frieden und Stabilität. Japan ist von Importen von Flüssiggas abhängig, die USA von Erdöl, Frankreich braucht Uran. Nachschubprobleme können Volkswirtschaften ruinieren.

Doch jedes Land hat genügend eigene Thorium-Vorräte, um seine Energieversorgung zu sichern.

Kohlesteuern fördern die Auseinandersetzung zwischen Arm und Reich.

Zehntausende nahmen an den Klimakonferenzen von Kyoto, Kopenhagen, Tianjin, Cancún, Bangkok, Bonn, Panama, Durban und Bali teil, ohne eine Einigung über eine Kohlesteuer zu erzielen, die eine Reduktion der CO_2-Emissionen bewirken sollte.

Doch fortgeschrittene Kernkraftwerke können die Welt mit Energie versorgen, ohne dass Arm und Reich über Abgaben, die das Wirtschaftswachstum behindern, streiten müssen,.

Teureres Essen macht nicht satter, die Armen schon gar nicht.

Unterernährung ist die wichtigste Todesursache in einer Weltbevölkerung, die von 7 auf 9 Milliarden wächst. Die Preise für Nahrungsmittel werden für viele unerschwinglich, wenn mehr und mehr Land für die Produktion von Biotreibstoff wie Äthanol aus Mais verwendet wird.

Doch fortgeschrittene Hochtemperaturreaktoren können den Wirkungsgrad der Umwandlung von Biomasse in Biotreibstoffe massiv verbessern, indem aller Kohlenstoff in Benzin umgewandelt wird.

EINE MARKTGERECHTE LÖSUNG FÜR UNSERE UMWELT

Wir können unsere globale Energie- und Umweltkrise auf einfache Art lösen – durch technische Innovation und Marktwirtschaft. Wir brauchen eine bahnbrechende Technologie – Energie, die billiger ist als Kohlestrom. Wenn wir der ganzen Welt die Möglichkeit bieten, Energie so billig zu produzieren, wird die Welt aufhören, Kohle zu verbrennen.

So einfach ist das. Verlassen wir uns auf das wirtschaftliche Eigeninteresse von 7 Milliarden Leuten in 250 Ländern, das sie dazu bringt, billige, umweltfreundliche Energie zu wählen.

Energie ist etwa 7% der Wirtschaft. Wir, und insbesondere die Entwicklungsländer, können es uns nicht leisten, viel mehr dafür zu bezahlen. Die Umweltschützer empfehlen uns, statt fossile Energie Sonne und Wind als Energiequellen zu nutzen, ohne zu sehen, dass diese 3- bis 4-mal teurer sind! Globaler Wohlstand setzt niedrige Energiekosten voraus, nicht höhere Kosten durch Steuern und Abgaben und teure Energiequellen.

THORIUM billiger als Kohlstrom fordert, die Kosten für saubere Energie zu senken – eine marktgerechte Umweltlösung.

2 Energie und Zivilisation

Dieses Kapitel behandelt den Zusammenhang zwischen Energie, Leben und der menschlichen Zivilisation. Damit die umfassende Rolle der Energie verständlich wird, wollen wir zunächst ein Bisschen Energiewissenschaft vermitteln. Dann werden wir zeigen, wie das Leben auf Energieflüssen basiert, wie die Menschen lernten, Energie als Werkzeug zu benutzen, wie sich die Entwicklung der Zivilisation mit der Energie der Industriellen Revolution beschleunigte und wie sich die Gesellschaft des 21. Jahrhunderts mit der Klimakrise konfrontiert sieht.

ENERGIE

Das Universum besteht aus Energie und Masse – die Sonne, die Erde, die Tiere, Zellen, Proteine, Moleküle und Atome. Energie kann in vielen Formen auftreten wie Wärme, Licht, kinetische Energie und potentielle Energie.

Kinetische Energie ist Masse in Bewegung.

Die Energie eines fahrenden PKW ist seine Masse multipliziert mit dem Quadrat seiner Geschwindigkeit. Ein Spritzer aus einer Wasserpistole hat kinetische Energie, ein Hauch Luft, der eine Kerze auf dem Geburtstagskuchen ausbläst hat kinetische Energie.

Schwungräder sind Masse in Drehbewegung. Auch sie speichern kinetische Energie. Das Schwungrad in einem Verbrennungsmotor speichert Energie zwischen den Arbeitstakten der Kolben. Jaguar und Volvo haben ein neuartiges Konzept für einen Hybridantrieb entwickelt, der die Energie in einem Schwungrad billiger speichert als in einer Lithiumionenbatterie.

Die Wellen, die am Strand brechen und auflaufen, enthalten kinetische Energie, ebenso wie der Wind, der die Energie auf Segelboote oder Windturbinenblätter übertragen kann. Ein grosser Hurrikan speichert Energie in seiner hundert Kilometer weiten rotierenden Luftsäule. Er verströmt mehr Energie als alle Kraftwerke der Welt.

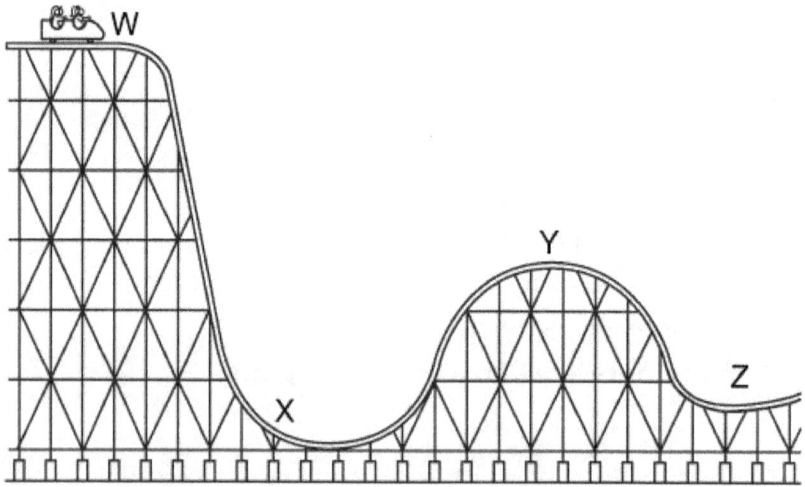

Kinetische Energie aus potentieller Schwerkraftenergie

Potentielle Energie ist gespeicherte Energie.

Sehen Sie das Beispiel der Berg- und Tal-Bahn: Der Wagen hat potentielle Energie im Punkt W die in kinetische Energie verwandelt wird wenn der Wagen nach X fällt. Wenn er dann nach Y hinauf rollt, gewinnt er potentielle Energie auf Kosten der kinetischen Energie zurück, er wird langsamer. Abgesehen von Reibungsverlusten ist die Summe von potentieller und kinetischer Energie in jedem Moment konstant. Reibung verwandelt einen kleinen Teil der kinetischen Energie in Wärme.

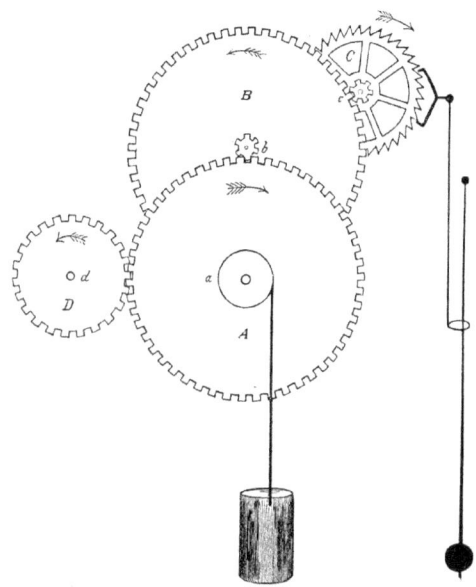

Potentielle Energie eines Gewichts

Das Gewicht in Grossvaters Standuhr wird von der Schwerkraft langsam heruntergezogen und verwandelt sich in das bisschen kinetische Energie welche die Zeiger bewegt.

Das Pendel, das hin und her schwingt, wird ebenfalls von der potentiellen Energie des Gewichts angetrieben. Es hat die grösste potentielle Energie, wenn es voll ausgeschlagen hat und die grösste kinetische Energie, wenn es mit der höchsten Geschwindigkeit durch den tiefsten Punkt schwingt. Potentielle und kinetische Energie werden mit jeder Schwingung ausgetauscht.

Potentielle Energie der Schwerkraft treibt ein Wasserrad an.

Wasser, das hinter einem Damm aufgestaut wird, hat potentielle

Energie, die in kinetische Energie verwandelt werden kann, wenn es über ein Wasserrad oder durch eine Turbine läuft. In der Nähe meines Wohnortes produziert das Moore Wasserkraftwerk eine Leistung von 192 MW aus Wasser, das 48 m herunterfällt. Die Schwerkraft kann benutzt werden, um Energie zu speichern. In Northfield, Massachusetts, wird Wasser mit billigem Strom 244 m über das Niveau des Flusses in ein Becken hinaufgepumpt. Wenn elektrische Energie benötigt wird, kann man sie erzeugen, indem dieses Wasser durch eine Turbine hinunterströmt. Ein solches Kraftwerk nennt man ein Pumpspeicherwerk.

Chemiche Bindungen zwischen Atomen speichern Energie.

Chemische potentielle Energie ist in der Wechselwirkung von Elektronen in den chemischen Bindungen der Atome eines Moleküls gespeichert

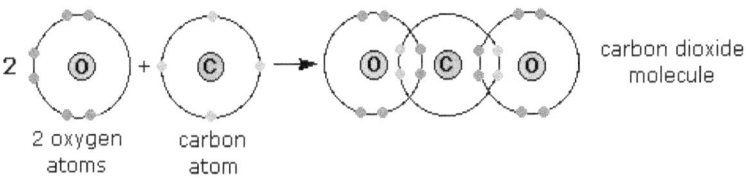

Chemische potentielle Energie

Die chemische Bindung im CO_2-Molekül entsteht, wenn sich die C- und O-Atome nahe genug kommen, dass sie sich ihre Elektronen teilen, wir sagen dann: Kohle verbrennt. In dieser chemischen Reaktion wird chemische Energie in Wärme umgewandelt. Die Atome sind chemisch gebunden und können nicht mehr getrennt werden, ausser die Energie, die frei wurde, als die Bindung erfolgte, werde wieder zugeführt. Das geht so:

Energie {Atome} = Energie {Molekül} + Bindungsenergie

Chemische potentielle Energie (Bindungsenergie) ist die Wärme und allenfalls Strahlung (Wärmestrahlung oder Licht), die frei wird, wenn die Atome durch eine chemische Reaktion zu einem Molekül vereinigt werden.

Chemische potentielle Energie kann auch hergestellt und gespeichert werden. So ist es zum Beispiel möglich, Zinkoxid bei hoher Temperatur in Zink und Sauerstoff zu zerlegen. Das metallische Zink ist jetzt ein Brennstoff, der, wenn mit Sauerstoff kombiniert (verbrennt), die beim Aufbrechen der Zink-Sauerstoff Verbindung aufgewendete Energie wieder als Wärme und Licht zurückgibt.

Ein Verbrennungsmotor wandelt die im Benzin gespeicherte potentielle chemische Energie in Wärme und dann in kinetische Energie um, die einen PKW bewegt. Allerdings geht der grössere Teil der Wärmeenergie durch den Kühler und den Auspuff verloren.

Es gibt viele weitere Möglichkeiten, chemische potentielle Energie zu speichern und zu nutzen. Die Lithiumionenbatterie im Computer wandelt chemische Energie in elektrische Energie um. Beim Laden wird elektrische in chemische Energie umgewandelt und gespeichert.

Elastische potentielle Energie ist in einer Feder gespeichert.

Elastische potentielle Energie ist nahe verwandt mit chemischer Energie: Beide stecken in der chemischen Bindung zwischen Atomen. In einer gespannten Feder sind die Atome näher beieinander oder weiter auseinander als im entspannten Zustand. Ein Pfeilbogen wird durch Spannen mit Energie geladen, die er als kinetische Energie an den Pfeil übertragen kann.

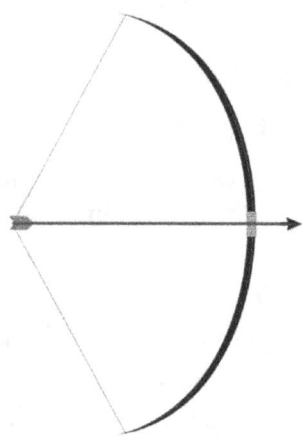

Elastische potentielle Energie

Energie kann den Aggregatszustand von Materie (fest, flüssig, gasförmig) verändern.

Eis nimmt Wärmeenergie auf, wenn es schmilzt und speichert sie. Sie wird wieder frei, wenn Wasser gefriert. Wir sprechen von latenter Wärme, weil sich bei diesen Vorgängen die Temperatur nicht verändert.

Ähnliches geschieht, wenn Wasser verdampft und Wasserdampf kondensiert. In der Alhambra in Granada entwarfen maurische Architekten schon im 14. Jahrhundert neben den Spazierwegen Wasserspiele, die dem Kalifen dank der Verdunstung Kühlung brachten.

Alhambra, gekühlt durch Verdunstung

Ein elektrisches Feld kann Energie speichern.

Zwei Metallplatten, die durch einen Isolator getrennt sind, bilden einen Kondensator, der Energie im elektrischen Feld zwischen den Platten speichert. Wenn Elektronen von einer Platte zur anderen bewegt werden, tragen die Platten gleiche aber entgegengesetzte Ladungen und zwischen ihnen liegt ein elektrisches Feld.

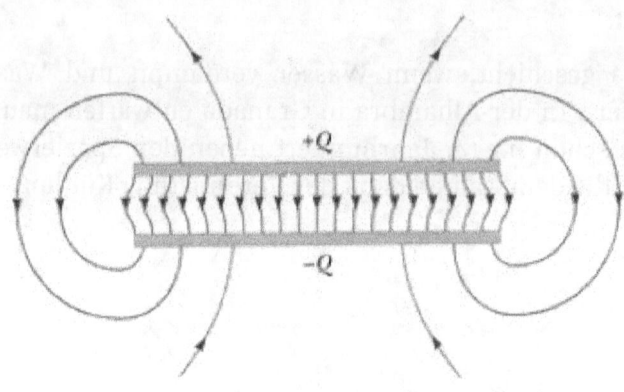

Elektrostatische potentielle Energie

Das elektrische Feld heisst „statisch", weil es sich nicht verändert. Das elektrostatische Feld enthält Energie, die sich sehr schnell entladen lässt. Kondensatoren können Batterien beim Beschleunigen eines Elektroautos unterstützen („Supercaps").

Ein Magnetfeld speichert Energie.

Elektrischer Strom, der in einer Drahtspule fliesst, baut ein Magnetfeld auf, das Energie speichert. Diese Energie kann auf eine andere Spule oder eine Funkenstrecke übertragen oder in einem Motor in kinetische Energie verwandelt werden. In einem Wechselstromkreis speichern und entladen Magnetfelder die Energie 100 mal pro Sekunde, zum Beispiel in einem Transformator.

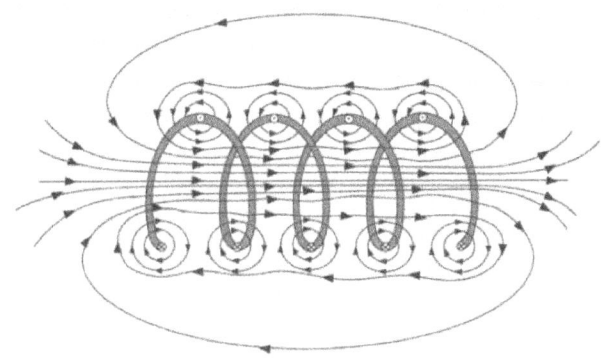

Potentielle Energie im Magnetfeld

Elektromagnetische Strahlung ist Energie mit Lichtgeschwindigkeit.

Photonen sind gekoppelte, gekreuzte, elektrische und magnetische Felder, die schwingen, während sich die Photonen mit Lichtgeschwindigkeit vorwärtsbewegen.

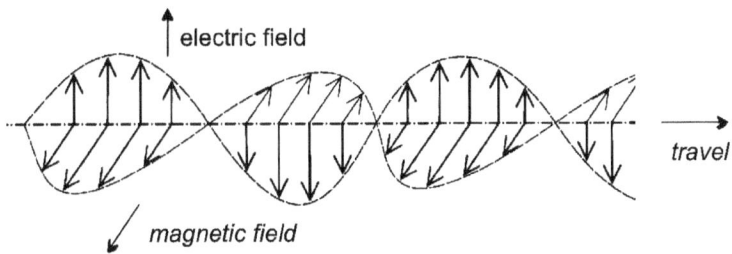

Photonen-Energie

Sichtbares Licht besteht aus vielen Photonen bei denen ein elektrisches und ein magnetisches Feld alle halbe Mikron des Weges wechseln. (Ein Mikron ist ein Tausendstel Millimeter.) Die Frequenz ist etwa 600 Billionen mal pro Sekunde. Jedes Photon ist ein kleines Energiepaket mit einem Energieinhalt, der proportional zu seiner Frequenz ist. Ultraviolett, Röntgenstrahlen, Gammastrahlen sind Photonen mit zunehmend höherer Frequenz und Energie als sichtbares Licht. Infrarot, Mikrowellen und Radiowellen dagegen haben fortschreitend weniger Energie.

Photonen sind äusserst kleine Energiepakete. Ein einziges 2,5 Watt Lämpchen am Christbaum strahlt in jeder Sekunde etwa eine Million Billionen (10^{18}) Photonen ab. Sichtbare Photonen lösen in der Netzhaut unserer Augen chemische Reaktionen aus; so sehen wir. Wenn es völlig an Dunkelheit angepasst ist, kann unser Auge ein einzelnes Photon wahrnehmen.

Grüne Pflanzen nutzen die Energie der Photonen, um aus CO2 in der Luft und Wasser Kohlehydrate wie Zucker und Stärke herzustellen und daraus die Stoffe, die der Baum zum Wachsen braucht.

Energie in elektromagnetischer Strahlung speichern zu wollen ist unpraktisch, weil sie sich so schnell bewegt. Am ehesten in einem Laser: Da wird Strahlung intern hin und her gespiegelt und in einem Lichtblitz auf einmal abgestrahlt.

Masse ist konzentrierte Energie.

Albert Einstein hat mit seiner berühmten Formel $E = mc^2$ gezeigt, dass Masse und Energie äquivalent sind. Genau wie Atome verbunden sind und Moleküle bilden, verbinden sich Protonen und Neutronen und bilden Atomkerne. Die Kräfte, welche Kerne zusammenhalten, sind eine Million mal stärker als die chemischen Kräfte, die Moleküle bilden.

Die Energie einer Supernova, eines explodierenden Sterns, wurde vor 5 Milliarden Jahren in den Elementen gespeichert, aus denen unsere Erde besteht. Heute können wir diese Energie in einem Kernkraftwerk nutzen, indem wir schwere Elemente in leichtere spalten und die frei werdende Bindungsenergie nutzen.

Wärmeenergie ist die kinetische Energie vieler Moleküle.

Wärmeenergie ist die kinetische Energie der mikroskopischen, zufälligen Bewegung der Moleküle und Atome in festen Körpern, Flüssigkeiten und Gasen. Die Temperatur steigt, wenn die Geschwindigkeit der Moleküle zunimmt. Es ist einfacher, die gesamte kinetische Energie einer Billion Billionen (10^{24}) Moleküle zu verstehen, als das verhalten der einzelnen Teilchen. Das Diagramm unten zeigt eine Vergrösserung von vielen Molekülen, die in einem Gefäss herumschwirren. Je mehr Bewegung, umso mehr thermische Energie und umso höher die Temperatur. Je mehr Stösse auf die Gefässwand, umso höher der Druck.

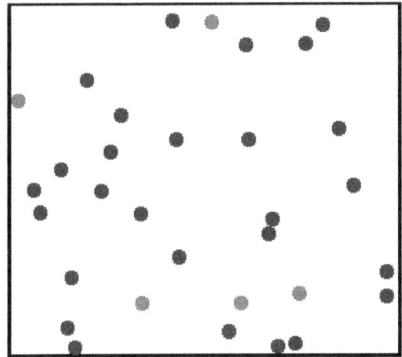

Wärmeenergie ist die Summe der kinetischen Energie der Moleküle

Wärme fliesst von Materie mit höherer Temperatur zu Materie mit tieferer Temperatur. Diesen Wärmefluss kann man teilweise nutzen, um Bewegung oder Elektrizität zu erzeugen.

Wärmeenergie strahlt weg.

Ein heisser Körper sendet elektromagnetische Strahlung aus, je nach Temperatur als Licht, Infrarot oder Mikrowellen. Heissere Körper strahlen stärker und mit energiereicherer Strahlung – genauer gesagt: sie emittieren mehr und energiereichere Photonen.

Die Atmosphäre der Sonne hat eine Temperatur von etwa 5'000° Celsius und strahlt in einem ganzen Spektrum von Licht mit dem sichtbaren Licht in der Mitte. Das sind Wellenlängen von 0,4 bis 0,8 Mikron (Tausendstel Millimeter). Unser Sehvermögen entwickelte sich so, dass wir im Bereich des Maximums des Sonnenspektrums am besten sehen. Wir empfinden das als weisses Licht. Eine Kerzenflamme mit 1'650°C erscheint orange, der Schmied bearbeitet rotglühendes Eisen bei einer Temperatur von 700°C.

Heisse Körper strahlen viel stärker als kühlere, weil die abgestrahlte Leistung proportional zur vierten Potenz der absoluten Temperatur ist.

Auch kühle Körper emittieren messbare Leistung. Die Haut eines unbekleideten Menschen bei 37°C strahlt im infraroten „Licht" mit einer Leistung von 1000 Watt, aber absorbiert 900 Watt von den umgebenden 23° warmen Wänden. Fenster sind meist kühler als 23°, darum fühlt man sich in einem Raum mit vielen Fenstern kühler, obwohl die Luft ebenfalls 23° warm ist.

Aus dem Weltraum gesehen, strahlt die Erde, als ob sie eine mittlere Oberflächentemperatur von -19°C hätte. Die dabei verlorene Energie wird durch Sonnenstrahlung, Reibung der Gezeiten und radioaktive Strahlung von Thorium, Uran und Kalium im Erdinnern ersetzt.

ELEKTRIZITÄT

Leistung wird in Watt gemessen, Energie in Wattstunden.

Leistung ist Energiefluss – die Menge Energie, die pro Sekunde vorbeifliesst. Leistung kann den Energieverbrauch oder die Energieproduktion beschreiben. Wir alle kennen eine Masseinheit für Leistung: Das Watt, abgekürzt W. Eine 100-Watt Glühbirne verbraucht elektrische Energie mit einer Rate von 100 Watt. Ein Toaster verbraucht vielleicht 1000 Watt, das nennt man auch 1 Kilowatt, kurz 1 kW.

Ein Mass für Energie, das wir auch alle kennen, ist die Kilowattstunde oder kWh. Wir kaufen die Energie vom Elektrizitätswerk zu einem Preis wie zum Beispiel 15 c/kWh – 15 Cents pro Kilowattstunde. Obwohl der Strom aus dem Kraftwerk kommt, kaufen wir Energie, nicht Kraft. Leistung ist die Rate mit der Energie geliefert werden kann. Ein Einfamilienhaus hat Leitungen zum E-Werk, die bis zu 48 kW übertragen können.

Zusammengefasst: Leistung misst man in Watt, nicht in Watt pro Sekunde. Energie misst man in Wattstunden, nicht in Watt. Viele Leute, gerade auch Journalisten, haben das nicht verstanden, also lesen sie die Zeitung aufmerksam und stellen Sie richtig.

„Stromzähler"

Elektrizität, das sind fliessende Elektronen.

Elektrizität ist genau gesagt elektrischer Strom, normalerweise Elektronen, die in einem Metalldraht fliessen. Die Masseinheit für Strom (I) ist das Ampère (A). Leistung (W) ist Strom (I) mal Potentialdifferenz oder Spannung in Volt (V) die am Leiter anliegt. In Analogie zum anschaulicheren Wasserrad kann man sagen: Leistung ist Wasserfluss (Strom) mal Fallhöhe (Spannung). Für Elektrizität gilt:

Leistung $W = I \times V$ (Strom mal Spannung)
Energie $E = W \times t$ (Leistung mal Zeit)

Für Elektrizität verwenden wir Kilowattstunden, für kleine Anlagen auch Watt und Sekunden.

E (Kilowattstunden) $= W$ (Kilowatt) $\times t$ (Stunden) oder:
E (Wattsekunden) $= W$ (Watt) $\times t$ (Sekunden)

Eine Kilowattstunde (kWh) ist also gleich 1000 x 60 x 60 Wattsekunden (Ws) oder 3,6 Millionen Ws. Elektrische Leistung ist Leistung, die durch einen elektrischen Strom über eine Spannung transportiert wird. Elektrische Leistung ist die Rate, mit der Energie transportiert wird.

Elektrische Energie ist flüchtig.

Elektrische Leistung ist ein Transfermedium, um eine Energieform in eine andere umzuwandeln.

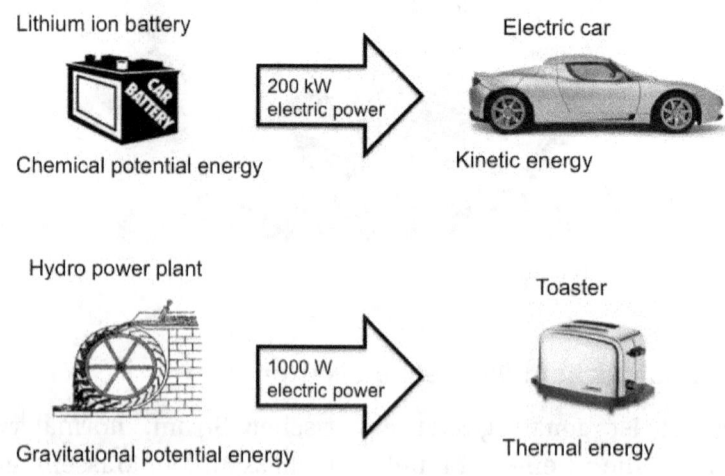

Elektrische Leistung transferiert Energie

In diesen Beispielen wird im ersten Fall chemische potentielle Energie in elektrische Leistung umgewandelt, die dem Elektroauto kinetische Energie verleiht. Im zweiten Fall wird potentielle Energie des Wassers hinter einem Damm in elektrische Leistung umgewandelt, die einen Toaster heizt und so zu Wärmeenergie wird.

Kleine Mengen elektrischer Energie kann man als elektrostatische Energie in einem Kondensator oder als magnetische Energie in einem Magnetfeld speichern, aber in der Praxis funktioniert die Speicherung von elektrischer Energie nur durch Umwandlung in eine andere Energieform.

ARBEIT UND WÄRME

Arbeit ist Kraft, die über eine Strecke ausgeübt wird.

Wer eine Masse von 76 kg hochhebt, überwindet eine Kraft von 750 Newton. Wer die 76 kg 1 Meter hochhebt, leistet eine Arbeit von 750 Newtonmeter (Nm). Ein Newtonmeter ist das gleiche wie 1 Ws (Arbeit und Energie ist physikalisch dasselbe). Wer diese Arbeit in einer Sekunde erbringt, leistet 750 Watt. Die Standard-Leistung eines Pferdes, das eine Wasserpumpe in Englischen Kohleminen betrieb, war 76 Litermeter pro Sekunde; darum heisst diese Leistungseinheit „Pferdestärke" (PS). James Watt brauchte sie, um den Preis seiner Dampfmaschinen zu berechnen, welche die Pferde ersetzten. Genau genommen ist 1 PS = 746 W.

Eine alte Energieeinheit ist die PS-Stunde (PSh). Eine PS-Stunde sind 746 Wattstunden oder 0,746 kWh. In Form von elektrischer Energie kostet das etwa 10 Cents – viel billiger als die Arbeit von Pferden!

Ein Radfahrer in guter Form kann etwa ¼ PS leisten. Das heisst, als Energiequelle ist der Mensch einen Stundenlohn von 2,5 Cents wert.

Energie fliesst vom Urknall zum Kältetod.

Die Energie und die Masse des Universums entstanden im Urknall vor 13,5 Milliarden Jahren. Die Masse und die Energie dehnen sich aus, kühlen sich ab, vermischen und verdichten sich manchmal zu Sternen und Planeten. Sterne wie unsere Sonne verbrauchen Wasserstoff und strahlen die Energie in den Weltraum. Ein Teil davon trifft die Erde, wärmt sie, sorgt für Wetter und Leben. Die von der Erde aufgenommene Sonnenenergie wird schliesslich wieder in den Weltraum zurückgestrahlt, in alle Richtungen und in Form von infrarotem, unsichtbarem Licht. Abgesehen von Energie aus dem radioaktiven Zerfall und Gezeitenreibung kommt genau gleichviel Energie von der Sonne wie die Erde abstrahlt, sonst würde sich die Temperatur der Erde ändern.

An jeder Stufe des Energieflusses findet eine Art Vernichtung statt: Konzentrierte, heisse Energie wird zwangsläufig zu kühlerer, verteilter Energie. Die Energiemenge bleibt erhalten, aber ihr Nutzen wird teilweise zerstört. Energieflüsse zeigen diese Verdünnung und abnehmende Nützlichkeit bei jedem Übergang. Das Universum dehnt sich aus und wird kühler; dabei wird sein Energieinhalt weniger nützlich und das Universum nähert sich dem Kältetod – das andere Ende der Zeit, die mit dem Urknall begann.

Es ist leicht, Wärmeenergie zu machen.

Die nützlichsten Formen der Energie werden schliesslich immer zu Wärmeenergie – Wärme, die einem System zugeführt wird. Kinetische Energie nimmt wegen der Reibung ab und Reibung „erzeugt" Wärme. Man merkt's, wenn man sich die Hände reibt. Elektrischer Strom wärmt die Drähte, durch die er fliesst, wegen dem allgegenwärtigen Widerstand der Drähte.

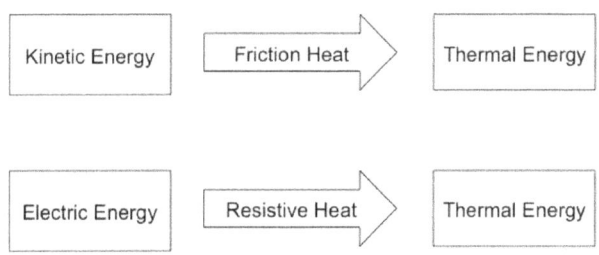

Schicksal Wärmeenergie

Wenn ein PKW bremst, werden die Bremsen warm. Die Bremsbeläge verwandeln kinetische Energie in Wärmeenergie. Die Energiemenge ist immer gleich; der Prozess ist 100% effizient.

Ein Elektroofen verwandelt ebenfalls alle elektrische Energie, die man ihm zuführt in Wärme. Eine Glühbirne auch: Einerseits durch direkte Heizung der Glühbirne selbst, andererseits heizt sie die Wände mit dem Licht, das sie abstrahlt. („verloren" ist nur das Licht, das den Raum durch das Fenster verlässt und immer weiter läuft bis jenseits von Pluto). Die Umwandlung ist 100% effizient. Es ist egal, ob man den Raum mit einem Elektroofen heizt oder mit dem geöffneten Backofen.

Der in Amerika geborene Engländer Graf Rumford entdeckte die Äquivalenz von Arbeit und Wärme beim Bohren von Kanonenrohren. Dabei legte er die Grundlage zum später postulierten Gesetz der Energieerhaltung. (Er erfand auch den Filterkaffee und die Thermounterwäsche).

Es ist schwieriger, Wärmeenergie zu nutzen.

Die Zeit fliesst nur in eine Richtung. Die Vorgänge, die kinetische Energie in Wärme verwandeln, sind nicht völlig umkehrbar. Die physikalischen Gesetze erlauben es nicht, alle Wärmeenergie in kinetische Energie zurück zu verwandeln. Wir können den Energiefluss zwischen einem warmen und einem kalten Körper immerhin zum Teil nutzen.

Wärme ist thermische Energie. Wärme fliesst von heiss nach kalt. Dabei verdünnt sich die kinetische Energie der Moleküle in einem grösseren, kälteren System. Wenn wir nichts tun, ist dieser Vorgang nutzlos, aber wir können eine Wärmekraftmaschine dazwischenschalten, die einen Teil des Energieflusses abzweigt und in nützliche Arbeit verwandelt.

W steht für Arbeit, T_H sei die Temperatur einer Quelle von heisser thermischer Energie, Q_H die Wärmeenergie, die zur Wärmekraftmaschine fliesst, W die nützliche Arbeit, welche die Maschine leistet und Q_C die Abwärme, die Energie, die nicht umgewandelt werden konnte und die in den Kühler fliesst. Dieser hat die Temperatur T_C, kälter als T_H.

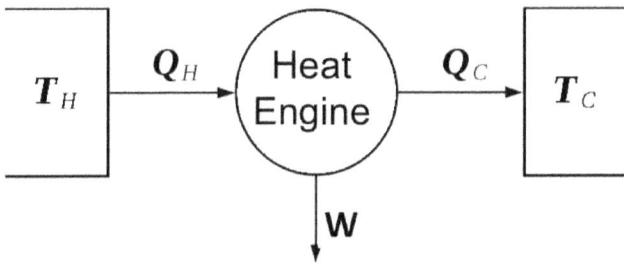

Wärmequelle, Wärmekraftmaschine, Kühler.

Im Motor eines PKW ist Q_H die Wärme, die durch das Verbrennen von Benzin entsteht, W ist die Energie, welche die Kurbelwelle auf die Räder überträgt und Q_C ist die Wärme, die über Kühler und Auspuff verloren geht. Andere Beispiele von Wärmekraftmaschinen sind Watt's Dampfmaschine oder die Strahltriebwerke eines Linienflugzeugs. Sie alle wandeln Wärmeenergie teilweise in Arbeit um.

Die Umwandlung von Wärme in Arbeit hat immer einen Wirkungsgrad < 1.

Energie rein ist immer gleich Energie raus, also $Q_H = Q_C + W$. Sadi Carnot hat vor 200 Jahren bewiesen, dass der Wirkungsgrad unabhängig von der Art der Maschine immer kleiner ist als 1:

$$\text{Wirkungsgrad} = \frac{W}{Q_H} = \frac{T_H - T_C}{T_H} < 1$$

Temperaturen sind in Grad Kelvin K°; diese Skala bezieht sich auf den absoluten Nullpunkt, -273°C. Je grösser die Temperaturdifferenz zwischen Wärmequelle und Kühler, desto höher ist der Wirkungsgrad. Die Temperatur der Wärmequelle ist ein Weg, die Effizienz zu verbessern. Es ist z. B. gelungen, den Wirkungsgrad von Kohlekraftwerken von 32% auf 44% zu steigern, indem man die Kohle als Staub verbrennt und damit eine Brenntemperatur von 1300°C erreicht. Wenn man die Kühltemperatur senken kann, verbessert man den Wirkungsgrad ebenfalls. Kraftwerke, die mit Flusswasser oder Meerwasser gekühlt werden, haben in der Regel einen höheren Wirkungsgrad als solche mit Kühltürmen.

Rudolf Diesels Erfindung eines Hochtemperaturverbrennungsmotors im Jahre 1896 hatte theoretisch einen Wirkungsgrad von 75% verglichen mit 10% der konkurrierenden Dampfmaschinen. Die Firma, die seine Patente nutzte, erreichte schliesslich über 50% und beherrschte den Markt der grossen Schiffsmotoren.

In der Praxis erreichen die viel kleineren Dieselmotoren in PKWs etwas über 40%, weil der Treibstoff bei einer höheren Temperatur verbrannt wird als das Benzin in einem Benzinmotor, der bloss 25-30% erreicht. Die ersten Dampfmaschinen im 18. Jahrhundert hatten Wirkungsgrade um 1%, wir haben also eine Steigerung um das 50-fache erreicht.

Elektrische Energie ist wertvoller als Wärmeenergie.

Ein (thermisches) Elektrizitätswerk benutzt eine Wärmekraftmaschine um Wärmeenergie in kinetische Energie einer rotierenden Welle umzuwandeln, die diese ihrerseits in einem Generator in elektrische Energie umwandelt. Solche Generatoren erzielen Wirkungsgrade bis 99%; wir werden diese Verluste in der weiteren Diskussion vernachlässigen.

Weil Kraftwerke sowohl thermische als auch elektrische Energie produzieren, kann eine spezielle Schreibweise Verwirrungen verhindern. Ein Gigawatt (1 Million kW) elektrischer Leistung bezeichnen wir als 1 GW(e). Ein Gigawatt thermische Leistung ist 1 GW(th). In den US-Kraftwerken ist das Verhältnis von elektrischer zu thermischer Leistung typischerweise 33%, also 1/3. Ein solches Kraftwerk müsste also 3 GW(th) Wärmleistung erbringen, um 1 GW(e) elektrische Leistung zu produzieren.

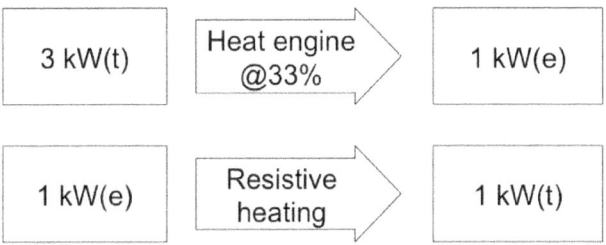

Asymmetrische Energieumwandlung

Wir können die gleiche Schreibweise für die Energieeinheiten benutzen. Eine typische Herdplatte mit 2'600 W verbraucht in der Stunde 2'600 kWh(e) Elektrizität, die in 2,6 kWh Wärme umgewandelt wird bei Kosten von 15c pro kWh kostet das 39c.

Wir können das gleiche mit Erdgas tun; 6 kWh aus Gas kosten 12 Cents für den Endverbraucher – ein Drittel der Kosten für Strom. Warum? Ein Kraftwerk mit einem Wirkungsgrad von 33% braucht 2,6 kWh(e)/0.33 = 7,8kWh Gas, um 2,6 kWh(e) zu produzieren. Das kostet 3 x 12c = 36 Cents, etwa soviel, wie die 39 Cents für den Strom. Es ist dreimal so teuer mit Strom zu kochen, zu heizen und Wäsche zu trocknen als mit Gas.

Wärmepumpen sind Wärmekraftmaschinen im Rückwärtsgang.

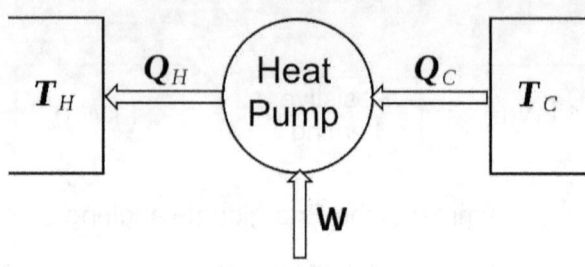

Kühler, Wärmepumpe, Wärmequelle.

Wärmepumpen sind ähnlich wie Wärmekraftmaschinen, ausser dass sie rückwärts laufen. Die Bewegungsenergie des Motors ist die Arbeit, die Wärme Q_C von einer kalten Wärmequelle zu einem heissen Kühler transportiert. Das ist das Gegenteil des natürlichen Wärmeflusses von heiss zu kalt und braucht dazu Arbeit W. Energie rein ist gleich Energie raus: $Q_C + W = Q_H$.

Eine Klimaanlage entzieht der warmen Raumluft Wärme und transportiert sie in die noch wärmere Aussenluft. Eine Klimaanlage wird mit der elektrischen Energie bewertet, die sie verbraucht, um eine bestimmte Wärmemenge zu entziehen, dem Kühlkoeffizienten $= Q_C/W$. Ein typisches Kleinklimagerät erreicht etwa 3; die entzogene Wärmemenge ist etwa dreimal so gross wie die dazu benötigte elektrische Energie.

Eine 100-Watt Lampe in einem klimatisierten Raum heizt den Raum mit 100 Watt, eine Leistung, welche die Klimaanlage wieder entfernen muss. Dazu benötigt sie zusätzliche 33 Watt. Übrigens generiert jede Person im Raum ebenfalls etwa 100 Watt.

Eine „Luft-Luft-Wärmepumpe" funktioniert genau so wie eine Klimaanlage, aber in umgekehrter Richtung: Sie entzieht der kalten Aussenluft Wärme (und kühlt sie dabei noch mehr). Die so gewonnene Wärme dient dazu, den Innenraum zu heizen. Der Wirkungskoeffizient dieses Prozesses ist Q_H / W, die Heizleistung geteilt durch die aufgewendete elektrische Leistung. Ein typischer Wirkungskoeffizient ist etwa 3, das heisst, mit jedem kW elektrischer Leistung erreichen wir 3 kW Heizleistung.

Wärmepumpen mit Erdsonden zirkulieren eine Frostschutzlösung durch bis zu 200m tiefe Sonden in der Erde. Dieser Kreislauf dient als Wärmequelle. Auch hier beträgt der Wirkungskoeffizient etwa 3. Das tönt gut, aber wenn der Strom aus einem fossil befeuerten Kraftwerk stammt, so wurde er mit einem Wirkungsgrad von etwa 1/3 erzeugt. Das heisst, der Hausbesitzer hätte ebenso gut die Kohle oder das Öl direkt zum Heizen verbrennen können. Es wäre gleichviel, wie das Kraftwerk verbrannt hat, um den Strom zu erzeugen, es wird kein CO_2 eingespart. Wenn der Strom allerdings aus Kern- oder Wasserkraftwerken, oder sonst einer CO_2-armen Quelle stammt, sieht das schon viel besser aus.

LEBEN

Energie ist der Schlüssel zum Leben.

Von der Energie des Universums, die sich verteilt und verdünnt, borgt das Leben einen kleinen Teil zum Wachsen, Fortpflanzen und Bewegen.

Das Leben begann auf der Erde vor über 4 Milliarden Jahren, indem chemische Energie die wichtigsten Elemente des Lebens – Wasserstoff, Sauerstoff, Kohlenstoff, Stickstoff, Schwefel und Phosphor – zu Aminosäuren zusammenfügte, dann zu Proteinen und schliesslich zu Prokaryoten (Bakterien). Vor 3 Milliarden Jahren entstanden neue Organismen: Cyanobakterien. Sie nutzen Lichtenergie, um aus CO_2 Kohlehydrate zu bauen und den Sauerstoff in die Atmosphäre auszustossen.

Heute noch stammt 20% des Sauerstoffs von diesen urtümlichen Zellen. In den Cyanobakterien gibt es Thylakoide, welche für die Photosynthese verantwortlich sind. Pflanzen besitzen ähnliche Thylakoide, um die Sonnenenergie zu speichern.

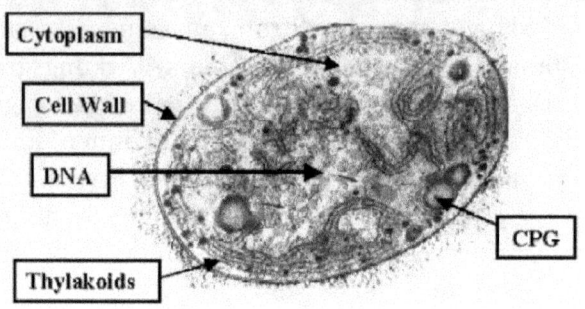

Cyanobakterien

Während der Evolution, welche die modernen tierischen Zellen hervorbrachte, entwickelten sich Varianten der Cyanobakterien symbiontisch und wurden zu Bestandteilen der tierischen Zelle: Mitochondrien. Es sind die Kraftwerke der eukariotischen Zellen. Glukose aus der Umgebung der Zellen wandert ins Zytoplasma.

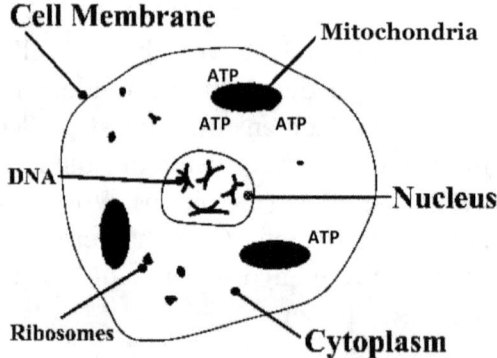

Eukaryotische Zelle mit Zellkern

Die Mitochondrien brechen die chemischen Bindungen in der Nahrung mittels Sauerstoff-Ionen auf und synthetisieren mit der freiwerdenden Energie ATP (Adenosin Triphosphat). Dieses ATP ist der Energieträger innerhalb der Zelle. Ob drei Phosphatmoleküle am ATP hängen oder nicht, bestimmt den Ladungszustand. Geladenes ATP wandert in der Zelle, um Energie dorthin zu bringen, wo bestimmte Funktionen Energie benötigen, zum Beispiel die Kontraktion einer Muskelzelle.

Der Energietransport durch Mitochondrien ist durchaus analog zum elektrischen Strom, der im Generator (Mitochondrien) aus Brennstoff (Glukose) entsteht und über Leitungen (Zytoplasma) zum Verbraucher geführt wird.

Grosse Fische fressen kleine Fische.

Tiere fressen und verdauen Pflanzen, um Energie zu gewinnen; einige Tiere fressen andere Tiere zum gleichen Zweck.

Das Verdauungssystem gewinnt Energie aus dem Gewebe, aus dem die Beute besteht. Die aufgenommenen Kohlenhydrate werden in vielen Schritten zu Zucker umgewandelt, der die chemische Energie zu den Zellen trägt. Die Körperflüssigkeiten senden den Zucker durch die Zellmembranen. Jede Zelle verteilt das ATP über das Zytoplasma innerhalb der Zelle als Energieträger weiter.

MENSCHEN

Kochen mit der Energie des Feuers bestimmte die Evolution der Menschen.

Menschen bestehen aus etwa 100 Billionen Zellen, die so zusammenarbeiten, dass sie ein individuelles Ganzes bilden. Menschen versorgen sich mit Energie, indem sie Pflanzen und Tiere essen. Eine weitere Energiequelle ist die Wärme der Sonne, welche den Bedarf an Nahrungsenergie verringert. Reptilien nutzen diese Energiequelle intensiv. Der grosse Durchbruch für die Menschen aber war die Beherrschung des Feuers vor 1,8 Millionen Jahren.

Feuer war der entscheidende Vorteil der Menschen. Das Kochen der Nahrung sparte Zeit und Energie. Andere Primaten verbringen immer noch den halben Tag mit Kauen roher Nahrung. Nachdem er zu gekochter, weicherer und nahrhafterer Nahrung gewechselt hatte, konnte Homo Erectus Zeit für produktivere Tätigkeiten einsetzen wie Herstellen von Werkzeugen und Jagdgeräten, soziale Kontakte pflegen und schliesslich Landwirtschaft betreiben. Dabei wurde sein Gehirn allmählich grösser, der Darm kürzer, der Kiefer und die Zähne kleiner. Die reduzierten Ansprüche an den Metabolismus erlaubten schliesslich ein Viertel der Energie für das Gehirn abzuzweigen.

Menschen und Tiere konsumieren Energie, um Arbeit zu verrichten.

Der Mensch ist auch ein Arbeiter; er bewegt Dinge. Im Mittel benötigt er 100 Watt chemische Leistung – Nahrung – 2'100 Kalorien pro Tag. Schwerarbeiter leisten 300 W mit kurzen Spitzen bis zu 600 W. Menschliche Arbeit spielte bis zum 20. Jahrhundert die Hauptrolle in der Landwirtschaft, als Haferflocken wegen ihres hohen Energieinhalts von 4'000 cal pro kg angepriesen wurden. (4,5 kWh pro kg).

Vieh und Pferde ergänzten die menschliche Arbeit. Kühe auf der Weide setzen etwa 300 bis 400 Watt um. Pferde, ernährt mit Kraftfutter, liefern 500 bis 1'500 Watt. Eine Pferdestärke (PS) ist definiert als 746 Watt. Ein gut ernährtes Pferd vertilgt soviel Nahrung wie sechs Personen, aber leistet 10 mal soviel. Am Anfang des 20. Jahrhunderts wurde in den USA ein fünftel der Landwirtschaftsfläche benötigt, um Pferdefutter zu ernten.

ZIVILISATION

Mit der Erfindung des Feuers kam der Bedarf für Brennstoff.

Vor der Industrialisierung dienten eingesammelte Äste, Rinde und tote Wurzeln als Brennstoff. Mit der Erfindung der Axt konnten auch dicke Äste und Stämme verwendet werden. Als sich in den gemässigten Zonen Städte entwickelten, war der Energiebedarf zum Kochen und Heizen um die 20-30 Watt pro m2 Stadtfläche. Das brauchte einen Wald, der 100 mal die Fläche der Stadt hatte. Eine Person brauchte so 1 bis 2 Tonnen Holz pro Jahr.

Die Herstellung von Stahl aus Eisenerz braucht hohe Temperaturen, wie man sie nur mit Holzkohle erreichen kann. Holzkohle wird durch Pyrolyse aus Holz hergestellt. Holz wird unter Luftabschluss so hoch erhitzt, dass alle nicht kohligen Bestandteile sich zersetzen und verdampfen. Die zurückbleibende fast reine Kohle konnte Eisenerz zu Eisen reduzieren und schmelzen. Die Zahl der Köhler ging in die Hundertausende. Als der Bedarf für Holzkohle stieg, wurden grosse Teile der Wälder Europas und Englands abgeholzt. Im 17. Jahrhundert erlebte England deswegen eine schwere Energiekrise. Schliesslich wich man auf Steinkohle als Energiequelle aus. Die ersten Dampfmaschinen wurden benutzt, um Kohlegruben trocken zu legen. In einer ironischen Wiederholung der Geschichte werden in Brasilien Eukalyptusplantagen angelegt, um Holzkohle für die Produktion von „grünem Stahl" herzustellen.

Nach dem Verschwinden der Wälder wurde sogar Kuhmist eine
Energiequelle, etwa in Indien, wo er eingesammelt, zu Fladen ge-
formt und getrocknet wird. Man verbrennt ihn in den Dörfern oder
verkauft ihn in die Stadt zu 10 Cent pro Kilo oder 2 Cent pro kWh.

Getrocknete Kuhfladen

Landwirtschaft lieferte mehr Energie als Sammeln und Jagen.

Die Landwirtschaft wurde vor etwa 10'000 Jahren erfunden, als die
Erträge der Jagd und beim Sammeln zurückgingen, möglicherweise
als Folge einer Klimaänderung am Ende der letzten Eiszeit. Trockenes Klima favorisiert Pflanzen, die Energie in Körnern speichern
und nicht in holzigem perennierendem Wuchs. Der hohe Energie-
gehalt der Getreidekörner machte diese zu einem idealen Nahrungsmittel, doch die schwer verdaulichen Spelzen waren ein Problem.

Damit trat eine andere Erfindung einen Siegeszug an: Das Mahlen
der Körner zu Mehl, aus dem man Brot backen kann. Mit Mahlen,
Fermentieren und Backen erhielt man eine leicht verdauliche und
speicherbare Nahrung als Energiequelle, für Menschen in Dörfern
und Städten geeignet, aber nicht für weit verstreute Jäger und
Sammler.

Dank Landwirtschaft wurde es möglich, Vorräte anzulegen und Vermögen zu schaffen. Dieses Vermögen zu vermehren hiess, mehr Getreide anpflanzen und mehr menschliche Arbeit. So wurde Sklavenarbeit eine wichtige Energiequelle für reiche Leute, wie die Römer.

Wasserkraft lieferte Energie zum mahlen des Getreides

Das Mahlen des Getreides war energie- und zeitaufwändig. Eine neue Erfindung war die Nutzung der Wasserkraft zum Mahlen.

Die ersten Mühlsteine drehten horizontal über eine senkrechte Achse, die effizient von einem horizontalen Wasserrad angetrieben werden kann. Reibungsverluste sind minimal, da ein Getriebe wegfällt. Der Bauer im Bild oben füllt Körner in einen Trichter. Der obere Mühlstein dreht sich und mahlt die Körner zu Mehl.

Die besser bekannten vertikalen Wasserräder kamen auf, nachdem verlustarme Getriebe erfunden worden waren. Schon im ersten Jahrhundert bauten die Römer einen Aquaedukt, der Arles in Frankreich mit Trinkwasser versorgte. Er trieb auch 16 mit vertikalen Wasserrädern versehene Mühlen an, die täglich 4,5 Tonnen Mehl produzierten, genug, um 6000 Menschen zu ernähren.

Wasserkraft war der Schlüssel zur Erschliessung von Neuengland, wo ich lebe. Die Siedler reisten stromaufwärts und bauten Wasserräder für Mühlen und Sägen. Es gab genug Stämme für die Sägen, weil der Wald gerodet wurde, um Land für die Produktion von Nahrungsenergie zu gewinnen.

Die kinetische Energie des Windes wurde von horizontalen Windmühlen eingefangen.

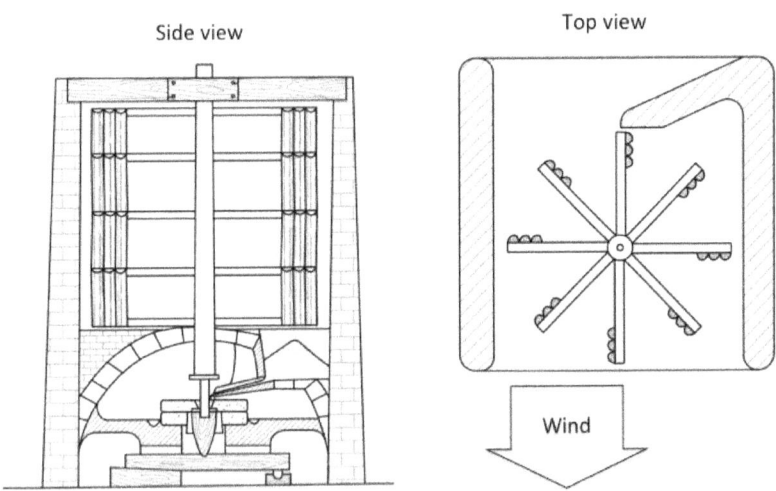

Side view   Top view

Wind

Persische horizontale Windmühle aus dem 10. Jahrhundert

Die ersten Windmühlen drehten um eine senkrechte Achse. Dieses Modell stammt aus dem Persien des 10. Jahrhunderts. Sie trieben Mühlen und Wasserpumpen an. Die bekannten Windmühlen mit Rotorblättern in einer vertikalen Ebene wurden erst möglich mit der Erfindung von reibungsarmen Getrieben.

Energie aus Kohle ermöglichte die Industrielle Revolution.

Bis tief ins 18. Jahrhundert war die Wirtschaft auf die Energie der Menschen und der Zugtiere angewiesen. Die Industrielle Revolution begann in der zweiten Hälfte des 18. Jahrhunderts mit kohlebefeuerten Dampfmaschinen, mit dem Ausbau der Wasserkraft und der Ausweitung des Handels über Kanäle, Landstrassen und Eisenbahnen. Erfindungen erlaubten immer bessere Nutzung von Energiequellen. Mit der Verbesserung der Textilmaschinen entstanden immer mehr wasser- und dampfgetriebene Textilfabriken.

Die Dampfmaschine trieb die Industrielle Revolution, indem sie die chemische Energie fossiler Brennstoffe in kinetische Energie umwandelte. Newcomens frühe grosse Dampfmaschine hatte einen Wirkungsgrad von weniger als 1%, aber Kohle war billig und sie lieferte immerhin 3,7 kW Leistung. Um 1800 produzierten fast 500 von James Watts 5-mal effizienteren Maschinen je 7,5 kW.

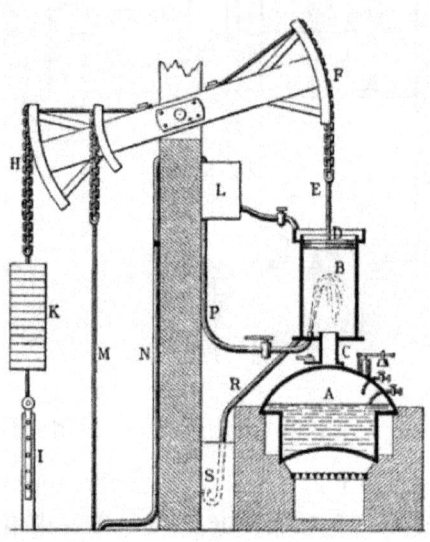

Newcomens Dampfmaschine von 1712

Intensiver Kohlebergbau wurde möglich, weil Dampfmaschinen Wasser aus den Schächten pumpten und die Kohle zu Tage förderten. Dampfmaschinen machten es möglich, Fabriken abseits von Flüssen zu bauen, wo keine Wasserkraft zur Verfügung stand. Sie pumpten auch Wasser in Schleusenkammern, um die Transportbedürfnisse des wachsenden Handels zu befriedigen. Steinkohle trieb sie an, heizte Wohnraum und brannte heiss genug, um Eisen zu schmelzen. Eisen und Stahl, stärker als Kupfer und Bronze, ermöglichten bessere und präzisere Maschinen wie Drehbänke und andere Werkzeugmaschinen.

Chemische Energie aus fester Kohle wurde durch Heizen der Kohle und Besprühen mit Wasserdampf in ein Gas verwandelt. Strassenbeleuchtung mit Gas gab es in London ab 1820 und Gaslampen hielten bald Einzug in Büros und Fabriken und ermöglichten längere Öffnungszeiten.

Wärme aus Kohle brachte die Chemische Industrie in Schwung und sie konnte Schwefelsäure und Natriumkarbonat produzieren, die in der Glas-, Textil-, Seifen- und Papierindustrie benötigt wurden. Die Behandlung von gemahlenem Kalkstein bei 1'600°C ergab Zement für neue Bauten.

Dampfgetriebene Papiermühlen produzierten billiges Papier als Massenprodukt und versorgten Buch- und Zeitungsdruckereien womit sie letztlich Wissen verbreiteten. Kanäle, Strassen und Eisenbahnen wurden gebaut, um Güter, inklusive Kohle, zu transportieren.

Energie und die Industrielle Revolution veränderten die Welt.

Die Industrielle Revolution breitete sich von Grossbritannien nach Westeuropa, Nordamerika, Japan und schliesslich über die ganze Welt aus. Innert zweier Jahrhunderte stieg das durchschnittliche Einkommen pro Kopf auf das Zehnfache. Seit 1820 hat sich die Weltbevölkerung verfünffacht und das Prokopfeinkommen verachtfacht. Die Menschen leben heute mehr als doppelt so lang.

Die folgende Grafik zeigt die Entwicklung des BIP der Welt pro Kopf. Sie stammt von Schätzungen von Angus Maddison. Man sieht, wie das grösste Wachstum zur Zeit nach der Industriellen Revoluti-on im fossilen Zeitalter stattfand.

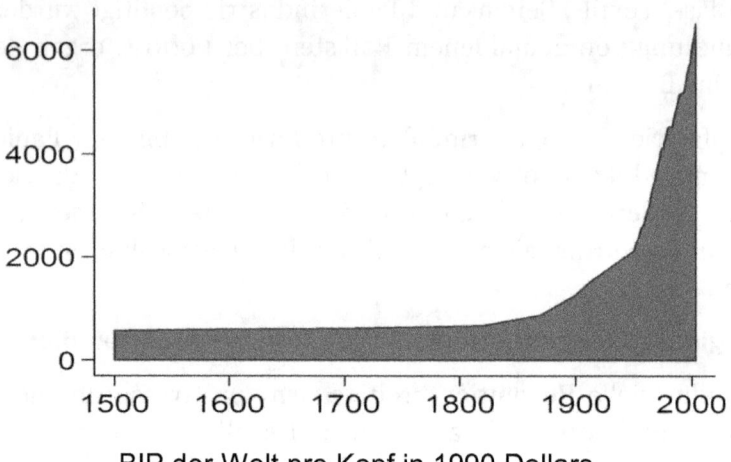

BIP der Welt pro Kopf in 1990 Dollars

Die Hälfte allen Energieverbrauchs in der Geschichte geschah in den letzten zwei Jahrzehnten. Heute konsumiert die Welt Energie mit einer Leistung von durchschnittlich 16'000 GW oder 2'500 W pro Person, verglichen mit etwa 200 W, die einem Steinzeitmenschen zur Verfügung standen. In den USA ist der mittlere Leistungskonsum 10'000 W pro Person.

Die Entwicklungsländer werden in Zukunft mehr Energie verbrauchen

Individuelle Leistung	Watt
Moderner Mensch	100
Steinzeitmensch	200
Hart arbeitender Mensch	300
Wasserbüffel	350
Pferd	746
Mittlere Leistungsaufnahme	
Welt im Durchschnitt	2,500
US Bürger	10,000

Die obenstehende Tabelle zeigt wie die industrielle Revolution den Energieverbrauch der Menschen gewaltig gesteigert hat. Sie zeigt auch, dass sich der Energieverbrauch ausserhalb der USA vervierfachen könnte.

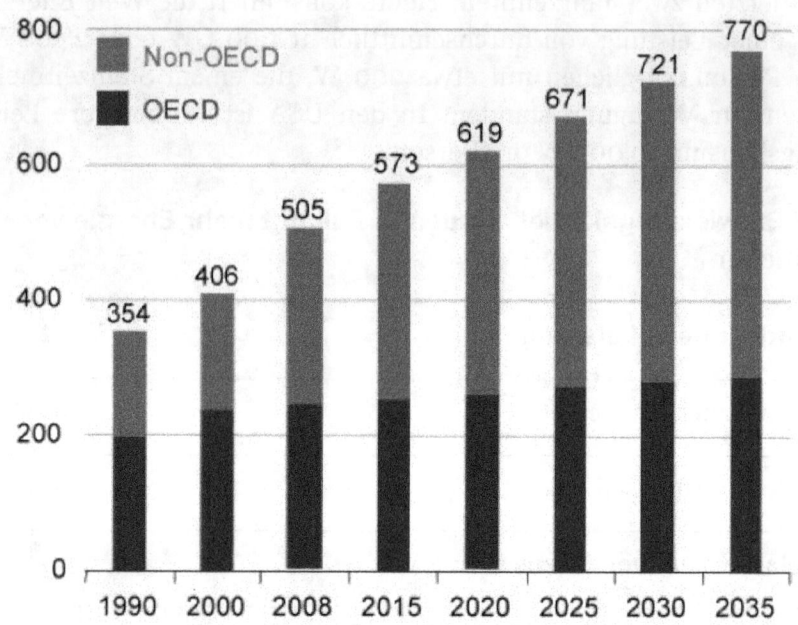

Zukünftiger Energieverbrauch der Welt in „Quad"

Die US Energieagentur (EIA) sieht einen zunehmenden Energiekonsum voraus, vor allem in den Entwicklungsländern. Die OECD (Organisation für wirtschaftliche Zusammenarbeit und Entwicklung) umfasst im Wesentlichen die 34 führenden Wirtschaftsnationen. Die 770 Quads pro Jahr für 2035 entsprechen 25'000 GW oder 3'000 W pro Person mit einer angenommenen Weltbevölkerung von 8,3 Milliarden.

Die Nutzung fossiler Energie erhöhte den CO_2-Gehalt der Atmosphäre.

Im Jahr 1769 liess James Watt seine verbesserte kohlebetriebene Dampfmaschine patentieren, die zur Triebkraft der Industriellen Revolution werden sollte und damit die Welt veränderte.

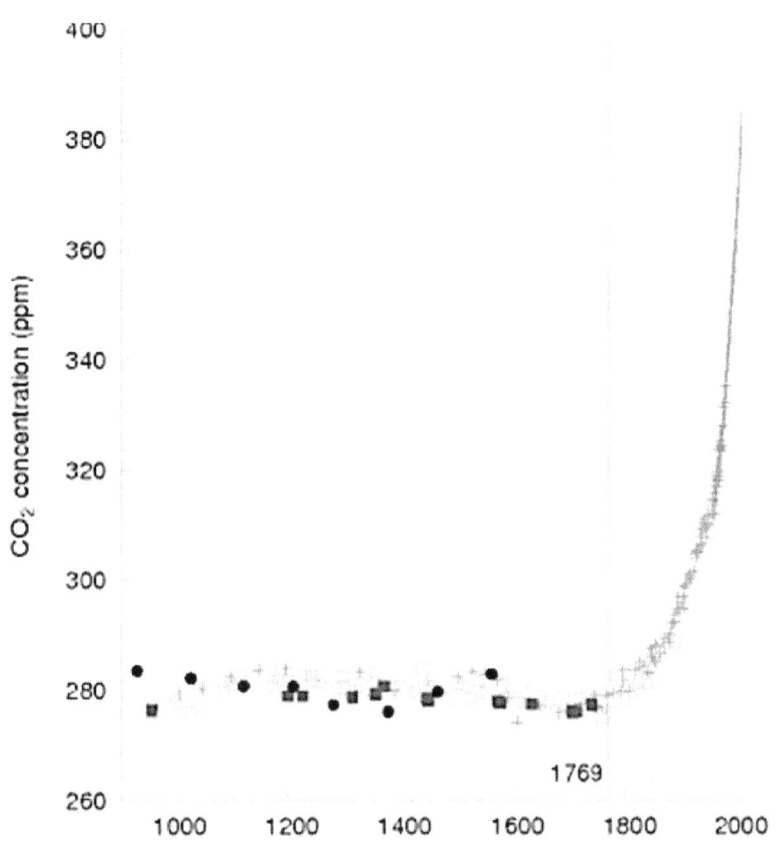

Atmosphärisches CO_2 (millionstel) vor und nach 1769

Wenn Kohle verbrennt, wird CO2 in die Luft emittiert. Das zusätzliche CO2 fängt zusätzliche Wärmestrahlung ein, gerade so wie das Glas eines Treibhauses und erhöht damit die Temperatur der Erde. Ende 2012 erreichte die Konzentration 400 ppm.

Energiebedingte CO$_2$-Emissionen werden auf über 30 GT pro Jahr steigen.

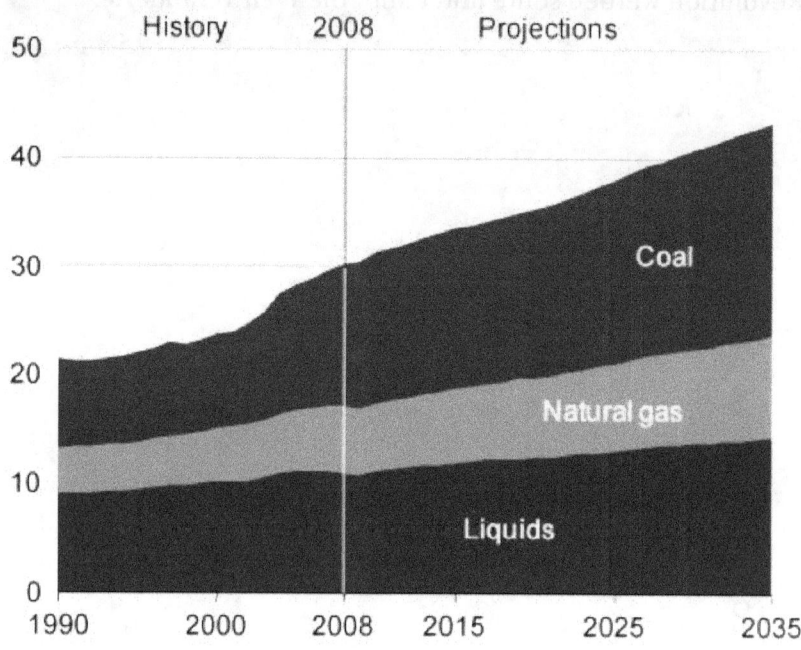

CO$_2$-Emission weltweit in Gigatonnen pro Jahr

Die EIA sieht weiter steigende CO2-Emissionen voraus. Die EIA ist eine unabhängige, professionelle Organisation, welche auf Grund von gesammelten Daten und bestehenden Rechtsverhältnissen die besten Schätzungen macht. Wenn nicht eine dramatische technische Entwicklung geschieht, wird sich immer mehr CO2 in der Atmosphäre ansammeln. Jedes Jahr kommen derzeit über 30 Gigatonnen dazu, das sind 0,6 ppm, die jährlich zu den 400 ppm dazu kommen und die Rate steigt!

ZUSAMMENFASSUNG: ENERGIE UND ZIVILISATION

Energie ist der Stoff, aus dem das Universum gemacht ist. Seit dem Urknall vor 13,6 Milliarden Jahren dehnt es sich aus und wird dabei kühler. Energie gibt es in verschiedenen Formen: Masse, kinetische, elektrische, potentielle und thermische Energie. Zwar bleibt Energie immer erhalten, aber sie degradiert schliesslich immer zu Wärmeenergie, die zufällige Bewegung der Atome. Hier auf Erden borgt sich das Leben einen Teil dieses Energiestroms für Wachstum, Fortpflanzung und Bewegung. Die menschliche Lebensform benötigte ursprünglich zum Überleben etwa 200 Watt. Die Beherrschung des Feuers und die landwirtschaftliche Nahrungsproduktion machte Zeit und Gedanken frei zur Herstellung von Werkzeugen und dem Austausch von Ideen. So entwickelte sich die Zivilisation langsam bis zur Industriellen Revolution und der Erfindung der fossil betriebenen Wärmekraftmaschinen. Heute konsumieren entwickelte Gesellschaften Energie mit einer Rate von bis zu 10'000 Watt.

3 Die Welt ist nicht nachhaltig

Die Ressourcen der Erde sind endlich

Heute sorgt man sich über den Klimawandel und seine beängstigenden Folgen für Wetter, Wasser, Landwirtschaft, Nahrung, kurz, das Leben und die Zivilisation. Aber unsere Probleme gehen darüber hinaus. Das Erdöl, auf das wir für unsere Transporte angewiesen sind, wird knapp. Süsswasserquellen trocknen aus, weil wir Grundwasserreservoirs auspumpen, Wüsten bewässern, und das Wasser für industrielle Prozesse wie Ölbohrungen und Ausbeutung von Teersanden missbrauchen. Unsere Kohlekraftwerke spucken Feinstaub in die Luft, so dass allein in den USA 34'000 Menschen jährlich an Erkrankungen der Atemwege sterben. Weltweit verhungern täglich 17'000 Kinder.

Die Grenzen des Wachstums kommen von endlichen Ressourcen.

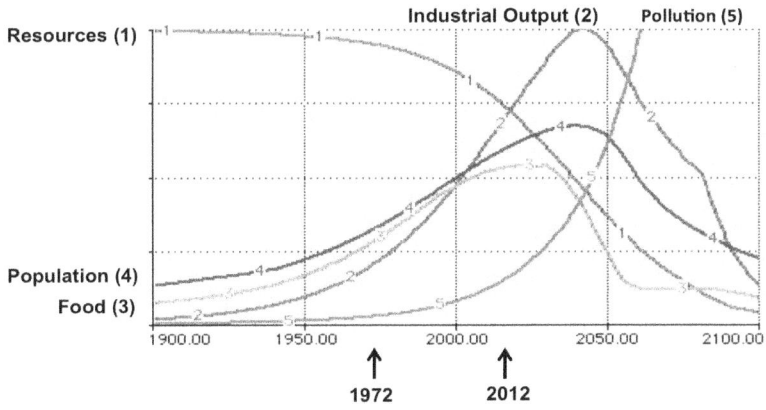

Modell der Weltwirtschaft 1972

1: Ressourcen 2: Industrieproduktion 3: Nahrung 4: Bevölkerung
5: Umweltverschmutzung

Vor vierzig Jahren, im Jahr 1972, modellierte Dennis Meadows die Folgen endlicher Ressourcen für das Schicksal der Welt. Er sah voraus, dass der Verbrauch von Ressourcen und die zunehmende industrielle Umweltverschmutzung zu einer Abnahme der Nahrungsversorgung und schliesslich der Bevölkerung führen werde. Die skizzenhafte Grafik stammt aus einem Nadeldrucker, wie wir sie 1972 benutzten.

Die Wirtschaftswissenschaftler widersprachen Meadows. Sie wiesen darauf hin, dass Innovation und steigende Preise in der Vergangenheit immer dazu geführt haben, dass neue Ressourcen gefunden und neue Verfahren erfunden wurden, um die Produktivität zu erhöhen. Mit höheren Preisen können neue Ressourcen erschlossen werden und dank höherer Wirtschaftsleistung bleiben sie erschwinglich. Doch die Welt ist endlich. Die Welt erlebte den Ölpreis-Schock der 70-er Jahre, und heute werden die Rohstoffe teurer, weil mehr Energie benötigt wird, um Stahl, Aluminium, Mais und andere Güter herzustellen, die von einer wachsenden und anspruchsvolleren Weltbevölkerung vermehrt nachgefragt werden.

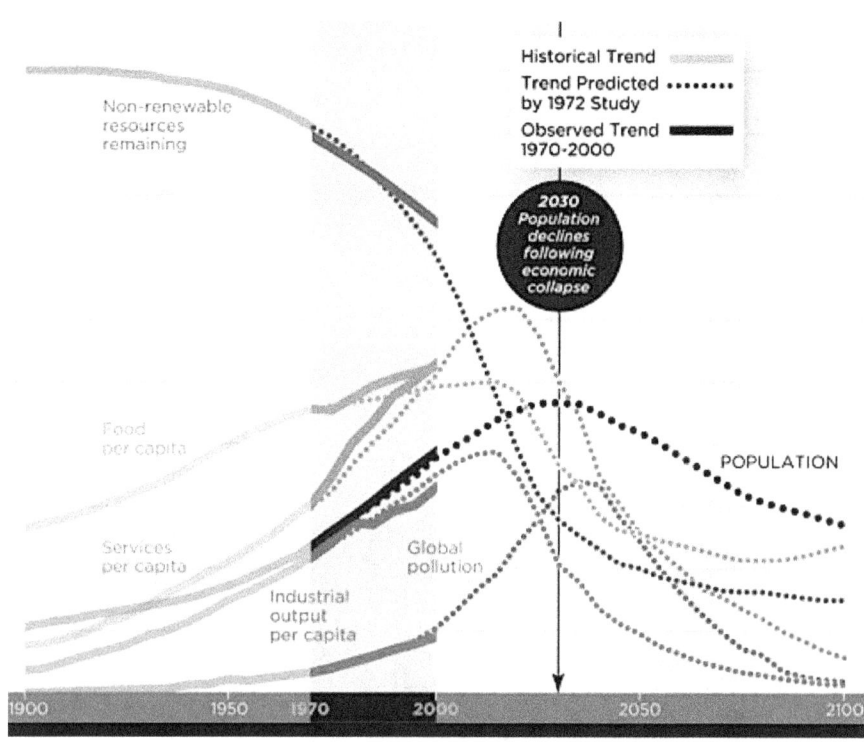

Vergleich: „Grenzen des Wachstums"-Modells mit Beobachtungen

Gemäss Artikeln im „*American Scientist*" und dem „*Smithsonian*" Magazin sind Meadows' Modelle bis heute nicht weit von den Beobachtungen entfernt. Dieses zeigt eine Graphik mit historischen Daten in durchgehenden Linien und Projektionen gepunktet mit einer Überlappung von 30 Jahren.

Höhere Preise erschliessen nicht immer neue Energiequellen. Die Ökonomen haben den EROI entdeckt („energy return on energy invested", etwa: Energierendite). Zum Beispiel: Bevor Energie aus Öl gewonnen werden kann, muss Energie für die Exploration, das Bohren, Pumpen, Raffinieren, Transportieren, Verteilen und Verkaufen investiert werden. Das Verhältnis der aus dem Endprodukt gewonnenen Energie zur Energie die aufgewendet werden muss, um es zu gewinnen, ist der EROI.

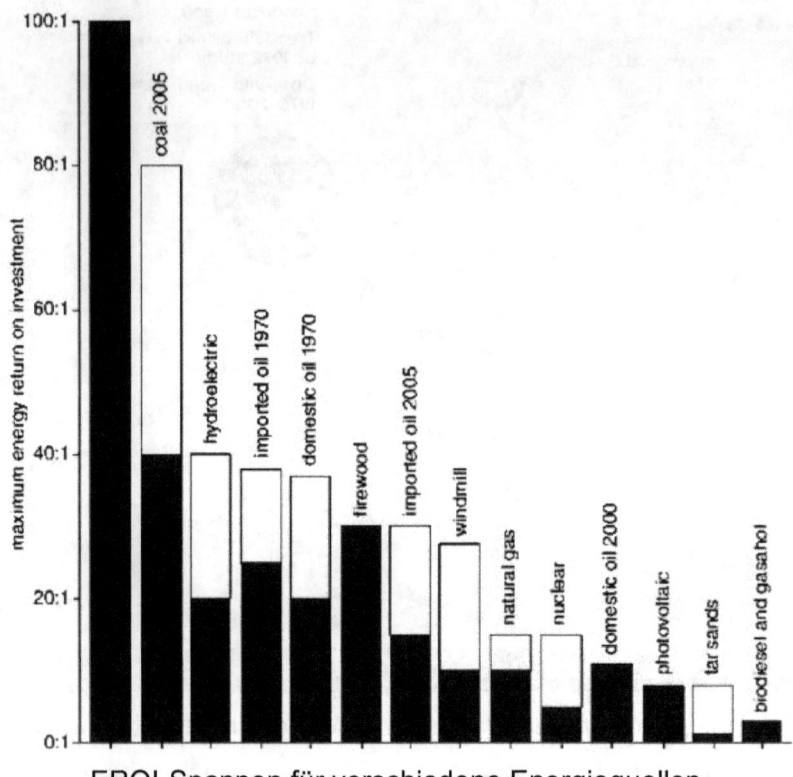

EROI-Spannen für verschiedene Energiequellen

Der EROI für Öl war 1930 noch 100:1 und fiel 1970 auf 40:1, 14:1 im 2000 und 5:1 für neue Funde 2009. Der Preis ist nicht allein entscheidend. Der EROI ist der wahre Spielverderber. Wenn er auf 1:1 fällt, gewinnen wir keine Energie. In der Grafik bedeuten die hellen Teile der Säulen die Spanne für EROIs; für Kohle zum Beispiel liegen sie zwischen 40 und 80. Der EROI für Methanol aus Mais ist unter bestimmten Umständen kleiner als 1!

Die Verknappung von Ressourcen ist vielleicht noch schlimmer als der Klimawandel.

Der Klimawandel ist tatsächlich eine ernsthafte Bedrohung für Umwelt und Zivilisation. Aber die Verknappung der Ressourcen ist möglicherweise eine unmittelbarere Bedrohung. Der Physiker Tom

Murphy schreibt den Blog „*Do the Math*" (rechne!) in dem er die Leser auffordert, die Probleme und deren vorgeschlagene Lösungen zu quantifizieren. In einem Interview 2012 mit *OilPrice.com* sagte er:

> „Ich sehe den Klimawandel als ernsthafte Bedrohung der Natur und der Artenvielfalt und möglicherweise dereinst mit sehr negativen Auswirkungen auf die Menschheit. Aber für mich sticht die Ressourcenverknappung den Klimawandel aus, weil sie droht, viel mehr Menschen innert kürzerer Frist und mit grösserer Gewissheit zu betreffen. Unser Wirtschaftsmodell beruht auf Wachstum und ist damit auf einem Kollisionskurs mit der Natur. Wenn es dereinst klar wird, dass das Wachstum nicht mehr weitergehen kann, werden die Folgen plötzlich eintreffen und schwerwiegend sein. So konzentriere ich mich eher darauf das Chaos zu verhindern, das aus dem Zusammenbruch von Wirtschaft, Ressourcen, Landwirtschaft und Verteilsystemen hervorgehen wird und alles vernichten kann, was wir während des fossilen Zeitalters erreicht haben. Weil der Klimawandel, ebenso wie die Ressourcenverknappung, eine entschlossene Abkehr von den fossilen Brennstoffen erfordern, sehe ich da eine natürliche Allianz."

In den entwickelten Ländern ist die Bevölkerung stabil.

Man nimmt an, dass die Weltbevölkerung von gegenwärtig 5 Milliarden auf 9 Milliarden wachsen wird. Dieses Wachstum findet hauptsächlich in den Entwicklungsländern statt. In den USA, Europa und anderen hochentwickelten Ländern wächst die Bevölkerung kaum und wenn, dann durch Einwanderung aus Entwicklungsländern.

Bevölkerungswachstum heisst steigende Nachfrage nach Ressourcen, Nahrung und Energie. Steigende Nachfrage heisst steigende Konkurrenz und möglicherweise Konflikte.

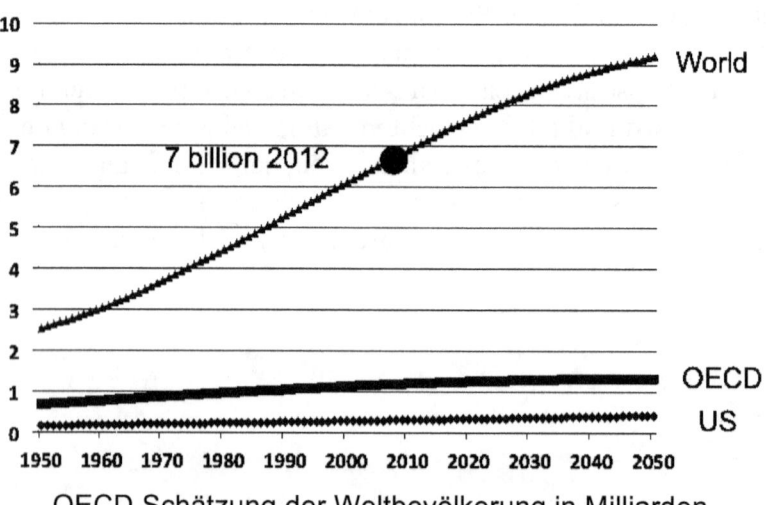

OECD Schätzung der Weltbevölkerung in Milliarden

Verarmte Länder haben die höchste Geburtenrate.

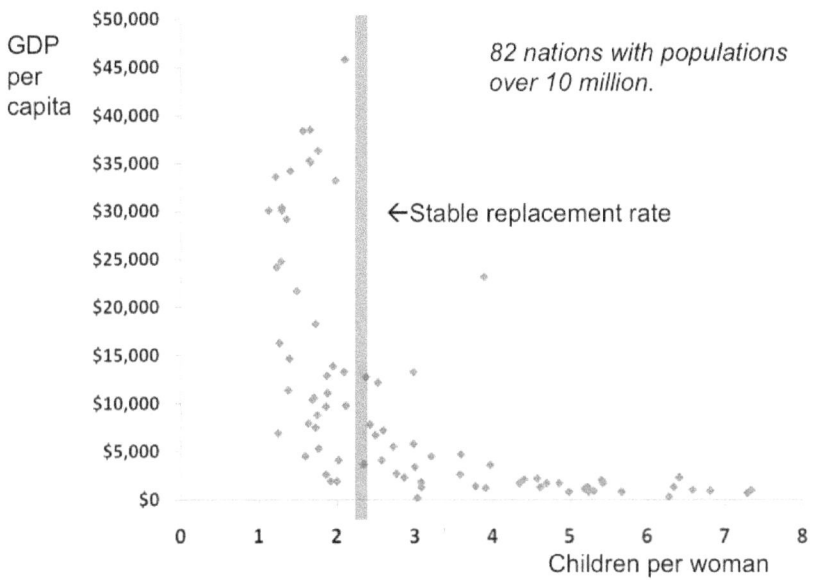

BIP (GDP) gegen Geburtenrate in 82 Ländern

Diese Grafik benutzt Daten aus dem CIA-Jahrbuch 2008. Jeder Punkt entspricht einem Land und stellt die mittlere Anzahl Kinder pro Frau dem BIP pro Kopf (entspricht grob dem Einkommen) gegenüber. Sie zeigt, dass Länder mit hohem BIP pro Kopf nachhaltige Geburtenraten haben. Alle Länder links von der senkrechten Linie haben eine stabile oder abnehmende Bevölkerung abgesehen von der Einwanderung.

Mit zunehmendem Einkommen werden weniger Kinder benötigt, um mitzuarbeiten und die alternden Eltern zu versorgen. Es braucht weniger Geburten, um die Kindersterblichkeit zu kompensieren. Mit arbeitssparenden Geräten wie Wasserpumpen, praktischen Kochherden und Waschmaschinen werden die Frauen von ständiger Arbeit befreit. Sie haben nun Zeit für ihre Ausbildung und zum Geldverdienen. Mit neu gewonnener Unabhängigkeit und Zugang zu

Verhütungsmitteln können die Frauen entscheiden, weniger Kinder zu gebären wie oben gezeigt.

Wohlstand stabilisiert die Bevölkerung.

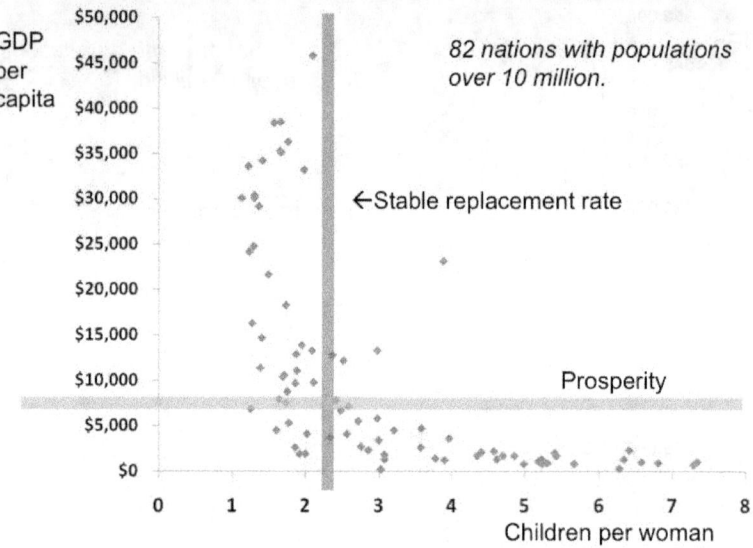

BIP, Geburtenrate und Wohlstand

In dieser Grafik ist willkürlich bei 7'500$ BIP pro Kopf eine horizontale Linie eingetragen; sie ist mit „Wohlstand" (Prosperity) bezeichnet. Die armen Länder mit weniger als 7'500$ pro Kopf sind die mit den höchsten Geburtenraten. Daraus lässt sich schliessen, dass eine Verbesserung des Lebensstandards die Geburtenrate senkt und zu einer stabilen oder gar abnehmenden Weltbevölkerung führen würde. Diese Grafik schreit geradezu nach der Notwendigkeit, die Einkommen in der ganzen Welt auf mindestens 7'500$ zu steigern – 16% des mittleren US-Einkommens. Mit einer stabilen oder leicht sinkenden Weltbevölkerung ist die Zivilisation nachhaltig.

Am Wall Street Journal Economic Forum im März 2012 bemerkte Mikrosoft-Gründer Bill Gates:

„Wenn man die Situation der ärmsten zwei Milliarden Menschen verbessern will, ist es am besten dafür zu sorgen, dass der Preis der Energie erheblich sinkt. ... Energie ist *der* Faktor, der unserer Zivilisation in den letzten 220 Jahren ermöglicht hat, alles zu verändern."

Wohlstand basiert auf Energie.

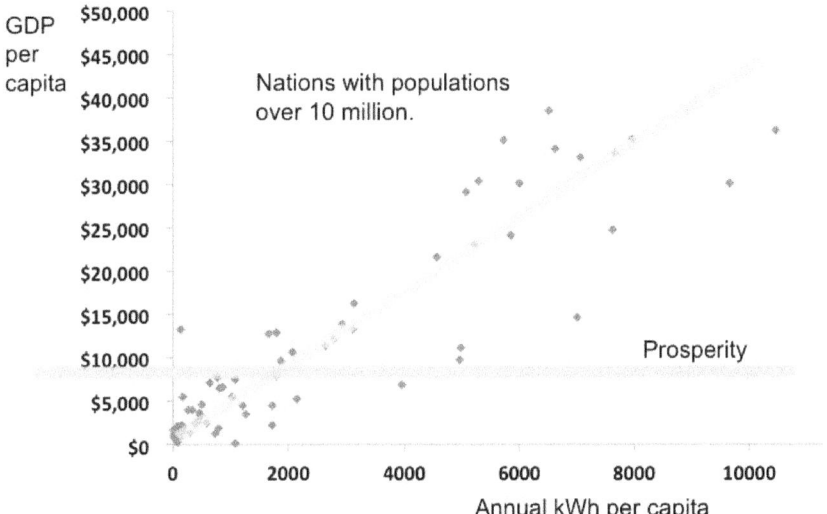

BIP gegen elektrische Energie pro Kopf.

Diese Grafik, ebenfalls mit Daten der CIA, zeigt den Zusammenhang zwischen Volkseinkommen und elektrischer Energie, gemessen in kWh pro Kopf und Jahr. In unserer Zivilisation ist elektrische Energie die wertvollste und nützlichste Form der Energie. Anders als die Wärme des Feuers oder die Wucht fallenden Wassers kann sie für viele Zwecke eingesetzt werden, die für die wirtschaftliche Entwicklung entscheidend sind. Dazu gehören die Aufbereitung und Verteilung von Trinkwasser, die Behandlung von Abwasser, Beleuchtung, Heizung, Kühlung, Klimatisierung, Kochen, Kommunikation, Betrieb von Elektronik, Transport, Herstellung von Nahrungsmitteln, Krankenpflege, Herstellung von Gütern, Industrie und Handel. Das alles sind Elemente wachsenden Wohlstands.

Ausreichende elektrische Energie allein ist noch kein Garant einer blühenden Wirtschaft. Dazu braucht es ein Bildungssystem, eine medizinische Grundversorgung, Rechtssicherheit, Eigentumsrechte, ein Finanzsystem und eine gute Regierung. Aber Elektrizität ist unverzichtbar für wirtschaftlichen Fortschritt.

Mehr als 1,3 Milliarden Menschen, ein Drittel der Menschheit, haben keinen Zugang zu elektrischer Energie. Auch Länder, die sich schnell entwickeln, wie Indien oder Südafrika können keine ständige Stromversorgung garantieren.

Es braucht Strom, um Kläranlagen zu betreiben, die für sauberes Wasser sorgen. Die Weltbank schätzt, dass 2,6 Milliarden Menschen über keine sanitären Einrichtungen verfügen, was zu Krankheiten führt, die das BIP um 6% verkleinern. Diarrhoe ist verantwortlich für mehr Kindersterblichkeit als AIDS, Tuberkulose und Malaria zusammen. Gemäss der UESCO wird 8% der elektrischen Energie weltweit für Wasserpumpen, Trinkwasseraufbereitung und Kläranlagen benötigt.

Ein Verteilungssystem für sauberes Trinkwasser benötigt eine zuverlässige und erschwingliche Stromversorgung. Eine funktionierende Wasserversorgung befreit die Frauen vom Wasserschleppen. Damit haben sie Zeit für Bildung, dadurch einen höheren Lebensstandard, Verdienstmöglichkeiten, Unabhängigkeit und Möglichkeiten zur Familienplanung.

Die letzte Grafik lässt vermuten, dass eine Versorgung mit 2000 kWh jährlich das 7'500$ Niveau ermöglicht, das für eine stabile Population Voraussetzung ist. Das ist eine mittlere Leistung von 230 Watt, etwa 16% des Stromkonsums in den USA.

Zusammengefasst: Eine Wirtschaft mit einer Stromversorgung von mindestens 230 Watt pro Person ist notwendig um einen bescheidenen Wohlstand mit einem Einkommen von 7'500 $ pro Person zu generieren und damit das Bevölkerungswachstum in den Griff zu kriegen.

In Indien ist heute der mittlere Stromkonsum 85 Watt; 40% der Menschen haben keinen Zugang zur Stromversorgung und weitere 40% nur ein paar Stunden täglich. Das langfristige Ziel der indischen Regierung ist es, 570 Watt zu erreichen, verglichen mit 1400W in den USA.

Der Energieverbrauch steigt in den Entwicklungsländern rapide an.

Die Entwicklungsländer sehen ein, dass eine verbesserte Stromversorgung eine Voraussetzung für einen höheren Wohlstand ihrer Bevölkerung ist. Ihre Mittel sind beschränkt und sie sind gezwungen, günstige Anlagen mit tiefen Betriebskosten zu bauen und das sind zur Zeit Kohlekraftwerke. In der folgenden Grafik ist der jährliche Energiebedarf in „Quads" angegeben, einer US-amerikanischen Einheit, die etwa 300 TWh entspricht. Zum Vergleich: Der US-Verbrauch ist etwa 100 Quads pro Jahr.

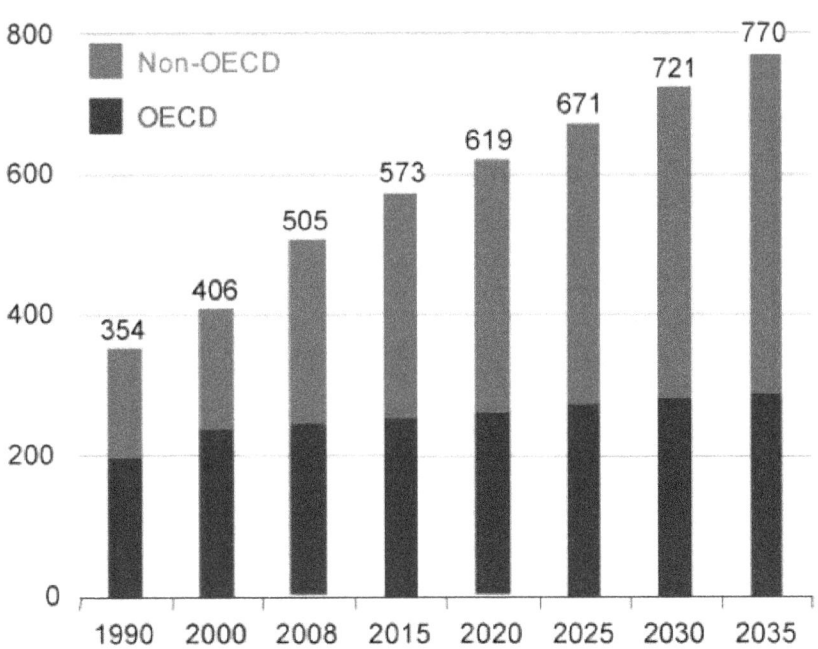

Zukünftiger Energieverbrauch der Welt in „Quads"

Die 34 OECD-Länder haben eine Bevölkerung von 1,2 Milliarden Menschen mit einem mittleren kaufkraftbereinigten BIP von 34'000 US$ pro Kopf. Die OECD ist die Organisation der reichsten Länder. Die Nicht-OECD Länder sind vorwiegend Entwicklungsländer. Die OECD schätzt, dass der Weltenergieverbrauch im Jahr 2050 80 % höher sein wird und immer noch zu 85% aus fossilen Quellen stammt.

Die Verbrennung von Kohle nimmt in den Entwicklungsländern stark zu.

China und Indien mit ihren Menschenmassen treiben die Prognosen für Kohlekonsum in die Höhe.

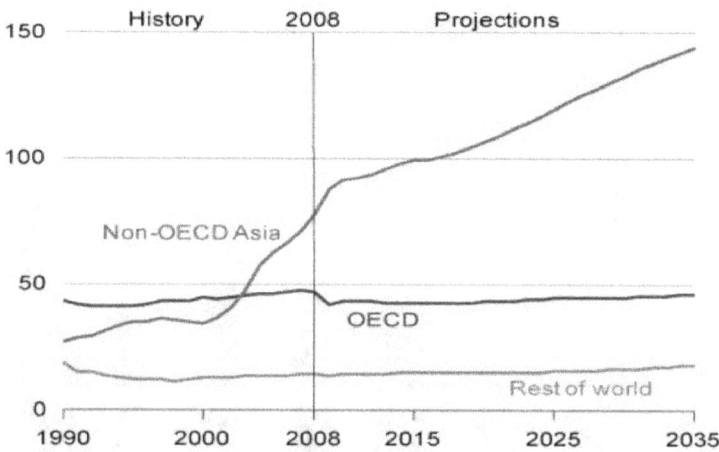

DOE Prognose des jährlichen Energieverbrauchs, Quads

Der globale CO$_2$-Ausstoss nimmt zu.

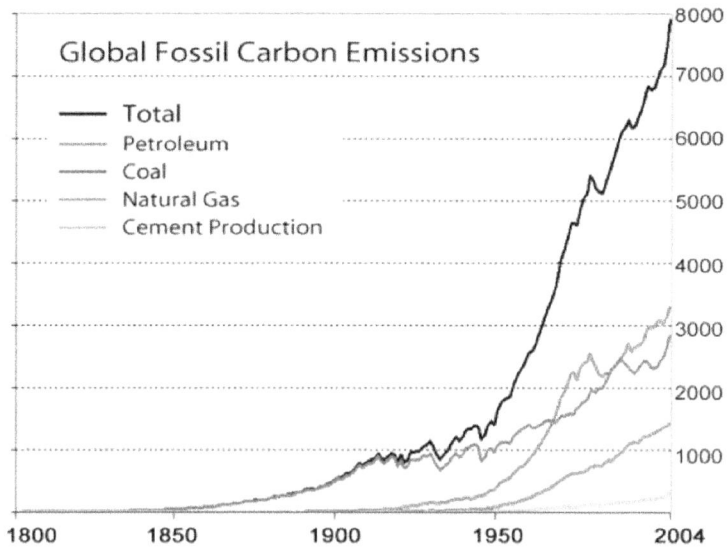

Weltweite CO$_2$-Emission, dargestellt als Millionen Tonnen Kohle

Das Diagramm zeigt, dass die totale Emission im Jahre 2004 8'000 Millionen Tonnen (8 Gt) Kohle betrug. Das entspricht 29 Gt CO2. Die unterste Linie, „Cement Production", umfasst Kohle, Schweröl und Gas zur Befeuerung der Zementöfen die jedes Jahr 3,3 Gt Zement für Beton produzieren, der vor allem in China verwendet wird. Nach einem rezessionsbedingten Rückgang steigt die jährliche CO2-Emission wieder um 5% an und stand 2010 bei 30,6 Gt.

GLOBALE ERWÄRMUNG

Die globale Temperatur steigt.

Die US National Oceanic and Atmospheric Administration hat die monatlichen Durchschnittstemperaturen über ein Jahrhundert erhoben. Diese Grafik zeigt die Temperaturveränderung im Vergleich zum Durchschnitt des letzten Jahrhunderts. Die senkrechte Skala zeigt die Temperatur in °C. Die Zunahme beträgt etwa ein Grad.

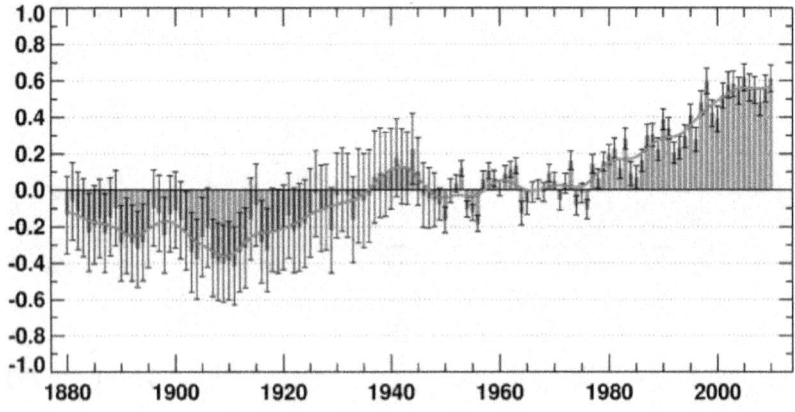

Weltweite Temperatur, °C im Vergleich zum Durchschnitt des 20. Jahrhunderts

Die Emission von Kohlendioxid verstärkt die globale Erwärmung.

Die folgende Grafik stammt vom Klimaforscher James Hansen und zeigt einen historischen Vergleich zwischen dem atmosphärischen CO_2- und Methan-Gehalt sowie der Temperatur. Die horizontale Skala zeigt Jahrtausende vor 1850, dem Nullpunkt. Die Skala von

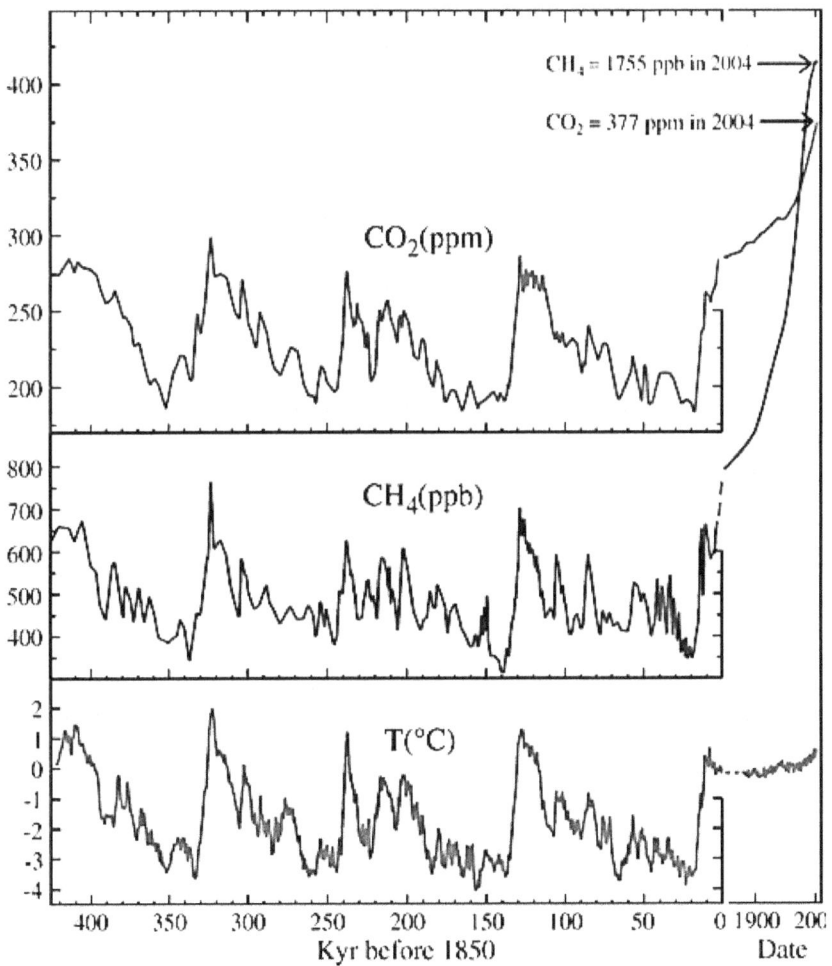

Atmosphärische CO_2- und CH_4-Konzentrationen vor und nach 1850

1850 bis 2000 ist um das 400-fache gestreckt, um die rasch zunehmenden Auswirkungen der zivilisatorischen Tätigkeit seit dem Be-
ginn der Industriellen Revolution zu zeigen. Die Einheiten für CO_2
sind Millionstel (ppm), für Methan Milliardstel (ppb) und für die
Temperatur °C bezogen auf den Mittelwert des letzten Jahrhunderts.

Temperatur und CO_2 korrelieren stark, so dass anzunehmen ist,
dass der gegenwärtige rasche Anstieg des CO_2 einen entsprechenden Anstieg der Temperatur zur Folge haben könnte. Nun, Korrela-
tion ist nicht Kausalität, deshalb werden Klimamodelle verwendet
um herauszufinden, wie der CO_2-Treibhauseffekt das Weltklima
verändert.

Der grösste Teil der Sonnenenergie erreicht die Erde als sichtbares
Licht, welches die durchsichtige Atmosphäre durchdringt und die
Erde aufheizt. Obwohl viel kühler als die Sonne, strahlt auch die
Erde, allerdings in der weniger energiereichen Wärmestrahlung,
auch Infrarot (IR) genannt. Die Atmosphäre ist weniger durchsichtig für IR-Licht, das heisst, sie absorbiert IR und erwärmt sich. Die
Stärke der Absorption hängt von der Menge H_2O, CH_4 und CO_2
(und einiger weiterer Spurengase) in der Atmosphäre ab. Diese Gase absorbieren unterschiedliche Teile des IR-Spektrums.

Um das Klima der Erde zu simulieren, hat man Computermodelle
entwickelt. Sie sind sehr kompliziert und berücksichtigen eine grosse Zahl von Parametern, welche die Temperatur beeinflussen. Die
folgende Grafik des Klimaforschers James Hansen illustriert einige
der Parameter, welche die normale Strahlungsbilanz der Erde verändern.

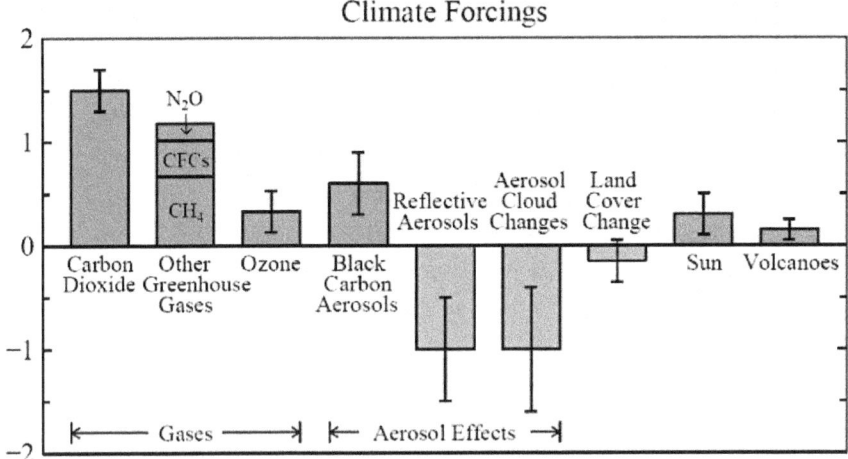

Parameter in Klimamodellen

- Treibhausgase wie CO2, Methan (CH4), Halone, Lachgas und Ozon verstärken die IR-Absorption und wärmen die Erde.

- Schwarze Aerosole (Russ) aus ungenügender Verbrennung in primitiven Öfen und ungefilterten Abgasen verstärken die Absorption ebenfalls.

- Aerosole aus Schwefelsäure und Salpetersäure reflektieren das Sonnenlicht und kühlen.

Entgegen vieler Kritiken berücksichtigen die Klimamodelle sehr wohl verschiedenste Faktoren, welche die globale Temperatur beeinflussen. Die Wissenschaftler sind sich einig, dass (1) der Planet sich erwärmt und dass (2) die Emissionen der menschlichen Zivilisation in die Atmosphäre dabei eine wichtige Rolle spielen.

Die Klimamodelle des IPCC zeigen eine sich erwärmende Erde.

IPCC ist das „Intergovernmental Panel on Climate Change" (etwa: „Zwischenstaatlicher Rat zur Klimaänderung").

Für die nächsten zwei Jahrzehnte wird für verschiedene Emissionsszenarien eine Erwärmung um etwa 0,2° pro Dekade vorausgesehen. Sogar, wenn man die Konzentration von Treibhausgasen und Aerosolen bei den Werten von 2000 festhält, würde man immer noch eine Erwärmung von 0,1° pro Dekade erwarten.

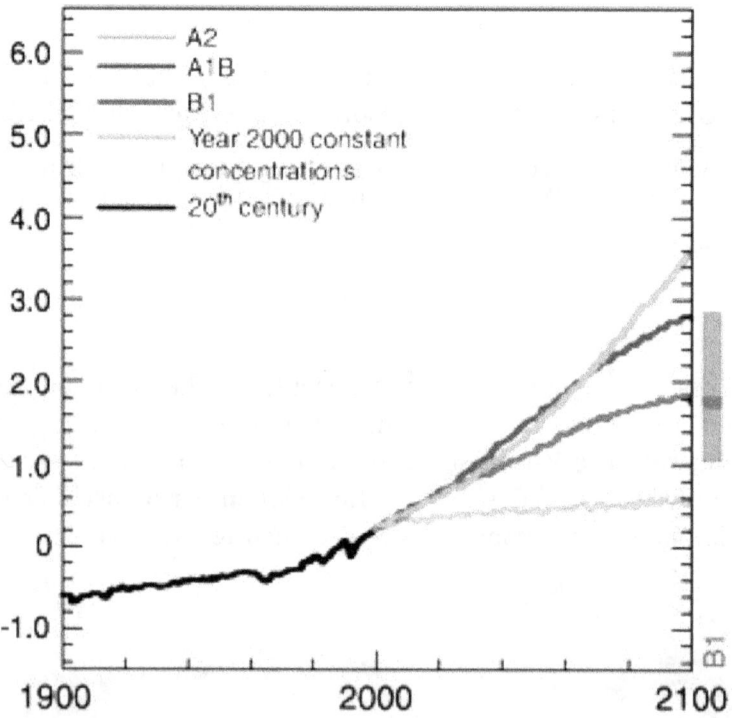

IPCC-Projektionen der Veränderung der mittleren Temperatur der Erde (°C)

Das IPCC machte verschiedene Voraussagen zur mittleren Temperatur bezogen auf das Jahr 2000 je nach unterschiedlichen zivilisatorischen Entwicklungsszenarien. So ist zum Beispiel das Szenario B1 charakterisiert durch ein rasches Wirtschaftswachstum, einer Weltbevölkerung, die ab Mitte des Jahrhunderts abnimmt, mit schneller Verbreitung von neuer und effizienter Technik und einer Verschiebung der Wirtschaft hin zu Dienstleistung und Information. Die B1-Linie zeigt eine Erhöhung der Durchschnittstemperatur um 1,8° im Jahr 2100. Die unterste Linie entspricht einem Szenario in dem die CO_2-Konzentration nicht mehr zunimmt. Das IPCC macht keine Aussage, welches Szenario am wahrscheinlichsten ist, aber alle zeigen eine mehr oder weniger starke globale Erwärmung, je nach CO_2-Emissionen.

Unkontrollierte globale Erwärmung bedeutet das Ende des Lebens wie wir es kennen.

Eine der wichtigsten Auswirkungen steigender Temperaturen wird das Schmelzen von Eisschilden und Gletschern sein. Der Meeresspiegel könnte deswegen bis 2100 um bis zu 1 Meter steigen. Der Verlust von Lebensraum, symbolisiert durch den vielgenannten Eisbären, wird viele andere arktische Tiere ebenso betreffen, zum Beispiel Seehund und Walross. Die Landwirtschaft in Indien und andernorts ist auf Wasser aus Flüssen angewiesen, die im Sommer vom Schmelzwasser aus Gletschern gespeist werden.

Veränderung des Rongbuk-Gletschers

Der Rongbuk-Gletscher im Himalaya verschwand zwischen 1968 und 2007 vollständig. Wenn solche Gletscher verschwinden, können sie das in der Trockenzeit für die Bewässerung so wichtige Schmelzwasser nicht mehr liefern. Die Nahrungsproduktion wird eingeschränkt mit möglichen Hungersnöten für hunderte von Millionen Menschen.

Tiere wechseln ihren Lebensraum, um sich veränderten Klimabedingungen anzupassen; so gedeiht der Borkenkäfer plötzlich prächtig im wärmeren Klima Alaskas und er hat inzwischen über 16'000 km² Fichtenwald zerstört. Das Wetter wird extremer, Tropenstürme zahlreicher, Überschwemmungen und Dürren häufiger.

Gebleichte Korallen im Indischen Ozean

Schlimm könnten auch die Lebensbedingungen in den Ozeanen werden. Das Leben im Meer liebt kaltes Wasser. Das Wasser in der Karibik ist so klar, weil es dort weniger Leben gibt als in den gemässigten und polaren Zonen. Algen, die Grundlage der Nahrungskette, gedeihen am besten im kalten polaren Wasser. Doch das kalte Meer, die Quelle allen Lebens, wird kleiner. Die Abnahme des gelösten Sauerstoffs wird mehr tote Zonen schaffen. Korallen verlieren im warmen Wasser ihre symbiotischen Algen und gehen ein.

Temperatur ist nicht das einzige Problem. Das CO_2 aus der Luft löst sich im Meerwasser und macht es sauer. Wissenschaftler berichten, dass die Konzentration von gelösten Wasserstoff-Ionen (ein Mass für Säure) um 29% zugenommen hat und dass dieser Wert weiter steigt. Gelöstes CO_2 verdrängt die Karbonat-Ionen, welche Korallen, Mollusken und Teile des Planktons benötigen, um Schalen und Riffe zu bilden. Bis zur Mitte des Jahrhunderts könnten dadurch die Schalentiere und die marine Nahrungskette bedroht sein.

Das Verbrennen fossiler Brennstoffe tötet jedes Jahr 34'000 US-Bürger.

Luftverschmutzung ist ein unmittelbareres Problem als der Klimawandel. Viele Kohlekraftwerke haben Abgasreiniger und andere Einrichtungen eingebaut, um die giftigen Abgase von der Atmosphäre teilweise fernzuhalten. Die „Clean Air Task Force" macht Druck, dass die Behörden dafür sorgen, dass die Anzahl Todesfälle infolge Luftverschmutzung in den USA auf 13'000 pro Jahr sinkt.

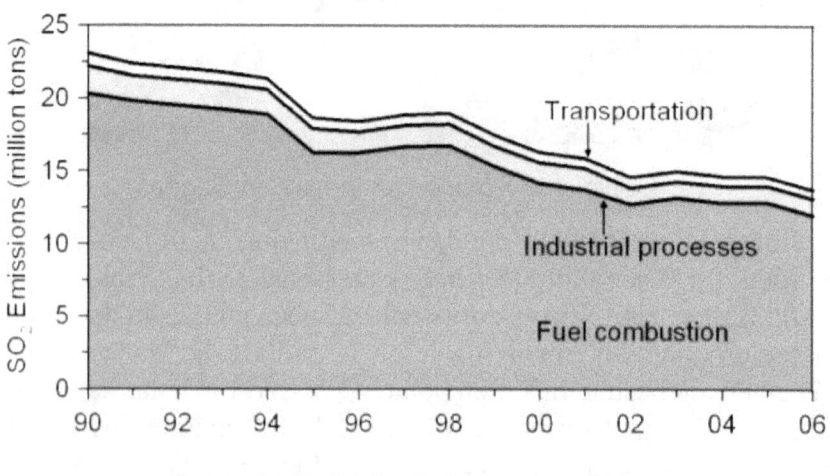

Schwefeldioxid-Emissionen der USA

Das US-Umweltamt hat den langsamen, stetigen Rückgang eines der Umweltgifte, Schwefeldioxid, dokumentiert. In einer plötzlichen Änderung der Politik verordnete das Amt im Juli 2011 eine sehr restriktive und auch umstrittene Regelung um die Emissionen sehr stark zu begrenzen:

> „Die Cross State Air Pollution Rule wird Siedlungsräume, die von 240 Millionen Amerikanern bewohnt sind, vor Smog und Russ beschützen und so ab 2014 jedes Jahr bis zu 34'000 vorzeitige Todesfälle vermeiden, ebenso wie 15'000 nicht tödliche

Herzanfälle, 19'000 Fälle akuter Bronchitis, 400'000 Fälle von schwerem Asthma und 1,8 Millionen Krankheitstage und wird damit 280 Milliarden US$ an Krankheitskosten einsparen."

Das Umweltamt schätzt 13'000 bis 34'000 Tote pro Jahr. Die meisten werden von Schwefeldioxid in den Abgasen von Kohlekraftwerken verursacht. Stickoxide und Quecksilber sind zwei weitere tödliche Umweltgifte aus Kohlekraftwerken. Das Umweltamt schätzt, dass eine drastische Reduktion dieser Emissionen der Volkswirtschaft jährlich Vorteile im Wert von 120 bis 280 Milliarden $ bringen würde.

In China ist die Luftverschmutzung noch schlimmer. Dort sterben jedes Jahr hunderttausende Menschen vorzeitig an Erkrankungen der Atemwege, hervorgerufen durch Abgase der Kohleverfeuerung. Die UNO schätzt die Zahl der Todesfälle durch Kohlefeinstaub weltweit auf eine Million pro Jahr.

Die Vorschau der OECD vom März 2012 sagt voraus, dass mit einer weiter-wie-bisher Politik: „Luftverschmutzung in den Städten bis 2050 die wichtigste Ursache für umweltbedingte Todesfälle sein wird, wichtiger noch als verschmutztes Wasser und fehlende sanitäre Einrichtungen. Die Zahl vorzeitiger Todesfälle durch Atembeschwerden verursacht durch Feinstaub könnte sich auf 3,6 Millionen pro Jahr verdoppeln, wobei sich die meisten in China und Indien ereignen werden."

Die Schifffahrt ist für mehr Luftverschmutzung verantwortlich als alle Autos der Welt.

Allein die 15 grössten Containerschiffe produzieren gleichviel Luftverschmutzung wie die 760 Millionen Autos der Welt. Die grossen Schiffsdieselmotoren werden mit Schweröl betrieben; das ist gewissermassen der Abfall der Raffinerien und enthält 2'000 Mal soviel Schwefel wie der Diesel-Treibstoff für PKWs. Diese 2'300 Tonnen schweren Motoren produzieren bis zu 90 MW Leistung und verbrennen dabei 16 Tonnen Schweröl die Stunde. Seit China der wichtigste Produktionsstandort geworden ist, hat die Schifffahrt massiv zugenommen. Jeden Tag verbrennen die Schiffe 7 Millionen Fass Öl und die ganze Flotte stösst im Jahr 20 Millionen Tonnen SO2 aus. Die Schifffahrt ist verantwortlich für 18-30% des weltweiten Ausstosses von NOx (Stickoxide), 9% des SO2 (Schwefeldioxid) und 4% aller Treibhausgase.

Das US-Umweltamt bemüht sich, die Emissionen der Küstenschifffahrt zu reduzieren, die allein 12'000 bis 14'000 vorzeitige Todesfälle verursacht, mit dem Verlust von 1,4 Millionen Arbeitstagen und 110 bis 270 Milliarden $ Pflegekosten.

Die USA sind süchtig nach importiertem Öl.

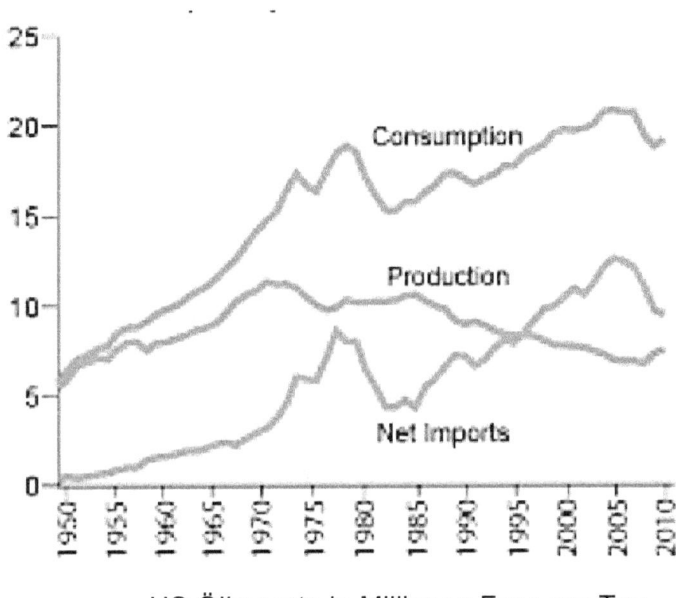

US Ölimporte in Millionen Fass pro Tag

Diese Grafik zeigt, dass die USA jeden Tag um die 10 Millionen Fass Öl importieren. Mit einem Preis von 100 $ pro Fass kostet das die Volkswirtschaft 1 Milliarde $ pro Tag und belastet die Handelsbilanz mit 365 Milliarden $. Das ist der grösste Einzelposten im Handelsbilanzdefizit von 500 Milliarden $ pro Jahr. Kumuliert ist es inzwischen auf 10 Billionen $ angewachsen. Das ist geborgtes Geld, um Öl und andere Güter zu importieren. In der Zukunft werden die USA irgendeinmal Güter und Dienstleistungen im Wert von 10 Billionen $ mehr exportieren als importieren müssen, um diese Schuld zurückzuzahlen.

Die USA importieren die Hälfte des Erdöls, das sie verbrauchen. Die Rangliste der Lieferanten ändert sich je nach Marktbedingungen. Zur Zeit (2012) ist das die Rangliste:

Kanada	25%
Saudi Arabien	12%
Nigeria	11%
Venezuela	10%
Mexico	9%

Andere Öllieferanten sind Kolumbien, Iraq, Equador, Angola, Russland, Brasilien, Kuweit, Algerien und Oman. Der internationale Ölmarkt ist effizient und beständig, so sind die USA nicht von einem einzelnen Lieferanten abhängig. Allerdings ist die kurzfristige Nachfrage unelastisch und die Produktion liegt nur leicht über der Nachfrage, so dass es zu kurzzeitigen Engpässen und Preisausschlägen kommen kann.

Abnehmende Ressourcen und wachsende Bevölkerung schaffen Konfliktpotential.

Die Invasion von Kuwait durch den Iraq 1990 war der Versuch, die Kontrolle über eine der grössten Öllagerstätten der Welt zu erlangen. In den Ölfeldern Kuwaits liegen 8% der weltweiten Ölreserven. Als sich die geschlagenen Iraqer zurückzogen, setzten sie 700 Ölquellen in Brand. Darauf verbrannten täglich 6 Millionen Fass während 10 Monaten und verursachten grossflächige Umweltver-

schmutzung.

Das Pentagon ist der Meinung, dass die grösste Bedrohung durch den Klimawandel nicht die Schädigung der Ökosysteme sei, sondern das Auseinanderfallen der Sozialstrukturen und in der Folge Massenhungersnot, Massenmigration und eine Kette von Konflikten um Ressourcen.

Die gegenwärtigen Energieströme sind nicht in der Lage, die Zivilisation aufrecht zu erhalten.

Die gegenwärtige Struktur der Quellen und des Verbrauchs von Erdöl können in einer zivilisierten Welt nicht aufrecht erhalten werden. Zusammengefasst:

Bevölkerung	Die Weltbevölkerung wächst, besonders in armen Ländern.
Energiemangel	Über 20% der Weltbevölkerung hat keinen Zugang zu Elektrizität – eine Voraussetzung selbst für bescheidensten Wohlstand. Flüssigtreibstoffe werden für Transport, Handel und Industrie benötigt.
Energiewachstum	In den Entwicklungsländern steigt der Energiebedarf, um Wirtschaftswachstum und Wohlstand zu ermöglichen.
Verbrennung von Kohle	Die billigste Art, um in den Entwicklungsländern elektrische Energie zu erzeugen, ist mit Kohlekraftwerken. Sogar in den OECD-Ländern werden weiter Kohlekraftwerke gebaut.
CO_2-Ausstoss	Das Verbrennen von Kohle speit 31 Gt. CO_2 in die Atmosphäre, mehr als das Verbrennen von Erdöl.
Temperatur	Die Temperatur der Welt steigt wegen des zusätzlichen menschengemachten CO_2 und das heisst, weltweite Änderun-

	gen auf dem Land und im Meer, in der Wasserversorgung und der Möglichkeit, Nahrung zu produzieren.
Umweltverschmutzung	Kohlekraftwerke emittieren Staub in die Atmosphäre, der allein in den USA jährlich für 34'000 Todesfälle verantwortlich ist, über 1 Million weltweit.
Öl	Erdöl ist entscheidend wichtig für das Transportwesen und der Bedarf steigt weltweit. Die USA sind der grösste Importeur dieser schwindenden Ressource, was das Handelsbilanzdefizit um ein Drittel Billion $ jährlich erhöht.
Konflikte	Eine wachsende Weltbevölkerung, steigende Nachfrage nach schwindenden Ressourcen, Stress wegen Verschmutzung, und daraus entstehende Unruhen können zu Krieg führen.

Globale Kohlesteuern sind keine Lösung.

Eine oft vorgeschlagene politische Idee, um den Klimawandel zu stoppen ist, eine Steuer auf CO_2-Emissionen zu erheben und zwar von allen Emittenten. Im Prinzip ist es ja schon so, dass der Preis von Strom aus Kohle die Kosten, welche die Emission von Schadstoffen in die Atmosphäre verursacht, nicht enthält. Ökonomen haben versucht, den Schaden abzuschätzen, den die CO_2-Emissionen verursachen und kommen auf 40 bis 100 USD pro Tonne, was die Energie entsprechend verteuern würde. Die „cap and trade" Variante der CO_2-Steuer erhöht die Kosten ebenso und hemmt die wirtschaftliche Produktivität.

Die Vereinigten Staaten und auch andere Länder haben vergeblich versucht, Emissionen zu besteuern. Obwohl Europa mit Emissionszertifikaten experimentiert hat, steigen dort die CO_2-Emissionen.

Im Zusammenhang mit dem Kyoto-Protokoll stimmte der US-Senat klar gegen jeden Vertrag zur Emissionsbegrenzung, sofern die Entwicklungsländer nicht mit eingebunden sind.

Die UNO veranstaltete und finanzierte Klimakonferenzen in Kyoto, Kopenhagen, Tianjin, Cancún, Bangkok, Bonn, Panama, Durban und Bali, ohne sich zu einigen wie eine CO_2-Steuer zu erheben sei oder wie die immer noch steigenden CO_2 Emissionen verringert werden können. Zehntausende strömten jeweils zu diesen Konferenzen. Es ist schwer vorstellbar, wie man die Länder der Welt dazu bringen kann, einen Vertrag gegen ihre ur-eigenen Interessen abzuschliessen.

Das Argument der Entwicklungsländer ist dies: Der Wohlstand der reichen OECD-Länder ist dank den billigen fossilen Brennstoffen zustande gekommen, deren Verbrennung die heutige CO_2-Konzentration von 400 ppm verursacht hat. Sie argumentieren, dass sie das gleiche Recht haben, ihren Wohlstand dank billiger Energie auf das OECD-Niveau zu steigern.

Diese Grafik illustriert das Argument:

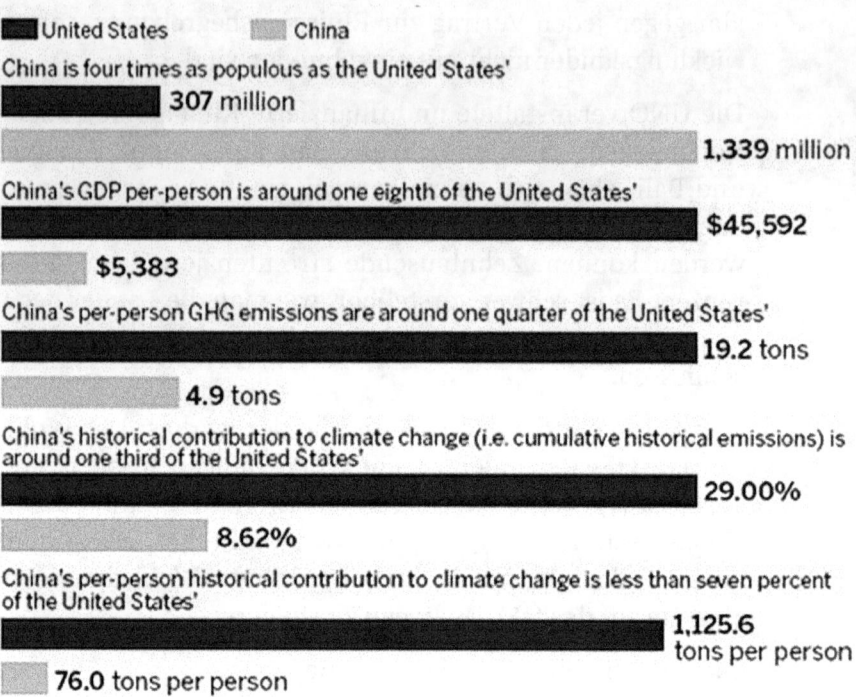

China Daily News, 7. Okt. 2010

Die Zunahme der CO$_2$-Emissionen beschleunigte sich 2012.

Wie Aufnahmen der NASA seigen, war am 12. Juli 2012 die gesamte Oberfläche der Grönländischen Eiskappe aufgetaut.

Im 2012 publizierte die OECD ernsthafte Warnungen vor der weiteren Zunahme der CO2-Emissionen. Die grösste Zunahme wird von den Kohlekraftwerken erwartet, deren Emissionen bis 2050 von 10 auf 18 Gt steigen soll, eine Zunahme von 80%. Die folgende Grafik zeigt die entsprechende CO2-Konzentration in der Atmosphäre in ppm (Millionstel Volumenteile).

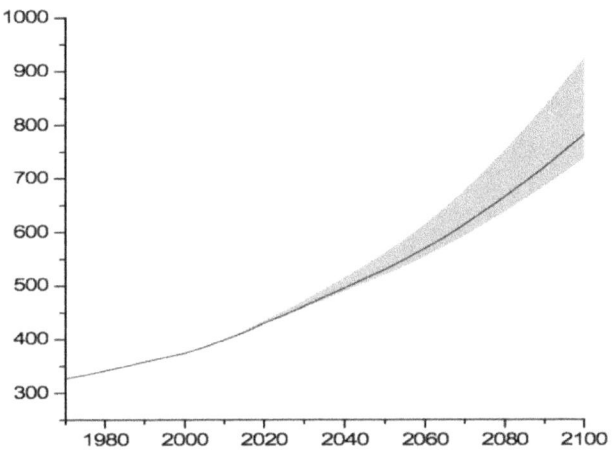

Atmosphärische CO_2-Konzentration, millionstel Teile

Wenn das so weitergeht, erreicht die Konzentration 2100 685 ppm, wogegen die meisten Klimaforscher 450 ppm als höchstzulässige Konzentration annehmen. Die OECD sieht die globale Temperatur bei dieser Konzentration 3 bis 6 °C höher als normal – eine Katastrophe!

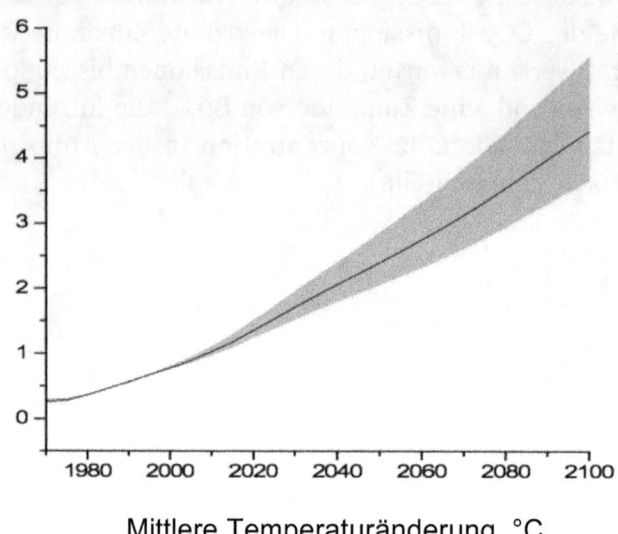

Mittlere Temperaturänderung, °C

EINE NEUE ENERGIETECHNIK

Eine neue Energietechnik kann unsere Umweltprobleme lösen.

Prof. Jeffrey Sachs, Direktor des „Columbia Earth Institute" und Berater des UNO-Generalsekretärs ist ein Wirtschaftswissenschaftler, der neue Energietechniken den CO2-Steuern vorzieht. Er schreibt im „Scientific American":

> „Technologiepolitik ist der Schlüssel zur Herausforderung des Klimawandels. Wenn wir versuchen, die Emissionen einzuschränken ohne eine fundamental neue Energietechnik, dann würgen wir das Wirtschaftswachstum ab und verunmöglichen die wirtschaftliche Entwicklung für Milliarden von Menschen... Wir brauchen mehr als einen Preis für CO2-Emissionen... Technologien, die in den reichen Ländern entwickelt werden, müssen rasch den Weg in die armen Länder finden."

Die Länder sind gegen CO2-Steuern, welche die Kosten der fossil erzeugten Energie steigern und damit die wirtschaftliche Entwicklung behindern. Der Streit um die Klimaverträge dreht sich hauptsächlich um die Frage, ob die OECD-Länder Milliarden an die Entwicklungsländer zahlen sollen, um ihre gegenwärtigen und zukünftigen CO2-Emissionen zu reduzieren.

Es gibt eine bessere Lösung: Energie, die billiger ist als Energie aus Kohle. Wenn neue technische Entwicklungen wie der Flüssigfluorid Thorium-Reaktor die Kosten für Kohlestrom unterbieten, dann werden alle Länder in ihrem wirtschaftlichen Eigeninteresse aufhören, Kohle zu verbrennen. Es gibt hier einen klaren wirtschaftlichen Knackpunkt: Die Kosten, um Strom aus Kohle zu produzieren. Ein neues Verfahren ist erfolgreich, wenn es diese Kosten unterbieten kann. Ewige internationale Vertragsverhandlungen und belastende Steuern fallen dann als unnötig weg.

Der Flüssigfluorid Thorium-Reaktor könnte diese neue Energiequelle sein, die Strom billiger produziert als aus Kohle und die alle Länder davon abhält, Kohle zu verbrennen, ohne CO2-Steuern und bei verbesserter wirtschaftlicher Produktivität.

Eine neue Energietechnik produziert saubere Energie billiger als Kohle.

Diese neue Energietechnik löst mehr Probleme als nur den Klimawandel. Es gibt immer noch Leute, die skeptisch sind, ob menschengemachtes CO2 am Klimawandel schuld ist. Sie sorgen sich, dass verteuerte Energie die US-Wirtschaft schädigen werde. Ausserdem fürchten sie, dass internationale Verträge die Entwicklungsländer zum Schaden der OECD-Länder bevorzugen, indem sie diese von Einschränkungen ausnehmen und für die Reduktion des CO2-Ausstosses bezahlen.

Es gibt viele Gründe, eine Energiequelle zu entwickeln die billiger ist als Kohle. Jeder dieser Gründe rechtfertigt die Entwicklungskosten für eine Lösung wie den Flüssigfluorid Thorium-Reaktor.

- Tiefere Energiekosten erhöhen die Wirtschaftsleistung.

- Das Ende der Staubemissionen wird Millionen Leben retten.

- Das Ende des Energiemangels führt zu nachhaltiger Bevölkerungsdynamik.

- Die Reduktion der CO_2-Emission hilft, den Klimawandel unter Kontrolle zu bringen.

Sogar Klimaskeptiker müssten diese fortschrittliche Energietechnik wegen der höheren Produktivität, der stabilisierten Bevölkerung und der verbesserten allgemeinen Gesundheit begrüssen.

In den Vereinigten Staaten besteht ein Streit zwischen dem rechten Flügel der Republikaner und dem linken Flügel der Demokraten über die Frage, ob eine Besteuerung der CO_2-Emission die Wirtschaft schädige. Beide Seiten können sicher eine Senkung der CO_2-Emissionen **und** Wirtschaftswachstum begrüssen.

Ein Ende der Luftverschmutzung würde Millionen Leben retten.

Das US-Umweltministerium schätzt, dass allein in den USA jährlich 34'000 Menschen nicht vorzeitig sterben müssten, wenn die Luftverschmutzung durch Feinstaub verhindert werden könnte.

Die Abgase der Kohlekraftwerke enthalten SO_2 und NO_2, die mit Wasser reagieren und Aerosole bilden, Säure-Tröpfchen mit einem Durchmesser von weniger als 2,5 Mikron. Sie sind gesundheitsschädlich.

Hunderttausende Leben könnten gerettet werden, wenn die Luft in China weniger verschmutzt wäre. Der Ersatz von primitiven Kohlefeuern und damit ein Ende der Russverschmutzung könnte sogar über 1 Million vorzeitige Todesfälle verhindern.

Tiefere Energiekosten bedeuten höhere wirtschaftliche Produktivität.

Die Kosten der elektrischen Energie sind eine Kostenkomponente aller Güter und Dienstleistungen. Tiefere Kosten bedeuten eine Verbesserung der wirtschaftlichen Produktivität. 500 GWa (Gigawatt-Jahre) zu heutigen Preisen von 5 US Cent pro kWh kosten 200 Milliarden $ verglichen mit den 15 Billionen $ des BIP. Wenn die kWh 2 Cents weniger kostet, kann ½% des BIP für etwas anderes verwendet werden. Das ist zu vergleichen mit dem wirtschaftlichen Schaden, den eine Verteuerung des Stroms durch Steuern oder teure Produktionsverfahren wie Photovoltaik und Wind anrichten würde.

Ein Ende der Energieknappheit führt zu einer stabilen Bevölkerung.

Über eine Milliarde Menschen haben keinen Zugang zu Stromversorgung. Strom ist aber eine Voraussetzung für wirtschaftliche Entwicklung, und damit einem Leben ohne harte Arbeit für die Frauen. Dafür haben sie freie Zeit für Bildung, damit Unabhängigkeit und die Möglichkeit die Familienplanung selbst an die Hand zu nehmen. Wenn sich die Entwicklungsländer mit Elektrizität versorgen, können sie solche Ziele erreichen. Aber heute können nicht einmal rasch wachsende Volkswirtschaften wie Indien und Südafrika ihren Menschen eine zuverlässige, ununterbrochene Stromversorgung bieten. Die reichen Länder dieser Welt haben eine stabile oder schwindende Bevölkerung. Eine stabile Bevölkerung reduziert den Wettbewerb um natürliche Ressourcen und damit die Kriegsgefahr.

Die Reduktion von CO$_2$-Emissionen verlangsamt den Klimawandel.

Die Emission von CO2 verstärkt den Klimawandel und schädigt die Umwelt. Die Produktion elektrischer Energie durch Verbrennen von Kohle ist die grösste Quelle von CO2-Emissionen weltweit. Der wirkungsvollste Weg, die CO2-Emissionen zu reduzieren ist es, mit dem Verbrennen von Kohle in Kohlekraftwerken aufzuhören.

DER FLÜSSIGFLUORID THORIUM-REAKTOR

Dieses Buch handelt von den Möglichkeiten, welche der Flüssigfluorid Thorium-Reaktor (liquid fluoride thorium reactor, „LFTR") bietet, um den Klimawandel zu stoppen, den Energiemangel zu überwinden, Wohlstand zu schaffen und Ressourcenkonflikte zu vermeiden. Diese umwälzende Technik wird im Detail im Kapitel 5 beschrieben.

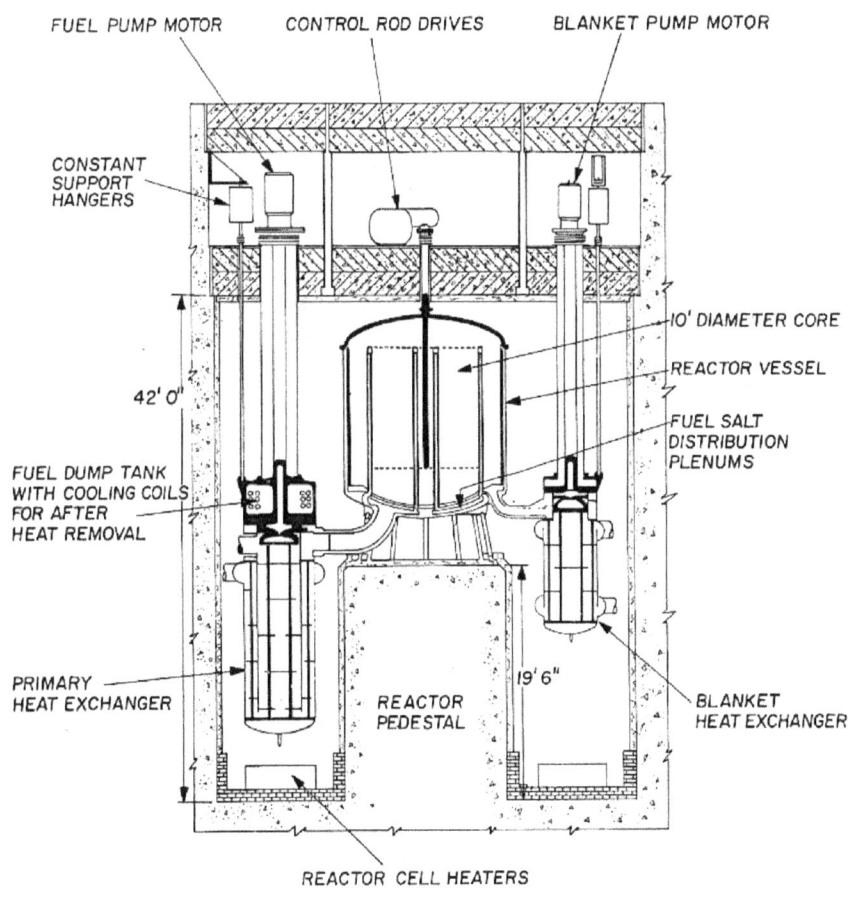

ORNL Flüssigfluorid Thorium-Reaktor, ~1975

Das Konzept für den Flüssigfluorid Thorium-Reaktor wurde in den 1970er Jahren im Oak Ridge National Laboratory entwickelt. Heute interessiert man sich wieder dafür wegen der folgenden Eigenschaften:

Flüssig: Der Kernbrennstoff ist in diesem Reaktor in geschmolzenem Salz aufgelöst. Damit kann er ständig durch den Reaktor zirkulieren, was ermöglicht, den Brennstoff vollständig aufzubrauchen, kontinuierlich aufzuarbeiten und ständig neu zuzuführen.

Fluorid: Fluoridsalze gehören zu den stabilsten chemischen Verbindungen. Sie zerfallen nicht bei hohen Temperaturen oder starker Bestrahlung. Sie binden gefährlich strahlende Materialien, so dass sie nicht in die Umwelt gelangen können, selbst bei einem schweren Unfall nicht. Die Fluoridsalze sind bei hohen Temperaturen und normalem Luftdruck flüssig.

Thorium: Thorium ist ein häufiger Kernbrennstoff, der in jedem Land der Erde vorkommt. Er enthält Energie in so konzentrierter Form, dass buchstäblich jedes Land energieautark werden kann.

Reaktor: Dieser neuartige Hochtemperatur-Reaktor ist sicher; der Brennstoff kann nicht schmelzen, weil er schon flüssig ist. Auslaufendes radioaktives Salz verfestigt sich an Ort und Stelle. Der Bau kostet weniger, weil der Reaktor kompakt und effizient ist und er ist billiger zu betreiben, weil Thorium billig ist und reichlich vorkommt.

Der LFTR ist eine Variante der Flüssigsalzreaktoren (Molten Salt Reactors „MSR"). Verschiedene MSR-Typen können Uran oder Thorium zusammen oder getrennt verwenden, Chlorsalze einsetzen oder „Müll" aus konventionellen Leichtwasserreaktoren nutzen.

Das LFTR –Verfahren ist billiger und besser.

LFTR ist ein neues Verfahren zur Energiegewinnung das weit besser ist als alles was wir heute haben. Es

- produziert Elektrizität *billiger* als mit Kohle,
- ist *unerschöpflich*,
- bietet *Versorgungssicherheit*,
- vermindert den *Abfall*,
- ist auch für Entwicklungsländer *erschwinglich*,
- kann *Treibstoffe* synthetisieren,
- und ist inhärent *sicher*.

Fortgeschrittene Energiequellen wie der LFTR können das alles bieten. Diese Vorteile werden im Kapitel 5 evaluiert. Hier ist eine Zusammenfassung:

Der LFTR produziert Elektrizität billiger als mit Kohle.

Kleine, modulare LFTRs können am Fliessband produziert werden. Die Kapitalkosten für diese Kraftwerke können auf 2$ pro Watt gedrückt werden. Die Kapitalkosten sind dann 2 Cents pro kWh bei 8% Zins. Die Kosten für Thorium sind vernachlässigbar. Die Vollkosten sind etwa 3 Cents pro kWh, das ist billiger als Strom aus Kohlekraftwerken.

Energie aus LFTRs ist praktisch unerschöpflich.

Thorium ist energiereich und so reichlich vorhanden wie Blei. Der ganze Strombedarf der USA könnte mit gerade mal 500 Tonnen pro Jahr gedeckt werden. Eine einzige Mine am Lemhi Pass zwischen Montana und Idaho enthält genug Thorium, um die USA während 500 Jahren mit Strom zu versorgen.

Thorium bietet Energiesicherheit für alle Länder.

Thorium kommt auf der ganzen Welt vor. Jedes Land hat genug davon, um seinen Energiebedarf zu decken und damit die Versorgung sicherzustellen.

LFTR produziert wenig Abfall.

Die Menge langlebigen, radiotoxischen Abfalls, die ein LFTR produziert, ist weniger als 1% des Abfalls aus heutigen Kernkraftwerken. Ein LFTR kann sogar langlebige Transurane aus deren Abfall als Energiequelle konsumieren.

LFTRs sind für Entwicklungsländer erschwinglich.

Weil LFTRs in kleinen, modularen Einheiten für 200 Millionen $ produziert werden, können sie sich auch Entwicklungsländer kaufen, die sich die grossen, 5 Milliarden teuren AP1000 oder EPRs nicht leisten könnten.

LFTR kann Treibstoffe für Fahrzeuge synthetisieren.

Die Temperatur von 700°C, bei der ein LFTR läuft, genügt, um Wasser in Wasserstoff und Sauerstoff zu zerlegen. Aus Wasserstoff kann man synthetische Treibstoffe herstellen als Ersatz für Benzin und Dieselöl.

LFTR ist inhärent sicher.

Ein LFTR benötigt zum Kühlen keine Stromversorgung von aussen. Die Spaltprodukte sind nichtvolatile Fluoridsalze. Der Reaktor kann jederzeit sich selbst überlassen werden.

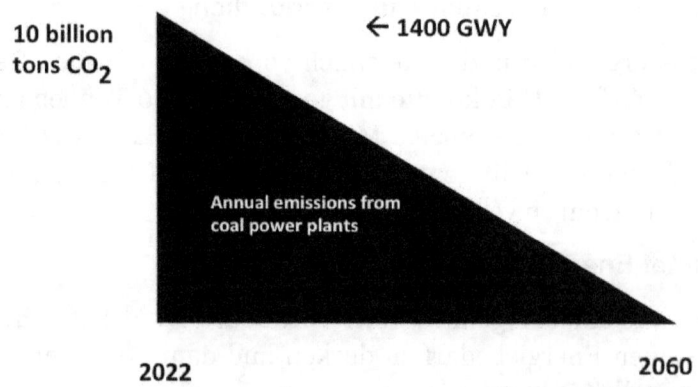

LFTR-reduziert CO_2-Emissionen aus Kohlekraftwerken

LFTR kann die CO_2-Emissionen aus Kohlekraftwerken auf Null reduzieren.

Wenn täglich 100 MW LFTR-Kapazität zugebaut wird, ist es möglich, bis 2060 alle Kohlekraftwerke zu ersetzen. Die Kohlekraftwerke der Welt produzieren etwa 1'400 GWa pro Jahr. Dabei entstehen 10 Gt (Milliarden Tonnen) CO2. Das zu verhindern wäre der grösste Beitrag, um den Klimawandel unter Kontrolle zu bringen.

Die Vorteile des LFTR wiegen die Kosten auf.

Die Entwicklung eines LFTR-Prototyps wird auf 1 Milliarde US$ geschätzt. Diese R&D Investition könnte von einer Regierung getragen werden, welche anschliessend die Resultate einer leistungsfähigen Industrie zur Verfügung stellt. Die weitere Entwicklung vom Prototyp zur Massenproduktion ist bedeutend teurer – vielleicht 5 Mia $ und müsste von einem Industriekonsortium aufgebracht werden.

Die 100MW-Einheiten, die für 200 Millionen $ massenproduziert werden können, würden wohl zuerst in den USA an die Stromerzeuger verkauft, aber später auch exportiert. Ein täglicher Verkauf von 200 Millionen $ bedeutet eine 70 Mia$-pro-Jahr Exportindustrie, die in der Lage wäre, das Handelsbilanzdefizit der USA zu verkleinern. Allerdings dürfte China in diesem Markt ein starker Konkurrent sein.

Eine solche Entwicklung:

$1 B	$5 B	$70 B per year industry	
Develop	Scale up	Produce	Export
2012	2017	2022	

- *Vermeidet 10 Milliarden Tonnen CO2 pro Jahr bis 2060,*
- *Vermeidet eine CO2-Abgabe,*
- *Beendet die tödliche Luftverschmutzung,*
- *Erhöht den Wohlstand in der Welt und kontrolliert das Bevölkerungswachstum,*
- *Nutzt unerschöpfliche Thorium-Vorräte in allen Ländern,*
- *Ist so sicher, dass er sich selbst überlassen werden kann.*

Im nächsten Kapitel wollen wir eine Übersicht über die Energiequellen gewinnen, die in der Welt genutzt werden, als Vorbereitung zu einer detaillierteren Behandlung des Flüssigsalz Thorium-Reaktors im Kapitel 5.

4. Energiequellen

Der Titel dieses Buches, *THORIUM: billiger als Kohlestrom*, ist eine unvollständige Beschreibung der wirklichen Zielsetzung. Um den CO2-Ausstoss nachhaltig zu vermindern, muss Thorium-Energie billiger sein als alle fossilen Energiequellen, inklusive Erdgas. Weil Thorium-Energie billiger ist als Wind und Photovoltaik, kann sie verhindern, dass die Fossilen durch Alternativen ersetzt werden, die viermal teurer sind. Von allen Erneuerbaren ist nur die Wasserkraft konkurrenzfähig. Aber es gibt nicht mehr viele mögliche Standorte. Dieses Kapitel analysiert die Möglichkeiten, Elektrizität zu erzeugen.

Wir produzieren elektrische Energie heute aus vielen verschiedenen Quellen – fossile Brennstoffe, Kernenergie und erneuerbare Energie. In diesem Kapitel wollen wir ihre Eigenschaften diskutieren und untersuchen, wie sie in einer nachhaltigen Welt am besten eingesetzt werden können.

Kürzlich führte ich eine Klasse des ILEAD (Institute for Lifelong Education at Dartmouth) zu Besuchen an viele verschiedene Elektrizitätswerke. Alle Teilnehmer sagten, es sei sehr lehrreich gewesen, die Grössenunterschiede der verschiedenen Kraftwerktypen zu erleben. Ich ermuntere Sie, ähnliche Besuchsprogramme zu organisieren oder mindestens die virtuelle Tour auf unserer Webseite mitzumachen.

Diese Kraftwerke werden manchmal als dreckig, sauber, verschwenderisch, verschmutzend, unsicher oder erneuerbar beschrieben. Bei unseren Besuchen waren wir beeindruckt von der Professionalität und dem Berufsstolz der Betreiber dieser Anlagen. Alle bemühen sich, ihre Anlagen wirtschaftlich und effizient zu betreiben, soweit die Regeln und Gesetze, denen sie unterworfen sind das zulassen. Wenn wir diese Kraftwerke mit emotionalen Attributen markieren, helfen wir nicht, unsere Energie- und Klimaprobleme zu

lösen. Die Lösung liegt im *Verständnis* der verschiedenen Energiequellen deren Kosten und Funktionsweise. Das ist das zentrale An-
liegen dieses Kapitels.

ENERGIEBEDARF

Wir analysieren den Energiebedarf, indem wir zwei Arten von Energie betrachten: elektrische Energie und Wärmeenergie. Die Energie
ist Leistung mal Zeit. Ein grosses Kraftwerk mit einer Leistung von 1
GW(e) produziert in einem Jahr 1 GWa(e), ein Gigawatt-Jahr
(elektrische) Energie.

In den USA wird Wärmeenergie oft in „Quads" gemessen; wir verwandeln das in GWa(th), (Gigawatt-Jahre [thermisch]) um mit
elektrischer Energie vergleichen zu können. Wärmeenergie brauchen wir, um zu heizen, Fahrzeuge anzutreiben, Zement herzustellen, Raffinerien zu betreiben, aber auch um den Dampf zu erzeugen,
mit dem Elektrizität produziert wird. Der Wirkungsgrad, mit dem
Wärmeenergie in elektrische Energie umgewandelt wird variiert je
nach Art des Kraftwerks. Im Allgemeinen kann man 33% als typisch
annehmen. Das heisst, für jedes GW(e) müssen 3 GW(th) aufgewendet werden. Die unten stehende Tabelle zeigt die wahrscheinli-

Verbrauch von Wärmeenergie und elektrischer Energie im Vergleich				
		2015	*2035*	*Zunahme*
Wärmeleistung GW(th)	US	3,300	3,800	15%
	Welt	19,000	26,000	37%
Elektrische Leistung GW(e)	US	500	600	20%
	Welt	2,600	4,000	**54%**
Wärmeleistung, GW(th), ohne Kraftwerke.	US	1,800	2000	11%
	Welt	11,200	14,000	**25%**

che Entwicklung des Bedarfs.

Die letzten zwei Zeilen sind die Differenz zwischen der totalen Wärmeenergie und derjenigen, die für die Produktion von Elektrizität aufgewendet wird. Es bleibt die Energie für Heizung, motorisierten Transport und industrielle Prozessenergie. Das Wachstum der Nachfrage nach Elektrizität steigt weltweit stärker (54%) als die nach den übrigen Formen der Energie (25%).

Das Wachstum der Zivilisation in den USA und vor allem weltweit ist auf die wertvolle Energieform Elektrizität angewiesen, viel mehr als auf Wärme. Nur ein Beispiel: Computer laufen mit Strom und das Wachstum der Internetdienste ist nur möglich dank Hallen voller Server. Die Internetserver verbrauchen inzwischen 1,3% der weltweit produzierten Elektrizität.

Die laufende dritte Industrielle Revolution braucht mehr elektrische Energie. Neue digitale Verfahren machen die Fertigung effizienter. Der „Economist" (21. April 2012) beschreibt wie einige PKW-Produzenten die Produktion pro Arbeiter verdoppelt haben. Neue 3-D-Drucker produzieren Teile schichtweise und machen es möglich, kleine Stückzahlen einfach und billig herzustellen. Industrieroboter werden funktionaler und flexibler. Die Arbeitskosten für ein iPad betragen gerade mal 7% des Verkaufspreises. Fertigung kommt zurück in die USA und nach Europa.

Der Energieverbrauch betrug 2010 in den USA 98 Quad.

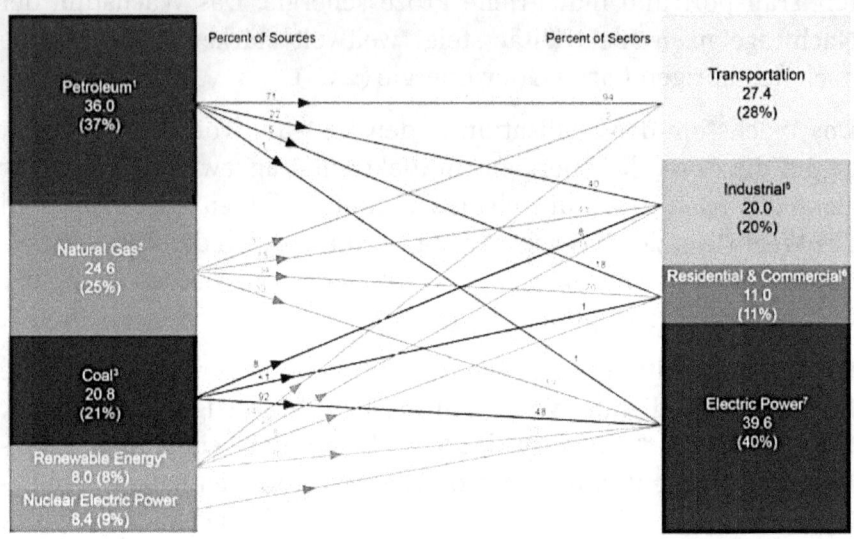

Die Primärenergiequellen der USA wie oben dargestellt waren:

2010 US Primärenergiequellen		
	Quads	GW(th)-Jahre
Erdöl	36	1202
Erdgas	25	835
Kohle	21	701
Erneuerbare Energie	8	267
Kernenergie	8	280
Total	98	3272

INSTALLIERTE LEISTUNG

Die mittlere Stromproduktion beträgt in den USA 45% der installierten Leistung von 1'100 GW.

2010 US elektrische Leistung		
Energiequelle	Max. Leistung GW	Mittl. Leistung GW
Kohle	319	211
Öl	60	4
Erdgas	439	113
Nuklear	103	92
Wasserkraft	78	30
Wind	39	11
Solar	1	0.14
Biomasse	11	6
Andere	29	20
Total	1079	471

Die Daten von der EIA in der zweiten Kolonne zeigen die installierte Leistung, also die maximal mögliche Leistung jeder Energiequelle. Kraftwerke laufen nicht ständig mit voller Leistung. Die letzte Kolonne zeigt die tatsächliche mittlere Leistung übers Jahr. Die installierte Leistung aller Kraftwerke in den USA ist 1'100 GW. Wirklich geleistet wird im Mittel knapp 500 GW.

Die EIA berechnete die Lastfaktoren für die verschiedenen Quellen.

Der Lastfaktor ist das Verhältnis von mittlerer Leistung zu installierter Leistung. Über alle Kraftwerke gemittelt beträgt der Lastfaktor 45%. Im Einzelnen gibt es grosse Unterschiede, wie die folgende EIA-Tabelle zeigt:

USA 2010: elektrische Lastfaktoren	
Energiequelle	*Lastfaktor*
Kohle	64%
Erdöl	8%
Erdgas GuD	42%
Übriges Erdgas	10%
Nuklear	90%
Hydroelektrisch	40%
Andere Erneuerbare	34%
Insgesamt	45%

Die EIA schätzte die Kosten für die Erzeugung elektrischer Leistung.

Das „Department of Energy" der US-Administration berechnet jedes Jahr die Kosten für die Produktion elektrischer Leistung. Die Schätzungen in der Tabelle sind in Dollars von 2010. Der Begriff „Watt" bezieht sich auf maximale Leistung der Anlage, ohne Lastfaktor.

Verfahren	Kapital-Kosten $/watt
Wirbelschicht Kohle	2.84
Kohlevergasung GuD	3.22
Erdgas GuD	1.00
Erdgas Gasturbine	0.67
Brennstoffzelle	6.80
Nuklear	5.33
Biomasse	3.86
Wasserkraft	3.08
Wind	2.44
Wind, offshore	5.97
Solar, thermisch	4.69
Solar, photovoltaisch	4.75

Diese Kosten sind sogenannte „über Nacht Kosten". Sie enthalten die Kapitalkosten während der Bauphase nicht, es sind also die Kosten, wie wenn die Anlage über Nacht gebaut worden wäre. Wenn die Bauphase z.B. 3 Jahre dauert und das jeweils investierte Kapital mit 8% verzinst wird, steigen die Kosten um 0,12$ pro 1.00$

KOHLE

Kohle ist eine sehr wichtige Energiequelle in den USA und weltweit, und das war immer so seit Kohle die Industrielle Revolution losgetreten hat. Zur Zeit ist Erdöl noch wichtiger, weil Benzin und Dieselöl so praktisch sind für die Mobilität. Doch Kohle ist die wichtigste Energiequelle für die Stromproduktion – und ausserdem die wichtigste Quelle für die Emission von CO2 und das weltweit.

Die Leistung aus Kohle ist gegenwärtig 700 GW(th). Kohle ist reichlich vorhanden vor allem auch in den USA. Beim gegenwärtigen Verbrauch reicht die Kohle in den USA für 222 Jahre und weltweit für 126 Jahre.

Das Verbrennen von Kohle ist die grösste CO_2-Quelle der Welt.

Die „Energy Information Agency" sieht voraus, dass die Verbrennung von Kohle auch in Zukunft mehr CO2 produzieren wird als alle anderen fossilen Brennstoffe. Diese Grafik zeigt die wahrscheinliche Entwicklung der CO2 Emissionen bis 2035.

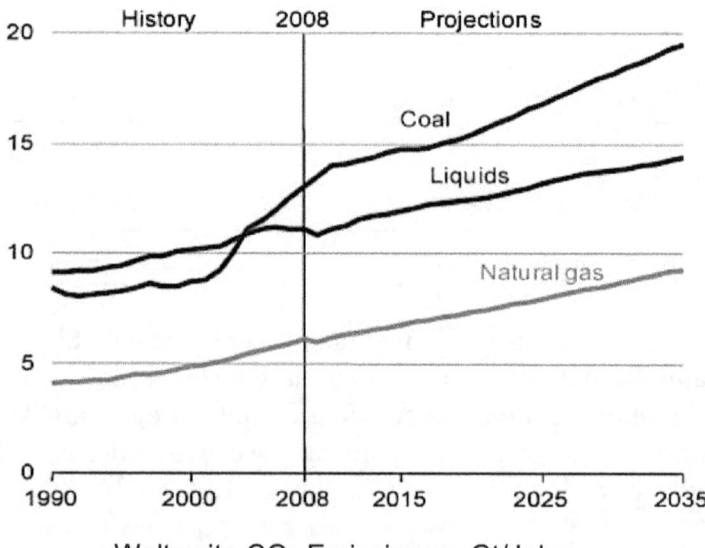

Weltweite CO_2 Emissionen, Gt/Jahr

In China wird heute schon drei Mal mehr Kohle abgebaut als in den USA und China ist der grösste Importeur von Kohle. Trotz der vielgerühmten Investitionen in Wasserkraft und Kernenergie bezieht China immer noch 80% seines Stroms aus Kohlekraftwerken, verglichen mit 30% in den USA.

China produziert Kohlekraftwerke im Takt von etwa 1 GW *pro Woche*! Die USA haben 2011 6 GW zugebaut. In Zukunft dürften wegen Restriktionen des Umweltamts und Bedenken der Geldverleiher weniger Kohlekraftwerke gebaut werden.

Das US-Umweltamt schätzt, dass jährlich 34'000 Todesfälle auf die Emissionen aus Kohlekraftwerken zurückzuführen sind. Es hat deshalb neue Weisungen erlassen, um die Emissionen weiter einzuschränken, besonders die von Quecksilber und Schwefeldioxid. Die Kosten für diese Nachrüstungen werden viele Besitzer alter Kraftwerke veranlassen, diese stillzulegen.

Effizientere Kohlekraftwerke könnten mit weniger Kohle auskommen.

Die CO_2-Emissionen können in neuen Anlagen, die effizientere Verfahren wie überkritische Wirbelschichtverbrennung einsetzen, verringert werden. Diese Investitionen kosten allerdings mehr Geld. Ein neues Kraftwerk mit überkritischer Wirbelschichtbefeuerung erreicht einen Wirkungsgrad elektrisch-thermisch von 44% verglichen mit 33% wie er für ältere Anlagen typisch ist. Mit anderen Worten: eine neue Anlage benötigt nur 33/44 der Kohle und emittiert 25% weniger CO_2 pro kWh und es muss 25% weniger Kohle abgebaut und transportiert werden.

Weltweit gibt es etwa 1000 GW installierte Leistung von alten Kohlekraftwerken, die durch neue, effizientere ersetzt werden könnten. Damit könnte die CO_2 Emission um 1,5 Gt jährlich reduziert werden gemäss *Peabody Coal*. China hat 71 GW alte Kohlekraftwerke stillgelegt und durch neue, effizientere ersetzt.

In den USA sind seit 2010 gerade mal 6 moderne Anlagen mit überkritischer Wirbelschichtbefeuerung und kombinierter Gas/Dampf-

Produktion in Betrieb gegangen gegenüber 43 weniger effizienten Anlagen. Im Jahr 2012 sind immerhin 12 moderne gegenüber 9 Anlagen mit alter Technologie im Bau. Aber von den 100 geplanten Anlagen werden nur deren 50 die teurere, effizientere Technologie einsetzen.

Perfektion ist der Feind des Machbaren und so wird das Potential der effizienteren Kohlekraftwerke überstrahlt von Schlagwort „Saubere Kohle" – „CO2 einfangen und versorgen". (CCS, Carbon Capture and Sequestration.)

„Saubere Kohle" ist eine Marketing-Strategie.

Die Kohleindustrie fürchtet die möglichen Kohlesteuern als Gewinnabschöpfung und unterstützt deshalb Forschung über CCS. Wenn CO2 für immer vergraben werden könnte, wäre es möglich, Kohle für die Stromerzeugung zu verbrennen, ohne die Atmosphäre mit CO2 zu belasten. Indem sie die öffentliche Aufmerksamkeit von der gegenwärtigen Sorge um das Klima auf künftige Hoffnungen auf saubere Kohle lenkte, gelang es der Kohleindustrie, politische Massnahmen, die Effizienzsteigerung der Kohlekraftwerke oder die Entwicklung anderer Methoden der Stromproduktion zu verzögern und zu verschleppen.

Der Abbau und Transport von Kohle hat gigantische Ausmasse. Die meiste Kohle wird mit dieselgetriebenen Eisenbahnzügen transportiert, was 20 bis 59% der Kosten verursacht. Ein grosses Kohlekraftwerk benötigt jeden Tag einen 100 Wagen langen Zug voll Kohle. Das entstehende CO_2 wiegt $(12 + 2 \times 16)/12$ mehr und würde zum Abtransport somit 367 Kühltankwagen der gleichen Kapazität benötigen um schliesslich irgendwo endgelagert zu werden. Die USA produzieren 227 GW(e) mit Kohle. Alles dabei produzierte CO_2 würde einen 1'340km langen Tankzug füllen. Das CO_2 in die leeren Kohleminen einzulagern ist schlicht nicht machbar, weil es mehr als drei Mal schwerer ist als die abgebaute Kohle.

Ein Nebeneffekt der jährlichen Kohlestromproduktion sind 130 Millionen Tonnen feste Abfälle, die in der Umgebung der Kraftwerke gelagert werden, fast soviel wie die Haushaltabfälle, die auf Deponien lagern.

Die Projekte zur Endlagerung von CO_2 sind winzig.

Die fortgeschrittenen Demonstrationsanlagen in den USA werden nur sporadisch finanziert. Das Mattoon Demonstrationsprojekt in Illinois wurde kürzlich in zwei Projekte aufgeteilt: Das eine soll das CO2 von einem Werk auffangen und das zweite soll es durch eine 280 km lange Pipeline zu einem Untergrundlager pumpen.

Es gibt kein grosses Kohlekraftwerk mit CO2-Abscheidung und – Endlagerung (CCS-Technik; *„Carbon Capture and Storage"*). Allerdings gibt es ähnliche Verfahren bei der Erdgasgewinnung: Zusammen mit dem wertvollen Methan strömt auch CO2 aus dem Boden. Das CO2 wird abgetrennt und in die Luft geblasen ausser in einigen wenigen Anlagen, wo es in den Boden zurückgepumpt wird um mehr Erdgas herauszudrücken. Einige CCS Projekte verbessern die Ölproduktion. Keines lagert CO2 aus Kohlekraftwerken.

Die am weitesten fortgeschrittenen Kohlekraftwerke verbrennen Synthesegas aus der Kohlevergasung. Die Mischung aus CO und Wasserstoff treibt eine Gasturbine und die heissen Abgase erzeugen Dampf für eine nachgeschaltete Dampfturbine (Darum IGCC, *„Integrated Gasification Combined Cycle"*). Statt Luft wird reiner Sauerstoff benutzt um das Gas zu verbrennen, so dass keine Sickoxide entstehen können. Das Abgas besteht dann ausschliesslich aus Wasserdampf und CO2. Wenn man das CO2 abscheiden und endlagern könnte, hätte man eine CO2-freie und umweltfreundliche Kohleverbrennung.

Das 630 MW Kraftwerk der Firma Duke Energy in Edwardsport, Indiana ist für einen Anschluss an eine CO2 Abscheidungsanlage vorgesehen. Wenn diese Anlage für 390 Millionen $ gebaut würde, könnte sie aber nur 23% des emittierten CO2 abscheiden. Die Abscheidungsanlage braucht ebenfalls Energie und das würde die Nettoproduktion um 10% reduzieren. Damit reduzierte sich der CO2-Ausstoss um gerade mal 10% verglichen mit einer überkritischen Wirbelschichtanlage. IGCC Kraftwerke arbeiten mit Wirkungsgraden von 31-40% also weniger als solche mit überkritischer Wirbelschichtbefeuerung mit 44%.

Sleipner Erdgasgewinnung mit CO_2 Sequestration

Das Budgetbüro des US-Kongresses gab 2012 bekannt, dass CCS-ausgerüstete Kohlekraftwerke 35% bis 75% teurer wären als herkömmliche Kraftwerke und dass 200 GW zusätzliche Kapazität benötigt würde, um die Vorgaben des Energieministeriums zu erreichen. Der Kongress hat insgesamt 6,9 Milliarden für CCS ausgegeben ohne viel zu erreichen.

Die Befürworter von CCS erwähnen oft das Beispiel des Sleipner Erdgasfelds in Norwegen als Beispiel, wo jährlich 1 Million Tonnen CO2 in den Meeresboden zurückgepumpt werden. Die Kohlekraftwerke der Welt produzieren allerdings 10'000 mal soviel.

China macht vorwärts mit seinem CCS-Projekt „Green Gen" zusammen Peabody Coal und anderen Partnern wie MIT. Dieses experimentelle Projekt umfasst den Bau eines 400 MW Kohlekraftwerks mit einem Wirkungsgrad von 55%-60% für 3,5 Milliarden Dollar.

Bis 2020 wird damit gerechnet 80% des CO_2 abscheiden und sequestrieren zu können.

Die Injektion von CO_2 in den brüchigen kontinentalen Felsformationen kann kleinere Erdbeben auslösen durch welche die Dichtigkeit der Lagerstätten gefährdet wird und ein Austreten des CO_2 droht.

Elektrizität aus Kohle ist billig.

Wir schätzen im Folgenden die Stromkosten als Summe von drei Kostenkomponenten: Kapitalkosten, Brennstoffkosten und Betriebskosten.

Kapital	Die Kosten der Anlage plus eine Anlagerendite über die Betriebsdauer
Brennstoff	Die Kosten der für die Energieerzeugung verbrannten Kohle.
Betriebskosten	Arbeitskosten, Dienstleistungen und Material zum Betrieb und Unterhalt.

In diesem einfachen Modell werden Steuern und Abgaben wie sie von Behörden erhoben werden nicht berücksichtigt, weil es unser Ziel ist, objektiv vergleichbare Kosten für verschiedene Energiequellen als Entscheidungsgrundlage für Politiker zu berechnen und nicht, die Komplexität der Gesetze und Regulierungen zu demonstrieren, welche die gegenwärtige Energiepolitik auszeichnen.

Kapital und Rendite müssen durch die Produktion und den Verkauf von Kilowattstunden verdient werden. Die Kapitalkosten kann man berechnen. Wenn wir zum Beispiel 1$ für eine installierte Leistung von 1 Watt bezahlen, das Geld zu 8% Zins leihen, während 90% der Zeit 40 Jahre lang Elektrizität verkaufen, dann kostet das 0,01$/kWh. Wir benutzen hier und in anderen Beispielen einen optimistischen Lastfaktor von 90%.

Die überarbeitete Studie des MIT zur Zukunft der Kernenergie schätzt dass ein neues Kohlekraftwerk 2,3$ pro Watt installierte Leistung kostet. Die IGCC Anlage der *Duke Energy* wird 4,76 $/W kosten ohne CCS. Die EIA wiederum schätzt die Kosten für fortgeschrittene Wirbelschichtanlagen auf 2,84 $/W. Bei Investitionskosten von 2,84 $/W belaufen sich die Kosten pro kWh auf 2,8 Cents.

Die Kosten der im Kraftwerk abgelieferten Kohle betragen in den USA etwa 45$ pro Tonne. Jede Tonne liefert beim Verbrennen 4,7 bis 7,6 MWh Wärmeenergie je nach Qualität der Kohle. Das heisst die Kosten pro thermische kWh sind 0,78 Cents. Angenommen, die Kohle wird in einer modernen überkritischen Wirbelschicht- oder IGCC-Anlage mit einem hohen Wirkungsgrad von 44% verbrannt, dann betragen die Brennstoffkosten pro elektrische kWh 0,78/0,44 = 1,8 Cent.

Die EIA Daten zeigen, dass die Kosten für Appalachia Kohle im Frühling 2012 am unteren Ende der historisch beobachteten Spanne lag. Ein warmer Winter und billiges Erdgas drückten die Preise. Unser angenommener Preis von 45$/Tonne liegt am unteren Rand der Spanne.

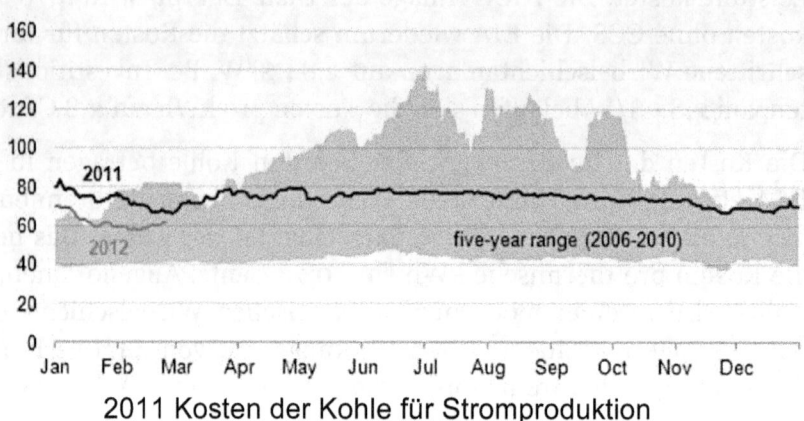

2011 Kosten der Kohle für Stromproduktion

Die Betriebskosten für Arbeit, Unterhalt, Abfallbehandlung, Erfüllung von Auflagen etc. schätzt man auf 1 Cent/kWh.

Kosten für modernen Kohlestrom	
Kapitalkosten	2.8 Cents/kWh
Brennstoff	1.8
Betrieb	1.0
Total	5.6 Cents/kWh

Diese 5,6 Cents/kWh sind die Kosten für Strom, der das Kraftwerk verlässt, um über das Versorgungsnetz zu den Konsumenten geleitet zu werden. Ein Haushalt oder Betrieb in den USA zahlt vielleicht 15 Cents/kWh einschliesslich Kosten für Übertragung und Verteilung, Netzbetrieb und –unterhalt, Verrechnung und Inkasso, Abgaben und Steuern. Diese Zusatzkosten dürften für alle Energiequellen ähnlich sein, so dass wir in Zukunft nur die Kosten ab Kraftwerk vergleichen werden, nicht die Preise für die Endverbraucher.

Die indirekten Schäden durch Verschmutzung verursachen zusätzliche Kosten.

Die Nationale Akademie der Wissenschaften hat die externen Kosten der durch Kohleverbrennung verursachten Umweltschäden abgeschätzt und kommt auf 3,2 Cents/kWh. Dabei sind Schäden durch Kohleabbau und Lagerung der chemischen Abfälle aus der Rauchgasreinigung nicht berücksichtigt, ebenso wenig die Schäden durch den Klimawandel, welcher hauptsächlich durch CO_2-verursacht wird. Die Medizinische Fakultät der Harvard Universität schätzt diese zusätzlichen Schäden auf das fünffache, nämlich 18 Cents/kWh.

Die politische Lösung, die Klima- und Umweltprobleme zu lösen besteht darin, Steuern zu erheben, um die Schäden zu bezahlen und die Kosten für Kohlestrom zu erhöhen, damit andere, sauberere Energiequellen konkurrenzfähig werden. Dieses Buch propagiert statt dessen neuartige Verfahren, die Strom billiger produzieren als mit Kohle, selbst unter Vernachlässigung der indirekten, externen Kosten.

Wenn Strom billiger sein soll wie aus Kohle, muss er weniger als 5,6 Cents/kWh kosten.

Wir kommen zum Schluss: Strom aus LFTR Kraftwerken darf nicht mehr als 5,6 Cents/kWh kosten.

ERDGAS

Erdgas wird kurzfristig die Energieszene beherrschen.

- Von allen Energiequellen wächst Erdgas am schnellsten. In den USA ist sein Anteil an der Primärenergie 25% – grösser als der von Erdöl, Kohle oder Kernkraftwerken.

- Das rasante Wachstum der Erdgasversorgung in den USA beruht auf der neuen Extraktionstechnik des hydraulischen Aufbrechens („hydraulic fracturing" oder „Fracking").

- Bis vor kurzem war Erdgas die teuerste Energiequelle zur Stromerzeugung. Inzwischen ist es konkurrenzfähig gegenüber den billigsten Quellen wie Kohle, Wasserkraft und Kernenergie. Pro produzierte thermische Energieeinheit emittiert Gas halb soviel CO_2 wie Kohle. Pro kWh(e) kann die Reduktion bis zu zwei Drittel betragen.

Erdgas verbrennt doppelt so sauber wie Kohle.

Bei der Verbrennung von Erdgas wird nur halb soviel CO_2 emittiert als bei der Verbrennung von Kohle. Kohle ist fast reiner Kohlenstoff, Erdgas ist Methan. Man vergleiche die chemischen Reaktionen in den beiden Fällen:

$$Kohle \qquad C + O_2 \rightarrow CO_2$$

$$Methan \quad CH_4 + 2\,O_2 \rightarrow CO_2 + 2\,H_2O$$

Für jedes Molekül CO_2 gewinnt man beim Verbrennen von Methan zusätzliche Energie aus der Oxidation der 4 Wasserstoffatome des Methanmoleküls.

Aus der Chemie wissen wir: die Verbrennungswärme von 1 Mol (6×10^{23} Moleküle) Methan ist 800 kJ (Kilojoule). Ein Mol Kohle produziert bloss 394 kJ. Weil die Zahl der Kohlenstoffatome in beiden Fällen die gleiche ist, wird die gleiche Menge CO_2 freigesetzt. Weil aber Kohle nur 394/800, also knapp die Hälfte de Wärmeenergie erzeugt, emittiert Erdgas nur die Hälfte des CO_2 wie wenn die gleiche Wärmemenge mit Kohle produziert wird.

Im Gegensatz zu Kohle emittiert Erdgas beim Verbrennen kein Schwefeldioxid. Allfällige Verunreinigungen werden bereits bei der Produktion abgeschieden und gelangen gar nicht zum Verbraucher

In den Medien wird die Tatsache, dass Erdgas pro produzierte Wärmemenge nur halb soviel CO_2 produziert als Kohle, meist korrekt wiedergegeben. Was allerdings meist fehlt, ist der bessere Wirkungsgrad der Gasturbinen wie im Folgenden erklärt wird.

Erdgas kann effizienter brennen als Kohle.

Wir haben früher gezeigt, dass der Wirkungsgrad der Umwandlung von Wärme in mechanische (elektrische) Energie von der Temperaturdifferenz abhängt

$$\text{Wirkungsgrad} \leq \frac{T_H - T_C}{T_H}$$

Der Wirkungsgrad von Kohlekraftwerken ist 33 bis 44%. Bei Gasturbinen kann er grösser aber auch kleiner sein.

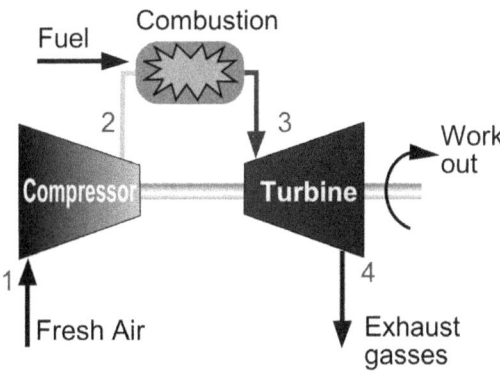

Erdgas-Turbine

Im Gegensatz zu Kohlekraftwerken findet in der Gasturbine eine interne Verbrennung statt, die höhere Temperaturen erreicht, weil der Brennstoff bei hohem Druck verbrannt wird, der durch den Kompressor erzeugt wird. Das Methan verbrennt und die entstehenden heissen Gase (CO_2 und H_2O) ermöglichen einen hohen Wirkungsgrad bei der Umwandlung von thermischer in elektrische Energie.

Erdgasturbinen liefern Spitzenenergie.

Bis 2009 war Elektrizität aus Gaskraftwerken teurer als aus anderen Kraftwerken, weil Erdgas teuer war. Die Stromversorger lieferten ihren Kunden die jeweils billigste Energie. Wenn die Kunden im Lauf des Tages immer mehr Energie nachfragten, mussten sie teure Spitzenenergie aus Gaskraftwerken zukaufen. Das in die Gaskraftwerke investierte Kapital war nur zu der Zeit produktiv, wenn Strom verkauft werden konnte, meist weniger als 11%. Das rechnete sich nur deshalb, weil die Investitionskosten für Gaskraftwerke von allen Kraftwerken am tiefsten sind nämlich 0,67$ pro Watt.

Kombinierte Gas-Dampfkraftwerke sind die effizientesten.

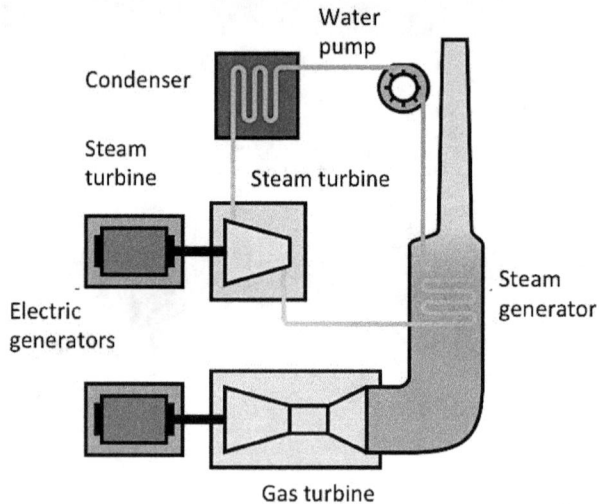

Kombiniertes Gas-Dampfkraftwerk

In der Kombizyklus-Gasturbine („combined cycle gas turbine", CCGT) wird Erdgas zunächst in einer Gasturbine verbrannt, die einen elektrischen Generator antreibt. Die heissen Abgase werden durch einen Dampferzeuger geleitet. Der Dampf treibt eine Dampfturbine die nochmals elektrische Energie erzeugt. Die CCGT wird „kombiniert" genannt, weil eine Gasturbine mit einer Dampfturbine kombiniert wird. Im deutschen Sprachraum wird diese Kombination auch als „GuD" bezeichnet – Gas- und Dampf-Kraftwerke.

Diese kostspieligeren GuD-Anlagen haben einen besseren Wirkungsgrad als einfache Gasturbinen; sie erreichen 45%. Bei General

Electric (GE) und Siemens sind GuD-Anlagen in Entwicklung, die bis zu 60% erreichen sollen. Sie sind teurer und kosten um 1$ pro Watt. Noch sind die einfachen Gasturbinen in der Überzahl.

GuD-Werke emittieren viel weniger CO_2 als Kohlekraftwerke.

GuD verbrennen nicht nur einen saubereren Brennstoff, sie verbrennen ihn auch effizienter. Aus der gleichen Wärmemenge produziert ein zu 60% effizientes GuD-Werk 60/33 mal die elektrische Energie eines zu 33% effizienten Kohlekraftwerks. Weil aus Methan die doppelte Wärmemenge gewonnen werden kann als aus der gleichen Menge Kohle, ist der CO2-Ausstoss pro kWh eines GuD-Werks $(1/2) \times (33/60) = 0,28$ – also 72% kleiner.

Sogar eine alte Gasturbine mit einem Wirkungsgrad von nur 29% emittiert weniger CO2 als ein typisches Kohlekraftwerk und zwar um $(1/2) \times (33/29) = 0,56$ oder 44% weniger.

Auch die neusten überkritischen wirbelschichtbefeuerten Kohlekraftwerke mit 44% Wirkungsgrad haben keine Chance gegen GuD. Ihr CO2 – Ausstoss ist $(1/2) \times (44/60) = 0.37$, das heisst 63% kleiner.

GuDs emittieren weniger CO_2 als die geplanten „Saubere Kohle"-Werke mit CCS.

CCS („carbon capture and sequestration") Projekte sehen nicht vor, CO2 komplett abzuscheiden. Im Werk der Firma Duke in Edwardsport sollen 23% eingefangen werden. Im Vergleich zu den besten überkritischen Wirbelschichtanlagen bedeutet das eine Reduktion von 13%.

Zusammengefasst: Die erprobten GuD-Kraftwerke reduzieren den CO2 Ausstoss um 72%, während die immer noch spekulative CCS Technik allenfalls 13% bringt.

Die GuD-Technik verbraucht die Gasreserven halb so schnell.

Erdgaskraftwerke haben Wirkungsgrade von 60% für GuD respektive 29% für Gasturbinen. Das heisst, für die gleiche Menge kWh verbraucht ein GuD-Werk nur halb soviel Brennstoff, womit die Brennstoffkosten halbiert und die Reichweite der Vorräte verdoppelt wird. Die höheren Investitionskosten von 1\$/W für GuD gegen 0,67\$/W werden durch diese Einsparungen aufgefangen.

Hydraulisches Aufbrechen macht Erdgas zugänglich, das in Schieferformationen eingeschlossen ist.

Die in letzter Zeit beobachtete Zunahme der Gasreserven beruht auf der Entwicklung eines Verfahrens namens Hydraulisches Aufbrechen („Hydraulic Fracturing" oder „Fracking"), das erlaubt, Erdgas aus Schiefer zu gewinnen. Dieses Verfahren ist nur möglich dank der neu entwickelten Technik des horizontalen Bohrens. Mehr als die Hälfte der Bohrtürme in den USA bohren heute horizontal. Von der Zunahme der Gasreserven im Jahr 2009 beruhen 76% auf Fracking.

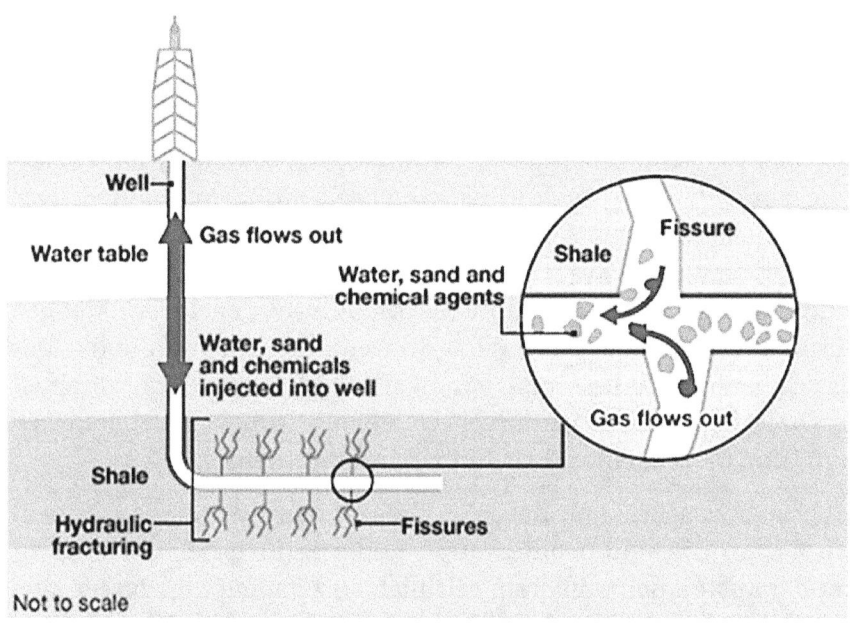

Erdgasgewinnung durch Hydraulisches Aufbrechen

Die Umweltprobleme im Zusammenhang mit Fracking wird man angehen.

Methan ist ein stärkeres Treibhausgas als CO_2, darum sollten Gas-Leckagen möglichst vermieden werden. Nachdem die Flüssigkeiten, die man unter hohem Druck ins Bohrloch pumpt, das Gestein aufgebrochen haben, werden sie zurückgepumpt und bringen dabei Methan an die Oberfläche. Etwa 2% der totalen Produktion des Bohrlochs entweicht so am Anfang in die Atmosphäre. Weitere 4% gehen durch Lecks, Druckentlastungsventile und weitere für die Gasindustrie typischen Leckagen verloren. Methan wird in der Atmosphäre innert weniger Jahre zu CO_2 oxidiert womit der Erwärmungseffekt vermindert wird. Trotzdem: Methan trägt 25-mal so viel zur Erwärmung bei wie die gleiche Menge CO_2. Einige Wissenschaftler sind der Meinung, dass der Ersatz von Kohle durch Gas das Klimaproblem in Wirklichkeit verschärft. Diese Methanemissionen können jedoch durch technische Verbesserungen der Anlagen um bis zu 90% vermieden werden.

Die Chemikalien in der Aufbrech-Flüssigkeit könnten gefährlich sein, wenn sie durch Lecks entweichen oder ausgeschüttet werden. Die Flüssigkeit besteht zu 99,9% aus Wasser und Sand; sie wird mehr als 1 km unterhalb der Trinkwasser führenden Grundwasserschicht in den Schiefer verpresst. Die Gleitmittel, Antibiotika, Verkalkungshemmer und Salzsäure sind in den geringen Konzentrationen mit denen sie ins Grundwasser gelangen könnten harmlos. Während dem Bohr- und Aufbrechvorgang werden grosse Mengen Flüssigkeit verwendet, aber nicht während der Gasproduktion. Das zurückgeholte Wasser muss vor der Wiederverwendung gereinigt werden. Obwohl das Aufbrechen kleine Erdbeben verursachen kann, sind diese nicht wahrnehmbar und unbedenklich.

Zusammenfassend kann über die Umweltbedenken gesagt werden: Der Nutzen von und der Bedarf an sauberer Energie sind so gross und die Kosten des sauberen, reichlich vorhandenen Erdgases sind so tief, dass man die Umweltschäden vermeiden wird. Der mögliche Nutzen ist gross genug um das sicherzustellen.

Im April 2012 erliess das US-Umweltministerium EPA eine Weisung, welche die Industrie verpflichtet, die Emissionen von Methan, Benzol und Hexan bei den 13'000 jährlich abgeteuften Bohrlöchern zu begrenzen, was nach Industriequellen hunderte von Millionen $ kosten werde. Die EPA hält dagegen, dass für 11 bis 19 Millionen $ mehr Methan verkauft werden könne, das sonst verloren ginge.

Allein der Marcellus Schiefer enthält 55% der Erdgasvorräte der USA.

Der Marcellus-Schiefer bildete sich auf dem Grund eines prähistorischen Sees. Der schwarze Schiefer erstreckt sich über 200'000 km² im Nordosten der USA in einer Tiefe von 1'500 bis 2'500 Meter und einer Mächtigkeit von 15 bis 60 Meter.

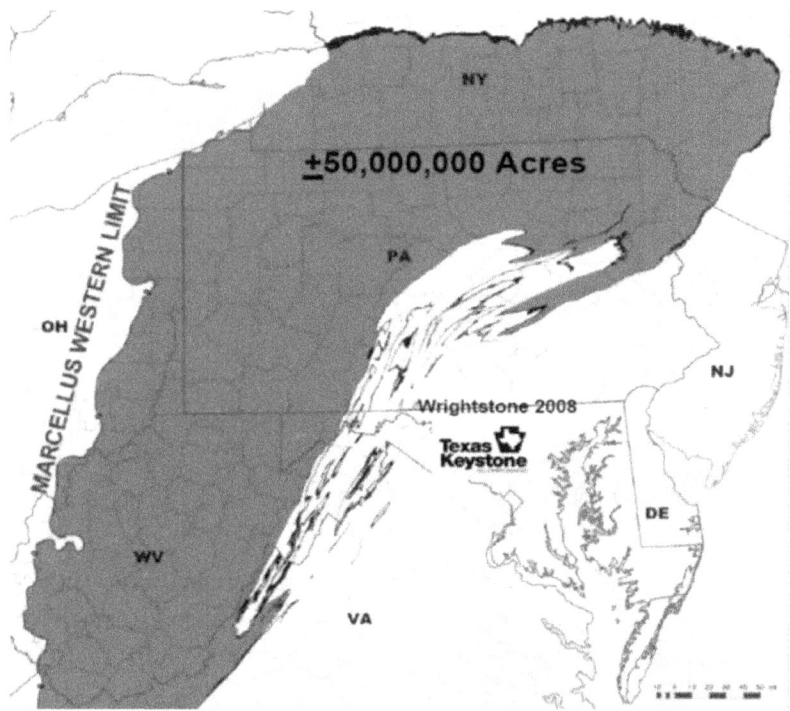

Marcellus Schiefer im Nordosten der USA

Die Formation enthält Methan in undurchlässigem Schiefer. Man bohrt senkrecht in die Tiefe und biegt bei Erreichen des Schiefers ab und bohrt horizontal weiter durch die 15 bis 60 Meter dicke Schicht. Sie wird dann mit Hochdruck aufgebrochen mittels einer Mischung von Wasser und Sand. Der Sand hindert die Spalten daran, sich wieder zu schliessen.

Das Netz der Pipelines in den USA ist vielfältig und es wächst.

Die Energie Informations-Agentur berichtet, dass im Jahr 2011 fast 3'900 km neue Pipelines gebaut wurden.

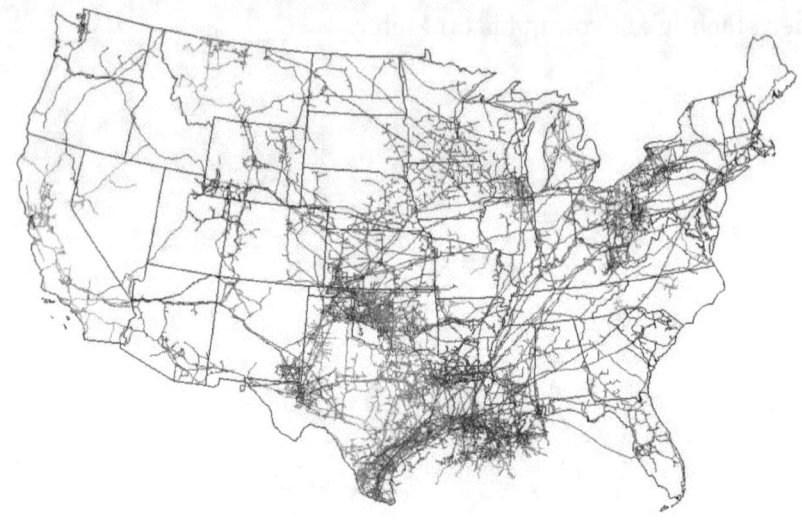

US Erdgas Pipelines

Die USA verfügen über reiche Erdgasvorkommen.

Die Entdeckungen der letzten Zeit haben zu einer verwirrenden Spanne von Schätzungen der Reserven, gesicherten Reserven, zugänglichen Reserven, vermuteten Reserven und nicht entdeckten Reserven geführt. Die Grösse der Reserven variiert auch mit dem Preis, der für die Gasgewinnung bezahlt werden kann. Noch liegt zu wenig Erfahrung über die Ergiebigkeit der aufgebrochenen Gasquellen vor. Darum schwanken die Schätzungen der Vorräte über eine weite Spanne.

Erdgas wird in der Regel in m³ bei Standardbedingungen (15°C und 1 Bar) gemessen. Ein m³ Erdgas enthält ca. 10 kWh an chemischer Energie. Somit stecken in 1 Milliarde m³ 10 TWh(th).

Die nachgewiesenen Reserven (inklusive Schiefergas) betragen gemäss EIA 7'730 Milliarden m³. Wenn man die unbewiesenen Vorräte hinzunimmt, kommt man auf 21'380 Milliarden und die EIA berichtet von spekulativen Vorräten in Alaska und im Meeresgrund, die das Total auf 63'000 Milliarden m³ bringen. Ein Komitee der Bergbauuniversität in Colorado schätzt 58'000 Milliarden. Wieder andere Schätzungen sprechen von 57'000 bis 85'000 Milliarden m³. Der US Geological Survey glaubt, dass im Marcellus Feld 2'400 Milliarden m³ liegen.

Die Erdgasvorräte der USA reichen noch für Jahrzehnte.

Wie lange reichen diese Vorräte? Betrachten wir 3 Szenarien: kleine – 7'700 Mrd., mittlere – 21'000 Mrd. und grosse Vorräte – 57'000 Mrd. m³.

Der jährliche Verbrauch an Erdgas beträgt in den USA zur Zeit 710 Milliarden m³. Nehmen wir an, dass die bestehenden Kohlekraftwerke rasch durch GuD-Anlagen ersetzt werden. Das bedingt eine zusätzliche Produktion von 700 GWa; dazu braucht es 600 Milliarden m³ zusätzlich also total 1'310 Milliarden m³. Lasst uns also zwei Fälle betrachten: einmal mit und einmal ohne Substitution der Kohle.

Jahre Erdgas Vorräte			
Erdgas Verbrauch	Schätzungen der Erdgas Vorräte		
	Tief 7,7 Bio. m³	Mittl. 21 Bio. m³	Hoch 57 Bio m³
2012 710 Mrd. m³/J	11	30	80
Kohle Ersatz 1'310 Mrd. m³/J	6	16	43

Diese Tabelle zeigt, dass es unsinnig wäre, Kohle durch Gas zu ersetzen, wenn dadurch das Erdgas nach 6 oder 16 Jahren zu Neige geht. Wenn man genügend grosse Mengen Erdgas hätte, könnte man gewiss Kohle durch saubereres Erdgas ersetzen. Andererseits verfügen die USA über Kohlevorräte für 200 Jahre. Daher werden die Erdgasvorräte wohl noch für den Rest des Jahrhunderts reichen. Die Vorräte könnten zunehmen, wenn neue Schiefergasvorkommen entdeckt werden, sie könnten aber auch abnehmen, wenn die Ergiebigkeit der Bohrlöcher kleiner ist als erwartet, wie viele befürchten. Der Export von Flüssiggas andererseits verkürzt die Reichweite.

Das Erdgas wird nicht so bald ausgehen. Im Jahr 2012 gibt es einen Überfluss wegen des warmen Winters und einer Überproduktion. Wie wird sich der Preis entwickeln?

Erdgasarbitrage lockt.

Die US-„Federal Regulatory Commission" schätzte die Einstandskosten für Flüssiggas im Februar 2012. Die tiefsten betrugen 9,66$ pro MWh am Import-Terminal in Lake Charles, Louisiana. Die Kosten sind im Moment tief, weil das Angebot in den USA dank der Erschliessung der Schiefergasquellen hoch ist.

Demgegenüber liegen die Preise in Indien und China bei 47.80$ pro MWh und höher. Damit ergeben sich lukrative Geschäftsmodelle mit Investitionen in Verflüssigungsanlagen und Flüssiggas-Tankschiffe um Flüssiggas in die Hochpreismärkte in Fernost zu exportieren.

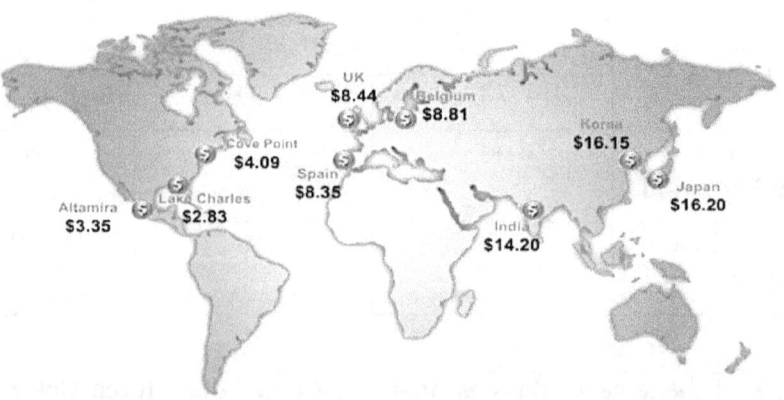

Flüssiggaspreise, $/Million-BTU (1 BTU=0,3 MWh)

Die Flüssiggasimporte im Nachgang zum Unfall in Fukushima Daiichi beendeten Japans Handelsbilanzüberschuss.

Nach Fukushima hat Japan 52 Kernreaktoren vom Netz genommen. Als Kompensation für die fehlende Stromproduktion erhöhte man den Import von Flüssiggas um Gasturbinenkraftwerke zu betreiben und damit die Stromkosten. Die erhöhte Nachfrage trieb auch die Preise für Flüssiggas in die Höhe. Die Importe von fossilen Brennstoffen stiegen 2011 auf über 200 Milliarden Dollar. Japans Handelsbilanz drehte von positiv zu negativ. Die japanische Energie- und Umweltkommission schätzt, dass das BIP Japans um 7% sinken werde, wenn die Kernkraftwerke abgestellt bleiben.

Flüssiggasbetriebene Fahrzeuge dürften die Nachfrage nach Erdgas erhöhen.

Komprimiertes Erdgas (KEG) kann Fahrzeuge antreiben. Die USA erhöhen die Unterstützung von Forschung und Entwicklung für

KEG-Fahrzeuge. Honda verkauft bereits KEG-PKWs. Chrysler kündigte 2012 an, dass sie planen, KEG-Fahrzeuge anzubieten. GM soll bald Kleinlaster im Angebot haben die wahlweise mit KEG oder Benzin betrieben werden können. Im Vergleich zu Benzin werden sie im KEG-Betrieb 25% weniger CO_2 ausstossen und 33% weniger kosten. Benzin ist teurer geworden, was die Motivation erhöht, billigere Treibstoffe zu suchen. Das könnte KEG sein. Dafür gab es allerdings 2012 in den USA nur 1000 Tankstellen. Eine andere Möglichkeit wäre die Umwandlung von Methan in Methanol, ein Flüssigtreibstoff anstelle von Benzin.

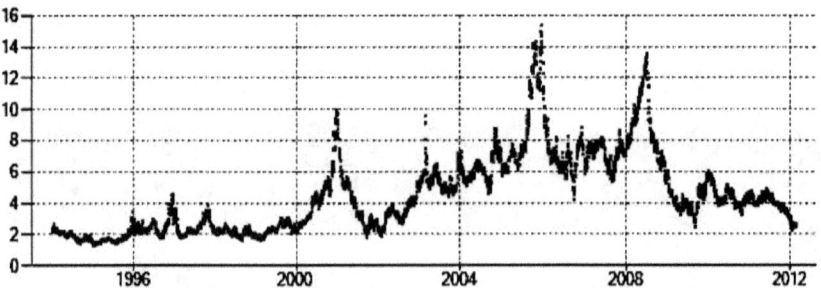

Erdgaspreise in den USA waren in der Vergangenheit sehr volatil.

Die Preise für Erdgas waren 2012 sehr tief. Der Winter war aussergewöhnlich warm, was den Heizbedarf senkte. Das Fracking Verfahren führte zu einem Gasrausch, der die Produktion ankurbelte. Angeblich produzieren viele Gasquellen nicht profitabel, was den Gasrausch bremst bis die Preise wieder steigen.

Die EIA sieht steigende Gaspreise voraus.

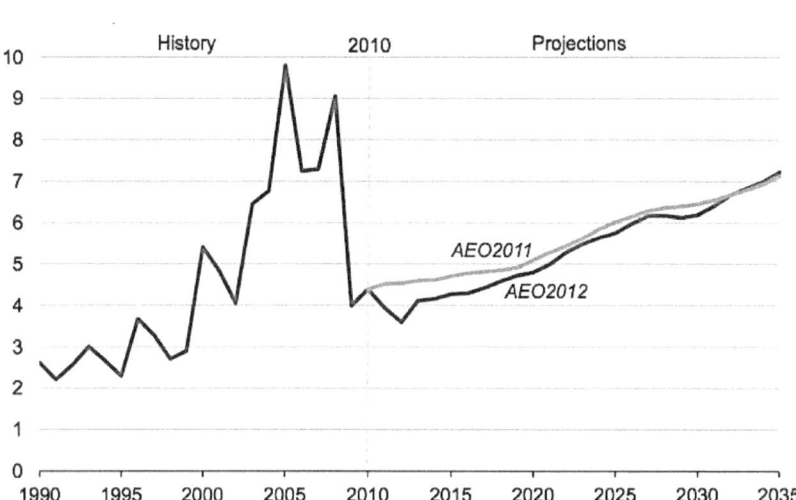

Erdgaspreise gemäss EIA, $/Million BTU (1BTU=0,3MWh)

Die EIA prognostiziert die Erdgaspreise in ihrer „Jährlichen Ener-
gievorschau" für 2012.

Die Marktkräfte werden dafür sorgen, dass Öl- und Erdgaspreise
sich annähern. Wenn Öl pro Fass 100$ kostet sind das 57$ pro
MWh. Die Nachfrage nach Erdgas wird überall dort steigen, wo teureres Öl ersetzt werden kann. Eine Analyse von Lynn Pittinger sieht
den Preis künftig bei mindestens 27$ pro MWh. Wir werden für die
folgenden Vergleiche von 19$/MWh ausgehen.

Strom von Erdgas ist billig.

Wir betrachten nur die modernen GuD-Kraftwerke in Konkurrenz
mit anderen günstigen Produktionsarten wie Kohle, Kern- und
Wasserkraft. Wieder schätzen wir Kosten als Summe von drei Komponenten: Kapitalkosten, Brennstoffkosten und Betriebskosten.

Kapital und Rendite müssen durch die Produktion und den Verkauf
von Kilowattstunden verdient werden. Die Kapitalkosten werden
von der EIA und von Betreibern auf 1$ pro Watt geschätzt. Wie
beim Beispiel der Kohle nehmen wir einen Zins von 8%, einen Last-

faktor von 90% und eine Laufdauer von 40 Jahren an. Dann kostet das 0,01\$/kWh.

Die Brennstoffkosten setzen wir mit 19\$/MWh ein, etwas höher als der tiefste Wert von 2012. Für eine moderne GuD-Anlage mit 60% Wirkungsgrad ergibt sich 2,8 Cents/kWh. Die Betriebskosten für Arbeit, Unterhalt, Abfallbehandlung, Erfüllung von Auflagen etc. schätzt man auf 1 Cent/kWh. Damit ergeben sich Kosten für die mittels modernen, hocheffizienten GuD-Anlagen produzierte elektrische Kilowattstunde von 4,8 Cents/kWh

Stromkosten aus Erdgas	
Kapitalkosten	1.0 Cents/kWh
Brennstoff	2.8
Betrieb	1.0
Total	4.8 Cents/kWh

Elektrizität, die billiger sein soll wie aus Erdgas muss weniger als 4,8 Cents pro kWh kosten.

Strom aus Erdgas ist also noch billiger wie aus Kohle. Wir haben uns zum Ziel gesetzt, dass Strom aus LFTR weniger als Kohlestrom, also weniger als 5,6 Cents/kWh kosten soll. Um billiger als Kohle *und* Erdöl zu sein, darf der Strom nicht mehr als 4,8 Cents/kWh kosten.

Falls, so unwahrscheinlich es ist, die Erdgaspreise während Jahrzehnten um 10\$/MWh stagnieren sollten, dann müssten die Kosten für Strom aus LFTR auf 3,5 Cents/kWh sinken um billiger zu sein.

Strom aus Erdgas ist die stärkste Konkurrenz für potentielle LFTR Kraftwerke. GuD-Kraftwerke existieren und sind kommerziell von GE und Siemens erhältlich. Das Erdgasangebot ist reichlich und das Verteilnetz ist (in den USA) ausgebaut und robust. Die Kapitalkosten sind niedriger wie bei Kohle, Nuklear und den meisten anderen Stromquellen. Die Kosten pro kWh sind sogar tiefer wie mit Kohle.

Erdgas wird Kohle als Brennstoff für die Stromproduktion verdrängen, weil es ökonomischer ist, weniger Schadstoffe emittiert, das Klima weniger belastet und weil die Opposition gegen Kohleabbau zunehmen wird. Im April 2012 war der Anteil des Erdgases an der Stromproduktion auf 32% angewachsen und erreichte damit den Anteil von Kohle.

Billiger Strom aus Erdgas hat auch Nachteile.

Erdgas zur Stromproduktion hat gegenüber LFTR-Elektrizität wesentliche Nachteile. Erdgaskraftwerke

- emittieren CO_2, während LFTR nichts emittieren,

- treiben den Preis von Erdgas und damit von Strom in die Höhe,

- verbrauchen die Erdgasvorräte innert eines Jahrhunderts, während Thorium unerschöpflich ist,

- dürften zum Klimawandel beitragen, ausser es gelingt, Methanverluste massiv einzuschränken,

- lassen die Stromversorger zögern, auf eine einzige Produktionstechnik zu setzen.

Trotz allem: das Ziel für die Kosten von Strom aus LFTR-Kraftwerken ist 4,8 Cents um mit Erdgas kompetitiv zu sein.

WIND

Wind produzierte im Jahr 2011 3% der Elektrizität der USA.

Brazos Wind Farm, Fluvanna, TX; 160 mal 1 MW Windturbinen

Windturbinen produzierten 2011 in den USA im Mittel 14 GW elektrische Leistung was 2,9% der totalen Produktion ausmachte. Die installierte Leistung aller Windkraftwerke beträgt 47 GW. Im Mittel liefen diese Kraftwerke also mit 29% ihrer Kapazität hauptsächlich weil der Wind nicht immer bläst. Aussagen über Potential und Marktanteile der Windenergie müssen genau darauf überprüft werden, ob produzierte und installierte Leistung unterschieden werden.

Produzierte Leistung = installierte Leistung x Lastfaktor

Genügend Wind zur Stromproduktion gibt es auf Gebirgskämmen, in grossen Ebenen und im Meer (off-shore) entlang der Küsten. Die dunkleren Flächen auf der Karte sind solche mit höherer mittlerer Windgeschwindigkeit.

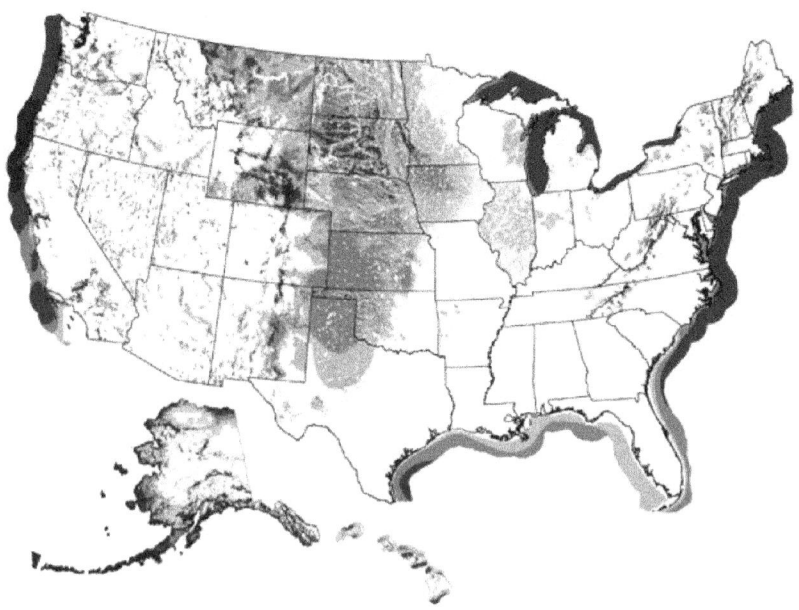

Windstärke in den USA: weiss – schwach, schwarz – stark

In Bodennähe ist der Wind weniger stark wegen der Reibung am Boden, an Bäumen und Gebäuden. Darum baut man Windturbinen auf 100 Meter hohen Türmen.

Windturbinen bremsen die Luftströmung, sie dürfen darum nicht zu nah aufeinander folgen, damit sie sich nicht gegenseitig beeinflussen. Unter Berücksichtigung der praktikablen Abstände und der Schwankungen der Windstärke kann man mit etwa $2W/m^2$ rechnen. Eine Windfarm, die im Mittel 1 GW produzieren kann muss eine Landfläche von 500 km^2 zur Verfügung haben. In den windgepeitschten Ebenen des Mittleren Westens der USA kann diese Fläche gleichzeitig landwirtschaftlich genutzt werden.

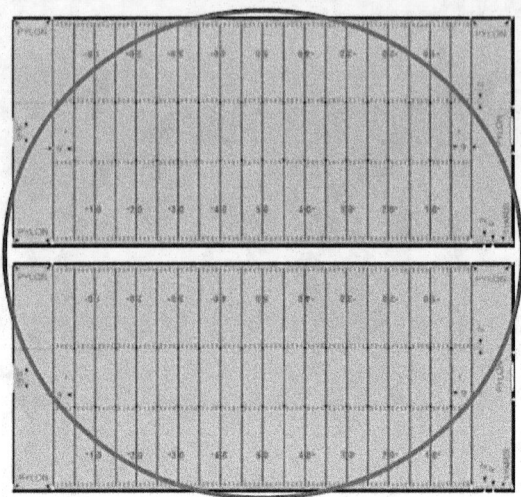

Windturbinenblätter überstreichen eine Fläche von 2 Football-Feldern.

Moderne Windkraftanlagen sind riesig. Hier sieht man die Fläche, welche die Rotoren überstreichen zur Illustration auf zwei (amerikanische) Fussballfelder übertragen. Der tragende Turm ist 100 Meter hoch

Windturbinen vor der Küste haben einen höheren Lastfaktor.

Weil die Winde über der offenen See stetiger wehen, erreichen die Lastfaktoren bis zu 40%. In den USA gibt es keine Windkraftanlagen vor der Küste.

Die Anlage „Cape Wind" vor der Küste von Massachusetts dürfte die erste Windkraftanlage vor der Küste in den USA sein. Geplant sind 130 Turbinen auf 83 Meter hohen Türmen von denen jede 3,6 MW produzieren kann, also insgesamt 454 MW. Im Mittel werden 170 MW erwartet. Das ergibt einen Lastfaktor von 37%.

Die erwarteten Investitionskosten betragen 2,62 Milliarden $ oder 5,80 $/W Nennleistung das heisst 16 $/W erwartete Durchschnittsleistung. Die Investitionskosten dieser Stromproduktionsanlage können nur dann zurückgewonnen werden, wenn sie mindestens während 37% der Zeit produziert.

Angenommen, die Einheiten produzieren während 40 Jahren und der Zinssatz beträgt auch hier 8%, dann kostet der Strom an der Klemme 14 cents/kWh. Angesichts des Stroms aus Gas-, Wasser- und Kernkraftwerken, der für 5-6 cents ans Netz geliefert wird, ist das „Cape Wind"-Projekt klar nicht konkurrenzfähig wenn es nicht subventioniert würde.

Der Staat Massachusetts zwingt den Stromversorger „National Grid" die Hälfte der Leistung, die das „Cape Wind"-Werk produzieren wird, zu einem Preis von 18,7 cents abzunehmen. Der Preis soll 15 Jahre lang jährlich um 3,5% steigen bis auf 31 cents/kWh. Der Stromversorger wird diese Mehrkosten in Form von Preiserhöhungen an alle Stromkonsumenten überwälzen.

„Netstar" hat sich 2012 bereit erklärt den selben überhöhten Preis für 27,5% der Produktion zu bezahlen, um vom Staat die Bewilligung zu erhalten, sich mit „Northeast Utilities" zusammen zu schliessen. Mit der Sicherheit, 77,5% der Produktion zu einem 4-fach überhöhten Preis verkaufen zu können, dürfte „Cape Wind" tatsächlich gebaut werden.

In Rhode Island plant „Deepwater Wind", vor der Küste einen 30 MW Windpark für 200 Millionen$ mit Kosten von 7 $/W Nennleistung. „National Grid" hat zugesichert, die Produktion für 24,4 cents/kWh abzunehmen. Kein Wunder plant „Deepwater Wind" weitere 100 Turbinen für 1,5 Milliarden$ und 385 MW Nennleistung.

Die fluktuierende Leistung der Windkraftwerke macht Reserveleistung nötig.

Windkraft ist fluktuierend und hat eine schwankende Intensität. Eine Windturbine produziert im Mittel etwa 30% ihrer Nennleistung. Bei der Beurteilung der Windenergie darf man Nennleistung und produzierte Leistung nicht verwechseln. Eine 2,5 MW Turbine, günstig platziert, produziert im Durchschnitt etwa 0,75 MW.

Wenn die Windproduktion nachlässt, muss eine andere Quelle einspringen. Das elektrische Netz verfügt über keine Speicher, abgesehen von Pumpspeicherkraftwerken in gebirgigen Gegenden. Kohle- und Kernkraftwerke sind dafür gebaut, ständig mit voller Leistung zu laufen. Die zwei Quellen, die als Reserve in Frage kommen, sind Wasser- und Gaskraftwerke. Bei Wasserkraftwerken kann der Zufluss von Wasser auf die Turbinen mit Schiebern geregelt werden. Die Leistung eines Gaskraftwerks kann man regeln, indem man buchstäblich mehr oder weniger Gas gibt.

Wasserkraft als Reserve für Windkraft.

Auch Wasserkraftwerke sind fluktuierend. Sie produzieren nur, wenn genügend Wasser vorhanden ist, sei es im Fluss oder im Stausee. Der Lastfaktor der Wasserkraftwerke in den USA beträgt etwa 38%. Wasserkraftwerke produzieren zu Zeiten grösster Nachfrage und halten Wasser zurück, um es zu brauchen, wenn der Strom am wertvollsten ist.

Wasser- und Windkraft können sich ergänzen: Wasserkraftwerke können Wasser zurückbehalten, wenn der Wind weht, damit verbleibt mehr potentielle Energie in den Stauseen, die zur richtigen Zeit in Strom umgewandelt werden kann. Der Lastfaktor der Wasser- und Windkraftwerke kombiniert ist in den USA etwa 31%. Die Kombination von Wind-und Wasserkraftwerken, liefert zuverlässig Strom, solange die Stauseen genug Wasser haben. Diese Kombination wird in Dänemark angewendet mit eigener Windkraft und Wasserkraft aus dem nahen Norwegen.

Wenn die Reserve aus Kohle kommt, reduziert Windkraft den CO_2 Ausstoss nicht.

Vielerorts verlangen die Behörden, dass die Stromversorger den Windstrom abnehmen, wenn er zur Verfügung steht unabhängig von den Kosten und den Auswirkungen. In Ontario zum Beispiel müssen die Kohlekraftwerke die Leistung zurückfahren wenn der Wind bläst. Damit die Leistung aber wieder zu Verfügung steht, wenn der Wind abflaut, darf man das Kohlekraftwerk nicht einfach abstellen. Es läuft mit reduzierter Leistung im „Leerlauf". Kohle wird weiter verheizt und 300 kg Heissdampf werden jede Sekunde in die Atmosphäre geblasen, statt auf die Turbinen geleitet. So wird keine CO2-Emission gespart.

Normalerweise dienen Gaskraftwerke als Reserve für Windturbinen.

Spitzenkraftwerke sind in den USA meist Gasturbinen, die angeschaltet werden, wenn die Bandenergielieferanten wie Kern- und Kohlekraftwerke zu Spitzenbedarfszeiten nicht genügen. Falls zu diesen Zeiten der Wind bläst, braucht man die Gaskraftwerke nicht einzuschalten und spart CO2-Emmissionen.

Dort, wo Windenergie einen wesentlichen Beitrag zur Stromversorgung leistet muss gleichviel Leistung als Reserve zur Verfügung stehen. Diese kann kaum aus Wasserkraft stammen, da diese weitgehend ausgebaut ist. Damit sind Gasturbinen die einzige realistische Möglichkeit, Reserveleistung für Windkraftwerke zu bauen.

In der Praxis wird es eher so sein, dass man beide in Kombination betreibt sich aber auf die Produktion der Gaskraftwerke verlässt und deren Leistung zurückfährt wenn der Wind weht und damit Gaskosten und CO2-Emissionen spart.

Die Installation von Windkraftwerken kann die CO_2-Emission erhöhen.

Diese paradoxe Aussage hängt mit der Reserveproduktion zusammen. Für jede installierte Windleistung von 1000 MW müssen 1000 MW an Gasleistung bereitgestellt werden. Vergleichen wir zwei mögliche Investitionsentscheide eines Stromversorgers:

1   Windturbinen mit Erdgas-Reservekapazität.

2   Erdgaskraftwerk ohne Windturbine.

In Variante (1) wird eine einfache Gasturbine gewählt, weil diese rasch angefahren werden kann, wenn der Wind nachlässt. Wenn die Windturbine einen Lastfaktor von 30% aufweist, muss die Gasturbine 70% der Leistung liefern. Deren Wirkungsgrad ist gerade mal

29%, sie verbraucht also 70% x 1'000MW/29% = 2410 MW(th) an Erdgas.

In der zweiten Variante könnte man ein 1000 MW Kombi-Gas-Dampfkraftwerk (GuD) wählen, das ständig mit einem Wirkungsgrad von 60% läuft und dabei 1000 MW / 60% = 1670 MW(th) an Erdgas konsumiert.

Das heisst, die Kombination Wind- und Gaskraftwerk benötigt 44% mehr Erdgas als ein reines Gas-Dampfkraftwerk und emittiert 44% mehr CO_2. Ein GuD-Kraftwerk kostet 1 Milliarde, die weniger CO_2-effiziente Wind-Gasturbinenkombination jedoch 3, 1 Milliarden.

1,000 MW Kraftwerk: Alternativen					
	Energiequelle	Kosten $/W	Last-faktor	Wirkungs-grad	Gas-konsum
(1)	Windturbine +Reserve NGCT	2.44	30%	-	-
		0.67	70%	29%	2410 MW(t)
(2)	Nur GuD	1.00	100%	60%	1670 MW(t)

Das Energieministerium schlägt einen Grenzwert von 454 g/kWh vor.

Welches sind die Auswirkungen dieser vorgeschlagenen Regulierung?

Man kann die CO_2-Emissionen verschiedener Kraftwerke wie folgt berechnen:

- Man beginnt mit der Verbrennungswärme von Kohle und Erdgas in kJ/kg.

- Dann berechnet man den Anteil Kohlenstoff in CH_4 mittels der Atomgewichte: 12/(12+4). Bei Kohle können wir 1 annehmen.

- Den Anteil Kohlenstoff in CO_2 berechnet man ebenfalls über die Atomgewichte: $12/(12+32)$.

- Der Wirkungsgrad thermisch zu elektrisch hängt von der verwendeten Technik ab. Ein Joule (J) ist gleich 1 Wattsekunde (Ws), also ist 1kWh = 3'600 kJ

Gramm CO_2 Emissionen pro kWh					
Energiequelle	Wärme, kJ/g Brennstoff	Wärme, kJ/g CO_2	Wirkungsgrad	Strom, kJ/g CO_2	g CO_2 pro kWh
Kohle, konventionell	33	9	33%	3	1200
Kohle, fortgeschritten	33	9	44%	4	900
Erdgas, (GuD)	50	18	60%	11	333
Erdgas, (Gasturbine)	50	18	29%	5	700
Wind + 70% Gasturbine Reserve					490
Wind + 70% GuD-Reserve					233

Die letzten zwei Zeilen in dieser Tabelle zeigen einfach die gewichteten mittleren CO_2 Emissionen für Windturbinen mit 30% Lastfaktor und Gasturbinen, welche die restlichen 70% liefern. Wind plus GuD ist nicht üblich, GuD-Kraftwerke sind nicht für zeitweiligen Betrieb ausgelegt. In der Anlaufphase erreichen sie ihren maximalen Wirkungsgrad von 60% nicht, wenn sie eine Flaute überbrücken sollen. An Standorten, an denen die Windstärke normalerweise langsam ändert, könnte es möglich sein, den tiefen Wert von 233 g/kWh CO_2 Emission zu erreichen.

Im März 2012 schlug das US-Energieministerium eine Regelung vor, die den CO_2-Ausstoss von fossil befeuerten Kraftwerken auf 454 g/kWh beschränkt. Eine Auswirkung wäre, dass Kohlekraftwerke verboten würden. Die Reservekapazität für Windenergie müsste von GuDs kommen.

In Zukunft dürften Windkraftwerke mit GuD-Reserve weniger CO_2 ausstossen.

Warum braucht man nicht GuDs als Reservekapazität für Windturbinen um möglichst viel CO_2-Ausstoss zu vermeiden? Höhere Kosten sind ein Grund. Der wichtigste Grund aber ist der, dass diese effizienteren Kraftwerke Stunden benötigen um anzulaufen. Das mag sich in Zukunft verbessern. In Europa soll die „FlexEfficiency 50" Anlage von GE gebaut werden, die innert 30 bis 60 Minuten anlaufen kann und bei 87% voller Leistung 60% Wirkungsgrad erreicht. Noch ist keine gebaut, aber EdF und GE sind übereingekommen, im Jahr 2015 eine solche Anlage in Frankreich zu errichten.

Gasturbinen, die nicht mit voller Leistung laufen, emittieren mehr CO_2.

Gasturbinen laufen am effizientesten bei voller Leistung. Wenn sie mit halber Leistung laufen, muss der maximale Wirkungsgrad mit 0,85 multipliziert werden. Damit sie mit der Netzfrequenz synchronisiert bleiben, müssen sie stets mit voller Drehzahl laufen. Daher verbrauchen sie Gas auch wenn sie keine Energie ins Netz liefern, solange sie als Reserve bereit sein müssen, um sofort Strom zu liefern, wenn ein Windgenerator ausfällt.

Hoch- und Runterfahren, also die Veränderung der Leistung, vermindert den Wirkungsgrad. So verbraucht eine Gasturbine, die innert 10 Minuten von 60% zurück auf 40% und wieder auf 60% hochgefahren wird, mehr Gas und produziert mehr CO_2, als wenn sie die ganze Zeit mit voller Leistung gelaufen wäre. Man kann das mit einem Auto vergleichen, das bei konstanten 80 km/h vielleicht 8 Liter auf 100 km verbraucht, aber im stockenden Stadtverkehr 13 Liter.

In den vorstehenden Berechnungen der spezifischen CO_2-Emissionen sind diese Effekte, Leerlauf und Leistungsschwankungen, nicht berücksichtigt.

Verteilte Windturbinen können Nachteile von Leistungs-schwankungen der Gaskraftwerke reduzieren.

Befürworter der Windenergie machen geltend, dass die Gesamtheit der Windturbinen über ein grosses Gebiet die Flauten ausgleicht und eine annähernd konstante Leistung erbringt, wenn man sie zusammenschliesst. Das stimmt zum Teil.

Betrachten wir das Beispiel der Windfarmen in Südost-Australien, die durch ein eineinhalb Tausend km langes Netz verbunden sind. Die Daten von 24 Windfarmen mit einer installierten Leistung von 2 GW können in Echtzeit auf http://windfarmperformance.info abgerufen werden. Die Lastfaktoren und Leistungsdaten am 8. Februar 2011 sind in den folgenden Grafiken dargestellt.

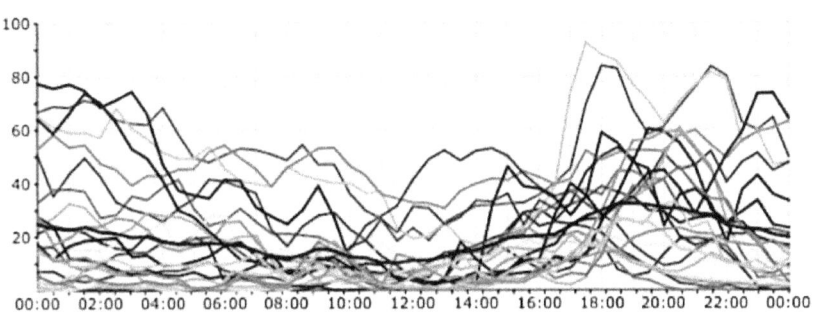

Lastfaktoren von 24 SO-Australischen Windfeldern

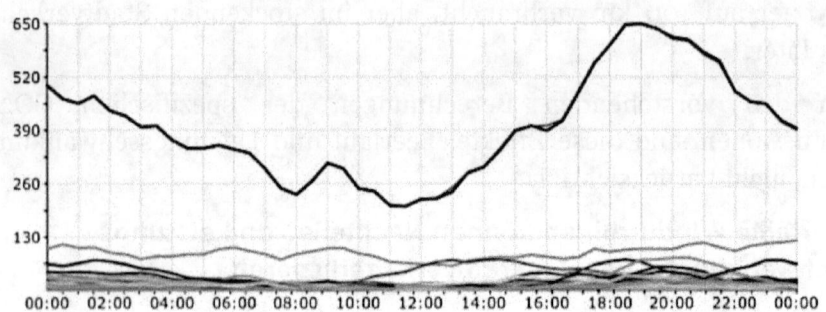

Kombinierte Leistung in MW von allen 24 SO-Australischen Windfeldern

In der Grafik oben zeigt die oberste Linie den Verlauf der Gesamt-
leistung der Windturbinen im Netz. Sie schwankt zwischen 250 und
650 MW. Die installierte Leistung ist 2 GW; der Lastfaktor also um
die 20%. Diese Kurve ist klar stetiger als die Leistungskurven der
einzelnen Gruppen. Leistungsänderungen um 100 MW/h, wie sie
hier vorkommen, können von GuD-Kraftwerken beherrscht werden.
In diesem Fall könnte es möglich sein, die fehlenden 80% durch
effiziente Gaskraftwerke zu kompensieren, vorausgesetzt, die elektrische Leistung kann verlustarm über mehr als 1000 km transportiert werden.

**Feldversuche finden kleine CO_2-Reduktionen durch Wind-
energie.**

Bei Feldversuchen in Irland, Colorado und Texas wurden die Auswirkungen von fluktuierender Einspeisung von Windenergie auf
Gas- und Kohleverbrauch untersucht.

Das irische Netz wird zu 65% durch Gaskraftwerke gespeist und
10% stammt aus Wind. Die Betreiber haben detaillierte Daten über
CO2-Emissionen, gesamte Leistung und Anteil der Windenergie im
15-Minuten-Takt publiziert. Sie zeigen, dass im April 2010 bei einem Anteil der Windleistung von 12% die Reduktion des CO2-

Ausstosses nur 3% betrug. Der Grund ist die Abnahme des Wirkungsgrads der Gaskraftwerke bei häufiger Leistungsänderung.

Die Gesellschaft „Public Service of Colorado" muss die Kohlekraftwerke zurückfahren, um den Beitrag der Windturbinen zu kompensieren. Die Verschlechterung des Wirkungsgrades durch reduzierten und schwankenden Betrieb führte in der Gegend von Denver zu 5% mehr CO_2 und NO_x; die SO_2-Emissionen stiegen gar um 18%.

Das Netz in Texas wird zu 58% durch Gaskraftwerke versorgt. Sie sind wegen den grossen Nachfrageschwankungen der Klimaanlagen auf fluktuierenden Betrieb ausgelegt und sind deshalb besser in der Lage, fluktuierende Einspeisung der Windenergie zu verkraften. Trotzdem müssen auch Kohlekraftwerke zeitweise heruntergefahren werden. Die „Bentek"-Studie fand, dass NO_x- und SO_2-Emissionen höher waren als wenn die Kohlekraftwerke voll gelaufen wären und die CO_2-Reduktion war im besten Fall minim.

Elektrizität, die billiger ist als Windkraft muss weniger als 18Cents pro kWh kosten.

Die Berechnung der Kosten von Windenergie ist schwierig. Die meisten Meldungen in den Massenmedien geben die Kosten nach Abzug von Subventionen, Steuererleichterungen, Einspeisevergütungen und dergleichen an. Für realistische Entscheidungen wird aber eine Vollkostenrechnung benötigt. Allerdings sind die Preise für Anlagen oft vertraulich. Die Investitionskosten von erwähnten Anlagen sind: EIA: 2,44 \$/W, „Cape Wind": 5,8 \$/W und „Deepwater Wind": 7,00 \$/W. Wir vernachlässigen die notwendige Reserveleistung, die im Fall von Gasturbinen mindestens 0,67 \$/W beiträgt. Wir nehmen „Cape Wind" als Beispiel. Wir unterstellen 40 Jahre Lebensdauer, 30% Lastfaktor und 8% Zinssatz. Das ergint für die Kapitalkosten 17,4 Cents pro kWh. In unserer gewohnten Tabelle können wir die Brennstoffkosten auf Null setzen:

Publizierte Kostenbeispiele sind 16-24 Cents/kWh für „Cape Wind"
und 24 Cents/kWh für „Deepwater Wind". Unsere Abschätzung von
18,4 Cents liegt somit im Bereich der Erfahrungen für nicht subven-
tionierte Windenergie. Strom aus LFTR-Reaktoren muss billiger als
18,4 Cents/kWh sein um mit Windenergie zu konkurrieren.

Kosten von Windelektrizität	
Kapitalkosten	17.4 Cents/kWh
Brennstoff	**0.0**
Betriebskosten	**1.0**
Total	**18.4 Cents/kWh**

SONNE

Sonnenenergie kann man auf verschiedene Weise direkt nutzen

1   Passive solare Heizung von Gebäuden.

2   Solare Warmwasseraufbereitung.

3   Photovoltaische solare Stromproduktion.

4   Konzentrierte thermische Solarenergie.

Der Photosynthese durch Pflanzen widmen wir ein eigenes Kapitel unter Biomasse.

Passive solare Heizung im Innern von Gebäuden.

Besonders im Winter, wenn die Sonne tief steht, strahlt sie durch grosse Isolierglasfenster ins Gebäudeinnere. Das Licht wird durch dunkle Flächen absorbiert und in Wärme umgewandelt. Alles was Masse hat, wird erwärmt und speichert die Wärme. Warme Objekte – Wände, Möbel, Boden und Decke – strahlen im Infrarot. Diese Strahlung kann das Fensterglas nicht durchdringen und bleibt gefangen, ähnlich wie in einem Treibhaus.

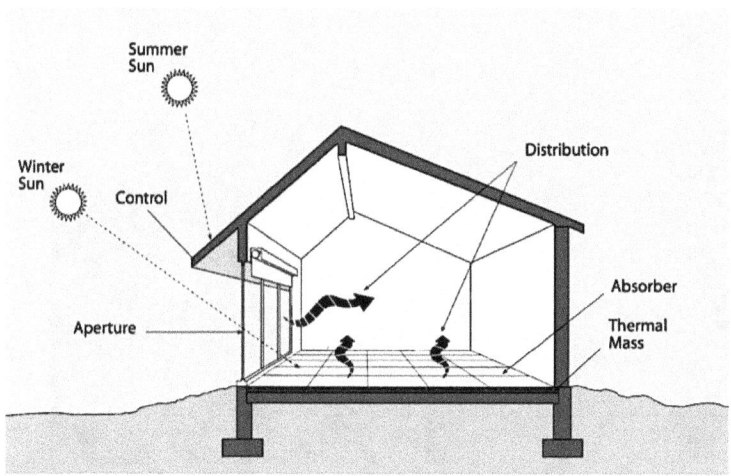

Passive Solarheizung

Zusammen mit sehr guter Isolation und einer dichten Gebäudehülle ist die Sonnenheizung durch die Fenster ein entscheidender Bestandteil des Passivhaus-Konzepts, das zum Ziel hat, im Mittel weniger als 2 Watt/m² an Heizleistung zu benötigen, eine maximale Leistung von 10 W/m² und insgesamt nicht mehr als 15 kWh pro m² und Jahr.

Ein solches Haus mit einer Wohnfläche von 200 m² kann mit weniger als 3'000 kWh pro Jahr beheizt werden, was 450$ kostet, wenn die Heizung elektrisch ist und die kWh für 0,15$ zu haben ist. Mit einer Wärmepumpe anstelle der direkten Elektroheizung sinken die Kosten gar auf 150$ pro Jahr.

Solares Warmwasser ersetzt fossile Brennstoffe.

In den Haushalten in den USA werden die Warmwasserspeicher in der Regel mit Gas oder Elektrizität beheizt. Ein typischer Boiler konsumiert etwa 4,5 kW(e). Wenn der Strom in einem fossilthermischen Kraftwerk mit dem typischen Wirkungsgrad von 33% produziert wird, dann müssen 13,5 kW(th) durch Verbrennen von Kohle oder Öl mit entsprechendem CO_2-Ausstoss produziert werden. Wenn direkt mit Gas geheizt wird, genügen 4,5 kW(th) plus die unvermeidlichen Verluste im Abgas. Das ist billiger und reduziert den CO_2-Ausstoss.

Chinesischer Wohnblock mit solaren Wasserheizanlagen

China hat weltweit die grösste installierte solare Wasserheizleistung, insgesamt über 100 GW(th) im Jahr 2009. Das obige Bild ist ein Beispiel. Wasser zirkuliert vom Boiler durch Solarkollektoren und wird dabei aufgeheizt. Wenn Frost möglich ist, wird Glykol zirkuliert, das die Wärme in einem Wärmetauscher an das Wasser abgibt. Für sonnenarme Zeiten muss eine Reserveheizung auf der Basis von Gas oder Elektrizität zur Verfügung stehen.

Photovoltaische (PV) Zellen verwandeln Sonnenlicht direkt in elektrische Energie.

Thermische Kraftwerke benötigen eine Wärmekraftmaschine um aus einem Wärmefluss elektrische Energie zu gewinnen. Beispiele sind Kohlekraftwerke, Kernkraftwerke und solarthermische Kraftwerke. Alle benötigen eine Wärmesenke (Kühlturm, Flusskühlung), um die nicht nutzbare Wärme abzuführen. PV-Zellen sind anders. Sie wandeln die Lichtenergie der Photonen direkt in elektrische Energie um mit einem Wirkungsgrad um 10%

Die Solarpaneele des „AllEarth Renewables" Solar-Kraftwerks in Vermont können der Sonne nachgeführt werden um den Ertrag zu maximieren. Am Äquator liefert die Sonnenstrahlung mittags 1kW/m². In mittleren geografischen Breiten kann eine Anlage wie diese im Mittel 5 W/m² elektrische Energie erzeugen unter Berücksichtigung von Nacht, Wolken und Wirkungsgrad. Ein Solarkraftwerk im Südwesten der USA liefert das Doppelte also 10 W/m². Ein solches Solarkraftwerk mit einen mittleren Leistung von 1 GW benötigt 100 km² Landfläche.

„AllEarth Renewables" Solarkraftwerk in Vermont

Scientific American publizierte einen „Solar Grand Plan", der vorsieht, in 120'000 km² PV-Zellen 69% des Strombedarfs der USA zu erzeugen, in gewaltigen Druckluftkammern zu speichern und über Hochspannungsleitungen im ganzen Land zu verteilen. Das ganze müsste mit 420 Milliarden $ subventioniert werden.

Solarthermische Kraftwerke machen elektrische Energie aus Wärme.

Im folgenden Bild sieht man ein solarthermisches Rinnenkraftwerk. Das Sonnenlicht fällt auf den parabolischen Reflektor und wird auf ein Rohr in der Brennlinie der Rinne gespiegelt. Im Rohr fliesst Öl, das in einem Wärmetauscher Wasserdampf erzeugt, der über eine Dampfturbine einen elektrischen Generator antreibt. Ein anderes Konzept beruht auf einem Feld von beweglichen Spiegeln, die das Sonnenlicht auf einen Absorber in einem zentralen Turm spiegeln, wo sehr hohe Temperaturen erzielt werden können. Solarthermische Kraftwerke verwandeln Wärme in Elektrizität wie alle Kohle-Gas- und Kernkraftwerke. Da sie recht hohe Temperaturen erreichen, sind Wirkungsgrade bis 41% möglich. Als thermische Kraftwerke benötigen sie ein Kühlsystem wie Kühltürme, die Wasser verdampfen, das in den Wüstengebieten, wo die Sonne kräftig scheint, nicht ohne weiteres zur Verfügung steht.

Solarthermisches Kraftwerk von „Andasol" in Spanien

Solarthermische Kraftwerke können Wärme speichern.

Das Andasol-Solarkraftwerk mit 50 MW(e) Leistung in Spanien verfügt über Tanks mit geschmolzenem Salz (60% $NaNO_3$+ 40% KNO_3) um Wärme zu speichern. Die 30'000 Tonnen Salz können 1 GWh(th) speichern und mit einer Leistung von 100 MW geladen und entladen werden. Flüssigsalz ist auch ein Energiespeicher in Flüssigsalzreaktoren wie dem LFTR.

Elektrizität, die billiger ist als Solarstrom muss weniger als 0,24$ pro kWh kosten.

Die Kosten für photovoltaische Zellen fallen. China hat sich zum Billiganbieter entwickelt und andere Anbieter aus dem Markt verdrängt. Die Kosten für Solarzellen dürften bald auf 1$/W maximaler Leistung fallen, aber das sind die Kosten für die Zellen, nicht für die ganze Anlage. Für eine Anlage der Grösse, dass sie für einen Stromversorger taugt, kommen weitere Kosten dazu. Etwa eine wetterfeste Montierung, Motoren für die Ausrichtung nach der Sonne, Wechselrichter, Steuer- und Überwachungssysteme sowie Anschlussleitungen ans Netz. Es kann schwierig sein die vollen Kosten aus den Medien zu entnehmen; sie werden oft vertraulich behandelt. Hier sind vier Beispiele von Kosten und Leistungen:

Die Solarzellen im Kraftwerk der „AllEarth Renewables" bei Burlington, Vermont kosteten 1,75 $/W, das sind angeblich 35% der Anlagekosten. Dieses Werk hat eine installierte Leistung von 2'130 kW und kostete 12 Millionen $ oder 5,63 $/W. Sogar wenn Solarzellen gratis wären, müsste man immer noch 4 $/W investieren. Der über 7 Monate gemessene Leistungsfaktor war 18%. Dieses Kraftwerk in Vermont verkauft den Strom für 0,30 $/kWh an den Stromversorger, der gesetzlich verpflichtet ist, den Strom zu diesem Preis abzunehmen.

Die spanische Gesellschaft „Albiasa" gab 2009 bekannt, im sonnigen Kingman in Arizona ein 1 Milliarde $ teures, 200 MW leistendes solarthermisches Kraftwerk bauen zu wollen. Das heisst, die Kosten sind 5 $/W. Das Projekt wurde 2011 aufgegeben. Albiasa baut nun ein 50 MW Werk in Caceres, Spanien und hat einen Vertrag, den Strom für 27 €-cents verkaufen zu können.

Abengoa baut ein solarthermisches Kraftwerk ausserhalb von Phoenix Arizona mit 280 MW Leistung und Kosten von 1,6 Milliarden $ oder 5,71 $/W.

Ebenfalls in den USA baut „Brightsource" ein solarthermisches Kraftwerk auf einer Landfläche von 14 km² in der Mojavewüste in Kalifornien. Bewegliche Spiegel werden das Sonnenlicht auf einen

Absorber in einem 140 Meter hohen Turm werfen. Die Kosten für die installierte Leistung von 370 MW sollen 2,2 Milliarden $ betragen oder 5,6 $/W. Das Werk hat Anfang März 2014 den Betrieb aufgenommen.

Die Preise pro kWh bei AllEarth sind 0,30 $ und bei Albisa 0,35 $/kWh.

Investitionen in Solarkraftwerke und Strompreise		
Bauherr	Investition $/W	Stromkosten Cents/kWh
AllEarth Renewables	5.63	30
Albiasa	5.00	35
Abengoa	5.71	?
Brightsource	5.90	?
US DOE EIA	4.70	?

Vermont senkte die Einspeisevergütung von 0,30 auf 0,24 $. Die EIA schätzt die Kapitalkosten für solarthermische Anlagen auf 4,70 $/W. Wenn wir das mit den erwähnten Beispielen vergleichen, können wir annehmen, dass 5 $/W realistisch sind. Der Lastfaktor für Solarkraftwerke variiert je nach Gegend und Klima; wir nehmen 20% an. Das investierte Kapital generiert nur dann Einkommen, wenn die Sonne scheint, damit erhalten wir mit 20% Lastfaktor, 8% Zins und 40 Jahre Lebensdauer das folgende Kostenmodell:

Kosten für Solarstrom	
Kapitalkosten	22.5 Cents/kWh
Brennstoff	0.0
Betriebskosten	1.0
Total	23.5 Cents/kWh

Strom, der billiger ist als Solarstrom muss weniger als 0,24 $/kWh kosten.

FLUKTUIERENDE WIND- UND SONNENENERGIE

Fluktuierende Leistung kann Kosten und Emissionen steigern.

Eine Publikation des MIT aus dem Jahre 2011 *„Managing Large-Scale Penetration of Intermittent Renewables"* (Die Beherrschung hoher Anteile fluktuierender Einspeisung aus erneuerbaren Quellen) behandelt im Detail die Schwierigkeiten die sich ergeben, wenn bei fluktuierender Einspeisung eine stetige Versorgung gewährleistet werden soll:

> „Im Übrigen werden die Wirkungsgrade von thermischen Kraftwerken sinken wenn sie mit Teil-Last betrieben werden. Schlechtere Wirkungsgrade haben höhere spezifische Emissionen und höhere Kosten zur Folge was die Vorteile von erneuerbarer Energie in Frage stellt. Ständige Veränderungen der Leistung und die Notwendigkeit, die Anlage ausserhalb des idealen stetigen Betriebs zu operieren, verschlimmern die Situation und können zu Fehlern führen."

FESTE BIOMASSE

Unter Biomasse versteht man manchmal eine brennbare Flüssigkeit, die aus Pflanzen oder Pflanzenteilen hergestellt wird und nach Verarbeitung als Treibstoff verwendet werden kann. Allerdings kann man aus Pflanzenteilen wie Holz am meisten Energie gewinnen indem man sie einfach verbrennt. Wenn man Holz in Ethanol verwandelt, geht viel Energie verloren. Es gibt Kraftwerke, die Holz als Brennstoff verwenden, also beginnen wir unsere Untersuchung mit dem Verbrennen von Holz.

Etwa 20% der Masse eines Waldes ist Kohlenstoff.

Im 15. Jahrhundert fand Van Helmont heraus dass Bäume Masse aus Luft gewinnen – Wasserdampf und „Holzgas", das später als CO_2 identifiziert wurde. Lavoisier beschrieb den Prozess der Atmung der Pflanzen, bevor er während der französischen Revolution ein Opfer der Guillotine wurde.

Kohlenstoff ist etwa 50% der Masse der Kohlenhydrate, aus welchen trockenes Holz besteht. Bäume, wie sie im Wald wachsen, bestehen zu vielleicht 60% aus Wasser und 40% ist trockenes Holz also macht Kohlenstoff, den die Bäume aus dem CO_2 der Luft beziehen, 20% der Masse des Waldes aus.

Wälder absorbieren CO_2 aus der Luft bis sie „erwachsen" sind.

Während Bäume wachsen, holen sie Kohlendioxid aus der Luft und bauen den Kohlenstoff in ihre Kohlenhydratstrukturen ein. Wie schnell, das hängt von der Baum-Art und dem Klima ab. Für unser Modell nehmen wir 3 Tonnen Kohlenstoff pro Hektare und Jahr an. Eine Hektare ist ein Quadrat mit einer Seitenlänge von 100 Metern. Grüne Bäume enthalten 20% Kohlenstoff; das heisst, die Masse, die sie gewinnen ist das fünffache; 15 t/ha und Jahr.

Nach etwa einem Jahrhundert sind die Bäume ausgewachsen, sie sterben ab und vermodern. Die Menge Holz, die in ausgewachsenen Wäldern gespeichert ist, hängt wiederum von der Baum-Art, dem Klima und der Geografie ab. Sie beträgt 100 bis 600 Tonnen/ha. Das US-Umweltamt schätzt für die südlichen USA 250 t/ha; wir nehmen 200t/ha an.

Die Wälder entnehmen der Luft Kohlenstoff, so lange sie wachsen, aber dann nicht mehr. Die holzbefeuerten Kraftwerke nennt man CO_2-neutral, weil das Holz die gleiche Menge CO_2 produziert, egal ob es im Wald verrottet oder im Kraftwerk verbrennt. Wenn ein Wald verbrennt, geht aller Kohlenstoff als CO_2 in die Luft und wird wieder daraus entfernt, während der Wald nachwächst.

Holzbefeuerte Kraftwerke sind nicht nachhaltig.

Holzbefeuerte Kraftwerke werden mit Pellets befeuert, die aus nicht getrocknetem Holz gewonnen wurden. Wie viel Pellets würden benötigt, um unser Standard-1-GW-Kraftwerk zu betreiben? Gemäss dem US Department of Agriculture produziert 1 Tonne frische Pellets fast 2 MWh(th). Wenn wir den üblichen Wirkungsgrad von 33%

für Wärmekraftmaschinen annehmen, dann brauchen wir für 1 GW(e):

$$1 \text{ GW(e)} = \frac{24 \times 365 \text{ h}}{\text{Jahr}} \times \frac{3 \text{ kWh(t)}}{1 \text{ kWh(e)}} \times \frac{\text{Tonnen Holz}}{2 \text{ MWh(t)}}$$

= 13 Million Tonnen frische Pellets pro Jahr.

Bei einer Wachstumsrate von 15 t/ha und Jahr braucht man dafür fast eine Million Hektaren, etwa die Fläche des US-Staates Connecticut. Connecticut verbraucht elektrische Energie mit einer Rate von durchschnittlich 3 GW, könnte aber, wenn vollständig bewaldet, nur 1 GW(e) aus Holz selbst produzieren.

Es gibt nicht genügend Holz für holzbefeuerte Kraftwerke und diese sind offensichtlich nicht nachhaltig. Das wissen wir schon aus der Geschichte: England wurde weitgehend entwaldet durch die Gewinnung von Energie aus Holz bis die Entdeckung der Steinkohle als Brennstoff die Industrielle Revolution auslöste. In den USA beträgt die gesamte Leistung von Biomassekraftwerken etwa 8 GW(e).

Strom, der billiger ist als aus Holz, muss weniger als 0,10 $/kWh kosten.

Der Ersatz des 19 MW Holzkraftwerks in Springfield (NH) soll 90 Millionen $ kosten oder 4,74 $/Watt. Die Kosten des geplanten 75 MW Kraftwerks in Berlin (NH) schätzt man auf 275 Millionen $ das heisst 3,86 $/W. Die „Southern Company" plant für 500 M$ ein 100 MW Kraftwerk in Nacogdoches (TX), also für 5 $/W. In unserem Modell nehmen wir für die Investitionskosten 4 $/W an und die üblichen 8% Zins, 40 Jahre Lebensdauer und 90% Lastfaktor.

Die Preise für frische Holzpellets schwanken von Ort zu Ort, je nach Marktsituation und Transportkosten. Das Burlington Kraftwerk in Vermont zahlt 15-20 $/t; Raygate (NH) zahlte 12-20 $/t, Worchester (NJ) 22-24 $/t und Springfield (NH) im Mittel 28 $/t. Wir wählen 28 $/t oder 31 $/metrische Tonne und einen optimistischen Wirkungsgrad von 33%.

$$\frac{\$31}{\text{Tonne}} \times \frac{\text{Tonne Holz}}{2 \text{ MWh(t)}} \times \frac{3 \text{ kWh(t)}}{1 \text{ kWh(e)}} = \frac{\$47}{\text{MWh(e)}}$$

oder 4,7 Cents/kWh Brennstoffkosten. Wenn wir unsere üblichen Annahmen für die anderen Parameter treffen ergibt sich für Strom aus Biomasse:

Kosten für Strom aus Biomasse	
Kapitalkosten	4.0 Cents/kWh
Brennstoff	4.7
Betriebskosten	1.0
Total	9.7 Cents/kWh

Um Strom aus Biomasse zu unterbieten, muss Strom aus LFTRs weniger als 10 cents/kWh kosten.

Energie aus erneuerbaren Quellen ist teurer als aus fossilen Brennstoffen.

Unten steht eine Zusammenfassung der bisher geschätzten Kosten. Man sieht, dass die Kosten für Wind-, Solar- und Biomassestrom viel höher sind als für die CO2-Schleudern Kohle und Erdgas. Dabei haben wir bei den fluktuierenden Wind und Sonne die Kosten für die unumgängliche Speicherung und Reservekraftwerke noch gar nicht berücksichtigt.

Stromkosten für verschiedene Quellen, Cents/kWh					
	Kohle	Gas	Wind	Solar	Biomasse
Kapitalkosten	2.8	1.0	17.4	22.5	4.0
Brennstoff	1.8	2.8	0	0	4.7
Betriebskosten	1.0	1.0	1.0	1.0	1.0
Total	5.6	4.8	18.4	23.5	9.7

Warum sind die Kosten für Erneuerbare vergleichsweise so hoch? Und wie werden sie bezahlt? Ein Grund ist die geringe Energiedichte. Windturbinen und Solarkraftwerke nehmen grosse Landflächen ein. Der Holztransport aus weit entfernten Wäldern ist teuer.

Subventionen bezahlen den grössten Teil der Erneuerbaren. Sowohl auf Bundes- als auch Staatenebene wurden viele Gesetze erlassen, die es möglich machen, dass Investitionen in Wind- und Solarenergie profitabel sind. Subventionen von Staaten kommen in Form von Steuerrabatten von bis 30% auf den Investitionskosten, auf den Einkommenssteuern des Bundes werden weitere 30% nachgelassen. Produktionssteuerrabatte betragen 2,2 Cents pro kWh produzierte Energie und Einspeisetarife zwingen die Stromversorger, für Wind- und Sonnenenergie überhöhte Preise zu bezahlen und sie abzunehmen, wenn sie verfügbar sind. Dann gibt es staatliche Vorschriften, welche die Unternehmen verpflichten einen gewissen Anteil Wind- und Solarenergie einzukaufen, was immer die Kosten sind. Sie halten sich schadlos, indem sie den Konsumenten höhere Preise für alle Arten von Strom verrechnen.

(Anmerkung des Übersetzers: In Deutschland und der Schweiz kennen wir die „Kostendeckende Einspeisevergütung" mit teilweise verheerenden Auswirkungen auf die Strompreise.)

BIOTREIBSTOFFE

Wirtschaftlich ist es wenig sinnvoll, Biotreibstoffe in Kraftwerken zu verheizen, weil die billigere feste Biomasse wie Holz effizienter direkt verbrannt wird, wie oben dargelegt.

Flüssige Biomasse ist hauptsächlich als Ersatz für erdölbasierte Treibstoffe wie Benzin und Dieselöl für Fahrzeuge interessant. Diese kohlenstoffreichen Treibstoffe sind für das Transportwesen noch unverzichtbar. Sie haben eine hohe Energiedichte; darum können sie als Energievorrat in PKWs, LKWs und Flugzeugen mitgeführt werden. Eisenbahnen kann man elektrifizieren, PKWs können Batterien mitführen, aber Flugzeuge und LKWs können noch nicht auf flüssige Treibstoffe wie Benzin und Diesel verzichten. Biotreibstoffe sind eine mögliche Alternative.

Der Ersatz von Benzin durch Bioethanol *kann* den CO_2 Ausstoss verringern.

Der weltweite CO2-Ausstoss durch Verbrennen von Treibstoffen aus Erdöl ist fast so hoch wie der aus Kohle. Kohlenstoffneutrale Treibstoffe sind darum ein vielversprechender Weg, um den Klimawandel hinauszuschieben. Theoretisch wird das CO2 aus der Verbrennung von Biotreibstoff von den Pflanzen der folgenden Ernte wieder aus der Atmosphäre entfernt. Im Gegensatz zu Wäldern, die ein Jahrhundert lang wachsen, können Mais und Zuckerrüben jedes Jahr geerntet werden. Aber wenn ein 100 Jahre alter Wald gerodet und verbrannt wird, um einjährige Pflanzungen anzulegen, bleiben 99% des CO2 aus dem Wald in der Atmosphäre. Das nennt man Änderung der Landnutzung.

Ethanol wird in den USA aus der Fermentation von Maisstärke gewonnen. Mais wird extra dafür angebaut. Heute enthält Benzin in den USA in der Regel 10% Ethanol aus Mais, in der Absicht, den CO2 Ausstoss aus fossilen Brennstoffen wenigstens teilweise durch Verwendung eines erneuerbaren Treibstoffs zu ersetzen. Ein anderes Ziel ist es, die Auslandabhängigkeit der Energieversorgung zu vermindern.

Es ist nicht sicher, dass diese Ziele tatsächlich erreicht werden. Ethanol hat nur 2/3 des Energieinhalts von Benzin. Mit 10% Beimischung spart man also nicht 10% sondern nur etwa 7% Benzin. Dazu kommt, dass die Bereitstellung des Ethanols viel fossile Energie benötigt.

Ethanol aus Mais hat in den USA einen kleinen Energieertrag.

Die Herstellung von Ethanol durch den Anbau von Mais benötigt Kunstdünger, Bewässerung, Transport und Bearbeitung; alle Schritte benötigen Energie, 74% davon stammen aus fossiler Energie. Der Energieertrag (EROI, „Energy Return on Investment") ist das Verhältnis der beim Verbrennen des Ethanols gewonnenen Energie zur Summe aller Energie – ausser Sonnenlicht – die zur Produktion aufgewendet wurde. Untersuchungen zum Energieertrag sind kontrovers; einige weisen einen negativen Ertrag auf, das heisst, die

Herstellung des Ethanol braucht mehr Energie, als man damit einspart. Eine Metastudie aller bekannten Untersuchungen ergab einen mittleren Energieertrag von 1,07 ± 0,2 mit einer 95% Wahrscheinlichkeit. Das heisst fast kein Ertrag! Im Vergleich dazu ist die Exploration von unkonventionellem Öl mit einem Energieertrag von 5 geradezu energiegünstig.

Das Klima von Brasilien erlaubt den Anbau von Zuckerrohr, welches einen höheren Zucker- und Stärkegehalt aufweist als Mais. Daher ist der Energieertrag von Ethanol aus Zuckerrohr gegen 8. Die Ethanol-Gewinnung in den USA wurde erst ermöglicht durch Subventionen, Importzölle und Vorschriften.

Ethanol aus Zellulose ist noch nicht wettbewerbsfähig.

Beim Mais besteht etwa die Hälfte der Pflanzenmasse aus Maiskörnern. Der Rest, Stängel, Blätter, Kolben ohne Körner, ist Abfall. Von den Körnern ist 77% Stärke und Zucker, die fermentiert und verkauft werden können. Alles andere besteht hauptsächlich aus Zellulose. Zellulose-Ethanol wäre Ethanol, das aus der Zellulose des Abfalls und anderen reichlich vorhandenen Pflanzenteilen wie Holz gewonnen wird.

Ein kommerzieller Prozess zur Gewinnung von Ethanol aus Zellulose könnte ein weites Spektrum von pflanzlichen Produkten als Treibstoff nutzen von Bäumen bis zu Chinagras. Dieser Prozess teilt die langen Kettenmoleküle der Zellulose und Hemizellulose in Stärke und Zucker auf, die fermentiert werden können. Das funktioniert im Labor.

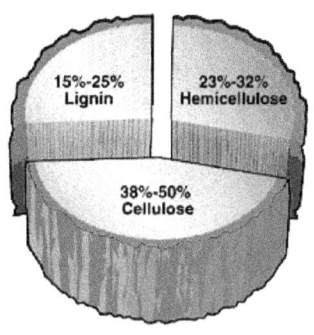

Bis 2012 gab es in den USA keine kommerzielle Anlage zur Produktion von Zellulose-Ethanol. Eine Firma in Indiana plant eine 259 Millionen $ teure Ethanolfabrik, die 75 Millionen Liter im Jahr produzieren soll. Die Pilotanlage in South Dakota produziert 300

Liter aus einer Tonne Biomasse jeden Tag zu geschätzten Kosten von 0,65 bis 0,8 $ pro Liter, teurer als aus Mais.

Das „US National Renewable Energy Laboratory" sagte voraus, dass die Kosten für Zellulose-Ethanol auf unter 0,40 $/l fallen könnten bei einer Ausbeute von 340 Liter pro Tonne Biomasse. Daraufhin verpflichtete der Kongress die Ölraffinerien im Jahr 2011 900 Millionen Liter Zellulose-Ethanol zu erwerben aber nur 20 Millionen Liter wurden angeboten.

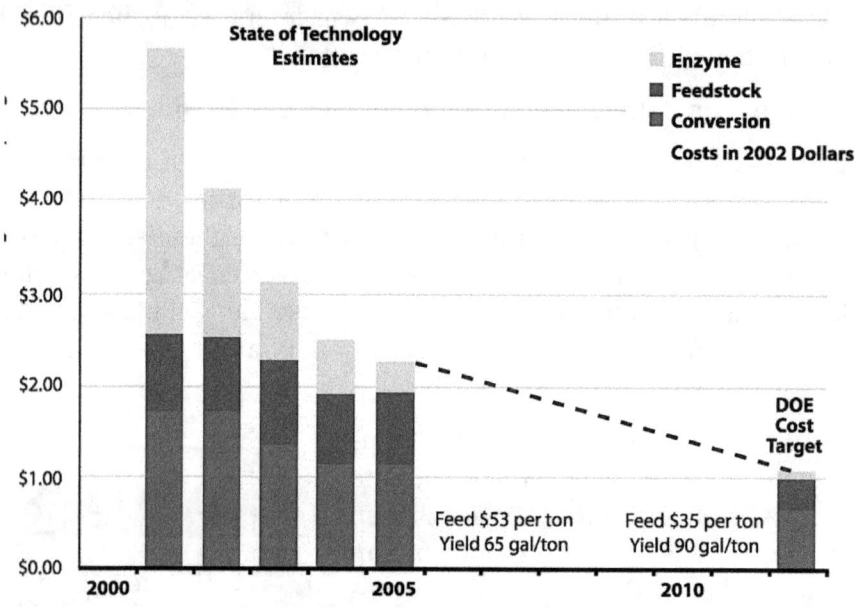

Schätzung der Kosten für Ethanol aus Zellulose des DOE aus dem Jahr 2005

Wegen des Anbaus von Biomasse für Treibstoffe steigen die Lebensmittelpreise.

Eine Nebenwirkung des Anbaus von Biotreibstoffen ist die Verteuerung der Lebensmittel. Die Verdoppelung der Preise von Mais führte zu Tortilla-Preis-Unruhen in Mexiko. In den USA wird 40% des Mais für Ethanol angebaut statt als Nahrung für Menschen und

Vieh. Die US Regierung verlangte, dass bis 2022 140 Milliarden Liter Biotreibstoffe konsumiert werden, davon 60 Milliarden Liter Ethanol aus Zellulose. Im Gegensatz dazu verbot China angesichts von Nahrungsmittelknappheit die Verwendung von Getreide für Biotreibstoffe. Inzwischen importiert China Maniok aus Thailand für Biotreibstoff, weshalb sich die Preise dort verdoppelt haben. Europas Vorsatz bis 2020 10% Bio-Treibstoff zu verwenden, führte zur Vertreibung von 3200 Bauern in Guatemala weil auf ihrem Land grossflächig Zuckerrohr für europäische PKWs angebaut werden soll.

Die Konversion von Biomasse zu Ethanol hat einen Wirkungsgrad von weniger als 32%.

Das „US Department of Energy" (DOE) hat die theoretische Ausbeute der Ethanol-Produktion aus trockener Biomasse für verschiedene Arten von Nutzpflanzen berechnet; 380 Liter/Tonne sind möglich, aber 230 Liter sind wirtschaftlich realistischer. Wenn man 1 Tonne trockene Biomasse verbrennt, kriegt man 15'000 MJ Wärmeenergie, aber beim Verbrennen von 230 Liter Ethanol bloss 4'800 MJ – etwa 32% der chemischen Energie in der Biomasse.

In dieser Rechnung ist die Produktionsenergie aus Strom und Gas für die Herstellung des Ethanols nicht berücksichtigt; somit ist die effektive Energieausbeute sogar noch viel kleiner als 32%.

Der Verbrauch von Biodiesel in den USA ist unbedeutend.

Biodiesel wird meist aus Raps oder Sojabohnen hergestellt. Die jährliche Produktion liegt unter 3,8 Milliarden Liter, verglichen mit 38 Milliarden Liter Ethanol. Biodiesel wird meist mit 80% normalem Dieseltreibstoff gemischt und diese „B20"-Mischung heisst dann an der Tankstelle „Biodiesel". Bei kaltem Wetter wird auch B10 oder B5 verkauft, weil das weniger zum Gelieren neigt. Reiner Biodiesel hat 9% weniger Energieinhalt als Petrodiesel.

STROMSPEICHERUNG

Seit Jahrzehnten sucht man nach geeigneten Methoden, Strom zu speichern. Versorgungsnetze haben keine Speichermöglichkeiten, abgesehen von der Rotationsenergie der Turbinen und Generatoren. Jeder zusätzliche Leistungsbedarf muss sekundengenau durch Erhöhung der Dampfleistung in thermischen Kraftwerken oder des Wasserflusses in Wasserkraftwerken ausgeglichen werden. Auch Gasturbinen können schnell mehr „Gas geben". Wind- und Sonnenkraftwerke können nichts dergleichen.

Möglichkeiten zur Stromspeicherung wären in zwei Situationen willkommen: Bei schwankender Nachfrage und bei fluktuierender Einspeisung. Kern- und Kohlekraftwerke funktionieren am besten und am wirtschaftlichsten wenn sie mit voller Leistung laufen. Die Nachfrage nach Strom aber variiert um einen Faktor zwei. Wenn man bei geringer Nachfrage Strom speichern könnte, stünde er zur Verfügung wenn die Nachfrage die Produktionskapazität überschreitet.

Andererseits wäre es praktisch, überschüssigen Strom aus nicht kontrollierbaren und fluktuierenden Quellen wie Wind und Sonne speichern zu können und auf die sonst nötigen Reserven in Form von Gaskraftwerken zu verzichten.

Stromspeicher haben drei wichtige Eigenschaften: Leistung, Kapazität und Wirkungsgrad. Leistung ist die maximale Leistung in MW mit der ein Speicher geladen und entladen werden kann. Kapazität ist die Menge Energie in MWh, welche der Speicher aufnehmen kann und Wirkungsgrad in % ist der Anteil der eingespeisten Energie, die zurückgewonnen werden kann.

Wieder aufladbare Akkumulatoren nutzen chemische Energie.

Akkumulatoren (Akkus) haben zwei Elektroden aus unterschiedlichen Materialien, die durch einen leitfähigen, flüssigen oder festen Elektrolyten verbunden sind. Wenn negativ geladene Elektronen durch das Ladegerät von der Anode zur Kathode fliessen, wandern positiv geladene Anionen von der Anode durch den Elektrolyten zur Kathode. Dadurch wird der chemische Zustand der Elektroden und des Elektrolyten verändert, wodurch chemische Energie gespeichert wird. Bei der Entladung wird der Vorgang umgekehrt und die chemischen Verhältnisse wieder hergestellt.

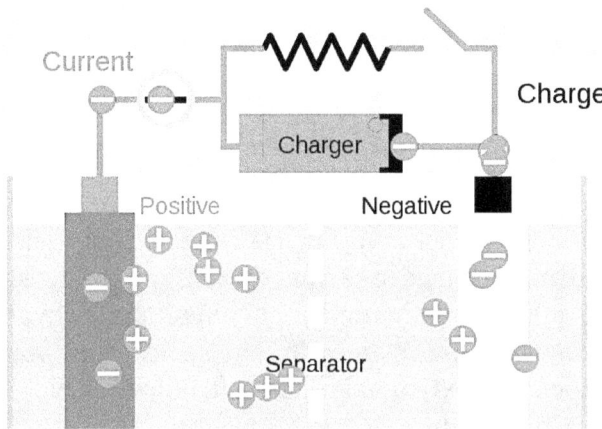

Akkumulator

Akkus können aus den verschiedensten Kombinationen von Elektroden und Elektrolyten bestehen. Am bekanntesten ist die Blei-Schwefelsäure-Bleioxid „Batterie" im PKW, Lithium-Ionen Akkus stecken in unseren elektronischen Gadgets und sogar im Elektroauto Tesla. Natrium-Schwefel Akkus wurden für hohe Leistungen entwickelt und arbeiten nur bei hohen Temperaturen bis zu 350°C, dafür bestehen sie aus billigen Materialien.

Das Laden eines heutigen Elektrofahrzeugs dauert über Nacht. Es gibt Akkus mit flüssigen Elektrolyten, welche die chemische Energie enthalten. Man kann sich vorstellen, dass künftige Elektrofahrzeuge neu geladen werden, indem man an einer Tankstelle den entladenen Elektrolyten durch geladenen ersetzt.

Eine Firma namens „A Better Place" in Israel versucht es mit einer anderen Schnellademethode: austauschen der ganzen entladenen Batterie mit einer geladenen in nur 5 Minuten.

Die Gruppe von Donald Sadoway am MIT hat einen flüssigen Akku entwickelt mit geschmolzenem Antimon am Boden, bedeckt mit einer Schicht flüssigem Salzelektrolyt und mit einem Deckel aus flüssigem Magnesium. Dieser Akku arbeitet bei 700°C und kann beliebig gross gebaut werden – theoretisch. Ein Akku, der 1 GW während 24 Stunden liefern könnte wäre möglich. Allerdings würde allein das Antimon und das Magnesium dafür 1,8 Milliarden $ kosten. Für dieses Geld kriegt man in Zukunft fast einen LFTR, der ständig 1 GW liefert.

Akkus erfüllen spezielle Anforderungen der Stromversorger.

Der Einsatz von Akkus erfordert eine Wandlung von Wechsel- zu Gleichstrom und zurück und Speicherung in chemischer Form mit einem totalen Wirkungsgrad von 75%. Der grösste kommerzielle Akku steht in Rokkasho in Japan, hat eine Kapazität von 245 MWh, eine Leistung von 34 MW und wird zur Speicherung von Windenergie verwendet. Der NGK-Akku auf Natrium-Schwefel Basis kostet angeblich 3$ pro Watt.

In Fairbanks, Alaska steht ein 27 MW Nickel-Cadmium System, das 7 MWh speichern kann. Es stabilisiert das Netz. Eine weitere Akku-Batterie mit 5 MWh Kapazität und 40 MW Leistung stellt in dieser abgelegenen Stadt bei einem Stromausfall die Stromversorgung sicher, bis die Notdiesel angesprungen und auf Touren sind.

Ein typisches 1 GW Kraftwerk produziert 24'000 kWh pro Tag – 10 Mal soviel Strom, wie der grösste je gebaute Akku speichern kann. Microsoft-Gründer und Energieinvestor Bill Gates hat darauf hingewiesen, dass alle Akkus der Welt den Strombedarf der Welt gerade mal während 10 Minuten decken könnten.

Schwungräder können elektrische Energie speichern.

Im Staat New York hat „Beacon Power" ein System von 200 schnell laufenden Schwungrädern installiert von denen jedes während 15 Minuten 100 kW leisten kann. Die Aufgabe dieses Systems ist es, das Netz zu stabilisieren, damit es nicht nötig ist, wegen kleinen Schwankungen der Nachfrage die Leistung thermischer Kraftwerke zu verändern und damit ihren Wirkungsgrad zu verkleinern und die Luftverschmutzung zu erhöhen.

Pumpspeicherkraftwerke benötigen zwei Speicher.

Elektrische Energie kann mit einem relativ hohen Gesamtwirkungsgrad gespeichert werden indem man überschüssige Energie dazu verwendet, Wasser in ein höher gelegenes Reservoir zu pumpen. Wenn die Nachfrage steigt, lässt man das Wasser wieder herunterfliessen, wobei es über eine Turbogeneratorgruppe Strom erzeugt. Solche Pumpspeicherwerke machen in den USA 99% der totalen Speicherkapazität aus.

Das abgebildete Pumpspeicherwerk in den Raccoon Mountains in Tennessee pumpt Wasser aus einem Ausgleichsbecken 300 Meter in die Höhe in einen Stausee. Das so gespeicherte Wasser kann das 1,6 GW-Kraftwerk während 22 Stunden antreiben und so die gespeicherten 35 GWh nutzbar machen. Die 300 Millionen \$, die das Werk 1979 gekostet hat, sind heute inflationsbereinigt 1 Milliarde \$ wert, das ergibt 0,03 \$/Wh Speicherkapazität oder 0,63 \$/W installierte Leistung.

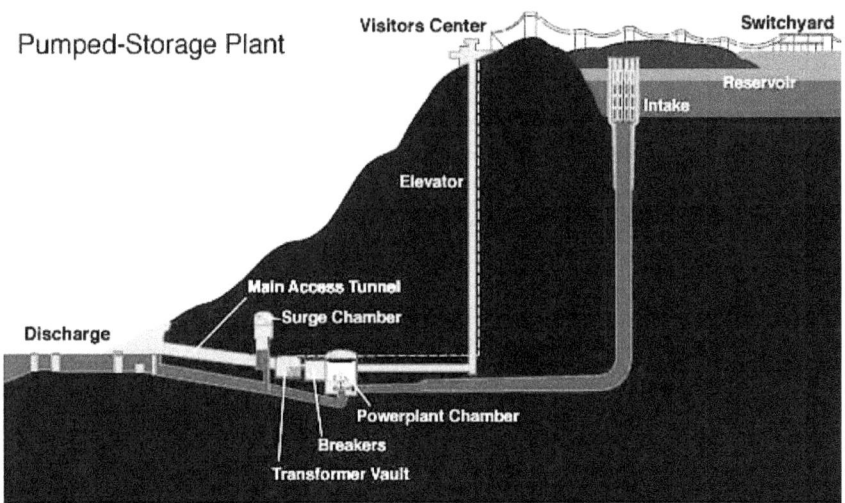

Raccoon Mountain Pumpspeicherwerk

Pumpspeicherwerke benötigen zwei Speicherbecken und mögliche Standorte dafür werden in den USA rar; auch die Bewilligungsverfahren machen mehr Schwierigkeiten als noch 1979. Im Gegensatz zu Raccoon Mountain schätzt man die Kosten heute eher auf 2 \$/W oder 0,25 \$/kWh gespeicherte Energie.

Verglichen mit Pumpspeicherwerken sind Akkus und Batterien teurer, aber sie haben eine grössere Energiedichte. Eine einzige AA Batterie kann etwa 2,5 Wattstunden speichern. Ein Pumpspeicherwerk, müsste dafür einen Liter Wasser 1000 Meter hoch pumpen.

Druckluftspeicher benötigen auch Erdgas.

Wenn ein Elektromotor eine Turbine oder eine Pumpe antreibt, um Luft in einen Behälter zu pumpen, erhöht sich der Druck und die Temperatur der Luft. Wenn die Druckluft über die Turbine zurückfliesst, treibt diese den jetzt als Generator wirkenden Motor an und die Energie wird wieder elektrisch.

Abgesehen von den kleinen Verlusten in Pumpen und Motoren könnte dieser Prozess nahezu 100% effizient sein, wenn der Druckbehälter vollständig wärmeisoliert ist. Wer je einen Fahrradreifen aufgepumpt hat weiss, dass komprimierte Luft heiss wird. Wenn das Druckgefäss abkühlt, verliert es Energie. Die entspannte Druckluft wird kalt. Druckluftspeicherung ist nicht 100% effizient.

Der Druckluftspeicher in McIntosh, Alabama speichert Druckluft in einer Salzkaverne tief im Boden. Sie kann 100 MW Leistung während 28 Stunden liefern, also 2,6 GWh. Weil die Kompressionswärme verloren geht, muss die Luft vor der Dekompression mittels Erdgas vorgewärmt werden. Wie gross ist der Gesamtwirkungsgrad?

Die Energie aus dem Druckluftspeicher stammt aus zwei Quellen: Aus der elektrischen Energie zur Erzeugung der Druckluft und aus Erdgas, das die Luft vorheizt. Das „Electric Power Research Institute" (EPRI) hat berechnet, dass die Produktion von 1 kWh(e) 0,82 kWh(e) für den Motor und 1,34 kWh(th) aus Erdgas benötigt. Mit der gleichen Menge Gas könnte eine moderne GuD-Turbinenanlage mit einem Wirkungsgrad von 60% 1,34 x 0,60 = 0,80 kWh(e) produzieren.

Der vergleichbare Energieaufwand ist 0,82 + 0,80 = 1,62(e). Somit beträgt der gesamte Wirkungsgrad 1,00 / 1,62 = 0,62 oder 62%.

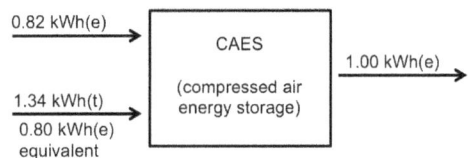

Wirkungsgrad Druckluftspeicher

Die Anlage in McIntosh kostete im Jahr 1991 53 Millionen $, entsprechend 89 Millionen heutigen $. Das sind 0,034 $/Wh Speicherkapazität oder 0,89 $/W installierte Leistung. Diese Kosten pro Speicherkapazität sind etwa das Dreifache von dem was das EPRI in den folgenden Tabellen angibt, aber diese Anlage war die erste ihrer Art in den USA.

Speicherkosten hängen von der Technik ab

Das EPRI verfolgt die Kosten von Anlagen zur Stromspeicherung. In ihrem Bericht beschreibt EPRI die Kapitalkosten auf zweierlei Arten: Kosten pro Einheit installierter Leistung und Kosten pro Einheit Speicherkapazität.

Die rechte Spalte zeigt die Investitionskosten für die Kapazität, elektrische Energie zu speichern (nicht zu produzieren!). Die Kosten für Pumpspeicherung und Untergrund-Druckluft sind am tiefsten.

Geschätzte Kapitalkosten für Strom-Speichersysteme			
Speicher-Technik	Wir-kungsgrad	Kapialkosten der Leistung $/W	Speicher-kosten $/Wh
Pumpspeicher	80%	1.50 - 2.70	0.25 – 0.27
Blei-Säure	90%	4.60 - 4.90	0.92 - 0.98
Lithium-Ionen	90%	1.80 – 4.10	0.95 – 1.90
Druckluft	70%	0.96 - 1.25	0.06 – 0.12
Schwungrad	85%	1.95 – 2.20	7.80 – 8.80
Natrium-Schwefel	75%	3.10 – 3.30	0.52 – 0.55
Zinkbromid-Fluss	60%	1.45 – 1.75	0.29 – 0.35

Zusätzliche Kosten durch Speicherung.

Speichern macht den Strom teurer:

Speichertechnik	Kosten für Speicher-kapazität, $/Wh	Speicherkosten Cents/kWh
Pumpspeicher	0.25 – 0.27	< 20
Blei-Säure Akku	0.92 - 0.98	40 - 100
Lithium-Ionen	0.95 – 1.90	70 - 100
Druckluft	0.06 – 0.12	< 20
Schwungrad	7.80 – 8.80	191
Natrium-Schwefel	0.52 – 0.55	50

Wie wirkt sich die Speicherung von Strom auf dessen Preis aus? Wenn wir unser gewohntes Finanzmodell annehmen, das eine Amortisationszeit von 40 Jahren und einen Zinssatz von 8% annimmt und wenn wir einen Lade- Entladezyklus pro Tag unterstellen, können wir leicht ausrechnen, dass Investitionskosten von 1$/Wh Speicherkapazität über 365 x 40 Tage amortisiert 0,23 $/kWh Kosten zur Folge haben. Für die verschiedenen Speichertechniken sind die Kosten in der obigen Tabelle zusammengestellt, ausgehend von den mittleren Investitionskosten.

Ein Wort der Warnung: Diese Tabelle ist eine grobe Schätzung. Sie berücksichtigt die Kosten der Verluste nicht und im Fall des Druckluftspeichers auch nicht die Kosten des Erdgases. Die Kosten für Schwungräder sind so hoch, weil wir nur einen Zyklus pro Tag annehmen.

Akkus sind eine teure Lösung für das Problem der fluktuierenden Einspeisung.

Um die fluktuierende Verfügbarkeit von Solar- und Windstrom zuverlässiger zu machen, könnte man die Produktion in Akkus spei-

chern. Was würde es kosten, die Produktion eines Tages aus Windturbinen zu speichern, damit man sie an einem windstillen Tag zur
Verfügung hätte? Die mittleren Speicherkosten für 1 kWh in einem
Blei-Säure Akku betragen 70 Cents; dazu kommen die 18,4
cents/kWh die wir für Windstrom abgeschätzt haben. Wenn wir
zuverlässige, ständig verfügbare Windenergie haben wollen, kostet
sie somit 88,4 Cents/kWh, eine Grössenordnung mehr als die Kosten aus traditionellen Quellen wie Wasser- oder Kernenergie.

Siemens hat ein Projekt, Strom in Form von Wasserstoff zu speichern.

Siemens hat ein neues Elektrolyseverfahren entwickelt, das wie
Wind- und Solarstrom intermittierend arbeiten kann. Es beruht auf
dem Prinzip der Protonen-Austausch-Membran, die für Brennstoffzellen entwickelt wurde. Diese Anlage mit dem Ausmass eines La-
gerhauses zerlegt Wasser in Wasserstoff und Sauerstoff mit einem
Wirkungsgrad von 60%. Der Wasserstoff kann gespeichert und in
GuD-Turbinen mit höchstens 60% Wirkungsgrad wieder in Strom
verwandelt werden. Der Gesamtwirkungsgrad ist nicht mehr als
35%, der Rest geht als Wärme verloren. So ineffizient das ist, Siemens glaubt, das sei die einzig mögliche Lösung für Deutschland,
wenn Wind- und Solarenergie die Kohle- und Kernkraftwerke ersetzen sollen. Ein Bedenken betrifft die wahrscheinlich hohen Kosten
eines Verfahrens, das sich als zu teuer für Fahrzeuge erwiesen hat.
Das Speichern der riesigen Mengen Wasserstoff stellt eine weitere
Herausforderung dar. Ein Teil des Wasserstoffs kann dem Erdgas in
Pipelines beigemischt werden, um bestehende Gaskraftwerke zu
versorgen und damit einen Teil des Gases zu ersetzen. Allerdings
sind Metalle für die kleinen Wasserstoffmoleküle durchlässig und
ein Wasserstoff führendes Versorgungsnetz müsste speziell abge-
dichtet werden, beispielsweise mit einer Teflon-Beschichtung.

Flüssigsalze können thermische Energie zur Stromerzeugung speichern.

Flüssige Salze können nicht Strom speichern wie ein Akku, aber sie
können Wärme speichern. Bei einem Spiegelfeld-Sonnenkraftwerk

wird die konzentrierte Sonnenenergie benutzt um Dampf zu erzeugen, der eine Turbogeneratorgruppe antreibt. Alternativ kann die Wärme gespeichert werden indem in einem isolierten Gefäss flüssiges Salz erwärmt wird. Wenn die Sonne ausfällt, kann diese Wärme den Dampf erzeugen um Strom zu produzieren. Diese Art Speicherung ist verlustlos, weil die Umwandlung von Wärme zu Strom dieselbe ist, einfach verzögert. Die bei der Akku-Speicherung auftretenden Verluste gibt es hier nicht, nur allfällige Verluste des Wärmespeichers.

WASSERKRAFT

Die Möglichkeiten für Wasserkraft sind beschränkt.

Wasserkraft ist eine attraktive Möglichkeit, Strom zu produzieren. Die Kosten sind mit Kohle-, Erdgas- und Nuklearenergie vergleichbar (etwa 5 Cents pro kWh). Wasserkraft stösst kein CO_2 aus, ist erneuerbar, im Grund eine Form von Sonnenenergie. Die Investitionen können über 50 bis 100 Jahre abgeschrieben werden.

Die weltweit installierte Leistung aller Wasserkraftwerke beträgt 390 GW. Damit deckt Wasserkraft 16% des gesamten Strombedarfs.

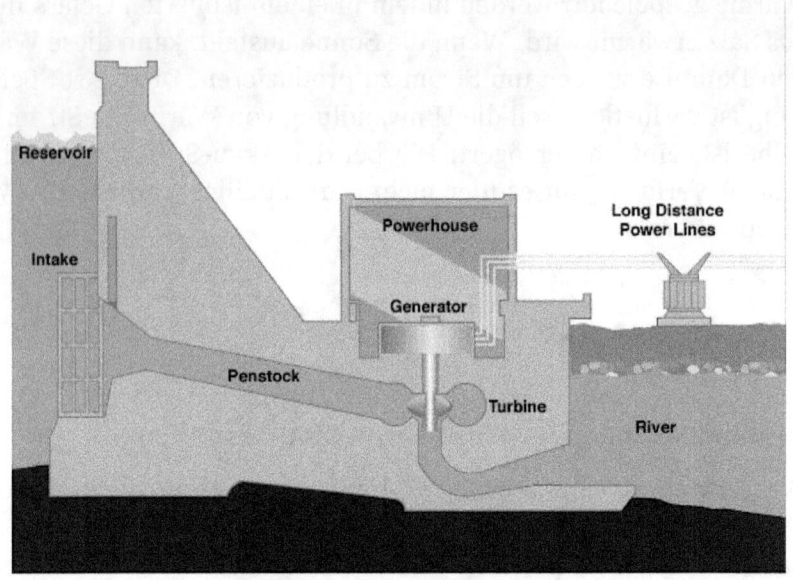

Wasserkraftwerk

Wasserkraftwerke sind steuerbar. Ihre Leistung kann beliebig der Nachfrage angepasst werden. Das gilt für Flusskraftwerke nur eingeschränkt. Speicherkraftwerke aber können innert Minuten von voller Leistung auf null gefahren werden – und umgekehrt. Sie können CO_2-freien Reservestrom für fluktuierende Quellen wie Solar- und Windkraftwerke bereitstellen. Während Kohle- und Kernkraftwerke normalerweise mit voller Leistung laufen, also Bandenergie produzieren, können Speicherkraftwerke dem Bedarf folgen und Spitzenenergie liefern.

In der Regel verbrauchen Speicherkraftwerke das Wasser im Speicher schneller als die Natur es ersetzt. Deshalb werden sie oft ausschliesslich zur Deckung des Spitzenbedarfs eingesetzt wenn die Marktpreise am höchsten sind. Die Leistungsfaktoren liegen typischerweise unter 50%. Der Dreischluchten-Damm am Yang-Tse in China, mit einer installierten Leistung von 20 GW das grösste Flusskraftwerk der Welt, soll durchschnittlich 14 GW liefern.

Nicht jede Landschaft eignet sich für ein Wasserkraftwerk. Genügend Niederschlag und Höhendifferenzen sind eine Voraussetzung. Wo die Voraussetzungen gegeben sind, entwickelt sich Industrie. Die Energie des Columbia River aus dem Grand Coulée-Kraftwerk diente zunächst einem Aluminiumwerk im Staat Washington. Aluminium spielte als Rohstoff für den Flugzeugbau während des Zweiten Weltkriegs eine entscheidende Rolle. Alcoa und Boeing haben im Staat Washington grosse Betriebe.

Im Jahr 2012 waren weltweit Wasserkraftwerke mit einer installierten Leistung von 100 GW im Bau. Mehr zu bauen ist schwierig, weil die geeigneten Standorte inzwischen genutzt sind. Die Umweltschäden, die entstehen wenn grosse Landstriche überflutet werden und die Notwendigkeit, viele Leute umzusiedeln, begrenzen die Möglichkeiten der Wasserkraft. In den USA werden sogar ältere Dämme abgerissen, um den ursprünglichen Zustand wieder herzustellen.

Der geplante Staudamm Grand Inga in der Demokratischen Republik Kongo könnte 39 GW leisten und damit Afrikas installierte Leistung nahezu verdoppeln. Die Investitionskosten wären 80 Milliarden $ oder 2 $/W. Politische Instabilität hat den Bau bisher verhindert. Abgesehen von Südafrika und den Mittelmeeranrainern leidet Afrika an einer Unterversorgung an Elektrizität mit einer Verfügbarkeit von durchschnittlich weniger als 30 W pro Person.

ENERGIE SPAREN

Das Einsparen von Energie und die Verbesserung der Effizienz machen Kapazitäten frei für neue Anwendungen. Wenn es gelingt den Stromverbrauch zu senken, kann man sich den Bau neuer Kraftwerke sparen. Amory Lovins lancierte die Idee der „Negawatt": Eingesparte Energie dort brauchen, wofür man sonst ein neues Kraftwerk bräuchte. Eine verbesserte Effizienz ist nicht nur beim Strom anzustreben sondern auch im Transport, in industriellen und kommerziellen Anwendungen.

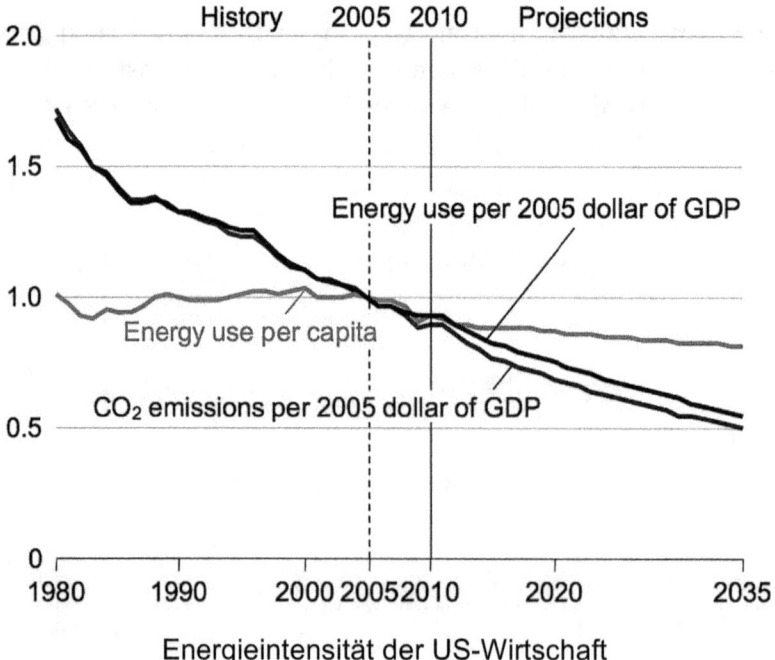

Energieintensität der US-Wirtschaft

Diese Grafik aus dem US-Energiedepartement zeigt die Verbesserung der Energieeffizienz in den USA. Der Energieverbrauch pro

Kopf geht langsam zurück, obwohl immer neue elektrische Geräte erfunden werden. Die Wohnfläche hat sich seit 1950 fast verdoppelt. Grosse PKWs wie Off-Roader sind populär, Flachbildschirme werden grösser und Computer schneller. Obwohl der Energieverbrauch pro Dollar Wertschöpfung jedes Jahr um etwa 1% sinkt, geht der Energieverbrauch pro Kopf kaum zurück, weil Produktion, Konsum und Bruttosozialprodukt wachsen.

Im Jahr 2006 war die Energieintensität der US-Wirtschaft 2,6 kWh(th)/\$ BIP. Das entspricht etwa dem weltweiten Durchschnitt, ist aber weniger gut als in Europa mit 1,9 kWh(th)/\$.

Viele Länder versuchen, das Stromsparen mit Gesetzen zu fördern, etwa mit dem Verbot von Glühlampen zugunsten der dreimal effizienteren Leuchtstofflampen. Wenn man das in der ganzen Welt machen würde, könnte man eine Leistung von annähernd 50 GW einsparen; das sind 2,5%. Wenn man diese „Negawatt" für andere Zwecke nutzt, entspricht das der Errichtung von 50 grossen, 1-GW Kraftwerken. Würde man in Europa alle alten Kühlschränke durch 40% effizientere ersetzen, könnte man 2 GW einsparen.

Verbesserte Architektur kann Energie sparen: Häuser mit weissen Dächern brauchen 40% weniger Klimatisierung als solche mit schwarzen. Hochisolierte Passivhäuser mit 200 m² Wohnfläche mit kontrollierter Belüftung brauchen im Jahr gerade noch 3'000 kWh(th).

Der Transportsektor ist der grösste Erdölverbraucher. In den USA versucht man mit komplizierten Gesetzen wie „Corporate Avarage Fuel Economy" (CAFE) den Verbrauch um 2% pro Jahr zu drücken. Aber die Zahl der Fahrzeuge nimmt zu. GM verkauft heute in China mehr PKWs als in den USA. Der 3'000\$ kostende Tata Nano kurbelt die Autoverkäufe in Indien an.

Sparen und Effizienz reichen nicht.

Sparmassnahmen, wie effizientere Leuchtmittel und Haushaltgeräte können elektrische Leistung sparen. Aber diese „Negawatt" genügen nicht, um das globale Problem zu lösen.

Einige Umweltschützer meinen, wir könnten das CO2-Problem lösen, indem wir weniger verbrauchen, aber die Zahlen sprechen dagegen:

Die totale elektrische Leistung in den USA beträgt im Jahresmittel 434 GW, oder 12'000 kWh pro Jahr und Person. Während der Rezession von 2009 sank der Verbrauch, stieg aber danach wie bisher weiter. Nehmen wir an, es gelänge, durch Sparen und bessere Effizienz den Stromverbrauch zu halbieren. Das hiesse auf 6'000 kWh(e) pro Jahr und Person – etwa 700 W im Durchschnitt.

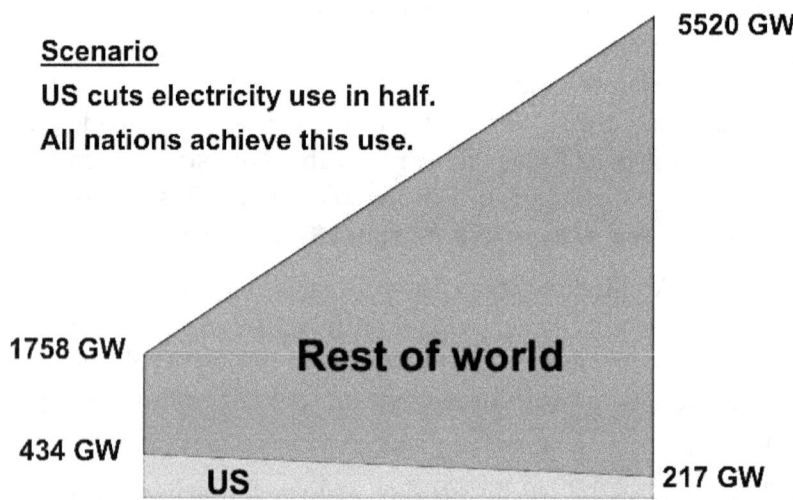

Scenario
US cuts electricity use in half.
All nations achieve this use.

5520 GW

1758 GW

Rest of world

434 GW

US   217 GW

Stromverbrauch mit der halben US-Rate im 2012

Gleichzeitig möchte der Rest der Welt mit den USA gleichziehen und ebenso prosperieren. Das heisst, alle benötigen 6'000 kWh pro Jahr. Wie die Grafik zeigt, wächst der Konsum der Welt an elektrischer Energie um das Dreifache, selbst in diesem 50% Szenario, wenn die Weltbevölkerung auf 9,3 Milliarden steigt und die Dritte Welt zur Ersten aufschliesst.

Die Wahl der Nahrung beeinflusst den Energiekonsum.

Alles Vieh der Welt produziert mehr CO_2 als der Transportsektor. Für die Produktion von 1 kg Rindfleisch werden in den USA 48 kWh(th) aufgewendet. Zwei Drittel davon benötigt die Produktion und der Transport von Futter für die nicht weidenden Tiere.

Das Alter der Tiere bei der Schlachtung ist für Hähnchen, Schweine und Rinder unterschiedlich. Um 1 kg Fleisch zu produzieren muss das entsprechende Tier für 50, 400 oder 1000 Tage durchgefüttert werden, was Futtermengen benötigt, die proportional zur Lebensdauer sind. Die Energiemenge, die es braucht, um 1 kg Hähnchen zu produzieren ist 50/1'000 der für Rindfleisch. Vegetarier verbrauchen beim Essen noch weniger Energie.

Relative Energie für 1 kg Fleisch

Der Klimatologe und CO_2-Warner James Hansen hat gesagt:

> „Wer tiefer in der Nahrungskette isst, also keine Tiere, die beim Wachsen viel Energie verbrauchen und Klimagase produzieren, kann mehr für den Klimaschutz tun als durch irgend eine ande-

re Massnahme. Als persönliche Aktion ist das wohl das Wirksamste was Sie tun können."

Wir leben in einer Welt, in der Entwicklungsländer daraufhin arbeiten, hochwertige Nahrung wie Rindfleisch geniessen zu können, was die Energienachfrage vergrössert.

Zusammenfassend muss gesagt werden, dass die „Negawatt" aus Sparen und mehr Effizienz von der wachsenden Energienachfrage weit übertroffen werden.

ANDERE QUELLEN FÜR ELEKTRISCHE ENERGIE

Erdöl eignet sich zur Wärme-Kraft-Kopplung mit Meerwasserentsalzung.

Erdöl ist als Brennstoff für Kraftwerke zu teuer. Mit einem Preis von 100$ pro Fass würde die kWh um die 18 cents kosten. Statt Öl braucht man Erdgas. In abgelegenen Gegenden Alaskas kommt Öl allenfalls in Frage.

Wärme-Kraft-Kopplung kann in dicht überbauten Gemeinden mit kurzen Heisswasserleitungen in Frage kommen, wie im Dartmouth College in Hannover, New Hampshire. Das erste Kraftwerk, das Edison in New York baute, produzierte sowohl Wärme als auch Elektrizität.

In trockenen Gebieten wie Australien, im Mittleren Osten und den Inseln der Karibik ist Öl für die kombinierte Strom- und Süsswasserproduktion wirtschaftlich interessant. Diese kombinierten Anlagen finden sich vor allem in Nordafrika und dem Mittleren Osten, wo Erdöl reichlich vorhanden ist. Die Kopplung von Elektrizitäts- und Süsswasserproduktion hat in Kuweit und Saudi Arabien sogar die Verwaltungsstruktur geprägt: beide Länder haben ein Elektrizitäts- und Wasserministerium.

Meerwasserentsalzung ist ein Wachstumsmarkt, der von zur Zeit 68 Millionen m³ Süsswasser pro Tag bis 2020 auf 120 Millionen m³ steigen dürfte. Die grösste Anlage steht in den Vereinigten Arabischen Emiraten. Sie produziert im Tag 1 Million m³ Süsswasser. Grand Cayman verfügt über sieben ölbefeuerte Anlagen, mit einer täglichen Leistung von 34'000 m³.

Kernenergie kann mehr saubere, sichere elektrische Energie erzeugen.

Kernenergie erzeugt in 454 Reaktoren 14% der elektrischen Energie der Welt. Die Industrie hat inzwischen 15'000 Reaktorjahre Betriebserfahrung. Reaktoren zum Schiffsantrieb haben eine noch längere Geschichte. Im Jahr 2012 waren 63 neue Reaktoren im Bau und weitere 163 bestellt oder geplant.

Kernkraftwerke produzieren elektrische Energie ohne die CO_2-Emissionen von Kohle- und Erdgas und ohne tödlichen Staub, der Millionen von Toten zur Folge hat.

Kernenergie ist bei weitem die sicherste Art, Strom zu erzeugen, auch unter Berücksichtigung der Katastrophe von Tschernobyl, das einzige Ereignis, bei dem Menschen durch Strahlung getötet oder verletzt wurden.

Die bestehenden Uranvorräte reichen beim jetzigen Verbrauch für Jahrzehnte und dank neuen Verfahren mit Thorium werden die Vorräte praktisch unerschöpflich.

Abfälle aus Kernreaktoren sind gefährlich aber sicher zu handhaben und zu versorgen.

Nuklearstrom kostet weniger als Solar- und Windstrom, die ausserdem fluktuierend und unvorhersehbar anfallen.

Neue Verfahren mit flüssigen Nuklearbrennstoffen versprechen Nuklearstrom, der sogar billiger ist als Strom aus Kohle und allein aus wirtschaftlichem Interesse alle CO_2-Emissionen beenden kann. Davon handelt der Rest dieses Buches.

5 Der Flüssigfluorid Thorium-Reaktor

Präsident John F. Kennedy zur Atomenergiekommission:

"Die Entwicklung der zivilen nuklearen Energie betrifft die nationalen wie die internationalen Interessen der Vereinigten Staaten. Es ist jetzt besonders wichtig, dass unser einheimischer Bedarf und die Möglichkeiten der Atomenergie sowohl von der Regierung wie auch von der wachsenden Atomindustrie unseres Landes, die entscheidend zur Entwicklung der Technik beiträgt, klar verstanden werden. Insbesondere müssen wir die Grundlage unserer Energieversorgung erweitern, um unser wirtschaftliches Wachstum zu befördern." 17. März, 1962

Glenn T. Seaborg, Präsident der Atomenergiekommission zu Präsident Kennedy:

*"Dagegen enthalten unsere Vorräte von Uran und Thorium praktisch **unerschöpfliche Reserven an Energie**, die erschlossen werden können unter der Voraussetzung, dass „Brüter"-Reaktoren entwickelt werden, welche die „fertilen" Stoffe Uran-238 und Thorium-232 in spaltbares Plutonium-239 respektive Uran-233 umwandeln können."*

*"Eine der vielversprechendsten Methoden ... ist die Verwendung des **Brennstoffs in flüssiger Form,** wobei neuer Spaltstoff und Spaltprodukte kontinuierlich extrahiert und weiterverarbeitet werden können. ... Zur Zeit verspricht das Verfahren, geschmolzene Uransalze zwecks Wärmetransport und chemischer Verarbeitung umzuwälzen, am meisten Erfolg."*

"Daneben werden Thorium-Uran-233-Brüter, wenn entschlossen weiterentwickelt, **ohne Zweifel wirtschaftlich werden**. ... Wirtschaftlicher Druck dürfte allerdings am Anfang den Uran-Plutonium Zyklus bevorzugen, weil Plutonium das direkte Produkt dieser Konverter ist, die am Anfang den Grossteil der Reaktoren ausmachen werden." 20. November 1962 (Hervorhebungen vom Autor)

Das LFTR-Verfahren kann Kennedy's Forderung immer noch erfüllen.

Wir haben heute die Chance, die vor einem halben Jahrhundert verpasst worden ist, ein Verfahren zur Gewinnung günstiger, unbegrenzter Energie aus Thorium zu entwickeln. Die *unerschöpflichen Reserven an Energie* in Thorium-Erz kann die Menschheit für Jahrtausende mit Energie versorgen. Der *„Nuklearbrennstoff in flüssiger Form"* ist die Schlüsseltechnologie und der Flüssigthorium-Reaktor wird *ohne Zweifel wirtschaftlich werden.*

**Die Energie im Uran und im Thorium stammt aus einer Super-
nova.**

Vor etwa 5 Milliarden Jahren hatte ein Stern in unserer Gegend der
Milchstrasse seinen Wasserstoff aufgebraucht und kollabierte unter
seinem eigenen Gewicht.

Dabei wurde er so heiss und dicht, dass die leichten Atome zu
schwereren verschmolzen und die ganze Tabelle des Periodensys-
tems ausfüllten bis hinauf zu Thorium und Uran.

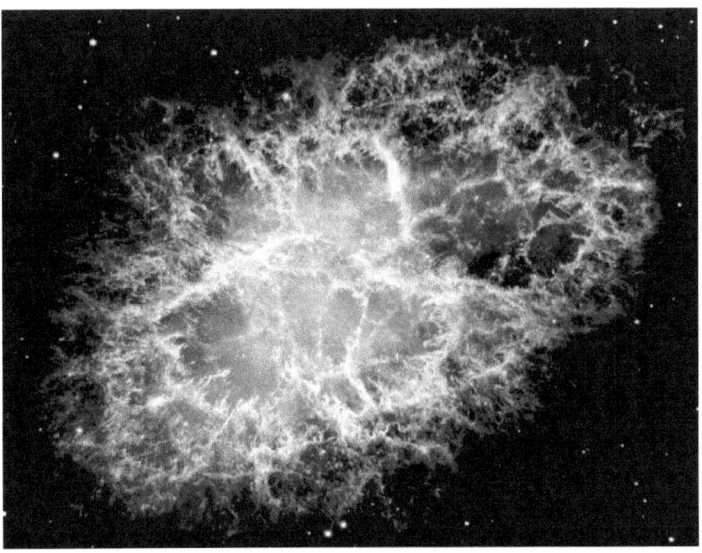

Der Krebsnebel, Rest der Supernova von 1054

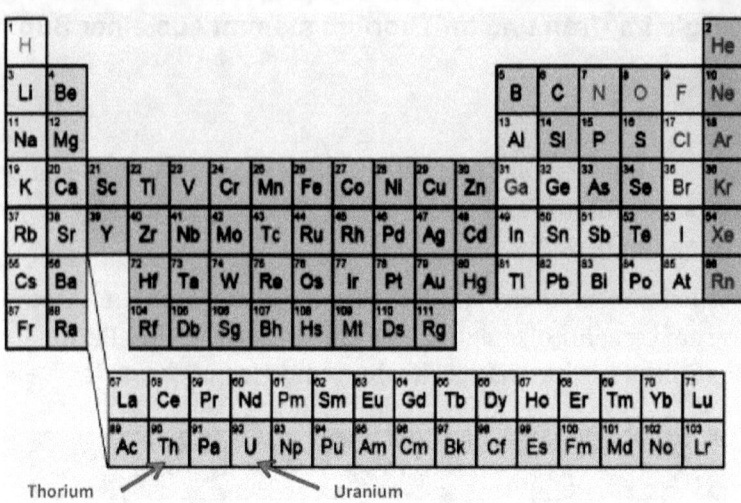

Thorium   Uranium

Diese neue Materie wurde durch die Sternexplosion in den Weltraum geschleudert und sammelte sich in einigen hundert Millionen Jahren in einer Gaswolke, die schliesslich zu unserem Sonnensystem samt Planeten kondensierte.

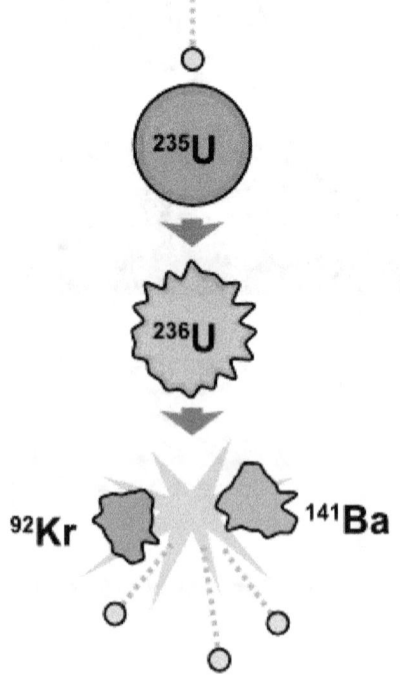

Die in den schweren Metallen gespeicherte Energie kann durch Kernspaltung gewonnen werden.

In diesem Beispiel trifft ein Neutron einen Uranatomkern mit 235 Protonen und Neutronen. Das U-235 wird zu U-236, das sich augenblicklich in Krypton und Barium und drei Neutronen spaltet. Die totale Masse von:

Barium-141
Krypton-92
3 Neutronen

ist 166 MeV kleiner als die Masse des ursprünglichen U-235 und des Neutrons. Diese Energie wird sofort frei und erhöht sich später durch Zerfall der instabilen Spaltprodukte Kr-92 und Ba-141 auf bis zu 200 MeV.

200 MeV bedeutet 200 Millionen Elektronvolt. Ein eV ist die kinetische Energie, die ein Elektron erhält, wenn es durch ein elektrisches Potential von 1 Volt fällt. MeV ist auch eine Einheit für Masse, weil gilt:

$E = mc^2$ und c eine Konstante ist (die Lichtgeschwindigkeit).

Ein eV ist in etwa die potentielle Energie einer chemischen molekularen Bindung. Beispielsweise ist die Energie, die beim Verbrennen von Methan (CH_4) pro Molekül frei wird 9,6 eV oder etwa 2 eV pro Atom. Die typischen 200 MeV pro Spaltung eines Uranatoms sind **100 Millionen mal mehr!**

DRUCKWASSER-REAKTOREN

Die heutigen Kernkraftwerke in den USA nutzen festen Brennstoff.

Pellets aus Urandioxid werden in ein Rohr aus Zirkon gefüllt und in Brennelementen gebündelt. Zirkon absorbiert kaum Neutronen. Die Pellets haben einen Durchmesser von 1 cm und die Zirkon-Rohre sind 4 m lang. Die Brennelemente werden im Reaktor-Core montiert der in einem Druckgefäss unter Wasser bei 160 bar Druck steht. Der hohe Druck verhindert, dass das Wasser bei einer Temperatur von 330° siedet. Dieses heisse Wasser überträgt die Wärme von den Brennelementen zu einem Dampferzeuger (Wärmetauscher). Der Dampf treibt eine Turbine, diese einen Generator, der elektrische Energie erzeugt. Etwa 25'000 Brennstäbe bilden den Reaktor-Core; sie bleiben während 3 bis 5 Jahren im Core.

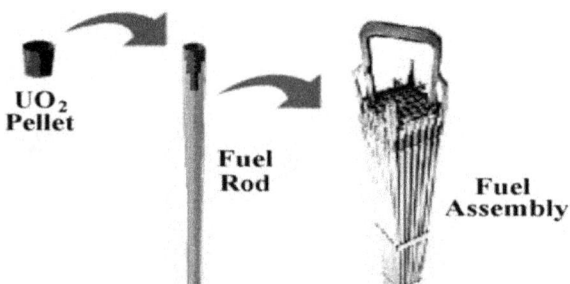

UO$_2$
Pellet

Fuel
Rod

Fuel
Assembly

Fuel Rod = Brennstab   Fuel Assembly = Brennelement

Alvin Weinberg erfand den Druckwasser-Reaktor („Pessure Water Reactor", PWR) im Jahr 1947, im gleichen Jahr ging Hyman Rickover nach Oak Ridge um herauszufinden, ob die Energie der Kernspaltung sich für den Antrieb von U-Booten eignen könnte. Weinberg überzeugte Rickover, dass der einfache, kompakte Druckwasse-Reaktor die beste Wahl für den Antrieb von Schiffen sei, obwohl er zu dieser Zeit angefangen hatte, mit flüssigem Brennstoff für zivile Anwendungen in der Zukunft zu experimentieren. Rickover drückte den PWR in der ganzen Marine durch.

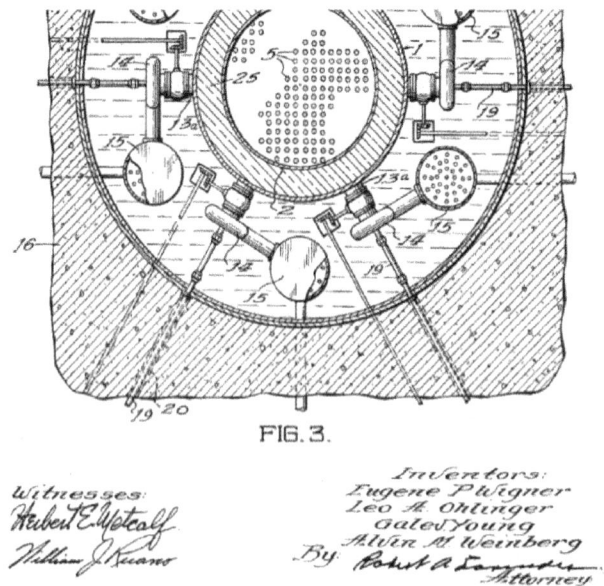

FIG. 3.

Alvin Weinberg unterzeichnete dieses PWR Patent

Nach Präsident Eisenhowers *„Atome für den Frieden"* Rede im Jahr 1953 entwickelte Rickovers Team einen Uran-Oxid-Druckwasser-Reaktor in Shippingport, Pennsylvania. So entstand 1957 das erste Kernkraftwerk in den USA. Das ganze Projekt wurde in 37 Monaten durchgezogen. Damit war die künftige Entwicklung vorgespurt: Alle Kernkraftwerke in den USA benutzten diese Technik und alle anderen wie die Flüssigreaktoren blieben aussen vor. Der PWR wurde von Westinghouse vertrieben. General Electric entwickelte eine Variante mit tieferem Druck, 60 bar, den Siedewasser-Reaktor („Boiling Water Reactor", BWR). Der Begriff Leichtwasser-Reaktor (LWR) umfasst PWR und BWR).

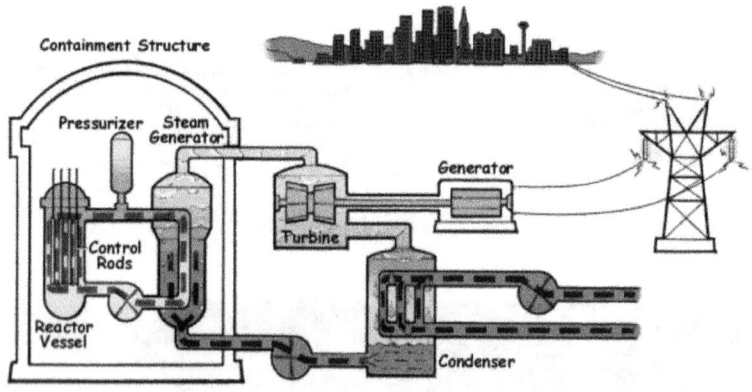

Druckwasserreaktor mit Dampferzeuger

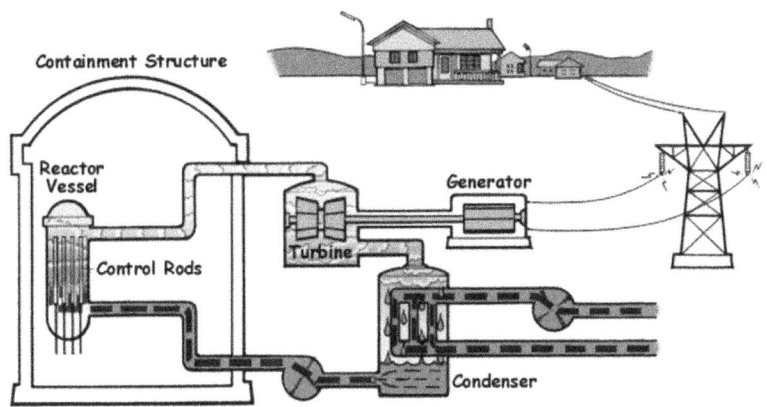

Siedewasserreaktor mit Dampfführung vom Druckgefäss direkt zur Turbine

Bei der Uranspaltung entstehen energiereiche Spaltprodukte und schnelle Neutronen. Mehrere Kollisionen mit leichten Atomkernen, wie dem Wasserstoff im Wasser, bremsen (moderieren) die Neutronen. Langsame Neutronen haben eine grössere Chance einen weiteren U-235 Kern zu spalten. Die schnellen Spaltprodukte werden im Brennstoff abgebremst und heizen diesen auf. Das Wasser nimmt die Wärme auf, dehnt sich aus und wird weniger dicht, womit es Neutronen weniger gut abbremst und die Rate der Kernspaltungen abnimmt. Wenn das Wasser abkühlt, passiert das Umgekehrte und die Spaltrate nimmt zu. Diese negative Rückkopplung stabilisiert den Reaktor am kritischen Punkt und verhindert automatisch, dass er ausser Kontrolle gerät. Alle Reaktoren in den USA verfügen über diese inhärente Stabilität. Das Wasser ist gleichzeitig Moderator für die Neutronen, Kühlmittel und Transportmedium für die Wärme und Stabilisator der Reaktivität.

Der feste Brennstoff begrenzt die Energieproduktion.

Die Brennstoffpellets enthalten UO_2 mit dem spaltbaren U-235, das aufwändig auf 3,5 bis 4% angereichert wurde, der Rest ist U-238. Nach 3 bis 5 Jahren ist der Brennstoff aufgebraucht und muss ersetzt werden. Die ausgebrannten Brennstäbe enthalten immer noch um die 2% spaltbares Material. Einmal im Jahr wird der Reaktor abgeschaltet und ein Drittel der Brennelemente wird ausgewechselt. Neue Brennelemente sind problemlos handhabbar, aber die abgebrannten enthalten Spaltprodukte und sind hoch radioaktiv. Sie müssen während dem ferngesteuerten Austauschvorgang ständig unter Wasser bleiben, damit sie gekühlt sind und die Strahlung abgeschirmt wird. Nach einigen Jahren ist die Radioaktivität genügend abgeklungen, dass eine Lagerung in trockenen Behältern möglich wird.

Die feste Form des Brennstoffs begrenzt die Menge spaltbaren Materials, das er enthalten kann. Gasförmige Spaltprodukte wie Xenon und Krypton reichern sich an. Andere Spaltprodukte wie Samarium absorbieren Neutronen, die dann fehlen, um U-235 zu spalten. Der feste Brennstoff erleidet Schäden durch interne thermische Spannungen, durch Strahlung, welche die kovalenten Bindungen im UO_2 löst, und durch die Spaltprodukte, die das Kristallgitter stören. Das quellende und verformte Material muss zusammen mit den Spaltprodukten im Zirkonmantel eingeschlossen bleiben solange die Brennstäbe im Reaktor sind und während Jahrhunderten danach in einem Abfalllager. Das begrenzt die Menge spaltbaren Materials auf etwa 4%.

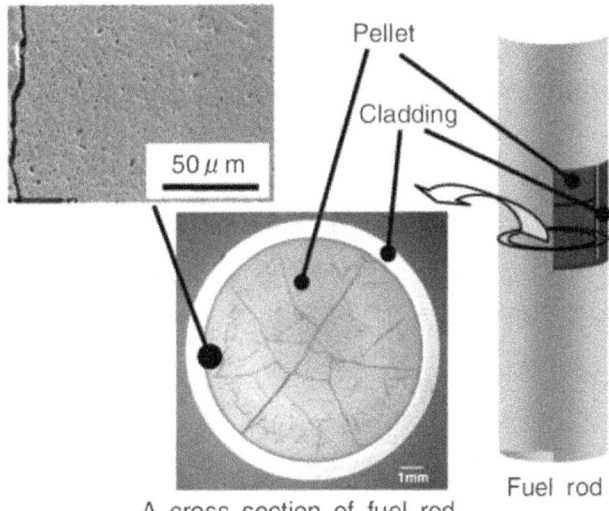

A cross section of fuel rod

Schäden in abgebrannten Brennstäben

Abgebrannte Brennelemente enthalten langlebige Transurane.

Transurane sind Elemente, die im periodischen System der Elemente jenseits des Urans liegen. Abgebrannte Brennelemente enthalten langlebige radioaktive Transurane wie Plutonium, das durch Einfang eines Neutrons durch einen U-238-Kern entsteht. Ein Teil des Plutoniums wird gespalten und trägt bis 30% zur Energieproduktion bei. Alle Transurane könnten mit der Zeit im Neutronenfluss abgebaut werden entweder durch direkte Spaltung oder durch Umwandlung in ein spaltbares Element, aber der Brennstoff wird lange vorher aus dem Reaktor entfernt.

Die abgebrannten Brennstäbe enthalten neben den Transuranen auch radioaktive Spaltprodukte, die rasch zerfallen und in wenigen hundert Jahren nur noch die Radioaktivität von Uranerz aufweisen. Die Sorgen mit dem „Atommüll" gründen hauptsächlich auf den langlebigen Transuranen, die nutzbringend verbraucht werden könnten, wenn man sie lange genug im Neutronenfluss liesse.

FLÜSSIGBRENNSTOFF KERNREAKTOREN

In Flüssigbrennstoff Reaktoren können Transurane weiter abgebaut werden

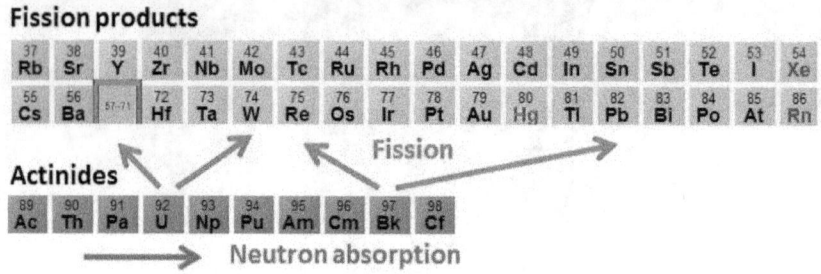

Transmutation durch Neutronenabsorption und Spaltung

Flüssiger Brennstoff ist im Neutronenfluss nicht den Spannungen ausgesetzt wie feste Brennstoffe in LWRs. In einem Flüssigsalz-Reaktor können die Transurane wie Plutonium, Americium, Curium, Berkelium usw. einfach in der Salzschmelze gelöst bleiben. Dort absorbieren sie Neutronen und entweder (1) werden sie unter Energieabgabe gespalten oder (2) in ein anderes, schwereres Transuran-Element umgewandelt, das wiederum Neutronen absorbiert. Gasförmige Spaltprodukte wie Xenon gasen aus und stören die Neutronenbilanz nicht mehr. Edelmetalle wie Silber fallen aus. Andere bleiben gelöst, bis sie umgewandelt oder chemisch entfernt werden.

Flüssigbrennstoff-Kernreaktoren vermeiden viele Nachteile der Reaktoren mit festen Brennstoffen. Wenn das spaltbare Material in flüssiger Form vorliegt, entstehen keine Spannungen durch hohe Temperaturdifferenzen und Neutronenbeschuss wie sie die UO_2-Pellets und die Zirkon-Ummantelung aushalten müssen. Es gibt kein Zirkon, das bei Kühlausfall mit Wasser Wasserstoff bildet. Fliessende Flüssigkeiten transportieren Wärme effizienter als Festkörper. Spaltbares Material kann leicht nach Bedarf eingespeist und entfernt werden und muss nicht als mehrjähriger Vorrat im Reaktor lagern. Die Flüssigkeit mit dem spaltbaren Material ist gleichzeitig

Wärmetransportmedium und eliminiert zwei Wärmebarrieren, die typisch sind für LWRs: Die zwischen den Pellets und dem Zirkon und die zwischen dem Zirkon und dem Kühlwasser. Flüssigbrennstoffe ermöglichen kontinuierliche chemische Behandlung. Im Fall von LWRs ist eine chemische Behandlung erst möglich, nachdem die Brennstäbe zerstückelt und in Säure aufgelöst worden sind.

Fermi baute den ersten Flüssigbrennstoff Reaktor.

Enrico Fermi baute im Dezember 1942 den ersten Kernreaktor der Welt aus Graphit- und Uranblöcken an der Universität Chicago. Fermi nahm auch den ersten Flüssigbrennstoff-Reaktor in Betrieb. Dieser benutzte eine wässerige Uransulfat-Lösung als Brennstoff. Ähnlich wie im LWR moderiert das Wasser die Neutronenenergie und expandiert, wenn die Temperatur steigt, wodurch die Reaktivität sinkt. Zusätzlich kann man das Gefäss so konstruieren, dass bei Überhitzung ein Teil des Uransulfats aus der Reaktionszone hinaus expandiert, wodurch die negative Rückkopplung verstärkt wird.

Ein Wasserstoffkern absorbiert manchmal ein Neutron, das dann an der Kettenreaktion nicht teilnehmen kann. Darum kann ein wassermoderierter Reaktor mit natürlichem Uran keine Kettenreaktion aufrechterhalten (nicht kritisch werden). Das Uran-235 muss über die natürlichen 0,7% hinaus auf etwa 4% angereichert werden. Ein anderer Ausweg besteht darin, Deuterium in schwerem Wasser zu verwenden, Wasserstoff, der bereits ein zusätzliches Neutron besitzt. Schwerwassermoderierte Reaktoren können kostengünstiges, nicht angereichertes Natururan verwenden.

Der Wasserreaktor in Oak Ridge speiste während 1'000 Stunden 140 kW Leistung ins Netz ein. Die gasförmigen Spaltprodukte konnten während des Betriebs eliminiert werden. Die inhärente Steuerung der Reaktivität bewährte sich so gut, dass der Reaktor sich selbst ausser Betrieb nahm, wenn die Turbine gestoppt wurde. Allerdings zeigte sich, dass wasserbasierte Flüssigbrennstoff-Reaktoren als Kraftwerke nicht geeignet waren, weil dafür eine Betriebstemperatur von über 300° nötig ist, was die Uransulfat-Lösung nicht erträgt.

Wissenschaftler des Cavendish Lab in England versuchten es schon 1940 mit einem Brei aus Uranoxidpulver und schwerem Wasser. In den 70er Jahren experimentierten holländische Wissenschaftler mit einem ähnlichen 1-MW-System mit Uran- und Thoriumpulver in wässriger Suspension. Babcox and Wilcox entwickelt einen wasserbasierten Reaktor zur Erzeugung des Spaltprodukts Molybdän-99, das zu Technetium-99m zerfällt, ein in der Medizin wichtiges Isotop.

Los Alamos betrieb einen Reaktor mit flüssigem Plutonium.

Später experimentierten die US National Laboratories mit Flüssigmetall-Brennstoffen. Wismut schmilzt unterhalb 300°C und hat einen kleinen Einfangsquerschnitt für Neutronen. Brookhaven Lab entwarf in den 50ern einen Reaktor mit zirkulierendem flüssigen Wismut und Uran. Dieser Flüssigbrennstoff liess sich leicht handhaben und zeigte die inhärente Steuerung der Kritikalität durch Wärmeausdehnung. Aber ein Flüssigmetall-Reaktor wurde nie gebaut, weil es Korrosionsprobleme gab, Wismut keine genügende Wärmekapazität hat, Uran nicht genügend in Wismut löslich ist und weil angereichertes Uran benötigt wurde.

Als Vorsorge für die Zeit, wenn U-235 zur Neige gehen würde, entwickelten die Los Alamos Labs einen Reaktor mit flüssigem Plutonium. Er hatte einen 600° heissen Core aus flüssigem Plutonium und Eisen in Tantal-Gefässen, die mit flüssigem Natrium gekühlt wurden. Dieser 1-MW-Reaktor lief von 1961 bis 1963.

Wissenschaftler in Oak Ridge ersannen Flüssigsalz Reaktoren.

Wissenschaftler in Oak Ridge verfolgten die Idee eines Reaktors mit flüssigem Brennstoff in Form von Urantetrafluorid (UF4), das in flüssigen Fluorid-Salzen gelöst ist. Eine Mischung von Lithiumfluorid- (LiF) und Berylliumfluorid-Salz (BeF2) ist schon bei 360°C flüssig. Das Li-7 und das Be-9 im Salz und der Graphitmoderator verringern die kinetische Energie der Neutronen, so dass sie Uran spalten können. Die Reaktivität ist stabil, weil der Brennstoff bei steigender Temperatur wegen der Expansion verdünnt wird und ein Teil des Brennstoffs in ein Expansionsgefäss entweicht. Das heisse

Salz zirkuliert und führt die Wärmeenergie aus dem Reaktor ab. Die starken Ionenbindungen der Fluoridsalze sind auch bei hoher Temperatur und Bestrahlung stabil. Zwar ist Fluorgas äusserst korrosiv, aber seine Salze sind es nicht.

Am Anfang des Kalten Krieges wünschte sich die US Air Force einen Bomber, der die Sowjetunion ständig umkreisen konnte, ohne landen und auftanken zu müssen. Der Wunsch führte zum Flugzeug-Reaktor Experiment. Oak Ridge baute den ersten Flüssigsalz-Reaktor. Er lief 1954 während 100 Stunden bei Temperaturen von bis zu 860°C. Das ist rotglühend!

Der Flugzeug-Reaktor bewies seine inhärente Stabilität. Auch die Leistung regelte sich automatisch, je nach dem wie stark der 2,5-MW-Wärmetauscher kühlte. Das Druckgefäss und die Druckleitungen aus Hastelloy-N widerstanden jeglicher Korrosion.

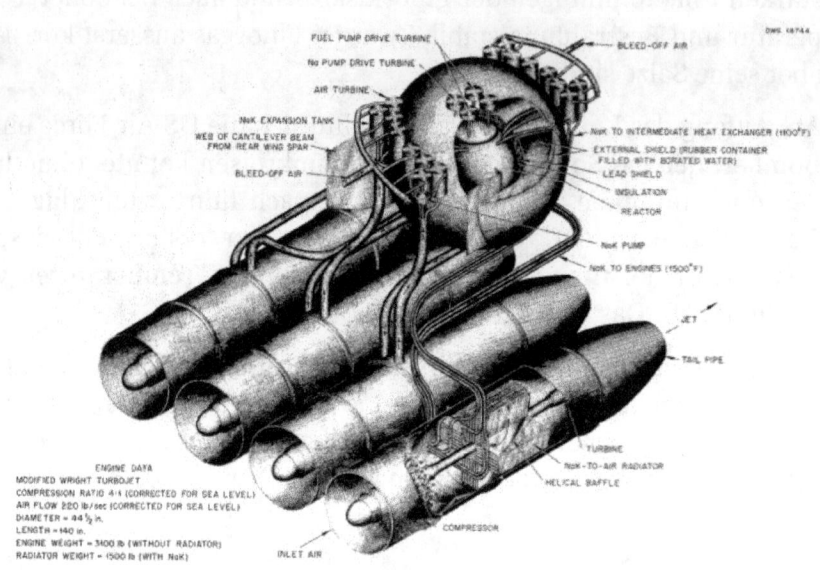

Der *Fireball* Reaktor treibt Flugzeugturbinen an

Dieser Erfolg führte zum Entwurf des kompakten, nur 1,4 m Durchmesser messenden *„Fireball"* (Feuerball) Reaktors. Er hatte einen flüssigen Core mit UF4 gelöst in Flüssigsalz in einem kugelförmigen Behälter aus Beryllium. Eine flüssige Natrium-Kalium-Legierung diente als Transportmedium, welches die Leistung von 200 MW(th) zu Turbinentriebwerken leitete. Die Entwicklung dieses Flugzeug-Reaktors wurde aber eingestellt bevor Testläufe gemacht werden konnten. Inzwischen konnte man Bomber in der Luft auftanken und Interkontinentalraketen zu Land und auf U-Booten traten an die Stelle einer ständigen Präsenz in der Luft.

Thorium ist leicht radioaktiv und ein potentieller Energierohstoff.

Man interessiert sich für Thorium, weil es häufiger vorkommt als Uran und weil es in einem Kernreaktor zu Uran verwandelt werden kann. Thorium ist ein schweres, silbriges Metall, etwa so häufig wie

Blei – viermal häufiger als Uran und 500-mal häufiger als das spaltbare U-235. Thorium ist so schwach radioaktiv, weil es so langsam zerfällt. Seine Halbwertszeit beträgt 14 Milliarden Jahre. Das ist etwa das Alter des Universums. Es zerfällt durch Alphastrahlung in einer 10 Elemente langen Kette und endet als Blei. Beim Zerfall wird Energie frei. Diese Energie bildet einen grossen Teil der Geothermalenergie. Diese Energie ist auch dafür verantwortlich, dass der eiserne Kern der Erde flüssig bleibt, zirkulieren kann und dabei das Erdmagnetfeld aufbaut, das uns vor der schädlichen Weltraumstrahlung schützt.

Thorium wurde zuerst in festen Brennstäben genutzt.

Thorium kann in einem Kernreaktor zu Uran werden. Neutronen spalten die Atomkerne nicht nur, sondern werden von ihnen manchmal absorbiert; dabei entstehen neue Elemente. In den heutigen Leichtwasserreaktoren verwandeln Neutronen einen Teil des Uran-238 in U-239. Dieses zerfällt durch Beta-Zerfall (Aussendung eines Elektrons) in Neptunium-239 und schliesslich in Plutonium-239. Dieses ist spaltbar und es hilft mit, im Reaktor Energie zu erzeugen. Gegen das Ende der Lebensdauer eines Brennstabs stammt bis zu 1/3 der Leistung des Reaktors aus PU-239.

Die Spalten in der nächsten Tabelle enthalten die schweren Metalle (die Aktiniden), Thorium, Protaktinium, Uran, Neptunium, Plutonium und Americium, dargestellt durch ihr chemisches Symbol und die Atom-Zahl; das ist die Anzahl Protonen im Atomkern. Die Zeilen entsprechen den Isotopen von jedem Element angegeben durch die Anzahl Protonen plus Neutronen, dem Atomgewicht.

nucleons	Th 90	Pa 91	U 92	Np 93	Pu 94	Am 95	
241							
240							
239			↑ →	→	→	✳ fission	⬭ fertile
238			⬭				
237							✳ fission
236							
235			✳				→ beta decay
234							
233	↑ →	→	✳				↑
232	⬭						neutron absorption

Veränderungen der Elemente im Neutronenfluss

Ähnliches wie mit U-238 geschieht mit Th-232, wenn man es in einen Reaktor-Core steckt. Th-232 wird zu Th-233. Dieses verwandelt sich via Betazerfall in Pa-233 (Protactinium) und dann in U-233, das genau wie U-235 spaltbar ist. Aus Thorium wird kaum Plutonium erzeugt, weil dazu 6 weitere Neutronen absorbiert werden müssten. U-238 und Th-232 werden fertil genannt, weil sie durch Neutronenabsorption und Betazerfall in spaltbare Isotope verwandelt werden können.

Eine Kombination von Thorium und Uran wurde von 1977 bis 1982 im Shippingport Kernkraftwerk erfolgreich getestet. Eine Analyse am Schluss des Versuchs ergab, dass der Reaktor 1% mehr spaltbares Material erzeugt hatte als er verbrauchte. Thorium wurde auch im deutschen THTR-300 (Thorium Hochtemperatur Reaktor, 300 MW), Kugelhaufenreaktor zwischen 1983 und 1989 eingesetzt. Alvin Radkovsky gründete die Firma „Thorium Power" (heute „Lightbridge") die Brennstäbe entwickelte mit denen Thorium in bestehenden Reaktoren genutzt werden könnte, aber das Konzept wurde nie umgesetzt. Nobelpreisträger Carlo Rubbia vom CERN entwarf einen Thorium-Reaktor, der durch einen Beschleuniger angetrieben wird. Seit 1996 läuft in Indien der 30 kW(th) Versuchsreaktor in

Kamini mit U-233, das nebenan in einem 40 MW Brutreaktor aus Thorium hergestellt wird. Indien hat eine nationale Strategie, bis 2050 30% der elektrischen Energie aus Thorium zu erzeugen. China und Kanada testen Thorium in schwerwassermoderierten CANDU-Reaktoren.

Alle diese Reaktoren benutzen Thorium in fester Form.

Der Flüssigsalzreaktor nutzt das volle Potential von Thorium.

Doch schon 1943 hatten Eugene Wigner und Alvin Weinberg Kern-brennstoff in wässriger Lösung benutzt und so den Grundstein für die Entwicklung des Flüssigbrennstoff Thorium-Reaktors gelegt!

Alvin Weinberg, der Direktor von Oak Ridge, der Rickover geraten hatte, Druckwasserreaktoren für U-Boote zu benutzen, leitete die Entwicklung des Flüssigfluorid Thorium-Reaktors und war über-zeugt, dass „die ganze Zukunft des Menschengeschlechts" von dieser unerschöpflichen Energiequelle abhänge.

Der unten abgebildete Thorium/Uran-Zyklus verwandelt fertiles Th-232 in spaltbares U-233, das gespalten wird und Energie abgibt.

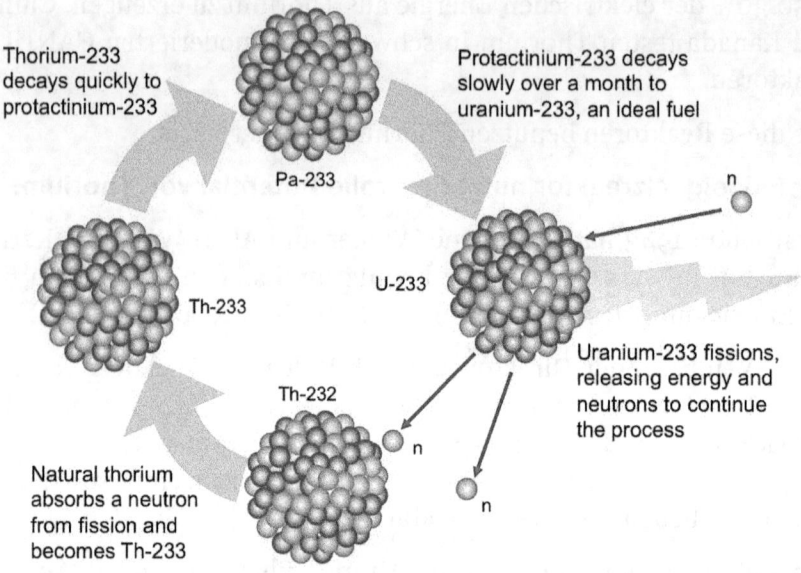

Thorium-233
decays quickly to
protactinium-233

Protactinium-233 decays
slowly over a month to
uranium-233, an ideal fuel

Pa-233

U-233

Th-233

Th-232

Uranium-233 fissions,
releasing energy and
neutrons to continue
the process

Natural thorium
absorbs a neutron
from fission and
becomes Th-233

Neutronen-induziertes Brüten von Thorium zu spaltbarem Uran

Das Flüssigsalz-Reaktor-Experiment des Oak Ridge National Lab war erfolgreich.

Das Flüssigsalz-Reaktor-Experiment des Oak Ridge Lab basierte auf den Erfahrungen mit dem Flugzeug-Reaktor aus den 50er Jahren. Das „Molten Salt Reactor Experiment" (MSRE) lief erfolgreich über 4 Jahre bis 1969. Es wurde zunächst mit Uran betrieben, das auf 33% U-235 angereichert war. Nach 6 Monaten Betrieb wurde das Uran durch spülen mit Fluor-Gas aus dem flüssigen Salz entfernt. Das geschmolzene UF4 verwandelte sich dabei in das gasförmige UF6. Anschliessend löste man U-233-Salz in der Salzschmelze auf und der Reaktor zeigte, dass U-233 genau so gut als Nuklearbrennstoff funktioniert wie U-235.

Um den Aufbau und die Versuche zu vereinfachen, fand das Erbrüten von U-233 aus Th-232 in einem anderen Reaktor statt. Der pri-
märe Salzkreislauf heizte über einen Wärmetauscher einen sekundären Flüssigsalzkreislauf, der keine Radioaktivität mitführte, womit diese auf den primären Kreislauf beschränkt blieb. Ein Turbogenerator war nicht angebaut, die Wärmeenergie entwich in einem
zweiten Wärmetauscher in die Atmosphäre.

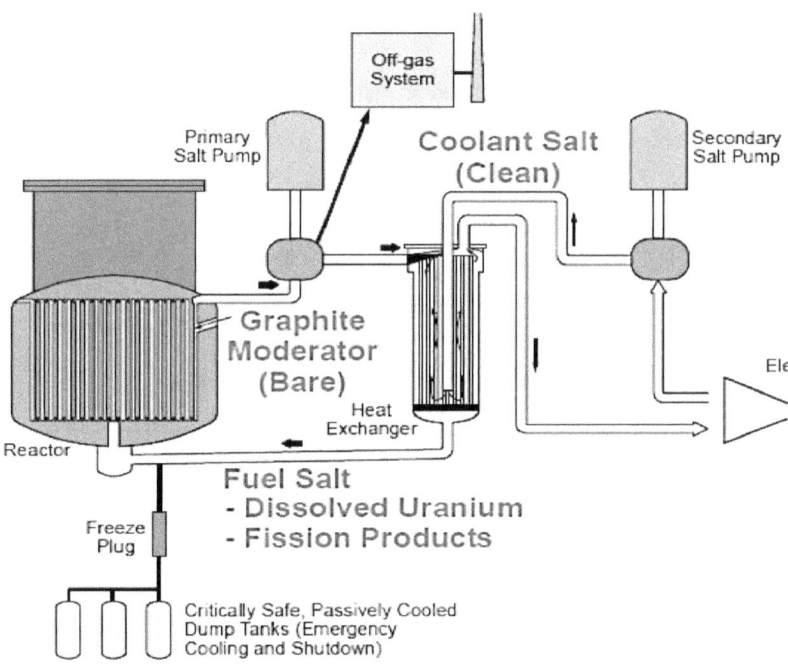

Das Oak Ridge Flüssigsalz-Reaktor-Experiment (MSRE)

Das MSRE war ein Erfolg. Das Spaltprodukt Xenon konnte
kontinuierlich entfernt werden um Neutronenverluste zu
vermeiden. Das Nachladen von Brennstoff im Betrieb funktionierte.
Graphitbauteile und korrosionsresistente Gefässe, Rohre und
Pumpen aus Hastelloymetall haben sich bewährt. Oak Ridge
entwickelte Verfahren zur Extraktion von Thorium, Uran und
Spaltprodukten aus den flüssigen Fluoridsalzen. Beispielsweise so:
UF4 (in Lösung) + F2 (Gas) –> UF6 (Gas), das heisst, mit Fluor-

Spülen im Flüssigsalz entfernt man das erbrütete Uran-233 und das Thorium bleibt zurück.

Das MSRE hatte nur einen Primärkreislauf. Natürlich kann man U-233 in demselben Reaktor erbrüten, wo man es spaltet. Solche Reaktoren brauchen zwei Primärkreisläufe, einer in dem Uran erbrütet und einer, in dem es gespalten wird, wie unten dargestellt.

Der LFTR macht seinen eigenen Energierohstoff.

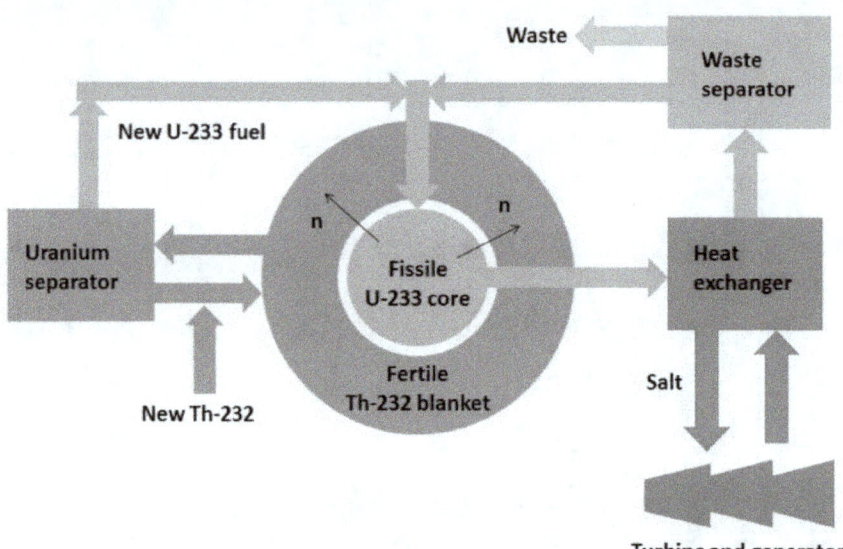

Konzept eines LFTR

Im Flüssigfluorid Thorium-Reaktor (Liquid Fluoride Thorium Reactor, LFTR) findet die Spaltung des Urans im inneren Teil, dem Core statt. Dabei wird das flüssige Salz, in dem das Uran gelöst ist, aufgeheizt. Das heisse, radioaktive Salz fliesst durch einen Wärmetauscher wo die Wärmeenergie in sauberes, nicht radioaktives Salz übertragen wird. Dieses Salz wiederum überträgt die Wärme auf ein Turbogeneratorsystem zur Erzeugung elektrischer Energie. Die Spaltprodukte werden laufend aus dem Salz entfernt. Einige Neutronen aus der Spaltung von U-233 gelangen bis in den äusseren Behälter, die Hülle, wo sie Th-232 zu U-233 verwandeln, das chemisch herausgelöst und in den Core geleitet wird. Dort ersetzt es das U-233 welches gespalten wurde. In der Hülle andererseits wird neues Th-232 zugeführt, um das zu ersetzen, das in U-233 verwandelt wurde.

Das Flüssigsalz ist eine Mischung von Fluoriden von Beryllium und Lithium (BeF_2 und LiF), auch „Flibe" genannt ($FLiBe$). Es ist eutektisch, das heisst der Schmelzpunkt des Gemischs ist tiefer als jener der einzelnen Salze. Er hängt vom Mischungsverhältnis ab. So schmilzt $LiF+BeF_2$ bei 360°, $2LiF+BeF_2$ bei 460° und ist weniger viskos. Flibe ist transparent.

Im Betrieb heizt die Kernspaltung das geschmolzene Salz auf etwa 700°C bevor es den Core verlässt, durch den Wärmetauscher fliesst und mit 560° in den Core zurückkommt. Der Wärmetauscher gibt diese Wärmeenergie an einen Kreislauf geschmolzenen Salzes ab, das nicht radioaktiv ist, so dass die Turbogeneratorgruppe frei von Radioaktivität bleibt, was einen gefahrlosen Unterhalt ermöglicht. Dieses Flüssigsalz bei 650° heizt ein Gas (Helium, CO_2 oder Luft), das eine Turbine mit angeflanschtem Generator antreibt.

Flüssigsalz siedet nicht bei Temperaturen unter 1'400°C, somit kann der LFTR bei nahezu Umgebungsdruck betrieben werden. Im Gegensatz zu herkömmlichen LWRs gibt es keinen Hochdruckdampf der bei einem Unfall radioaktives Material in die offene Umgebung mitreissen kann.

Die Neutronen aus der Kernspaltung sind schnell, mit einer kinetischen Energie von 1MeV. Für die Spaltung von U-233-Kernen braucht es langsame Neutronen mit einer kinetischen Energie von weniger als 1eV. Das entspricht in etwa der Energie der Moleküle im flüssigen Salz; deshalb nennt man sie auch thermische Neutronen. Man bremst die schnellen Neutronen, indem man sie mehrfach mit leichten Atomkernen wie Li-7, Be-9 und F-19 im flüssigen Salz und C-12 in einem Graphitmoderator kollidieren lässt.

Das Flüssigsalz im LFTR kann kontinuierlich wiederaufbereitet werden.

Im Doppelkreislauf-LFTR können sowohl das Hüllen-Salz als auch das Core-Salz kontinuierlich wiederaufbereitet werden. Das geschieht in kompakten chemischen Anlagen, die in die Kreisläufe integriert sind und die den ganzen Inhalt innert 10 Tagen behandeln können. Daher braucht es in der Anlage bloss Vorräte an spaltbarem Material für einige Tage und nicht mehrere Jahre wie im Fall der LWR. Auch die radioaktiven Spaltprodukte können ebenfalls innert Tagen herausgeholt werden und müssen nicht während Jahren in Zirkon-Röhren bleiben (Reaktoren mit nur einem Kreislauf können währen Jahren ohne Wiederaufbereitung betrieben werden).

Der Uranseparator befördert neues U-233 in das Core-Salz.

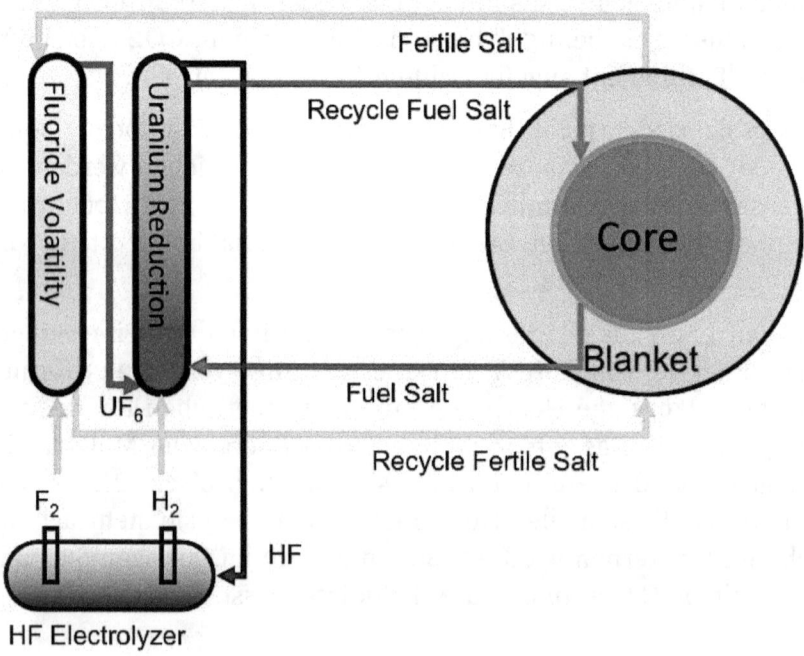

Der Fluorid-Begasungsprozess

Das Hüllensalz mit dem neu gebildeten U-233 wird im „Fluoride Volatility"-Behälter mit Fluor-Gas durchspült wodurch das gelöste Uranfluorid durch den Vorgang $UF_4 + F_2 \rightarrow UF_6$ zu gasförmigem Uranhexafluorid umgewandelt wird das die Salzschmelze in Blasen verlässt. Dieses Gas wird anschliessend in das Reduktionsgefäss geleitet, wo es mit Wasserstoff wieder in lösliches Uranfluorid zurückverwandelt wird: $UF_6 + H_2 \rightarrow UF_4 + 2HF$. Die Flusssäure HF kann durch Elektrolyse zerlegt und die Bestandteile können wieder verwendet werden.

Der Spaltproduktabscheider beruht auf chemischen und physikalischen Prozessen.

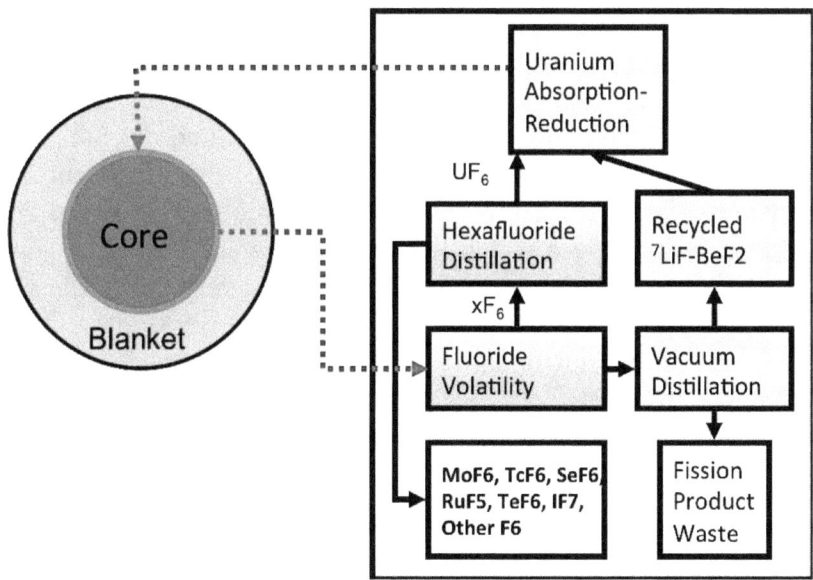

Konzept für einen Spaltproduktabscheider

Einen kontinuierlich arbeitenden Spaltproduktabscheider wie er oben skizziert ist, gab es im ORNL nicht. Neben dem eben beschriebenen Begasungsprozess und anderen chemischen Verfahren, können Stoffe mit unterschiedlichen Siedepunkten durch Destillation getrennt werden. Wegen der Vielfalt der entstehenden Spaltprodukte ist deren Abtrennung vom Core-Salz kompliziert und es bedarf noch eines beträchtlichen Entwicklungsaufwandes um dieses Abscheidungsverfahren zu perfektionieren.

Der LFTR ist inhärent sicher.

Die heutigen LWRs erreichen ihre Sicherheit durch „Verteidigung in der Tiefe" – durch verschiedene, unabhängige und mehrfach vorhandene Barrieren, die jeden erdenklichen Fehler kompensieren und korrigieren. LFTRs können auf diese teuren Systeme verzichten.

Druck: LWRs benötigen Reaktordruckgefässe, die 160 bar aushalten. Sie befinden sich in grossen Kuppeln, die jedes radioaktive Material zurückhalten, wenn Dampf unter hohem Druck austreten sollte. Ein Flüssigsalzreaktor arbeitet bei Umgebungsdruck. Radioaktives Material kann deshalb nicht auf diese Weise verbreitet werden.

Stabilität: Die Reaktorleistung ist inhärent stabil. Falls die Reaktivität (die Häufigkeit von Kernspaltungen) steigt und das Salz zusätzlich aufheizt, dehnt sich das Salz aus und ein Teil entweicht in Expansionsgefässe, wo keine Kettenreaktion stattfinden kann. Damit befindet sich weniger U-233 im Reaktionsgefäss (im Core), was die Reaktivität und damit die Wärmeproduktion verringert. Ein weiterer Effekt des heisseren Salzes ist die verringerte Moderation (Abbremsung) der Neutronen, was dazu führt, dass mehr Neutronen von U-238 und Th-232 absorbiert werden. Auch das verringert die Reaktivität. Damit ist der LFTR inhärent stabil.

Abschaltung: Sollte ein Defekt in der elektrischen Anlage verhindern, dass die produzierte Wärmeenergie abgeführt werden kann, führt die Überhitzung zur Ausdehnung des Salzes und einer verringerten Energieproduktion.

Reservesicherheit: Im ORNL erfanden die Forscher den Gefrierpfropfen, ein durch Kühlung mit einem Ventilator erstarrt gehaltenes Stück Salz. Sollte die Überhitzung zu stark werden oder der Ventilator wegen Stromausfall nicht mehr kühlen, schmilzt das Salz und der Inhalt des Core fliesst in ein dafür vorgesehenes Gefäss, das so ausgelegt ist, dass eine Kettenreaktion nicht stattfinden kann.

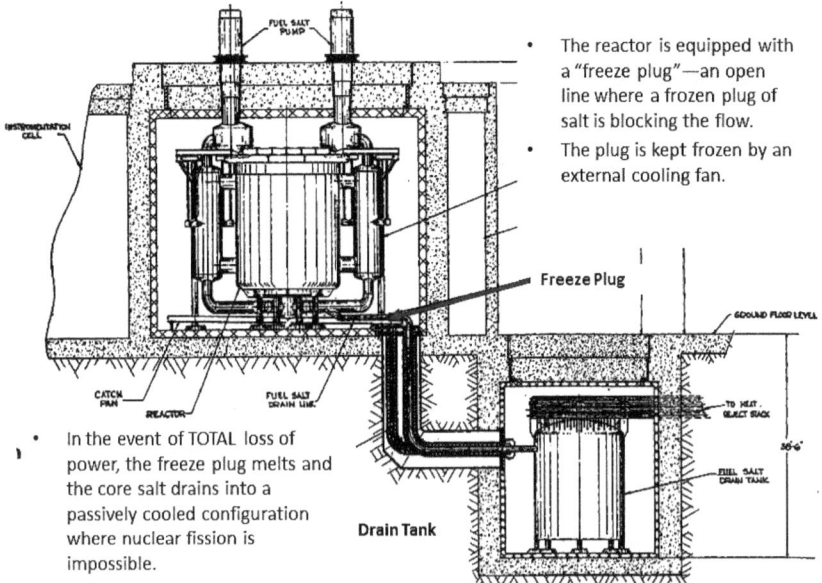

- The reactor is equipped with a "freeze plug"—an open line where a frozen plug of salt is blocking the flow.
- The plug is kept frozen by an external cooling fan.

In the event of TOTAL loss of power, the freeze plug melts and the core salt drains into a passively cooled configuration where nuclear fission is impossible.

Der Ein-Kreislauf MSR des ORNL mit Erstarrungspfropfen Ablaufgefäss

Core-Schmelze: Ein Flüssigsalzreaktor kann nicht schmelzen, da er bereits flüssig ist! Das ist sein normaler Betriebszustand. Die Salze sind bei Raumtemperatur fest. Wenn aus irgend einem Grund Salz auslaufen sollte, erstarrt es.

Der LFTR ist wegen der hohen Temperatur effizient.

Der Wirkungsgrad ist höher, wenn die Wärmeenergie über eine höhere Temperaturdifferenz fliesst. Die theoretische Grenze ist:

$$\text{Wirkungsgrad} \leq \frac{T_H - T_C}{T_H}$$

wobei die Temperatur in Kelvin gemessen wird (Celsiusgrad über dem absoluten Nullpunkt). Weil das geschmolzene Salz im LFTR heisser ist als das Wasser im LWR, ist die Umwandlung von Wärme in Strom effizienter. Die sichere Betriebstemperatur des LFTR ist hoch, weil Salz bis 1'400°C nicht siedet. Graphit erträgt sogar höhere Temperaturen. Die Wärmekapazität ist höher als die von Wasser in den LWRs und höher als die von Natrium in den LMFBRs. Dadurch werden die Wärmetransport-Kreisläufe kurz, kompakt und günstig. Stahllegierungen wie Hastelloy-N können bis zu 750° eingesetzt werden

Der Brayton Zyklus ist eine effiziente und kompakte Energie-Umwandlungsmethode.

Die Temperatur des Flüssigsalzes ist 700°C verglichen mit 315°C heissem Dampf bei einem LWR. Damit können neue, effizientere Methoden eingesetzt werden, um elektrische Energie zu erzeugen. Die dreistufige Brayton-Gasturbine mit geschlossenem Kreislauf wandelt Wärme in Elektrizität mit einem Wirkungsgrad von 45% um, verglichen mit den für Rankine-Dampfturbinen der Kohle- und LWR-Kraftwerken typischen 33%. Das Arbeitsmedium kann Helium oder Stickstoff sein.

Das Verhältnis von Abwärme zu Nutzenergie ist bei der Brayton-Turbine 1,2 (55%/45%) statt 2 (67%/33%) wie bei den Rankine-Dampfturbinen. Das heisst, der Kühlungsaufwand ist fast halbiert. Dadurch reduzieren sich die Kosten für Kühltürme oder Fluss- und Meerwasserkühlungen entsprechend. Diese kompakte Brayton-Turbine wiegt nur ein Viertel soviel wie eine Dampfturbine – wieder mit entsprechenden Kosteneinsparungen.

Eine weitere vielversprechende Entwicklung ist die superkritische CO_2-Turbine. Sie könnte zu einer noch kompakteren und noch billigeren Art der Energieumwandlung führen.

Die hohe Temperatur des LFTR ermöglicht Luftkühlung.

Offene Brayton-Luftturbine

Die 700°C des LFTR Flüssigsalzes können Druckluft in einer Turbine aufheizen wie im Strahltriebwerk von Flugzeugen, bloss, dass die Wärme hier nicht aus der Verbrennung von Kerosin stammt, sondern vom Flüssigsalz. Solche luftgekühlten LFTR wären besonders in trockenen Gebieten praktisch, wo kaum Kühlwasser zur Verfügung steht. Im obigen Schema sieht man wie der Rekuperator und die zwei Heizstufen Wärme vom heissen Salz an die Druckluft übertragen, welche die Turbine und damit den Generator antreibt. Der Wirkungsgrad ist mit 40% etwas geringer als die 45% der geschlossenen dreistufigen Turbine.

Die Nixon Regierung brach die Entwicklung des LFTR ab.

Alvin Weinberg hatte den Druckwasserreaktor (PWR) erfunden, den die Marine benutzte, aber er äusserte Bedenken zu dessen Sicherheit verglichen mit den Flüssigsalzreaktoren. Er geriet damit in Konflikt mit dem stellvertretenden Direktor der Atomic Energy Commission (AEC), Milton Shaw. Shaw war Rickovers Schützling und starrköpfig wie sein Mentor. Er lebte nach erprobten Regeln und starren Marinevorschriften.

Die Arbeiten in Oak Ridge wurden abgebrochen. Die Nixon-Regierung beschloss, nur den natriumgekühlten Brüter-Reaktor zu finanzieren. Dieser erbrütet Plutonium-239 schneller als der LFTR U-233 erbrütet. Weinberg war für den LFTR und kritisierte die Sicherheit der Leichtwasserreaktoren. Er wurde entlassen, die Finanzierung eingestellt, 1974 für kurze Zeit wieder aufgenommen und 1976 endgültig beendet.

Der pensionierte Projektleiter am ORNL, Paul Haubenreich, erinnert sich: „Milton Shaw arbeitete für Rickover. Die Marine war immer noch am natriumgekühlten Reaktor interessiert und baute ihn in die "Seawolf" ein. Ein Druckwasser-Reaktor ging in die "Nautilus". Daher glaubte Milt Shaw am Ende der 60er Jahre immer noch an den natriumgekühlten Reaktor, wie er als EBR-I (Experimental Breeder Reactor 1) in Idaho erfolgreich betrieben wurde. Allerdings war mehr Geld nötig, um ihn weiter zu entwickeln. Er dachte, wenn der Flüssigsalzreaktor stillgelegt werde, würde genug Geld frei. Ich glaube, das war seine Triebfeder. Und wie man weiss, überlebte der Schnelle Brüter noch eine ganze Weile."

Weinberg selbst sagte später: „Die Technik, die man damals aufgab war erfolgreich, aber sie war allzu weit entfernt von den damals üblichen Entwicklungslinien."

Die Idee, Uranfluorid in flüssigem Salz aufzulösen, geht gemäss Weinberg auf seine Kollegen Ray Briant, Ed Bettis und Vince Calkins zurück. Die Entwicklung des LFTR setzt fundierte Kenntnisse in Chemie voraus und die Flüssigsalztechnik ist den heutigen Reaktortechnikern unbekannt. Der LFTR wird denn auch oft als „Reaktor für Chemiker" bezeichnet.

Eine Triebfeder für die Entwicklung der LFTR und LMFBR war die Sorge um die begrenzten Uranvorräte. Das Interesse an diesen Brütern, welche die 0,7%-Knappheit und die hohen Anreicherungskosten überwunden hätten, schwand aber, als neue Uranerz-Vorkommen entdeckt wurden. Drei schnelle Reaktoren wurden in nationalen US-Laboratorien gebaut: Neben dem EBR II (1963-1994) der Fermi-Reaktor in Detroit – der erste kommerzielle Brüter – und der Clinch River Brüter, der den Betrieb niemals aufnahm. Zur Zeit sind in den USA keine schnellen Reaktoren in Betrieb (Wohl aber in Russland, Indien und China – Anm. d. Ü.).

Das Wachstum der Nuklearindustrie schwand nach den Unfällen von Three Mile Island und Tschernobyl und nach der Ablehnung der Evakuationspläne des fertiggestellten und 6 Mia. teuren Shoreham Kraftwerks durch die Behörden des Staates New York im Jahr 1983. Darlehenszinsen von 17% schreckten potentielle Investoren in nukleare Anlagen ab. Kernenergiegegner verzögerten oder verhinderten den Bau, was die Kosten erhöhte. Seit 1980 stieg der weltweite CO2-Ausstoss aus Kohleverbrennung von 6,6 auf 12 Milliarden Tonnen pro Jahr.

VORTEILE UND FLEXIBILITÄT DES LFTR

LFTR können mit U-233, U-235 oder Pu-239 gestartet werden.

Ein 100MW-LFTR benötigt 100 kg spaltbares Material um die Kettenreaktion und den Neutronenfluss in Gang zu setzen, der Th-232 in spaltbares U-233 umwandelt. Dazu könnte U-233 dienen, aber das kommt in der Natur nicht vor, weil seine Halbwertszeit von 159'000 Jahren kurz ist, verglichen mit der Zeit, die vergangen ist seit die Materie für unser Sonnensystem vor 5 Milliarden Jahren in einer Supernova entstanden ist. Die Regierung der USA besitzt eine Tonne U-233, das einige LFTR in Gang setzen könnte, aber leider plant das Energieministerium dieses wertvolle Material zu zerstören, indem es mit U-238 verdünnt und vergraben werden soll – zu Kosten von 511 Millionen $!

Es ist möglich, einen LFTR zu entwerfen, der mit 20% angereichertem U-235 anlaufen kann. Weil dieser Brennstoff 80% U-238 enthält, produziert ein solcher Reaktor zunächst langlebige Transurane wie zum Beispiel Plutonium.

Eine andere Art LFTR kann mit Pu-239 angefahren werden. Dieses kann aus dem zwischengelagerten „Abfall" der LWR gewonnen werden. All die ungeliebten Transurane (Neptunium, Plutonium, Americium, Californium) können dafür eingesetzt werden. Auf der ganzen Welt gibt es 340'000 Tonnen abgebrannte Brennelemente, die etwa 3'400 Tonnen spaltbares Material enthalten, genug um während 93 Jahren täglich einen 100MW-LFTR anzufahren.

Schnelle Flüssigsalzreaktoren können Abfall der Leichtwasser-Reaktoren in U-233 für LFTRs umwandeln.

Ein doppelter Vorteil, LFTRs mit Pu-239 anzufahren, könnte darin bestehen, Plutonium und andere Transurane im Abfall der Leichtwasser-Reaktoren in U-233 umzuwandeln. Damit wäre es möglich, sowohl die radiotoxischen Substanzen im nuklearen Abfall zu beseitigen als auch eine Flotte von LFTRs anzufahren.

Wissenschaftler im Manhattan Projekt entdeckten 1944, dass das Pu-239, das sie für Bomben herstellten, auch Pu-240 enthielt. Dieses spaltet spontan und könnte eine vorzeitige Explosion der Bombe auslösen. Um dies zu vermeiden, entwickelte Wigner einen Reaktor, der anstelle von Uran Plutonium spaltete. Neutronen aus der Pu-Spaltung würden in einer Hülle, die Th-232 enthält, U-233 erbrüten, das als Bombenmaterial dienen könnte. Der Reaktor wurde nie gebaut, weil es Oppenheimer gelang, einen Implosionszünder zu bauen, der schnell genug eine kritische Masse erzielte und die gefürchtete vorzeitige Zündung vermied.

Heute können wir Wigners Umwandlungsidee nutzen. Ein Plutonium-Reaktor zur Umwandlung von Thorium in Uran kann als schneller Flüssigchlorid-Thorium-Reaktor (LCFR, „Liquid Chloride Fast Reactor") gebaut werden, gewissermassen ein Cousin des LFTR. Der LCFR kann mehr Plutonium in Lösung halten. Schnelle Neutronen werden vom Pu-239 kaum absorbiert, sondern spalten es fast immer. Gewöhnliches NaCl oder KCl kann verwendet werden. Überschüssige Neutronen erbrüten in einer Th-232-Hülle U-233, um LFTRs anzufahren. Ein 1-GW-LCFR könnte jährlich eine Tonne U-233 produzieren.

Das Verteidigungsministerium der USA verfügt über überschüssiges, waffenfähiges Plutonium, das vernichtet werden soll. Die USA und Russland haben sich vertraglich geeinigt, je 34 Tonnen bis 2014 zu vernichten. Es ist geplant, das Pu-239 mit UO2 zu mischen, um MOX (Mischoxid) Brennstäbe herzustellen. Das Programm ist verspätet und die US-Kraftwerkbetreiber schätzen die MOX-Brennstoffe nicht. Stattdessen könnte man das Plutonium nutzen, um LCFRs zu betreiben. Diese 68 Tonnen Plutonium könnten auch direkt verwendet werden, um 680 100-MW-LFTRs anzufahren.

Eines Tages könnten Fusions-Reaktoren U-233 produzieren.

Abgesehen von der Verfügbarkeit von Plutonium könnte eine weitere Quelle für Anfahrspaltstoff in Form von U-233 aus einem hybriden Fusion-Spalt-Reaktor stammen. Ein solcher Reaktor könnte 8 Tonnen U-233 pro Jahr produzieren. Ein Fusions-Reaktor mit einer Bruthülle aus Flüssigsalz könnte genügend U-233 produzieren, um jährlich 2-4 LFTRs anzufahren oder 19 DMSRs, die weiter unten vorgestellt werden.

Dieses Uran kann bis zu 5% U-232 enthalten, dessen Tochterisotope so stark radioaktiv sind, dass das Uran für potentielle Bombenbauer völlig uninteressant ist. Wir kommen darauf zurück.

Eine Handvoll Thorium kann Strom für das ganze Leben liefern.

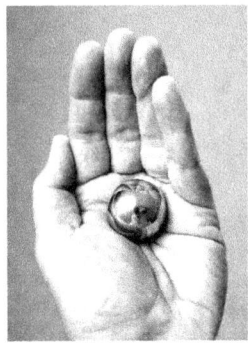

Gerade mal 100 Gramm Thorium kann den Strom liefern, den Sie während Ihres ganzen Lebens benötigen. Der entstehende Abfall von der Grösse eines Golfballs ist nach wenigen 100 Jahren weitgehend harmlos. Ein LFTR kann 100% des Thoriums in Energie verwandeln, während LWRs nur 1% des Urans nutzen und Thorium ist dreimal häufiger als Uran.

Mittels eines LFTRs könnte die hier abgebildete 1-Tonnen-Kugel Thorium ein Jahr lang 1 GW elektrische Leistung produzieren, genug, um eine kleine Stadt zu versorgen. Die Brennstoffkosten wären weniger als 300'000 $.

LFTR-Energie aus Thorium ist unerschöpflich.

Thorium bildet etwa 12 Millionstel (ppm) der Erdkruste. Grössere Lagerstätten finden sich in den USA, in Australien, der Türkei, Brasilien und Indien. Die normalen Thorium-Erze sind nicht wasserlöslich und bleiben dort, wo geologische Prozesse sie deponiert haben. Thorium ist oft mit den chemisch ähnlichen Seltenen Erden vergesellschaftet. Die nutzbare Menge Thorium variiert mit dem Preis, aber die „World Nuclear Association" schätzt, dass die Vorräte bei 80 $/kg über 2 Millionen Tonnen liegen.

Das ebenso seltene Blei kostet 2 $/kg, also könnte auch Thorium noch viel billiger sein. Zur Zeit ist Thorium ein störendes Nebenprodukt bei der Gewinnung Seltener Erden; es könne wirklich billig sein.

3'752 Tonnen Thorium in der Wüste

268'000 Tonnen Thorium auf dem Lemhi Pass

„Thorium Energy" behauptet, dass in der Gegend des Lemhi Passes in Idaho auf einer Fläche von 6 km² 1,8 Millionen Tonnen Erz lagern, die 268'000 Tonnen ThO2 enthalten. Der Geologische Dienst der USA schätzt 300'000 Tonnen.

Im Mittel enthält jeder m³ der Erdkruste 26 Gramm Thorium. Ein LFTR kann 26 Gramm Th in mehr als 250'000 kWh elektrische Energie verwandeln, die bei einem Preis von 3 Cents/kWh 7'500$ wert sind. Dagegen produziert ein m³ Kohle, der 230$ kostet, 13'000 kWh mit einem Erlös von gerade mal 400$ beim gleichen Strompreis.

Angenommen, alle Energie der ganzen Welt komme aus Thorium: Die Menschheit braucht etwa 500 EJ (exajoule, 10^{18}) pro Jahr (500'000'000'000 GJ). Die spezifische Energieproduktion in einem

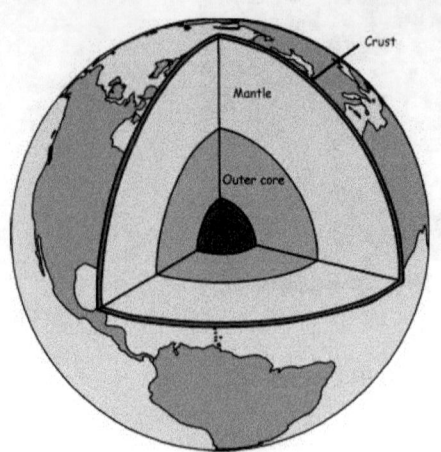

LFTR ist 80 GJ pro Gramm Th. Der Weltverbrauch wäre so 500'000'000'000/80 g/Jahr oder 6'250 Tonnen pro Jahr. Wenn die Vorräte, wie die „World Nuclear Association" schätzt, 2 Millionen Tonnen betragen, reichen sie demnach für 300 Jahre.

Danach wäre die Menschheit bestimmt in der Lage, Thorium aus jedem Gestein zu gewinnen, das die durchschnittlichen 12 ppm enthält. Um die benötigten 6'250 t pro Jahr zu gewinnen, müssten 500 Mio Tonnen Gestein abgebaut werden. Vergleiche damit die Weltkohleproduktion von 8'000 Mio Tonnen pro Jahr! Die kontinentale Erdkruste enthält über 4'000 Gt Thorium, das reicht fast für eine Million Jahre Energieversorgung.

Der LFTR produziert weniger als 1% der langlebigen radiotoxischen Abfälle eines LWR.

Statt Millionen von Jahren müssen die Abfälle der LFTR einige hundert Jahre sicher gelagert werden. Die gefährliche Strahlung der Abfälle stammt aus zwei Quellen: Den hochaktiven Spaltprodukten aus der Kernspaltung und den langlebigen Transuranen aus der Neutronenabsorption. Reaktoren mit Thorium produzieren praktisch dieselben Spaltprodukte wie solche mit Uran. Ihre Radiotoxizität ist nach 500 Jahren praktisch wie die des natürlichen Uranerzes.

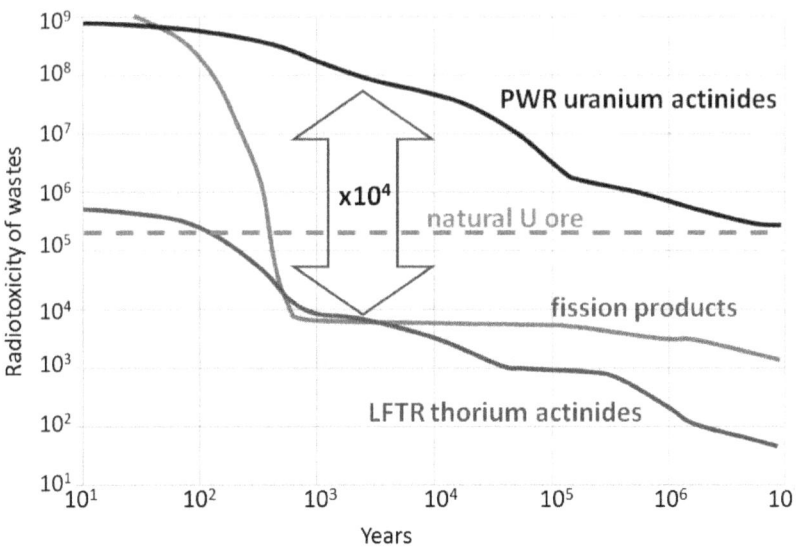

Strahlendosis aus inkorporierten Abfällen eines 1 GW(th) Reaktors

Ein LFTR produziert viel weniger Transurane, weil Th-232 volle 7 Neutronen absorbieren muss, um zu Pu-239 zu werden, während bei U-238 ein einziges genügt. Nach 300 Jahren ist die Strahlung aus LFTR-Abfall 10'000 mal schwächer als aus LWR-Abfall. Selbst wenn 0,1% der Transurane bei der chemischen Trennung nicht erwischt werden, ist die Reduktion der Strahlung immer noch ein Faktor Tausend. Das benötigte geologische Tiefenlager wäre weit kleiner als Yucca Mountain.

Ein Ein-Kreislauf-LFTR ist einfacher.

Der LFTR mit nur einem Kreislauf enthält sowohl das fertile Th-232 als auch das spaltbare U-233, gelöst im gleichen Flüssigsalz. Es gibt keine separate Bruthülle.

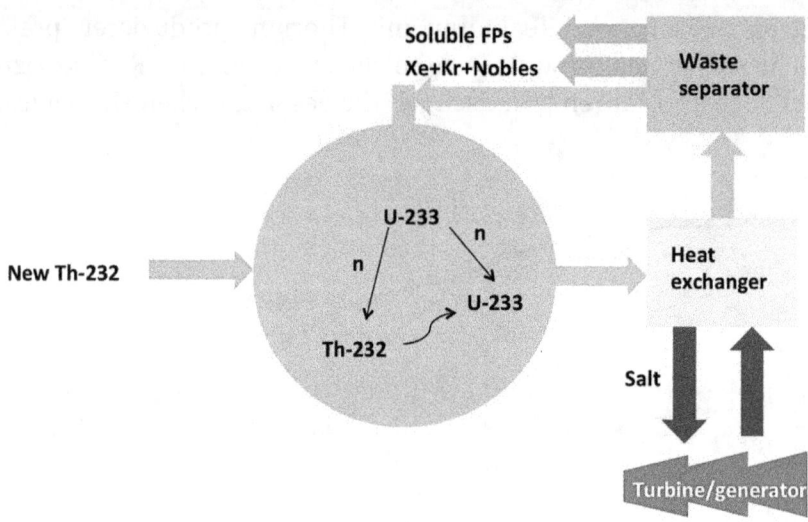

Ein-Kreislauf LFTR

Die Figur zeigt wie einige Neutronen U-233-Kerne spalten und einige von Th-232 absorbiert werden, das schliesslich zu U-233 zerfällt. Eine externe Uranextraktion wird nicht benötigt. Edelgase und Edelmetalle können physikalisch extrahiert werden. Das Problem ist die Extraktion der Spaltprodukte, die zum Teil ähnliche chemische Eigenschaften haben wie Thorium. Wenn es gelänge, einen effizienten Spaltprodukt-Separator zu entwickeln, vielleicht mit einer Kombination von chemischen und physikalischen Verfahren, wäre dieser Reaktortyp recht attraktiv.

Das „Molten Salt Reactor Experiment" (MSRE) des ORNL war ein Ein-Kreislauf-Reaktor, der aber kein U-233 erbrütete. Flüssigsalz-Reaktoren können eine grosse Vielfalt von Nuklearbrennstoffen nutzen. Der Zwei-Kreislauf-LFTR nutzt Thorium über das erbrütete U-233. Schnelle Flüssigsalzreaktoren können Plutonium und andere

Transurane aus dem Abfall der LWR nutzen. Der denaturierte Flüssigsalz-Reaktor benutzt eine Mischung von Thorium und angereichertem Uran.

DENATURIERTER FLÜSSIGSALZ-REAKTOR

Der Denaturierte Flüssigsalz-Reaktor (DMSR) ist ein Ein-Kreislauf-Reaktor. Sowohl spaltbares Uran wie auch fertiles Thorium sind in Flüssigsalz gelöst. Das Wort „denaturiert" bedeutet, dass das spaltbare U-235 mit mindestens 80% U-238 verdünnt ist, so dass es für Bomben unbrauchbar ist.

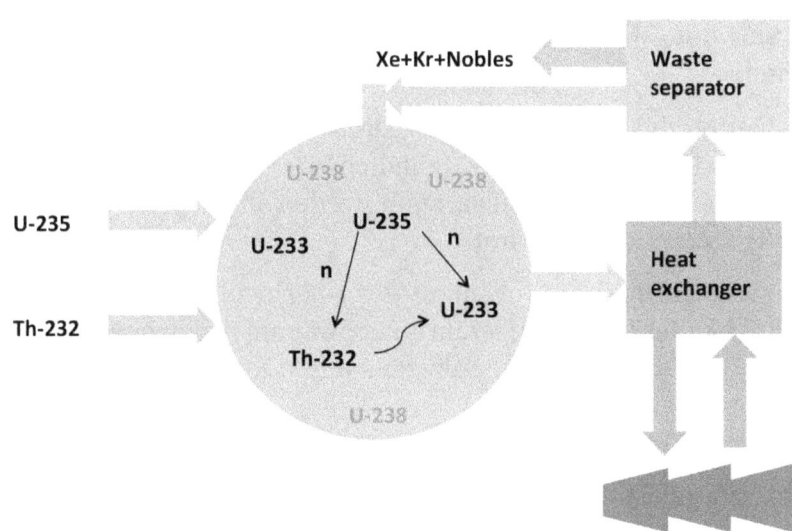

DMSR: U-235-Spaltung, Th-232-Brüten, U-233-Spaltung

Ein DMSR wird mit U-235 angefahren. Neutronen aus der Spaltung können entweder weitere U-235-Kerne spalten oder einen Th-232-Kern in Th-233 verwandeln, das via Pa-233 zu U-233 zerfällt. All das passiert im Flüssigsalz. Von den Spaltprodukten werden die

Edelgase sowie die Edel- und Halbedelmetalle durch physikalische Prozesse extrahiert. Die übrigen Spaltprodukte werden zu Fluoriden, die während bis zu 30 Jahren im Flüssigsalz gelöst bleiben.

Der im DMSR nachgefüllte Brennstoff ist 75% Thorium und 25% Uran.

Der DMSR Flüssigsalz-Reaktor enthält Th-232, spaltbares U-233, spaltbares U-235 und U-238. Das viele U-238 absorbiert genug Neutronen, dass der Prozess nicht selbsterhaltend ist. Es muss zusätzlich U-235 nachgeliefert werden, zusammen mit Th-232. Der Moir-Teller DMSR hat eine Konversionsrate von 0,75, das heisst, 75% des Spaltstoffs ist U-233, das aus Thorium erbrütet wurde und 25% ist U-235, das kontinuierlich nachgeliefert werden muss. David LeBlanc und die ersten ORNL-Entwürfe rechnen mit 80% Th-232 und 20% U-235.

Das Salz des DMSR kann nach 30 Jahren wieder aufbereitet werden.

Der Spaltprodukt-Abscheider des DMSR entfernt einige der chemisch inerten Spaltprodukte, nämlich die Edelgase (Xenon und Krypton), die mit Helium ausgespült werden, ein Prozess, der schon am ORNL demonstriert wurde.

In der Tabelle sind die Inventare der verschiedenen Isotope im 1-GW-Projekt des ORNL aufgeführt und zwar am Anfang und nach 30 Jahren Betrieb, wenn das Salz entsorgt oder wieder aufbereitet wird.

Die meisten Spaltprodukte werden zu Fluoridsalzen und bleiben im Flüssigsalz gelöst. Ohne chemische Aufbereitung akkumulieren sich die radioaktiven Spaltproduktfluoride im Flüssigsalz während der 30 Jahre Lebensdauer der Brennstoff- und Salzladung.

Anschliessend kann das Salz in einer chemischen Fabrik aufbereitet werden, wo das wertvolle Uran zurückgewonnen und wieder verwendet werden kann. Im Salz verbleiben zunächst die gelösten Spaltprodukte, Plutonium und weitere Transurane. Diese können ebenfalls herausgelöst und als Abfall endgelagert werden. Das zurückgewonnene Flibe-Salz und das Uran können zusammen mit neuem leicht angereichertem Uran und Thorium einen neuen DMSR-Zyklus starten.

Spaltbares und fertiles Material im DMSR		
Isotop	Start kg	Ende kg
Th-232	110'000	92'900
U-233	0	1'910
U-235	3'450	1'250
U-238	14'000	28'600
Pu-239	0	231
Pu-(andere)	0	505

Auf die Wiederaufbereitung kann auch ganz verzichtet werden. In diesem Fall würde die ganze Salzmischung endgelagert und der DMSR mit neuem Material beladen und für einen neuen Zyklus angefahren.

Strom aus DMSR wäre billiger als aus Kohle.

Im Gegensatz zum Zwei-Kreislauf-LFTR hat der DMSR nur einen Flüssigsalz-Kreislauf, der sowohl Spaltstoff als auch Brutstoff enthält und deshalb tiefe Investitionskosten aufweisen dürfte.

Im Gegensatz zum LFTR, der ausschliesslich das reichlich vorhandene Thorium nutzt, muss dem DMSR teures U-235 beigegeben werden, aber er braucht nur ¼ des U-235 wie ein normaler LWR. Wenn genug bezahlt wird, gibt es genug Uran. Zur Zeit kostet es 100$/kg, aber bei 1'000$/kg lohnt es sich, die 3 mg/t Uran aus Meerwasser zu gewinnen. Zu diesem Preis wären die Brennstoffkosten im DMSR 0,5 Cents pro kWh.

Ein DMSR kann abgebrannte Brennstäbe aus LWR rezyklieren.

Per Peterson hat darauf hingewiesen, dass der DMSR eine einfache, billige Methode bietet, abgebrannte Brennstäbe aus LWRs wieder zu verwerten. Der ganze Brennstab mitsamt der Zirkon-Umhüllung kann in Flusssäure (HF) aufgelöst und so in Fluoridsalz verwandelt werden. Zirkon würde als ZrF_4 Teil des Flüssigsalzgemischs, wie es auch im ersten Flüssigsalz-Reaktor im ORNL verwendet wurde. Mit dem Fluoridierungsverfahren könnte das Uran als UF_6 herausgelöst werden und das verbleibende Plutonium und die übrigen transuranischen Aktiniden dienten als Brennstoff im DMSR.

In einer Zwei-Kreislauf-Konfiguration könnte ein DMSR auch U-233 aus Th-232 erbrüten, das zum Anfahren von Zwei-Kreislauf-LFTRs verwendet werden könnte, die dann ausschliesslich mit Thorium betrieben würden.

Die einfachste Art, den DMSR-Brennstoff aufzubereiten wäre wohl, das abgebrannte Salz einem Endlager zuzuführen und eine neue DMSR-Charge aus LWR-Abfällen zu bereiten.

Der Denaturierte Flüssigsalzreaktor dürfte der erste auf dem Markt sein.

Der DMSR wird wahrscheinlich der erste Thorium-Flüssigsalzreaktor sein, der kommerziell betrieben wird.

1 Der DMSR benötigt ausser Xenon-Ausgasen und Edelmetall-Ausfällung keine Brennstoff-Aufbereitung.

2 Es braucht keine strukturelle Trennung von spaltbarem Material und der Brüterhülle.

3 Bis zur Marktreife ist weniger F&E erforderlich.

4 Die Entwicklung des Verfahrens zur Wiederaufbereitung des Salzes am Betriebsende kann während der 30 Jahre Betriebsdauer erfolgen.

5 Leicht angereichertes Uran für den DMSR-Betrieb ist eine einfach zertifizierbare Handelsware.

6 Mit ¼ des Verbrauchs an Uran ist Brennstoff für Jahrhunderte verfügbar.

7 Der DMSR ist sehr resistent gegen Proliferation, mehr als alle anderen Kernkraftwerkskonzepte.

8   Der DMSR ist billiger als der LFTR, weil er weniger Komponenten aufweist.

9   Der DMSR kann schneller billigeren Strom als aus Kohle produzieren und so die Vorteile früher nutzen.

Der DMSR nutzt allerdings einige Vorteile nicht, die den LFTR auszeichnen:

1   Nach Betriebsbeginn muss kein spaltbares Material zu oder vom LFTR transportiert werden.

2   Da der LFTR zu 100% auf Thorium basiert, erübrigt sich der Bau von Uran-Anreicherungsanlagen (und der Vorwand dafür fällt weg).

3   Die weltweite Verfügbarkeit von Thorium bringt Versorgungssicherheit für alle Länder.

4   Das billige Thorium steht für Jahrtausende zur Verfügung.

MIT FLÜSSIGSALZ GEKÜHLTER KUGELHAUFEN-REAKTOR

Der PB-AHTR ist ein Flüssigsalz gekühlter Reaktor mit festem Brennstoff.

Der Fortgeschrittene Kugelhaufen-Hochtemperatur-Reaktor („Pebble-Bed Advanced High-Temperature Reactor", PB-AHTR) nutzt festen Brennstoff, aber in einer völlig anderen Konfiguration als herkömmliche LWR. Ein Haufen kugelförmiger Brennelemente bildet die kritische Masse, die Wärmeenergie erzeugt, welche von flüssigem Salz abgeführt wird. Die Kugeln enthalten tausende von Uranoxid Kügelchen. Diese sandkorngrossen Brennstoffpartikel sind die Schlüsseltechnologie dieses Reaktortyps. Sie enthalten den Brennstoff und die Spaltprodukte und sind in 3 undurchlässigen Schichten verkapselt.

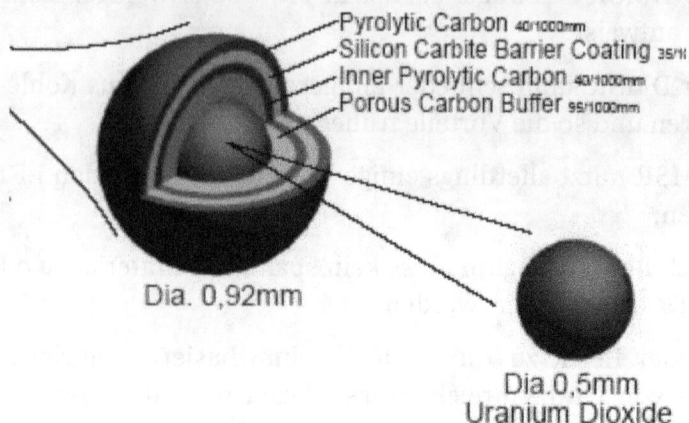

Dia. 0,92mm

Dia.0,5mm
Uranium Dioxide

TRISO Brennstoffpartikel

Die poröse Pufferschicht aus Kohlenstoff wirkt als Moderator und als Speicher für die Spaltproduktgase. Die dreifache undurchlässige Schicht bildet ein dreifach gesichertes Behältnis für alle radioaktiven Stoffe. Die drei Schichten (pyrolytischer Kohlenstoff, Siliziumkarbid, pyrolytischer Kohlenstoff) sind bis zu einer Temperatur von 1'600°C dicht und stabil. Wegen der dreifachen Isolation heissen sie TRISO-Partikel.

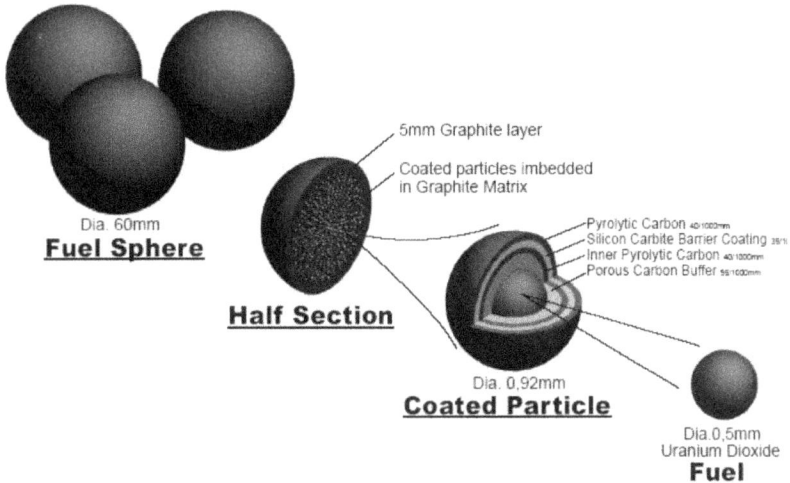

Brennstoffkugel mit TRISO-Partikeln

In einer Graphitkugel von der Grösse einer Billiardkugel sind über 10'000 TRISO Partikel eingebettet.

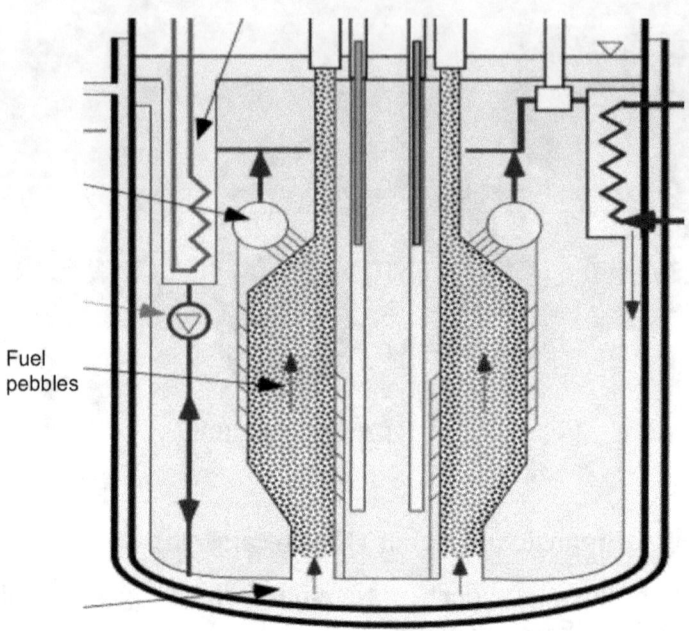

Fuel
pebbles

Brennstoffkugeln im PB-AHTR Core

Tausende dieser Graphitkugeln bilden den Kugelhaufen, so dass das spaltbare Uran eine kritische Masse bildet. Sie sind dicht gepackt in einem Torus-förmigen Behälter. Die Figur zeigt einen Längsschnitt. Die Kugeln werden mit flüssigem Salz gekühlt, das durch einen Wärmetauscher fliesst, der in der Zeichnung durch die Zickzack-Linie oben rechts dargestellt wird. Die Wärme wird an einen Kreislauf übertragen, der zu einer Turbogeneratorgruppe führt, wo Strom erzeugt wird.

Die Kugeln bewegen sich ganz langsam aufwärts, einige Kugeln pro Stunde. Sie werden automatisch auf ihre Tauglichkeit für die weitere Verwendung als Brennstoff untersucht. Abgebrannte Kugeln werden ausgeschieden und durch neue ersetzt. Die Kugeln sind nicht so dicht wie möglich gepackt, weil sie sich auf dem Weg nach oben ständig in zufälliger Weise gegeneinander verschieben. Allerdings behalten sie ihre Position im Grossen und Ganzen bei so dass eine zylindrische Struktur mit fertilem Thorium aussen und spaltbarem Material innen möglich ist. Das flüssige Salz schmiert genug, um die relative Lage der Kugeln zu stabilisieren.

Die ersten PB-AHTR-Anlagen werden Uranoxid-Brennstoff einsetzen. Die geordnete Bewegung der Kugeln sollte es ermöglichen, einen Mantel mit Thorium-TRISO Kugeln einzusetzen. Ähnlich wie in einem LFTR absorbiert das Th-232 ein Neutron und wird zu Th-233, das sich durch Beta-Zerfall zu Pa-233 wandelt, das seinerseits mit einer Halbwertszeit von 27 Tagen zu spaltbarem U-233 zerfällt. Pa-233 ist ein starker Neutronenabsorber und behindert daher die Produktion von U-233. In einem Kugelhaufenreaktor könnte man Kugeln nach einer bestimmten Zeit aus dem Kugelhaufen entfernen und ausserhalb zwischenlagern bis das PA-233 zerfallen ist. Anschliessend könnte man sie weiter mit Neutronen bestrahlen oder als Brennstoff verwenden.

Die Kugeln sind hart und solid und eignen sich daher zur Endlagerung. Eine Wiederaufbereitung wäre viel schwieriger als im Fall der Brennstäbe von Leichtwasserreaktoren, weil es kein Lösungsmittel für Graphit gibt. Die TRISO-Partikel wären kaum aufzuschliessen.

Kugelhaufen-Reaktoren haben viele der Vorteile des LFTR.

Auch ein Kugelhaufen-Reaktor wird mit heissem Flüssigsalz mit hoher Wärmekapazität gekühlt. Das heisst, er kann kompakt und damit günstig gebaut werden und produziert damit billigen Strom. Die hohe Temperatur – bis zu 900°C – ermöglicht hocheffiziente Helium- oder überkritische CO2-Turbinen. Der hohe Siedepunkt von 1'400°C bringt eine grosse Sicherheitsmarge im Fall einer Überhitzung. Der Reaktor läuft bei Umgebungsdruck und kann daher nicht explodieren und kann mit Luft gekühlt werden.

Ein Vorteil des Kugelhaufenreaktors ist, dass der TRISO-Brennstoff gut verstanden wird und sich schon in einigen Typen von Reaktoren bewährt hat, zum Beispiel in heliumgekühlten Hochtemperaturreaktoren. In Deutschland produzierte ein Kugelhaufen-Reaktor während 15 Jahren 15 MW(e) Leistung. Ebenfalls in Deutschland wurde ein mit Thorium betriebener 300MW-Reaktor, der THTR-300 gebaut und während 6 Jahren betrieben. An der Tsing-hua Universität in Beijing, China ist ein 10-MW Demonstrations-HTR entwickelt worden und jetzt läuft dort der erste von mehreren solchen Reaktoren mit 250 MW Leistung. Das Verfahren für die Produktion von TRISO ist in den USA etabliert.

Der Brennstoff in Kugelhaufenreaktoren ist nicht im Flüssigsalz aufgelöst sondern ist isoliert in den TRISO-Partikeln. Somit können keine Spaltprodukte in das Kühlmittel gelangen und Gefässe, Leitungen und Pumpen sind keiner Strahlung ausgesetzt, was die Materialauswahl stark vereinfacht. Vielleicht wird der Hochtemperatur-Kugelhaufenreaktor früher verfügbar als der LFTR.

An der University of California Berkeley, am MIT und der Universität von Wisconsin wird seine Entwicklung mit bescheidenen Bundesmitteln (7 Mio $ für 3 Jahre) aktiv weitergetrieben. Viele der Resultate werden direkt auf die LFTR-Entwicklung übertragbar sein. Das Flüssigsalz wird in beiden Reaktortypen auf über 700°C erhitzt. Die Stromproduktion mittels hocheffizienter Technik wie Brayton- Helium- oder Stickstoff-Turbinen oder superkritischem CO_2 könnte direkt übernommen werden.

ENERGIE BILLIGER ALS KOHLE

LFTR werden den Strom billiger produzieren als Kohle.

Lenkungsabgaben auf Kohle sollen alternative Energiequellen fördern, die weniger CO_2 emittieren. Das hat bisher nicht funktioniert. Entwicklungs- und Schwellenländer wollen keine Lenkungsabgaben und wollen nicht auf den Preisvorteil der Kohle verzichten, der den OECD-Ländern angeblich ihren Wohlstand gebracht hat. Andererseits würde eine Energiequelle, die Strom günstiger produziert als Kohle, alle Länder dazu bewegen, ohne Anreize durch Steuern und Abgaben, welche die Produktivität untergraben, auf Kohle zu verzichten. Erschwinglicher Strom könnte den Entwicklungsländern den bescheidenen Wohlstand bescheren, der hilft, die Geburtenraten auf ein nachhaltiges Niveau zu reduzieren.

Die Entscheidung, ob Strom aus Kohle oder aus Kernenergie stammt, fällt beim Bau eines neuen Kraftwerks. Im Kapitel 4 „Energiequellen" haben wir die Kosten für Neubauten abgeschätzt; die Resultate sind in der folgenden Tabelle zusammengefasst.

Kosten für Strom aus verschiedenen Quellen Cents/kWh					
	Kohle	Gas	Wind	Solar	Biomasse
Kapitalkosten	2.8	1.0	24.4	22.5	4.0
Brennstoff	1.8	2.8	0	0	4.7
Betrieb	1.0	1.0	1.0	1.0	1.0
Total	**5.6**	**4.8**	**25.4**	**23.5**	**9.7**

Wenn man die Tabelle betrachtet wird sofort klar, dass Wind, Sonne und Biomasse gegenüber den fossilen Brennstoffen Kohle und Gas keine Chance haben. Die Tabelle zeigt auch, dass der Ersatz von Kohle durch Gasturbinen interessant ist, vor allem auch wegen der geringeren Umweltbelastung und der um 2/3 verringerten CO_2-Emission. Die wirtschaftlichen Vorteile sprechen auf jeden Fall für die CO_2-produzierenden fossilen Brennstoffe.

Thorium-Energie muss billiger sein als Kohle, damit die grösste Quelle von CO_2 in der Stromproduktion verschwindet. Wenn sie auch billiger ist als Strom aus Gas, kann auch die zweitschlimmste CO_2-Quelle eliminiert werden – und ausserdem die Methanlecks. LFTR-Strom muss weniger als 4,8 Cents/kWh kosten, um den Wettbewerb gegen Kohle und Erdgas zu gewinnen. Die Zielsetzung ist ein Kostendach von 2 \$/Watt installierte Leistung und 3 Cents/kWh für den Strom. Wie können Flüssigsalz-Thorium-Reaktoren das erreichen?

Die Schätzungen für die Kosten von Flüssigsalz-Reaktoren liegen um die 2$/Watt.

Kosten von 7 Projekten für Flüssigsalz-Reaktoren			
Schätzung	Jahr	$/Watt	2012 $/Watt
Sargent & Lundy	1962	0.65	4.95
Sargent & Lundy ORNL TM1060	1965	0.15	1.09
Kasten, MOSEL Reaktor	1965	0.21	1.53
ORNL 3996	1966	0.24	1.70
McNeese et al, ORNL-5018	1974	0.72	3.36
Engel et al, ORNL TM7207	1978	0.66	2.33
Moir	2000	1.58	2.11

Die obige Tabelle enthält 7 unabhängige Kostenschätzungen zu Projekten für experimentelle Flüssigsalz-Reaktoren. Die Zahl $/Watt sind die Kosten für Forschung, Entwicklung, Bau und Versuchsbetrieb des vorgeschlagenen Reaktors geteilt durch die Leistung. Die letzte Kolonne zeigt die teuerungsbereinigten Kosten in Dollars von 2012. Es sieht so aus, dass 2$/Watt eine vernünftige Annahme für kommerzielle Reaktoren sind, die nicht mit F&E-Kosten belastet sind. Neue Projekte werden eine zuverlässigere Kostenschätzung ermöglichen.

Hier sind weitere Gründe, warum LFTRs Elektrizität billiger produzieren werden als Kohle.

Der kompakte LFTR funktioniert bei Umgebungsdruck.

Das ganze radioaktive Inventar im LFTR ist unter Umgebungsdruck. Es braucht keine Hochdruckrohre, -ventile und -gefässe wie sie für Leichtwasser-Reaktoren üblich sind. Leitungen, Ventile, Pumpen und die ganze Montage wird damit massiv billiger. Die Sicherheitsmassnahmen werden ebenfalls einfacher, da kein radioaktives Material unter Druck steht, das bei einem ernsthaften Unfall in die Umgebung verstreut werden könnte.

Ein solcher Reaktor wird kompakter, leichter und billiger. Der LFTR wurde schliesslich als Flugzeugantrieb geboren! Flugzeugtriebwerke sind übrigens Beispiele von kompakten Brayton-Turbinen.

Inhärente thermische Stabilität senkt die Kosten für die Steuerung.

Wenn das flüssige Salz heisser wird, dehnt es sich aus, die Dichte des Spaltstoffs nimmt ab und die Kettenreaktion wird verlangsamt. Höhere Temperaturen erhöhen auch die Wahrscheinlichkeit der Neutronenabsorption, was die Reaktivität ebenfalls herabsetzt. Kontrollstäbe, wie wir sie aus Leichtwasserreaktoren (LWR) kennen, sind unnötig – eine weitere Kostenersparnis.

Der einfache Sicherheitspfropfen aus erstarrtem Salz schmilzt bei Überhitzung und lässt den Reaktorinhalt in ein Gefäss abfliessen, in dem keine Kettenreaktion möglich ist.

Nachzerfallswärme wird passiv abgeführt.

Auch wenn die Kettenreaktion unterbrochen ist, produzieren die zerfallenden Spaltprodukte Wärme, die abgeführt werden muss. Die hohe Temperatur, der flüssige Zustand und die dadurch ermöglichte Konvektion erleichtert die Wärmeabgabe an die Umgebung. Der hohe Siedepunkt von 1'400°C bietet eine weite Sicherheitsspanne.

Die hohe Temperatur verbessert den Wirkungsgrad.

Die Vorlauf-Temperatur von 700°C ermöglicht eine Energieumwandlung in Strom mit einem Wirkungsgrad von 45% statt 33% wie bei einem LWR. Das heisst, dass mit der gleichen Wärmemenge 36% mehr Strom produziert werden kann. Dementsprechend ist die Abwärme geringer, was den Aufwand für die Kühlung verkleinert.

Dank der hohen Wärmekapazität des Salzes ist die Anlage kleiner.

Die Wärmekapazität von Flüssigsalz ist höher als die des Wassers in LWR oder des Natriums in LMFB, womit zum Transport einer bestimmten Energiemenge weniger Material benötigt wird. Damit werden die Kühlschlaufen und Wärmetauscher kleiner, was die Materialkosten senkt.

Neue Turbinensysteme sind kleiner.

Zwei neue Turbinensysteme sind Kandidaten für LFTR-Kraftwerke. Die dreistufige, geschlossene Brayton-Turbine ist etwa viermal kleiner als eine entsprechende Dampfturbine. Offene Brayton-Turbinen wurden für Flugzeugtriebwerke zur Perfektion entwickelt. Ein GE90-Triebwerk kostet 24 Millionen $ und leistet 83 MW – also 0,29 $ pro Watt! Die geschlossene Helium-Turbine kann bestimmt auch viel günstiger werden, als die Dampfturbinen der LWR-Kraftwerke. Die neueren superkritischen CO_2-Turbinen wären noch kleiner, benötigen aber noch einigen Entwicklungsaufwand.

Die Abfallentsorgung ist billiger.

Die Wärmeproduktion der langlebigen transuranischen Abfälle der LWR treibt die Kosten der langfristigen Lager wie Yucca Mountain in die Höhe. Ein LFTR produziert weniger als 1% davon.

Kleine, modulare LFTR eignen sich zur Massenproduktion.

Die kommerzielle Verbreitung einer Technik führt zu Kostensenkungen, wenn die Zahl der produzierten Einheiten zunimmt. Arbeitsteilung, neue Verfahren, Standardisierung, neue Technik und Verbesserungen des Produkts bereichern den Erfahrungsschatz. Betriebswirtschaftler schätzen, dass eine Verdoppelung der Stückzahlen die Kosten um einen Prozentsatz verringert, den man Lernfaktor nennt. In den Anfängen der Flugzeugindustrie betrug er 20%. Das „Mooresche Gesetz" in der Computerindustrie postuliert einen Lernfaktor von 50%. Betriebswirtschaftler der Universität Chicago schätzen in *„The Economic Future of Nuclear Power"* den Lernfaktor in der Nuklearindustrie etwas konservativer auf 10%.

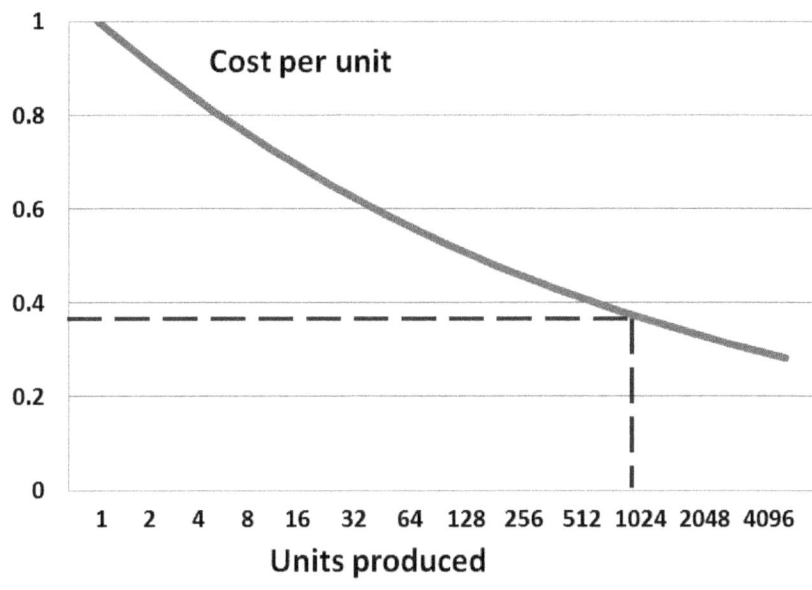

Die Lernkurve

In dieser Grafik sind die Kosten des 1'024sten LFTR etwa 35% des ersten. Einige Ingenieure befürworten Skaleneffekte (Economy of scale) als Argument für Grossreaktoren. Aber diese Betrachtung zeigt, dass zehn 100MW-Einheiten 30% billiger wären als eine 1'000MW-Einheit, weil die Produktionserfahrung 10-mal grösser ist.

Boeing 737 Produktionsstrasse

Im Jahr 2011 produzierte Boeing 477 Flugzeuge für bis zu 330 Millionen das Stück. Boeing, die täglich Einheiten zu 200 Millionen $ produziert, ist ein Modell für solche Wandlungen. Die Flugzeugproduktion hat viele Ähnlichkeiten mit der Produktion von Kernkraftwerken: Es geht um Überleben, Zuverlässigkeit, Materialien, Korrosion, Einhalten von Vorschriften, Dokumentation, Zulieferungskontrolle und Kosten.

Reaktoren mit einer Leistung von 100 MW, die 200 Millionen $ kosten, könnten ebenso fabrikmässig produziert werden. Wenn man mehr und kleinere Reaktoren produziert, wird die Lernkurve steiler. Wenn man 3 Jahre lang einen pro Tag herstellt, sind das 1'095 und die Kosten sollten um 65% gefallen sein.

Wenn die Dokumentation in den Fertigungsprozess integriert wird, spart man Kosten und erhöht die Zuverlässigkeit. Neue Fertigungstechniken sind mit CAM (Computer Assisted Manufacturing, Fertigung mit Computerhilfe) möglich, eine Technik, die Konstruktionszeichnungen automatisch in Fertigungsprogramme für Werkzeugmaschinen und Roboter übersetzt. Mit CAM können Konstruktionsdetails mühelos variiert werden. Man beachte, dass die Flügelspitzen im obigen Boeing-Bild nicht bei allen Flugzeugen gleich sind.

Die laufende Forschung wird die LFTR-Kosten weiter senken.

Die zur Zeit laufende Forschung und Entwicklung lässt eine weitere Kostensenkung erwarten. Kompakte Wärmetauscher mit besonders dünnen Trennplatten verringern das Salzinventar und damit Grösse und Kosten. Mit Silizium imprägnierte Kohlefasern mit in Gasphase aufgetragener Graphitoberfläche sind ein Beispiel für neuartige, chemisch stabile Materialien, ebenso neuartige Stahl-Nickellegierungen, die bei 950°C eingesetzt werden können. Bei solchen Temperaturen steigt der Wirkungsgrad der Stromproduktion auf über 50% und Wasserstoff kann direkt thermolytisch aus Wasser gewonnen werden. Aus Wasserstoff werden Benzinersatzstoffe wie Methanol oder Dimethyläther produziert.

Die Kosten für den ersten Spaltstoff sind tief.

Ein 100MW LFTR benötigt etwa 100 kg Spaltstoff wie U-233 oder U-235, um den Betrieb aufzunehmen. Danach wird er mit Thorium bestückt, woraus Spaltstoff für den weiteren Betrieb erbrütet wird. LWR benötigen die 5-fache Menge mit entsprechend höheren Kosten.

Thorium ist reichlich vorhanden und billig.

Eine Tonne Thorium kann einen 1'000MW LFTR ein Jahr lang betreiben – das reicht für eine ganze Stadt. Gerade mal 500 Tonnen würden reichen, um den gesamten Elektrizitätsbedarf der USA ein Jahr lang zu decken. Bei 300'000$ pro Tonne Thorium ergibt das Brennstoffkosten von 0,00004 $/kWh, verglichen mit 0,03 $/kWh bei Kohle.

Die Anreicherung von Uran kostet wenig.

Die wachsende Flotte von LWR vergrössert die Nachfrage nach leicht angereichertem Uran mit 4% U-235. Einige LFTR brauchen angereichertes Uran nur für das Anfahren, die DMSR brauchen einen kontinuierlichen Nachschub davon, aber nur ein Viertel soviel pro kWh wie die LWR.

Die Brennstoffherstellung kostet wenig.

Im Gegensatz zu den LWR entstehen keine Kosten für die Herstellung von Zirkon-Röhren, die das UO_2 und seine Spaltprodukte während Jahrhunderten einschliessen müssen und im Gegensatz zu Kugelhaufenreaktoren müssen nicht Millionen von TRISO Partikeln mit ihrer dreifachen Umhüllung produziert werden. Der Brennstoff für LFTR sind UF_4-Kristalle oder UF_6-Gas, das ohnehin ein Zwischenprodukt bei der Herstellung herkömmlicher Nuklearbrennstoffe für LWR ist.

Neue Steuersysteme sparen Personalkosten.

Die Anzahl Personen, die für den Betrieb eines Kernkraftwerks benötigt werden, ist höher als bei allen anderen Arten der Stromproduktion. Kernkraftwerke arbeiten Tag für Tag rund um die Uhr und jede Stelle muss sechsfach besetztwerden: viermal für die vier Schichten der Woche, 1 Mal für Ferien und 1 Mal für Weiterbildung, darum sind die Personalkosten hoch. Bei meinen Besuchen in US-Kraftwerken habe ich abgeschätzt, dass dort mehr als 1'000 Angestellte pro GW Leistung arbeiten, was pro kWh etwa 1 Cent Kosten verursacht.

Seit die LWR in den 70er Jahren entwickelt wurden, haben sich die Kontroll- und Überwachungssysteme stark verbessert. Selbst sicherheitstechnisch anspruchsvolle Systeme wie Flugzeuge und Hochgeschwindigkeitszüge verlassen sich auf elektronische Steuerungen. Durch Automatik anstelle von menschlichen Operateuren können Fehler, wie sie zur Katastrophe von Tschernobyl geführt haben, vermieden werden. Der Sicherheitsaufwand wäre im Fall des LFTR, der sich weitgehend selbst steuert und in welchem keine radioaktiven Substanzen unter Hochdruck stehen, viel kleiner. Sogar die amerikanischen Interkontinentalraketen werden durch Fernüberwachung gesichert.

Mit dezentralen modularen Kraftwerken sinken die Kosten der Stromübertragung.

Ein grosser Teil der Kosten für Strom aus grossen, Multi-GW-Kraftwerken geht auf das Konto der Hochspannungsleitungen, die den Strom möglichst verlustarm über hunderte von Kilometern zu den Verbrauchern transportieren. Diese Leitungen entfallen zum grössten Teil, wenn 100MW-Kraftwerke wie LFTR nahe bei Städten und Produktionszentren gebaut werden. Man spart damit gegen 1 Cent pro kWh.

Ziel muss sein, Strom billiger zu produzieren als mit Kohle.

Aus all diesen Gründen sollte es möglich sein, ein Kraftwerk für 2$ pro Watt und Strom für 3 Cents pro kWh zu produzieren. Mit 8% Zins, 40 Jahren Lebensdauer und 90% Verfügbarkeit sind die Kapitalkosten 2 Cents pro kWh. Mit billigem, reichlich verfügbarem Thorium als Brennstoff kann ein LFTR Strom für unter 3 Cents/kWh liefern und damit Kohlekraftwerke aus dem Feld schlagen.

Mit der Produktion von einem 100MW-LFTR pro Tag könnten alle Kohlekraftwerke der Welt innert 38 Jahren ersetzt werden. Diese produzieren zur Zeit 1'400 GW Leistung und 10 Milliarden Tonnen CO_2.

Tiefe LFTR-Kosten sind entscheidend für diese Kohleersatz-Strategie. Das Ziel ist erreichbar, wenn Kostenbewusstsein auf jeder Entwicklungsstufe vorherrscht. Billigerer Strom bekämpft den Klimawandel erfolgreich, weil alle Länder sich von der Kohle verabschieden würden. Die Entwicklungsländer sind für das Wachstum ihres Wohlstandes auf billigen Strom angewiesen, damit ihr Einkommensniveau eine Stufe erreicht, wo die Geburtenrate sinkt und nachhaltig wird. Strom, der billiger ist Kohle-Strom, ist entscheidend für ökologischen und sozialen Fortschritt.

Kostensenkungen geschehen im F&E Stadium.

Die Herausforderungen, die Kostenziele von 2$/W und 0,03$/kWh zu erreichen, dürfen nicht unterschätzt werden. Es braucht dazu ein gut koordiniertes Forschungs- und Entwicklungsprogramm. Konzerne mit gut gefüllter Kriegskasse könnten sich daran beteiligen. Hier gibt es Gelegenheiten für sinnvolle Investitionen für Regierungen und sogar für Philanthropen so wie Bill Gates. Er finanziert Terrapower mit ihrem LMFBR. Sie können auf einer 16 Milliarden teuren Entwicklung aufbauen, die von der Regierung bezahlt wurde. Die Kosten für die Produktion würden tief gehalten, wenn die schwer bezifferbaren Entwicklungskosten abgeschrieben werden könnten. Gelder der öffentlichen Hand wären hier jedenfalls sinnvoller angelegt als in Subventionen für aussichtslose Solar- und Wndanlagen wie das heute gemacht wird.

LFTR-ENTWICKLUNG

Die Entwicklung marktfähiger LFTR- oder DMSR-Kraftwerke ist eine vielfältige technische Herausforderung. Unüberwindliche Hindernisse sind nicht in Sicht: ORNL (Oak Ridge National Laboratory) hat bereits zwei Flüssigsalzreaktoren betrieben; die chemischen Trennverfahren sind bekannt. Die benötigten Komponenten sind in unterschiedlichen Stadien der Entwicklung. Was es braucht ist, dass jedes Verfahren vom Labor auf das Prototypniveau und dann zu einem marktfähigen Produkt gebracht wird. Nachfolgend sind einige der wichtigsten Komponenten eines LFTR.

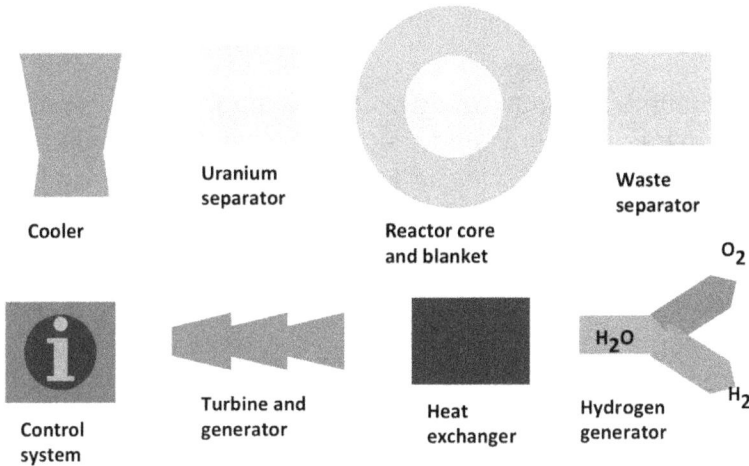

Übersicht über die LFTR-Komponenten

Der *Reaktor-Core* ist der Ort, wo durch Spaltung von U-233 Wärmeenergie erzeugt wird. Die *Hülle* („blanket") enthält das Th-232, das durch Neutroneneinfang in U-233 verwandelt wird. Diese befinden sich zusammen mit anderen Komponenten innerhalb eines massiven Gebäudes, das die Strahlung abschirmt, dem Containment.

Der *Uranabscheider* und der *Abfallabscheider* müssen in der Lage sein, innerhalb des Containments das heisse Salz unter hoher Strahlenbelastung langsam und zuverlässig zu verarbeiten.

Ein *Wärmetauscher*, ebenfalls innerhalb des Containments, überträgt die Wärmeenergie des Reaktorsalzes auf einen sekundären Salzkreislauf, der nicht radioaktiv ist und der seinerseits die Wärme auf Elemente ausserhalb des Containments überträgt.

Die *Turbogeneratorgruppe* muss nicht neu entwickelt werden. Offene Brayton-Turbinen kennt man aus der Flugzeug- und Erdgasindustrie, aber geschlossene Helium-Turbinen sind in Kraftwerken bisher unbekannt. Superkritische CO_2-Turbinen befinden sich noch im Laborstadium.

Luftkühlung für die Turbogeneratorgruppe könnte den Wasserverbrauch einschränken. Das ist aber im Massstab der Grosskraftwerke aussergewöhnlich.

Neue, computerbasierte Überwachungs- und *Steuersysteme* machen Reaktoren sicherer und wirtschaftlicher. Sie vermindern die Möglichkeiten für menschliche Fehler. Solche Systeme sind in der Luft- und Raumfahrt, der Medizin und in den Schnellbahnen weit entwickelt.

Wasserstoff aus der Zerlegung von Wasser im industriellen Massstab ist eine Herausforderung, die für künftige synthetische Treibstoffe gemeistert werden muss.

AUFGABEN IN DER-LFTR ENTWICKLUNG

Die im Folgenden aufgelisteten Arbeiten sind umfangreich. Ein funktionierendes LFTR-Kraftwerk ist komplex und anspruchsvoll. Die weitere Entwicklung des LFTR benötigt viel Gedankenarbeit und Talent. Die Herausforderung passt in die heutige hochtechnische Zeit. Das vorhandene Ingenieurwissen über Materialien und Verfahrensentwicklung wäre der Aufgabe gewachsen. Die Kosten eines Kernkraftwerks kommen nicht in erster Linie von Stahl und Beton, sondern von der Gedankenarbeit der Wissenschaftler und Ingenieure. Vieles, was in der Entwicklungsphase Geld kostet, sind allerdings einmalige Ausgaben, die bei der Produktion der Kraftwerke nicht mehr anfallen.

Gibt es bessere Investitionen in die Umwelt als diese: In menschliche Intelligenz statt in Kohlegruben investieren. Die Klimabedrohung abwenden. Umweltverschmutzung reduzieren. Den Wohlstand weltweit fördern. Rohstoffe schonen.

Eine LFTR-Technik Referenz-Datenbasis aufbauen.

Vieles, was man über Flüssigsalzreaktoren weiss, ist Jahrzehnte alt. Neue Erkenntnisse sind in Publikationen, e-Mailketten und Diskussionsforen verstreut. Es gibt ein Dutzend Forschungsstellen, die sich mit Flüssigsalztechnik befassen und physikalische, theoretische und analytische Daten besitzen – vom amerikanischen „National Institute of Standards and Technology" bis zum „Institut für Transurane" in Karlsruhe, Deutschland.

Einen Forschungsplan samt Budget und Zeitplan aufstellen.

Die „Oak Ridge National Laboratories" (ORNL) haben im Jahre 1974 einen ziemlich vollständigen Plan samt Lehrmaterial entwickelt. Das Dokument ORNL-5018 *„Program Plan for Development of Molten Salt Breeder Reactors"* ist ein ausgezeichneter Ausgangspunkt. Es könnte mit dem inzwischen neu erworbenen Wissen über Materialien, Erfahrungen mit Schnellen Brütern, Hochtemperaturreaktoren, gasgekühlten Reaktoren und heutigen Kosten aktualisiert werden. Im Jahr 1979 publizierten die ORNL einen zusammenfassenden Überblick (TM-6415) über den Stand der LFTR- und DMSR-Entwicklung und die anstehenden Arbeiten.

Eine anlagetypische Neutronenbilanz erarbeiten.

Die folgende Grafik ist eine hypothetische Neutronenbilanz für einen Zweikomponenten-LFTR. Der Ausgangspunkt sind 252 Neutronen aus 100 Spaltereignissen. Der LFTR benötigt Neutronen, um U-233 zu spalten und um Th-232 in U-233 zu verwandeln, aber durch nutzlose Absorption im Graphit im Salz durch Pa-233 und Spaltprodukte gehen Neutronen verloren.

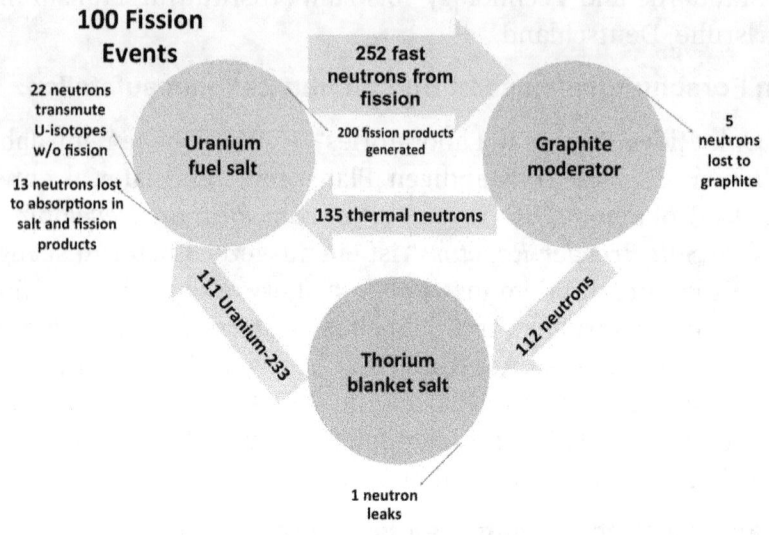

Neutronenbilanz

Dieses Beispiel zeigt, dass pro 100 gespaltene U-233 Atome, deren 111 neu gebildet werden. Eine ideale Neutronenbilanz würde genau soviel U-233 erzeugen, wie verbraucht wird. Einen solchen Reaktor nennt man Isobrüter.

Das absorbierte Neutron bildet U-233 in drei Schritten: Th-232 wird zu Th-233, dieses zerfällt zu Pa-233 und das wiederum zerfällt zu U-233. Der Reaktor in Oak Ridge hatte die Möglichkeit, Pa-233 abzutrennen, weil dieses Neutronen absorbiert und damit die Neutronenbilanz stört, aber das ist in einem Isobrüter nicht nötig. Es ist so, dass Pa-233 zu U-232 werden kann, das wegen seiner starken Radioaktivität einen guten Proliferationsschutz darstellt. U-233 absorbiert manchmal ein Neutron und wird zu einem Transuran, das aber bald gespalten wird, wenn das Neutronenspektrum passt.

Die Neutronenbilanzen hängen vom gewählten Typ des Reaktors ab: Zweikomponenten-LFTR, Einkomponenten-LFTR, DMSR. Für

DMSR erlaubt die Neutronenbilanz keinen Brüterbetrieb, was die Zufuhr von Spaltmaterial wie U-235 oder Pu-239 nötig macht.

Steuerung von Reaktivität und Leistung.

Eine Eigenschaft der Flüssigsalz-Reaktoren ist der negative Temperaturkoeffizient. Das heisst, dass mit zunehmender Temperatur die Spaltrate abnimmt. Die Steuerung geschieht am besten durch die unabänderlichen physikalischen Eigenschaften statt mittels Kontrollsystemen, deren Fehlfunktion nicht ausgeschlossen werden kann. In den LWRs funktioniert das, weil heisseres Wasser sich ausdehnt und die Neutronenmoderation abnimmt. Im LFTR passiert es, weil sich das Salz mit dem spaltbaren U-233 ausdehnt und ein Teil in ein Expansionsgefäss gedrückt wird. Dieser Teil fehlt dann im Reaktor-Core und die Kettenreaktion wird verlangsamt oder unterbrochen.

Die Reaktivitäts-Steuerung muss für einen grossen Temperaturbereich und verschiedene Salzmischungen gewährleistet sein. Zusätzliche Kontrollstäbe sind möglich, aber nicht unbedingt erforderlich, weil sowohl der Spaltstoffvorrat im Core, als auch die zur Steuerung benötigte Zusatz-Reaktivität klein sind – im Gegensatz zu den LWRs, die einen für Jahre reichenden Vorrat von U-235 haben.

Wenn das elektrische Netz ausfällt, kann der Turbogenerator die Wärmeenergie nicht mehr in Strom umwandeln, die Temperatur im Reaktor steigt, womit die Reaktivität und die Leistung sinken. Damit ergibt sich die Möglichkeit, dass der LFTR ohne Steuerung automatisch „lastfolgend" ist, das heisst, er passt seine Leistung ständig dem Strombedarf – der Last – an. Angeblich passierte das unbeabsichtigt im MSRE, als die Hälfte der Last (ein elektrisches Heizgerät) ausfiel. Automatische Lastverfolgung ist betrieblich elegant aber wirtschaftlich uninteressant, weil weniger Leistung weniger Einkommen bedeutet bei praktisch gleichbleibenden Kosten. Die heutigen LWRs können die Leistung langsam und manuell kontrolliert ändern.

Eine wirtschaftlich interessantere Art der Lastverfolgung ist die Nutzung der überschüssigen Leistung zu anderen Zwecken als der

Stromproduktion, wie Wärmespeicherung in eutektischem Flüssigsalz (bereits erprobt in konzentrierenden Solarkraftwerken), Meerwasserentsalzung oder Herstellung von synthetischen Treibstoffen
(Synfuel).

Beherrschen der Chemie des Flüssigsalzes.

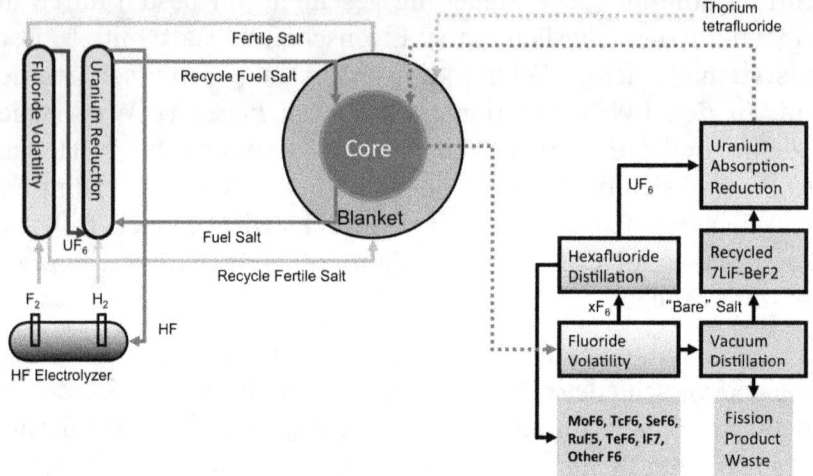

Chemische Aufbereitung des Flüssigsalzes

Es ist wichtig, die Chemie der Flüssigsalze zu beherrschen. Nicht
umsonst wird der LFTR auch „Reaktor für Chemiker" genannt. Die
Skizze eines Zweikomponenten-LFTR oben zeigt links das Verfahren zur Abtrennung von Uran aus dem Hüllen-Salz und rechts die
kompliziertere Trennung der Spaltprodukte vom Core-Salz.

Uran hat mehrere Valenzzustände, mit denen es chemische Verbindungen eingehen kann wie UF_4 und UF_6. Der Fluoridierungsprozess
$UF_4 + F_2 \rightarrow UF_6$ ändert den Zustand des gelösten U-Salzes in gas-
förmiges Uranhexafluorid. Thorium dagegen hat nur den +4 Va-
lenzzustand und bleibt unverändert zurück. Anschliessend wird das
Hexafluorid durch Wasserstoffreduktion zu Tetrafluorid zurückverwandelt gemäss: $UF_6 + H_2 \rightarrow UF_4 + 2HF$. Durch Elektrolyse
wird HF wieder in Wasserstoff und Fluor getrennt.

Der Spaltproduktabscheider auf der rechten Seite ist eine grössere Herausforderung, weil man sich da mit mehr Elementen herumschlagen muss, nämlich mit allen Spaltprodukten. Die meisten Spaltprodukte bilden mit Fluor Salze und lösen sich in der Schmelze. Tellurfluorid hatte im MSRE Risskorrosion zur Folge, die nach Abbruch des Experiments entdeckt wurde. Als Abscheideverfahren kommen chemische Ausfällung und Destillation in Betracht. Auch Zentrifugieren wurde vorgeschlagen, um Massendifferenzen auszunützen.

Der Einkomponenten-LFTR bietet grössere Schwierigkeiten, weil Thorium chemisch ähnlich ist wie viele Spaltprodukte. Es besteht die Möglichkeit, die Spaltprodukte gar nicht abzutrennen, sondern in der Schmelze zu belassen und nach 10 bis 30 Jahren extern wieder aufzubereiten, wie im Fall des DMSR.

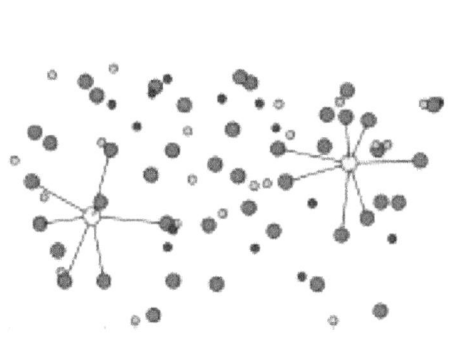

Virtuelle Chemie ist ein neues Werkzeug, das dank sehr schnellen Computern möglich ist, über die Paul Madden im Queens College verfügt. Theoretische Chemie und schnelle Computer können die physikalischen Eigenschaften von Flüssigkeiten voraussagen, wie die Wärmekapazität und die Viskosität von Flibe.

Die Entfernung der edlen Spaltprodukte.

Die Edelgase, die bei der Spaltung entstehen, sind Krypton und Xenon. Die metallischen Spaltprodukte, die keine Verbindungen mit Fluor eingehen, sind die Edel- und Halbedelmetalle Molybdän, Ruthen, Silber, Zinn sowie manchmal Tellur und Niob.

Xenon-135 entsteht bei 6% aller Spaltungen von U-235 oder Pu-239. Es ist ein starker Neutronenabsorber und stoppt die Kettenreaktion in Reaktoren wie LIFTR mit einem kleinen Überschuss an spaltbarem Material. Allerdings hat Xe-135 eine Halbwertszeit von nur etwa 9 Stunden und zerfällt zu Cäsium, womit die Neutronen-absorption aufhört und die unterbrochene Kettenreaktion wieder anlaufen kann. Dieses periodische Ein-Aus-Verhalten verwirrte die Nuklearpioniere zunächst. In Tschernobyl haben die Operatoren zu spät erkannt, dass die Reaktivität wegen zerfallendem Xenon anstieg, was zum Unfall beigetragen hat.

Xenon ist ein Edelgas, das keine chemischen Verbindungen eingeht und im Flüssigsalz unlöslich ist. Es bildet kleine Blasen. Im ORNL hat man entdeckt, dass man sie mit Helium entfernen kann. Man nennt den Vorgang „Spülen". Krypton wird dabei ebenfalls entfernt.

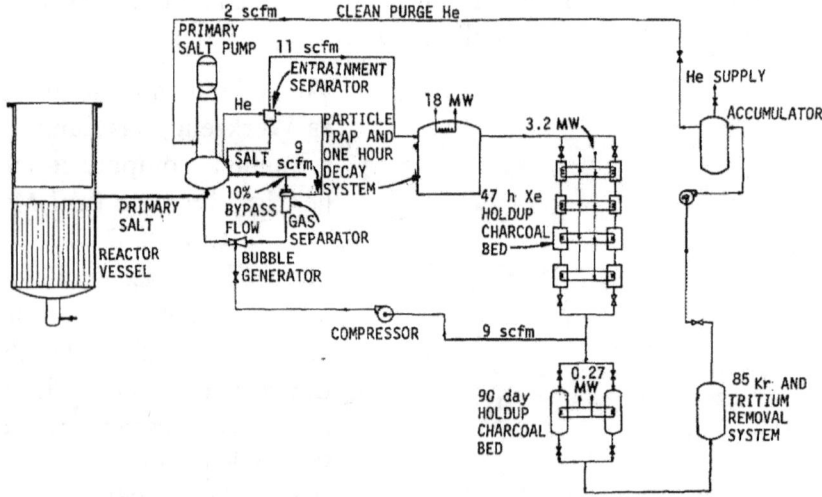

System zur Gasspülung und -aufbereitung

Das ORNL schaffte das mit dem oben dargestellten System, das wir ihrem Bericht entnommen haben. Die Gasspülung entfernte neben Xenon und Krypton auch einen Teil der metallischen Spaltprodukt-partikel. Die Spülung reduzierte den Neutronenverlust durch Xenonabsorption auf 0,5%.

Die Heliumspülung und die Gasaufbereitung wird Teil eines jeden künftigen Flüssigsalz-Reaktors (MSR) sein, sei es ein Zweikompo-

nenten-LFTR, ein Einkomponenten-LFTR oder ein DMSR. Die metallischen Spaltprodukte (Nb, Mo, Ru, Sb, Tn, Te), soweit sie nicht
ausgespült wurden, können an metallischen Platten adsorbiert werden.

Im ORNL fand man sie an den Innenflächen von Röhren, Pumpen
und Gefässen sowie auf der Oberfläche von Flüssigkeiten und am
Graphit. LFTR-Bauer müssen einen Weg finden, diese Edelmetalle
gezielt zu adsorbieren und zu entfernen. Ralph Moir hat vorgeschlagen, das durch Zentrifugieren zu versuchen.

Neutronenbestrahltes Graphit schwillt an, dann schwindet es.

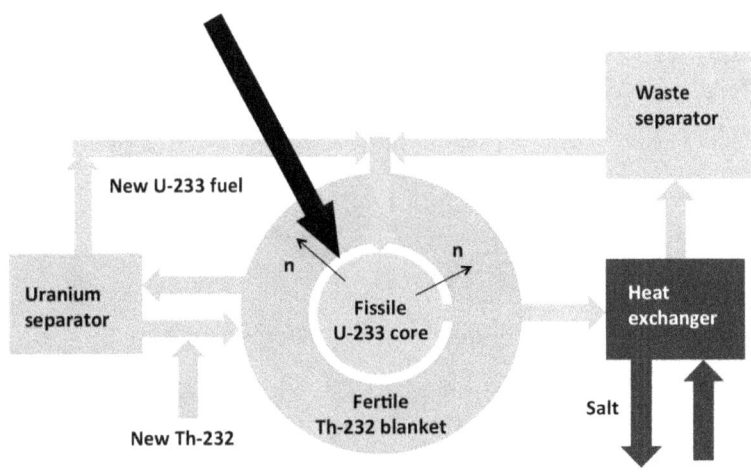

Graphit in der Struktur

Graphit ist eine Form von Kohlenstoff, die in Flüssigsalz-Reaktoren
eingesetzt wird. Wegen seines tiefen Atomgewichts bremst es die
Neutronen. Es kann sie auch spiegeln. Hochreines Graphit trennt
zum Beispiel das Salz mit spaltbarem Material und die Hülle mit
fertilem Material. Neutronenbestrahlung führt zum Schwellen des
Graphits, während es bei fortgesetzter Bestrahlung wieder schwindet. Das macht die mechanische Konstruktion schwierig. Vielleicht
wird man LFTRs so konstruieren müssen, dass die Graphitteile

nach etwa 10 Jahren ausgewechselt werden können. Andere Ideen sehen Graphit nicht als Bauteile vor, sondern in einer Form, die, wenn nötig, leicht auszutauschen ist. Schnelle Reaktoren benötigen kein Graphit.

Metalle müssen Hitze, Strahlung und Korrosion aushalten.

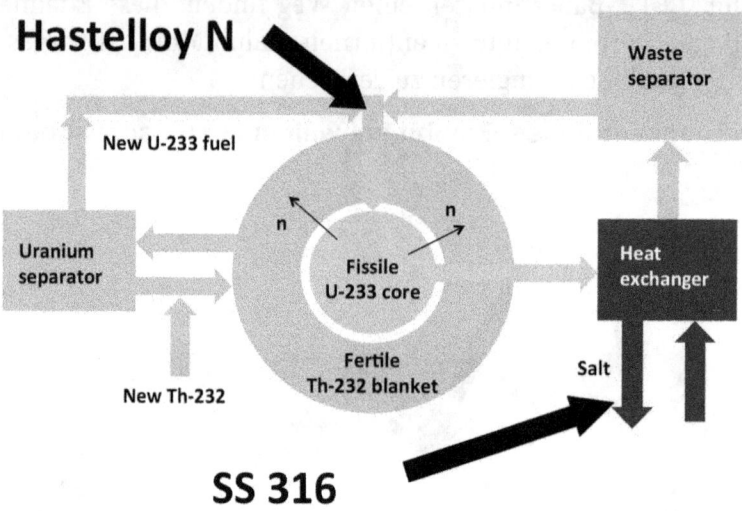

Anwendungen von Metalllegierungen

Die meisten Bestandteile eines LFTR wie Gefässe, Rohrleitungen und Pumpen dürften aus Metall sein. Gebräuchliche Legierungen wie Edelstahl 316 werden meist genügen. Hastelloy N ist eine Legierung auf Nickelbasis, die in nuklearen Einrichtungen wegen der guten Resistenz gegen Korrosion, Erosion und hohen Temperaturen gebräuchlich ist. Es besteht aus Nickel, Molybdän, Chrom, Eisen, Silizium, Magnesium, Mangan, Kobalt und weiteren Metallen. Diese Materialien müssen nachweislich unter Betriebsbedingungen eine Lebensdauer von 60 Jahren erreichen.

Komposit-Materialien auf Karbonbasis könnten Metalle ersetzen.

Mit Metallen wie Hastelloy N können Flüssigsalz-Reaktoren bis etwa 760°C betrieben werden. Wenn man die Temperatur auf etwa

1'000°C steigern könnte, würde das den Wirkungsgrad der Strom-erzeugung steigern und – besonders vorteilhaft – die direkte Um-wandlung von Wasser in Wasserstoff und Sauerstoff ermöglichen und das mit einer Energieausbeute von 50%. Eine weitere mögliche Anwendung von Hochtemperatur-Prozesswärme könnte die *in situ* Gewinnung von Schieferöl aus Kerogen sein.

Neue Karbon-Komposit-Materialien haben im Flugzeugbau bereits Metalle ersetzt. Damit spart man Gewicht und Treibstoff. Kohlefa-serverstärkte Karbonwerkstoffe („C/C") können Temperaturen bis 2'000°C aushalten. Kohlefaserverstärktes Siliziumkarbid („C/Si") ist ein weiterer potentieller, hochfester Hochtemperaturwerkstoff. Damit solche Materialien in LFTRs eingesetzt werden können, braucht es nicht nur F&E, es muss auch nachgewiesen werden, dass sie während der ganzen Lebensdauer eines Reaktors der hohen Strahlung, extremen Temperaturen und der Korrosion von Fluori-den standhalten. Kohlenstoff ist ein Neutronenmoderator.

Wärmetauscher trennen die Fluide mit Temperaturverlust.

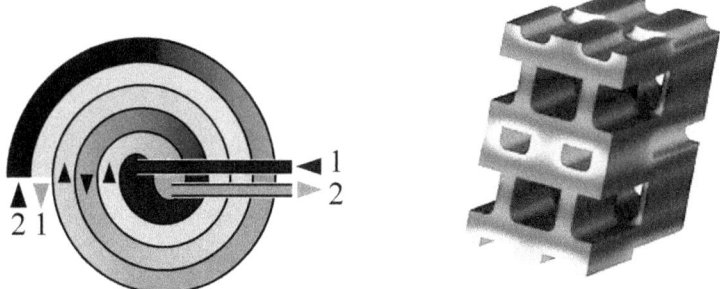

Typen von Wärmetauschern

LFTR und DMSR benötigen zwei Wärmetauscher. Der erste trennt das Reaktorsalz vom Sekundärkreislauf des nichtradioaktiven Sal-zes, welches die Wärme aus der radioaktiven Zelle herausführt. Die-ses „saubere" Salz überträgt die Energie im zweiten Wärmetauscher auf ein Gas, das die Turbine antreibt. Dieses Gas kann Dampf, Heli-um oder CO_2 sein.

Wärmetauscher haben typischerweise viele Kanäle, um die Trenn-
fläche zwischen den Fluiden und den Durchfluss zu vergrössern.
Der Wärmetauscher in einem Druckwasse-Rreaktor ist ein Was-
ser/Wasser-Wärmetauscher, der das radioaktive Kühlwasser vom
Wasser-Dampfkreislauf trennt, der die Turbine antreibt. Das vereinfacht die Unterhaltsarbeiten.

Die Herausforderung für die Ingenieure ist es, den Wärmetauscher
klein und die Trennwände dünn zu halten, damit die Wärmeübertragung nicht behindert wird. Aus dem gleichen Grund muss die
Fläche der Trennwände maximiert werden. All das bei hoher Temperatur, schwankenden Temperaturen, ionisierender Strahlung und
in Flüssigsalz mit gelösten Uran- und Spaltproduktfluoriden.

Lithium-6 muss aus dem Flibe-Salzgemisch entfernt werden.

Die Salzschmelze dürfte eine Mischung von Lithiumfluorid (LiF)
und Berylliumfluorid (BeF2) sein, die ein Eutektikum bildet, welches bei 460°C schmilzt, tiefer als jede der Komponenten. Lithium
hat zwei stabile Isotope, Lithium-6 (7%) und Lithium-7 (93%). Leider ist Li-6 ein starker Neutronenabsorber, der die Neutronenbilanz
ruiniert und die Kettenreaktion stoppt. Die Reaktion ist: n + Li-6 –
>H-3 + He-4. Das heisst, der LFTR benötigt Li-6 freies Lithium.
Weil Li-6 ein so starker Neutronenabsorber ist, muss es 99,999%
reines Li-7 sein.

Es gibt ein Verfahren, Li-6 mit Quecksilber (Hg) zu extrahieren weil
Li-6 sich leichter mit Hg verbindet als Li-7. Leider gab es einmal
einen Zwischenfall mit einem Quecksilberleck, so dass der Prozess
in den USA nicht mehr verwendet wird. Im Moment ist Li-7 knapp
weil es als Lithiumhydroxyd verwendet wird, um den pH-Wert in
LWRs einzustellen und Korrosion zu verhindern. Andere Techniken
der Isotopentrennung sind Destillation und Lasertechnik. Angeblich
will General Electric (GE) ihr „Silex"-Verfahren mit Lithium testen.

Tritium muss ständig entfernt werden.

Tritium (H-3) ist Wasserstoff mit zwei Neutronen. Es ist instabil
und zerfällt per Beta-Zerfall mit einer Halbwertszeit von 12 Jahren
zu He-3. Es emittiert ein Elektron mit einer maximalen Energie von

6 keV. Dieses weiche Elektron kann mit 6mm Luft oder der toten Schicht auf der Haut (der Epidermis) abgeschirmt werden. Tritium kann höchstens dann gesundheitsschädlich sein, wenn man es inkorporiert. Es verhält sich chemisch wie Wasserstoff und bildet mit Sauerstoff Wasser, das in Zellen eingebaut wird, wo es beim Zerfall Schaden stiften kann. Allerdings ist die biologische Halbwertszeit von Wasser im menschlichen Körper bloss 10 Tage, weil Wasser ständig umgesetzt wird. Es wird also bloss ein kleiner Teil des aufgenommenen Tritiums (genau 10/[365*12]) im Körper zerfallen.

Ein LFTR macht Tritium aus Lithium mit der Reaktion n + Li-6 -> H-3 + He-4. Zwar ist fast alles Li-6 entfernt worden, aber es entsteht ständig neu durch: n + Li-7 -> Li-6 + 2n. Tritium entsteht auch durch n + Li-7 -> H-3 + He-4 +n. Ein 100MW-LFTR würde im Tag 25 mg Tritium produzieren, das sind 240 Ci (8,9 TBq). Die gesetzliche Emissionsgrenze in den USA ist 10 Ci pro Tag, (in Kanada sind allerdings 5'200 Ci erlaubt!), deshalb muss das Tritium aufgefangen und gelagert werden, so dass es harmlos mit 12 Jahren Halbwertszeit zerfallen kann.

Ein Teil des Tritiums kann durch das erwähnte Spülen zusammen mit Xenon und Krypton aus dem Salz entfernt werden. Tritium-Moleküle können an Metalloberflächen zu Atomen dissoziieren, speziell bei hohen Temperaturen. Das H-3 Atom kann sein Elektron als freies Elektron an das Metall abgeben und das ionisierte Triton H$^+$-3 diffundiert mit Leichtigkeit durch die dünnen Metallwände des primären Wärmetauschers. Deshalb wird der sekundäre Salzkreislauf ebenfalls Tritium enthalten, wo es auch entfernt werden könnte. Auch der zweite Wärmetauscher ist kein wesentliches Hindernis für das Tritium und es wird im Gas zu finden sein, das die Turbine antreibt. Falls es sich dabei um eine geschlossene Brayton-Turbine handelt, spielt die Akkumulation von Tritium keine grosse Rolle, weil es kaum aus den massiven Druckleitungen entweichen kann.

Um die Produktion von Tritium zu vermeiden, kann man erwägen, Alternativen zur Flibe-Salzmischung zu finden, denn Tritium, das schwierig zu kontrollieren ist, ist nicht das einzige Problem: Beryllium ist giftig und beide, auch Li-7, sind teuer. Andere sind Salze allerdings weniger gute Moderatoren. In Frage kämen NaF und ZrF_4.

Eine Hochtemperatur-Turbine auswählen.

LFTR-Entwickler werden versuchen, sich die hohe Betriebstemperatur von 700°C zunutze zu machen, um einen hohen Wirkungsgrad bei der Wärme-zu-Strom Konversion zu erzielen. Die unten abgebildete dreifache Brayton-Turbine wird zum Beispiel von einem geschlossenen Heliumkreislauf angetrieben, dessen Druck in drei seriellen Stufen abgebaut wird, bei hohem, mittleren und kleinem Druck.

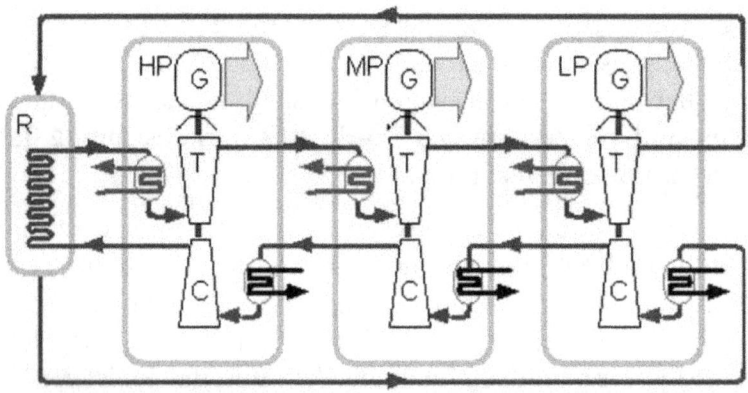

Dreifache geschlossene Brayton-Gasturbine

Das Gas wird dreimal durch das Flüssigsalz aufgeheizt und überträgt die Wärmeenergie auf die Turbinen HP, MP und LP. Die Turbinen treiben die Generatoren (G) und die Kompressoren (C) an. Es braucht in dieser Anlage 7 Wärmetauscher. Es ist eine eindrückliche thermodynamische Maschine. Solche Leistungskonversionsanlagen sind noch nie in Grosskraftwerken gelaufen. In Südafrika war eine zusammen mit Rolls Royce und Mitsubishi in Entwicklung, aber sie musste in Ermangelung der nötigen finanziellen Mittel aufgegeben werden.

Verglichen mit den Dampfturbinen in den heutigen LWR-Kraftwerken fällt dank des hohen thermodynamischen Wirkungsgrades nur gut die Hälfte der Abwärme an. Somit werden Flüsse oder Seen weniger aufgeheizt oder die Kühltürme verdampfen weniger Wasser.

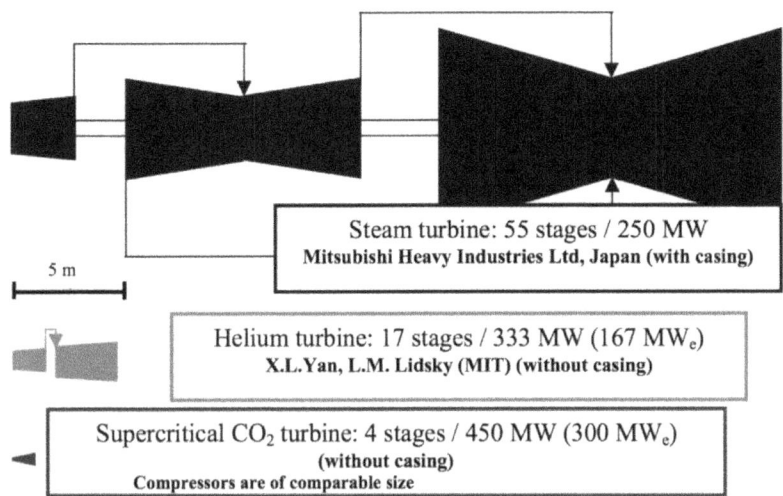

Grössenvergleich zwischen Dampf- , Helium- und SCO2-Turbinen

Eine andere fortgeschrittene Wärmekraftmaschine funktioniert auf der Basis von superkritischem CO2 (SCO2). (Anm. d. Übers.: Superkritisches CO2 hat Eigenschaften von Flüssigkeiten und Gasen. Es ist so dicht wie eine Flüssigkeit, fliesst aber so leicht und ist so komprimierbar wie ein Gas. CO2 ist kritisch bei 31°C und 73,8 bar.) Eine 300MW(e) SCO2-Turbine hätte einen Durchmesser von gerade mal einem Meter. Die Illustration aus einer Publikation von Dostal, Driscoll und Heizlar aus dem MIT zeigt eindrücklich, wie kompakt eine SCO2-Turbine sein könnte.

Dampfturbinen könnten ohne grosses Risiko weiterentwickelt werden. Sie haben schon einen hohen Entwicklungsstand und werden zum Beispiel von Siemens und GE an Kraftwerksbetreiber geliefert. Siemens kann heute Turbinen mit einem Wirkungsgrad von 46% bei 620°C liefern und will 2015 51% bei 700°C erreichen.

Passive Nachzerfallswärme-Kühlung.

Die Lehren, die man aus Three Mile Island und Fukushima zieht, führen dazu, dass alle künftigen Kernreaktoren eine Einrichtung haben müssen, welche die Nachzerfallswärme passiv abführt. Wenn ein laufender Kernreaktor durch Unterbrechung der Kettenreaktion abgeschaltet wird, produzieren die radioaktiven Spaltprodukte durch ihren Zerfall weiterhin erhebliche Wärme. Eine Minute nach dem Abschalten produziert der Reaktor noch 4% der vollen Leistung. Nach einem Tag muss immer noch 0,5% der Wärmeleistung abgeführt werden.

Im normalen Betrieb wird die Wärmeenergie aus der Spaltung und des Zerfalls von der Turbogeneratorgruppe und dem zugehörigen Kühlsystem aufgenommen. Nach dem Abschalten steht dieses System nicht mehr zur Verfügung und die Nachzerfallswärme muss auf andere Weise abgeführt werden. In heutigen Leichtwasser-Reaktoren pumpt man Kühlwasser durch ein Hilfskühlsystem. Doch dafür wird elektrische Energie benötigt und die stand in Fukushima nicht zur Verfügung

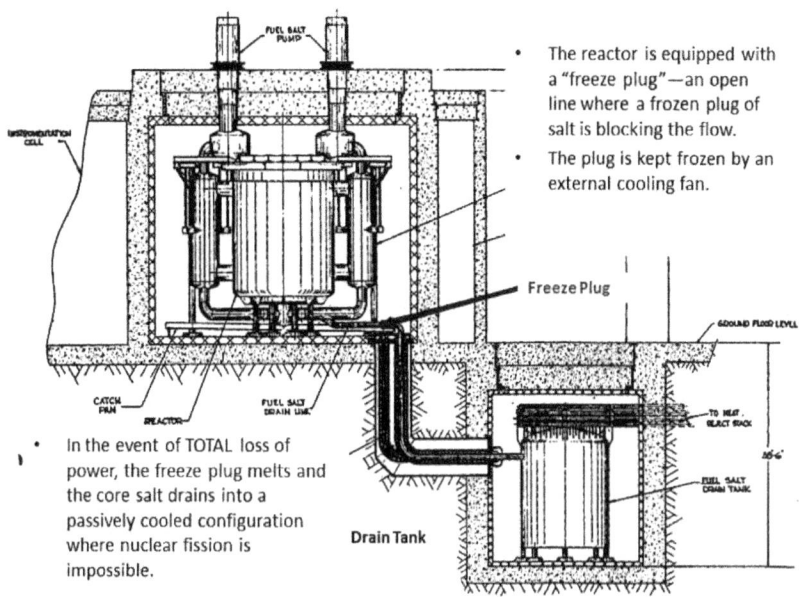

- The reactor is equipped with a "freeze plug"—an open line where a frozen plug of salt is blocking the flow.
- The plug is kept frozen by an external cooling fan.

Freeze Plug

- In the event of TOTAL loss of power, the freeze plug melts and the core salt drains into a passively cooled configuration where nuclear fission is impossible.

Drain Tank

ORNL MSR mit passiver Kühlung

Die künftigen LFTR und DMSR werden eine passive Nachzerfalls-wärme-Kühlung haben, die mit Wärmeleitung und Konvektion funktioniert. Die Zeichnung aus dem ORNL oben zeigt den Flüssig-salz-Ablauftank unten rechts in den das Reaktorsalz im Fall einer Überhitzung läuft und wo keine Kettenreaktion stattfinden kann. Die Kühlung erfolgt durch Luftzirkulation. Das Salz kann sich bis 1'200°C erhitzen, ohne zu sieden. Darum ist die Kühlung viel effizienter als bei Brennstoffstäben, die nicht über 800°C heiss werden dürfen, weil die Zirkon-Umhüllung sonst mit Wasser oxidiert und Wasserstoffgas erzeugt.

Das Kraftwerk muss sicher sein und gewartet werden können.

Die heutigen Pläne für kleine modulare Reaktoren gehen davon aus, dass sie unterirdisch gebaut werden. Das schützt vor terroristischen Anschlägen und schützt die Umwelt bei Unfällen. (Anm. d. Übers.:

Der GAU im schweizerischen Versuchskraftwerk Lucens 1969 blieb ohne Folgen weil es in einer Kaverne gebaut worden war.)

Die Wartung der Anlagen zur Salzaufbereitung und Gasspülung erfordert fernbediente Werkzeuge in „heissen Zellen", um das Personal vor der intensiven Strahlung zu schützen. Jede Komponente muss ersetzt werden können. Unterhaltsdiagnosen können davon profitieren, dass das Salz durchsichtig ist. Wie nukleare Anlagen vor Erdbeben geschützt werden können ist bekannt. Der LFTR muss ausgeschiedene Spaltprodukte vor Ort aufbewahren können. Der DMSR belässt sie in der Schmelze.

Nukleares Material muss vor Diebstahl sicher sein.

Die Entwicklung von LFTR und DMSR Kernkraftwerken wird das Proliferationsrisiko nicht erhöhen, weil es viel zu schwierig und aufwändig ist, Bombenmaterial abzuzweigen. Arme Länder haben schon billigere Methoden demonstriert: Sowohl Urananreicherung durch Zentrifugen als auch Plutoniumproduktion in speziellen Graphit- oder schwerwassermoderierten Reaktoren sind in Pakistan, Nordkorea und Indien gelungen.

Alle nuklearen Anlagen brauchen Sicherungen gegen die unautorisierte Verwendung von nuklearem Material durch Regierungen, revolutionäre Organisationen, Terroristen, Verbrecher, Diebe und Reaktorpersonal. Die Sicherung besteht im Wesentlichen in einer rigorosen Inventarisierung aller Spalt- und Brutstoffe. Auch die Spaltprodukte müssen kontrolliert werden, damit sie nicht für „schmutzige" Bomben missbraucht werden können. Jedes Land hat seine eigenen Regulierungen, um diese Sicherung zu gewährleisten, aber sie folgen meist den Empfehlungen der Internationalen Atomenergie Agentur (IAEA) in Wien.

Die Konstruktion von LFTRs und DMSRs muss also Fernmessungen und -beobachtungen erlauben, das heisst Videoüberwachung und digitale Datenerhebung sowie unangekündigte Inspektionen. Das System der Schutzmassnahmen muss gut ausgebaut und rigoros sein. Für Flüssigsalz-Reaktoren gibt es noch keine standardisierten Schutzmassnahmen, sie müssen gemeinsam mit den Aufsichtsbehörden entwickelt werden. Das spaltbare U-233 aus LFTRs erfordert vielleicht strengere Vorschriften, als das spaltbare Material für DMSRs und LWRs.

Abfälle müssen abgetrennt und immobilisiert werden.

Auf Wickipedia findet man eine Tabelle der radioaktiven Isotope die in Spaltreaktoren entstehen und sie ist wunderbar informativ.

Actinides				Half-life	Fission products		
^{244}Cm ^{241}**Pu** ^{f} ^{250}Cf			^{243}**Cm**^{f}	10–30 y	^{137}Cs ^{90}Sr	^{85}Kr	
^{232}**U** ^{f}		^{238}Pu	f is for	69–90 y		^{151}Sm nc→	
4n	^{249}**Cf** ^{f} ^{242}**Am**^{f}		fissile	141–351 y	No fission product has half-life 10^2 to 2×10^5 years		
	^{241}Am		^{251}**Cf** ^{f}	431–898 y			
^{240}Pu ^{229}Th	^{246}Cm	^{243}Am		5–7 ky			
	^{245}**Cm**^{f} ^{250}Cm	^{239}**Pu** ^{f}		8–24 ky			
4n ^{233}**U** ^{f} ^{230}Th		^{231}Pa		32–160 ky			
^{234}U				211–290 ky	^{99}Tc	^{126}Sn ^{79}Se	
^{248}Cm 4n+1	^{242}Pu	4n+3		340–373 ky	Long-lived fission products		
^{237}Np				1–2 My	^{93}Zr	^{135}Cs nc→	
^{236}U 4n+2	^{247}**Cm**^{f}			6–23 My	^{107}Pd	^{129}I	
^{244}Pu 4n+1				80 My	>7%	>5%	>1% >.1%
^{232}Th	^{238}U	^{235}U ^{f}		0.7–12 Gy	fission product yield		

Die Zeilen enthalten Isotope mit ähnlichen Halbwertszeiten. Die linken Kolonnen enthalten die Actiniden (Transurane) mit den vier Zerfallsreihen in jeder Kolonne. Die Isotope in den rechten Kolonnen haben je ähnliche Produktionswahrscheinlichkeiten. Spaltprodukte mit Halbwertszeiten von weniger als 10 Jahren werden nicht angezeigt. In einem LFTR entstehen sehr wenige Actiniden der linken Seite. Von den Spaltprodukten auf der rechten Seite spielen die langlebigen Technetium-99, Zinn-126, Selen-79, Zirkon-93, Cäsium-135, Palladium-107 und Iod-129 eine Rolle.

Kirk Sorensen hat ein eindrückliches Java-Programm auf seiner Website *„Energy from Thorium"* publiziert, mit dem man den Anteil verschiedener Isotope im Lauf der Zeit sehr schön verfolgen kann.

http://www.energyfromthorium.com/javaws/SpentFuelExplorer.jnlp

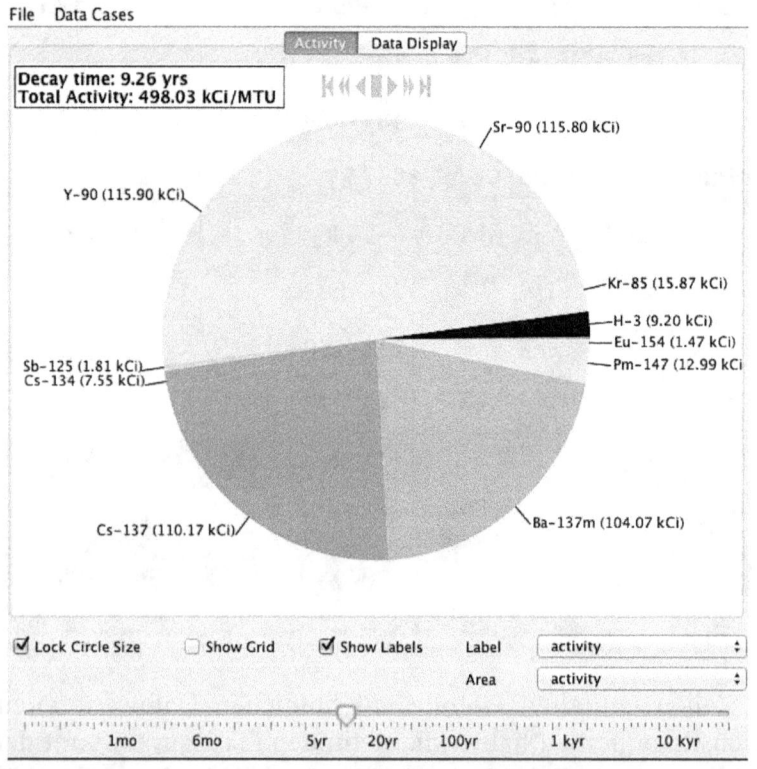

Beispiel für Radioaktivität von abgebrannten Brennstäben nach 10 Jahren

Die Ablehnung der Kernenergie durch einen Teil der Öffentlichkeit beruht weitgehend auf den unklaren Plänen für die Behandlung des

Abfalls. Ohne Wiederaufbereitung enthalten die abgebrannten Brennstäbe radioaktive Spaltprodukte und radioaktive Transurane und das zwanzigfache davon harmloses Uran-238. Damit wird die Menge des Materials, das endgelagert werden muss, stark vergrössert. Im Vordergrund scheint das Verfahren zu stehen komplette Brennstoffmodule unterirdisch zu isolieren. In Frankreich, Japan, Russland, Indien und im UK werden diese Brennstäbe aufgearbeitet, das nützliche U-235 und Pu-239 abgetrennt und zusammen mit dem U-238 zu neuen Brennstäben verarbeitet. Die Spaltprodukte werden in einer Glasmatrix immobilisiert und für alle Zeiten von der Umwelt isoliert.

Die Akzeptanz von Thorium-Strom, der billiger ist als Kohle-Strom, setzt einen Abfallplan voraus. Er beginnt im Kraftwerk. Die unedlen Spaltprodukte liegen in Form von Fluoriden vor. Moir und Teller haben vorgeschlagen, sie in Fluorapatit $Ca_2(PO_4)_3F$ aufzulösen, das Mineral, welches die Spaltprodukte des natürlichen Kernreaktors in Gabun während einer Milliarde Jahren immobilisierte.

Der Abfall darf weder als Gas, Flüssigkeit oder Pulver vorliegen. Darrys Siemer experimentiert mit Gläsern, welche die Spaltproduktfluoride fixieren können, die aus dem LFTR kommen. Geeignete Gläser sind Borosilikate, wie sie für das Endlager in Yucca Mountain vorgesehen waren, Aluminaphosphate, wie sie in Russland verwendet werden und Eisenphosphate. Siemer hat gefunden, dass die Spaltprodukte in Eisenphosphat gelöst werden können, wenn die Fluoride in Nitrate umgewandelt werden. Die so behandelten LIFTR-Abfälle umfassen etwa 9 m³ pro GWa.

Die Entwicklung des Reaktors und der Bewilligungs- und Kontrollverfahren muss Hand in Hand erfolgen.

Die Aufsichtsorgane, wie die „Nuclear Regulatory Commission" (NRC) in den USA, haben die Aufgabe, die Bevölkerung zu schützen und sie auch davon zu überzeugen, dass dieser Schutz ausreichend ist. Für den Erfolg des LFTR reicht es nicht, eine Bewilligung zu erhalten. Er setzt einen ständigen und offenen Austausch zwischen den Behörden und den Entwicklern voraus. In den USA kennt sich die NRC im Sicherheitsmanagement von LWRs aus. Es gibt dort auch noch einige Kenntnisse aus der Zeit der LMFBRs und gasge-kühlten Hochtemperaturreaktoren. Die Experten der NCR müssen sich aber jetzt vertieftes Wissen über das Sicherheitsverhalten des LFTR aneignen. Die NRC hat angefangen, ein technologieneutrales Bewilligungsverfahren zu entwickeln. Diese Arbeiten müssen fortge-führt werden.

Den Erfolg planen.

Ein hochkomplexes, milliardenteures Unterfangen – wie die Ent-wicklung des LFTR – kann nur gelingen, wenn ein erfahrenes, mo-tivierendes Führungs-Team an der Spitze steht. Der LFTR-Befürworter Joe Bonometti hat bei der NASA solche Erfahrungen gesammelt und hat das zu sagen: „Entwickle die Technik – aber stelle die Öffentlichkeit zufrieden". Jedes neue Mitglied des Teams muss motiviert und in die Ziele der LFTR-Entwicklung eingebunden werden. „Die Kritiker haben immer gesagt, es könne nicht gemacht werden: Flugmaschinen schwerer als Luft, auf den Mond fliegen, Überschall, Tarnbomber, ein Terabyte-Speicher für 200$, LFTR für 2$ pro Watt". Die Motivation kommt aus den fast magischen Eigen-schaften des LFTR: Der flüssige Brennstoff, die Selbststeuerung. Ein kleines, engagiertes und kenntnisreiches Führungsteam ist ent-scheidend. Hier sind weitere Ratschläge von Bonometti:

1 Erstelle eine vollständige Datenbank mit den Ausgangsdaten, damit die Entwicklung beurteilt werden kann.

2 Entwickle Expertise in der Behandlung der Flüssigsalze, ihre Filterung, Aufbewahrung und Kenntnis der chemischen Eigen-schaften.

3 Entwickle, verstehe und teste sicherheitskritische Software für die Entwicklung und den Betrieb.

4 Verfüge über ein separates, redundantes Überwachungssystem für die gesundheitsrelevanten Parameter.

5 Betreibe ein aktives Modell in voller Grösse, um Abweichungen vom erwarteten Verhalten zu reproduzieren und zu untersu-chen.

6 Reduziere die Entwicklungsrisiken, indem schwierige Probleme zuerst angegangen werden. Dazu gehören Sensoren, deren Verkabelung, bildgebende Verfahren und Zugang zu allen Bestandteilen.

7 Entwickle ein Vertriebsnetz mit langfristiger technischer Unterstützung.

8 Fehler müssen sofort korrigiert werden.

9 Toleriere niemals ein unerklärtes Verhalten in irgendeinem Experiment.

Kostenkontrolle hat hohe Priorität.

Die Entwicklung eines LFTR bedingt eine ganze Reihe von Entscheidungen zum Beispiel über Sicherheit, Wartung, Lebensdauer, Zuverlässigkeit von Komponenten und der Stromlieferung, Proliferationssicherheit, Abfallbehandlung und Kosten. Wenn der LFTR billigere Energie produzieren soll als Kohle, stehen Kostenüberlegungen in jedem Schritt im Vordergrund. Anzustreben ist eine Kapitaldecke von 2\$/Watt und Produktionskosten von maximal 3 cent/kWh. Das ist nur möglich, wenn die Kostenfrage bei jeder Entscheidung sogfältig mit einbezogen wird.

Wenn der LFTR fertig entwickelt ist, wird er mit Bestimmtheit von den Gegnern mit Forderungen eingedeckt: Mehr Strahlenschutz, mehr Erdbebensicherheit, mehr Schutz gegen Flugzeugabstürze, mehr Evakuationsachsen, mehr Steuern. Diese Dinge müssen antizipiert werden, damit die zu erwartenden Auflagen, Klagen und regulatorischen Verzögerungen, die angeblich im Interesse der Bevölkerung und der Umwelt sind, in Wirklichkeit aber nur der Verteuerung dienen, zum Vornherein gegenstandslos werden. „Billiger als Kohlestrom" ist der Lackmustest. Weinberg und seine Kollegen sprachen von „Töpfen, Röhren, Pumpen". Die einfache Grundkonstruktion hält die Kosten tief.

Eine kurze Projektdauer spart Kosten und Abbruchrisiken.

Wir empfehlen ein fokussiertes 5-Jahresprogramm, um Prototypen des LFTR und des einfacheren DMSR unter hohem Zeitdruck fertigzustellen. Weitere fünf Jahre dürften für die Bereitstellung der Infrastruktur für eine industrielle Produktion nötig sein. Nuklearingenieure und besonders die Regulatoren in den Behörden werden einen solchen Zeitplan für utopisch halten. Aber kerntechnische Projekte sind auch schon schneller realisiert worden und das zu einer Zeit, als weder das heutige Wissen über Materialien, Thermodynamik und Radiochemie, noch die Werkzeuge zur Verfügung standen wie Computermodelle und CAD/CAM. Admiral Hyman Rickover entwickelte das erste Kernkraftwerk überhaupt in den 5 Jahren von 1949 bis 1954 inklusive Einbau in das U-Boot Nautilus. Er entwickelte sogar zwei Kernkraftwerke gleichzeitig. Der Prototyp in Idaho war einige Monate vor dem Exemplar fertig, das in die Nautilus eingebaut wurde. Das erste Kernkraftwerk der USA an Land, in Shippingport, Pennsylvania, wurde in 39 Monaten fertiggestellt.

ENTWICKLER

Die zunehmenden Sorgen der Öffentlichkeit über Atomabfälle, CO2-Emissionen und steigende Energiekosten haben Wissenschaftler und Ingenieure bewogen, die Flüssigbrennstoff-Verfahren nochmals anzuschauen, die in den 70er Jahren übergangen wurden. Der LFTR kann Strom günstig, CO2-frei und mit wenig Abfall produzieren mit dem zusätzlichen Vorteil, einen Teil des existierenden Abfalls aus Leichtwasserreaktoren (LWR) nutzen zu können.

Rund um die Welt sind zurzeit eine ganze Anzahl von LFTR-Entwicklungen im Gang. Frankreich unterstützt zwei Dutzend Forscher, die in Grenoble an theoretischen Projekten arbeiten. In Tschechien läuft ein experimentelles Projekt über die Aufbereitung des Brennstoffs in Rez, in der Nähe von Prag. Die Entwicklung des FUJI-Flüssigsalz-Reaktors wird in Japan fortgeführt. In Russland werden Komponenten für einen Flüssigbrennstoff-Reaktor getestet, der mit Plutonium und anderen Transuranen aus Druckwasserreaktoren betrieben werden soll. Weitere Arbeiten im Zusammenhang mit LFTRs sind in Kanada und in Delft, Niederlande, im Gang. In den USA war die Förderung von LFTR E&F bisher unbedeutend.

VEREINIGTE STAATEN

Wissenschaftler in den USA erweckten den LFTR des 21sten Jahrhunderts zu neuem Leben.

Ralf Moir vom Lawrence Livermore Lab und Edward Teller, ein Veteran des Manhattan Project und „Vater der Wasserstoffbombe", publizierten 2004 einen Artikel, in dem sie den Bau eines Prototyps eines Flüssigsalzreaktors auf der Basis von Thorium forderten. Allerdings wurde das Projekt nie finanziert.

In den Oak Ridge Labs waren die Forschungsarbeiten peinlich genau aufgezeichnet und dokumentiert worden. Im Jahr 2002 suchte ein NASA-Team nach Information über eine Energiequelle die für eine Jupitermission benötigt wurde. Zu diesem Team gehörte auch ein Doktorand namens Kirk Sorensen, der 2006 die ganze Dokumentation indexierte und unter www.energyfromthorium.com ins Netz stellte. Dies entwickelte sich rasch zu einem Forum, wo sich Interessierte aus aller Welt austauschen, Ideen vorschlagen und innert Stunden Fragen beantwortet bekommen. Forumsmitglieder berichten über neue Entwicklungen aus den USA, Kanada, Frankreich, Russland, den Niederlanden, Tschechien, dem Vereinigten Königreich und Japan. Google hat das Forum unterstützt und fünf Videos produziert, die auf YouTube.com als „Tech Talks" verfügbar sind.

Finanzierung für Flüssigbrennstoff-Reaktoren durch die USA ist inexistent ausser dass das MIT, die UC Berkeley und die University of Wisconsin im 2012 für 3 Jahre 7 Millionen $ für Studien im Zusammengang mit der Flüssigsalzkühlung von Feststoffreaktoren zugesprochen erhielten. Im Gegensatz dazu wird MSR-Forschung in Frankreich, Tschechien, Japan, Russland und den Niederlanden unterstützt.

Die USA wollen ihr für LFTR-Forschung wichtiges U-233 zerstören.

Für die Entwicklung und die Tests des LFTR ist U-233 im Core des Reaktors sehr wichtig. Mit einer Halbwertszeit von 160'000 Jahren kommt es in der Natur nicht vor. Die USA verfügen über 1'000 kg U-233. Es ist nahezu unersetzlich, soll aber zerstört werden, indem man es mit U-238 verdünnt und endlagert. Das wird 511 Millionen $ kosten, Geld, das besser in die Entwicklung von LFTR investiert würde, wo U-233 nützlich wäre.

Man schätzt, dass mit angemessener Unterstützung durch die Nationalen Laboratorien der USA ein Prototyp entwickelt und in 5 Jahren zum Laufen gebracht werden könnte. Gemäss Schätzungen der „Internationalen Generation IV Kommission" dürfte das für 1 Milliarde $ möglich sein. Moir und Teller stimmen damit überein. Weitere 5 Jahre dürfte es dauern bis mit industrieller Unterstützung eine Massenproduktion möglich wird. Wem ein solcher Zeitplan aggressiv erscheint, möge daran denken, dass der Shippingport Reaktor, das erste Kernkraftwerk der USA, 1957 in gerade mal 39 Monaten gebaut wurde und Weinbergs Oak Ridge Reaktor 1943 in 9 Monaten!

Die „Nuclear Regulatory Commission" (NRC) müsste Mitarbeiter ausbilden, um mit dieser Technik arbeiten zu können. Heute ist die NRC ein Stolperstein auf dem Weg zu fortgeschrittenen Reaktorkonzepten wie dem LFTR. So wichtig Energie für die USA ist, wurde der NRC 2012 vom Kongress doch bloss 129 Millionen zugesprochen. Weitere 910 Millionen $ erhält sie aus Gebühren von den bestehenden Kernkraftwerken. Jedes Unternehmen, das sich um eine Lizenz von der NRC bemüht, muss bereit sein 250 $ für jede Stunde zu bezahlen während der sich die Angestellten mit dem Gesuch beschäftigen. Das geht schnell in die hunderte von Millionen, ohne dass ein positiver Entscheid dieses politisch zusammengesetzten Gremiums gewährleistet ist.

Ist der LFTR einmal entwickelt, würde die Nuklearindustrie in ihren Grundfesten erschüttert. Der ganze Brennstoffkreislauf von der Mine über die Anreicherung, der Brennstabherstellung und Wiederaufbereitung wäre nicht wieder zu erkennen.

Die Nationalen Laboratorien der USA wären in der Lage, den LFTR zu entwickeln.

Die USA verfügen über nationale Laboratorien, die tausende von Wissenschaftlern und Ingenieure beschäftigen und über die Einrichtungen verfügen, um den LFTR zu entwickeln. Sie haben zwar dazu die Möglichkeiten, aber keine Mission, keine Führung und kein Geld.

Es ist wichtig zu wissen, dass die nationalen Laboratorien immer noch das Recht haben, Forschungsreaktoren selbst zu lizenzieren. Kraftwerksgesellschaften dagegen benötigen für ihre Reaktoren eine Lizenz der NRC. Der langwierige Lizenzierungsprozess könnte parallel zur Entwicklung des LFTR in nationalen Laboratorien erfolgen.

Die *Oak Ridge National Laboratories* in Tennessee haben 13 Kernreaktoren gebaut darunter zwei Flüssigsalz-Reaktoren. Die ORNL haben enge Beziehungen zum Nukleartechnik Departement der Universität von Tennessee. Heute betreiben sie den HFIR (High Flux Isotope Reactor) der für Materialforschung verwendet wird, sowie das NCSS (National Center for Computational Sciences), das leistungsfähigste nicht-militärische Computersystem der Welt, welches für komplexe Simulationen wie die von Flüssigsalz-Reaktoren geeignet wäre. Im Jahr 2011 organisierten Wissenschaftler der ORNL Tagungen und publizierten Studien zu schnellen Flüssigsalz-Reaktoren und salzgekühlten Feststoff-Reaktoren.

Die *Argonne National Laboratories* entstanden aus Enrico Fermis pionierhaften Arbeiten an der Universität von Chicago. Zwischen 1942 und 2004 baute Argonne 28 Reaktoren, zuletzt entwickelten die Forscher den „Integral fast Reactor", einen natriumgekühlten schnellen Brüter, der aus reichlich vorhandenem U-238 über den Uran-Plutonium-Zyklus Energie produziert. Charles Till und Yoon Il Chang erzählen die Geschichte im Buch: „*Plentiful Energy: The story of the integral fast reactor*".

Bettis Atomic Power Laboratory and Knolls Atomic Power Laboratory arbeiten ausschliesslich an nuklearen Antriebssystemen für die Marine. Sie haben 20 unterschiedliche Reaktoren für U-Boote und 8 für Flugzeugträger und andere Schiffe entwickelt.

Das *Idaho National Laboratory* entwickelt ohne Eile den NGNP („Next Generation Nuclear Plant"), die Nuklearanlage der nächsten Generation, ein gasgekühlter Hochtemperatur-Reaktor. Sie betreiben auch den ATR („Advanced Test Reactor") ein fortgeschrittener Versuchsreaktor, der verwendet wird, um Materialien unter hohem Neutronenfluss zu testen, um deren Lebensdauer abzuschätzen. Über 50 Reaktoren sind hier gebaut worden, darunter der Prototyp für die „Nautilus", das erste nuklear angetriebene U-Boot.

Das *Lawrence Livermore National Laboratory* erforscht Fusionsreaktoren mit Trägheitseinschluss und führt theoretische Arbeiten zu Flüssigsalzreaktoren durch. Edward Teller, Ralph Moir und Robert Steinhaus haben hier gearbeitet.

Das *Los Alamos National Laboratory* hat in der Vergangenheit an Kernenergieprojekten gearbeitet wie zum Beispiel dem Flüssigplutonium-Reaktor. Heute betreibt das Labor militärische Forschung.

Das *Sandia National Laboratory* ist vorwiegend mit geheimen militärischen Projekten beschäftigt, unterstützt aber auch offene Projekte wie „Green Freedom", das versucht, mit Hilfe von Kernenergie Benzin aus Wasser und Luft zu herzustellen.

Das *Savannah River National Laboratory* betrieb einst fünf Kernreaktoren. Heute baut es eine Mischoxid-Fabrik, um aus Plutonium und U-238 Brennstäbe für LWR zu machen. Es beherbergt auch drei SMRs („Small Modular Reactors"), die von privaten Unternehmen entwickelt werden.

Zusammengefasst lässt sich sagen: Die USA hätten die Möglichkeiten, einen fortgeschrittenen Kernreaktor wie den Flüssigbrennstoff-Rektor zu entwickeln und so Energie billiger als Kohlestrom zu gewinnen, aber sie haben weder den Willen, noch den Pioniergeist noch das Geld dazu. Weil das Interesse daran aber weltweit ist,

dürften andere Länder wie Frankreich und China diese Führungs-
rolle übernehmen.

Energieminister Chu hält wenig vom LFTR.

Stephen Chu, der frühere Energieminister der USA, äusserte sich
anlässlich seines Bestätigungsverfahrens in einem Brief an Senato-
rin Jeanne Shaheen kritisch über diese Technik.

> „Ein wesentlicher Nachteil der MSR-Technik ist die Korrosion
> durch das Flüssigsalz, der die Materialien des Reaktorgefässes
> und der Wärmetauscher ausgesetzt sind. Dieses Problem zwingt
> zur Entwicklung neuartiger korrosionsbeständiger Materialien
> und verbesserter chemischer Systeme zur Kühlung".

Die Korrosion des MSRE-Gefässes durch Spaltprodukte wurde in
den ORNL untersucht und Lösungen entwickelt.

> „Vom Standpunkt der Nichtverbreitung aus stellen Thorium ba-
> sierte Reaktoren die einmalige Herausforderung dar, dass Tho-
> rium-232 in Uran-233 umgewandelt wird, ein Bombenmaterial,
> das fast ebenso geeignet ist wie Plutonium-239".

Die Sicherheit gegen Weiterverbreitung ist durch die Kontamination
des U-233 durch U-232 gegeben. Der DMSR ist sogar noch proliferationsresistenter.

Minister Chu hat immerhin eingestanden:

> „Einige Eigenschaften der MSR können kleinere Baugrössen als
> LWR ermöglichen, weil die Wärme durch das flüssige Salz leich-
> ter abgeführt werden kann und die Brennstoffherstellung wird
> vereinfacht, weil der Brennstoff im Flüssigsalz gelöst ist".

**„Flibe Energy" will LFTR für das
Militär entwickeln.**

„Flibe" ist die Kurzbezeichnung für
das Flüssigsalzgemisch aus LiF und
BeF_2 – eines der Schlüsselverfahren
für LFTR. Flibe Energy ist eine in

Alabama ansässige Firma, die 2011 von Kirk Sorensen, einem früheren NASA-Mitarbeiter, gegründet wurde. Er hatte das Potential von LFTR als Kraftwerk auf dem Mond abgeklärt, als er sich des Potentials auf der Erde bewusst wurde. Sorensen ist auch der Autor des „Energy from Thorium"-Blogs und -Forums, die schon früh das Interesse an LFTR angestossen haben.

Das Militär benötigt robuste Stromquellen für abgelegene Operationsgebiete, wie auch für die zuverlässige Stromversorgung für die Militärbasen zuhause. LFTR können in leicht transportierbaren Modulen gebaut werden, die sich schnell an beliebigen Orten installieren lassen. Das Militär verfügt über eine eigene, von der NRC unabhängige Lizenzierungsbefugnis. Damit entfallen die umständlichen und teuren Lizenzierungsverfahren über die NRC, was die Entwicklung erleichtert und verbilligt. Die langwierige Entwicklung der Lizenzierungsverfahren für diese neue Technik kann parallel zur Entwicklung des Reaktors durch das Militär erfolgen, so dass dereinst auch die zivile Welt vom LFTR profitieren kann.

Flibe Energy plant, eine Pilotanlage zu bauen, die unter einer Armeelizenz in Huntsville, Alabama, laufen soll. Der erste Demonstrationsreaktor wird 40 MW(e) während 10 Jahren liefern. Der nächste Schritt wären dann 240- bis 400MW(e)-Reaktoren zur Stromversorgung, aber Sorensen meint, der Reaktor könne problemlos bis 1 GW(e) vergrössert werden.

Die Firma sucht Investoren für mehrere 100 Millionen Dollar mit dem Ziel, bis 2016 einen privat finanzierten Demonstrations-Reaktor in Betrieb zu nehmen. Autor Robert Hargraves ist ein unbezahlter Berater von *Flibe Energy*.

„Transatomic Power" demonstriert Atommüllvernichtung durch MSR.

Mark Massie und Leslie Dewan sind Doktoranden im Departement of Nuclear Engineering des MIT. Zusammen mit Beratern aus dem MIT und den ORNL haben sie *Transatomic Power* gegründet. Sie zeigen, wie ihr WAMSR („Waste Annihilating Molten Salt Reactor") Energie aus Atommüll gewinnt.

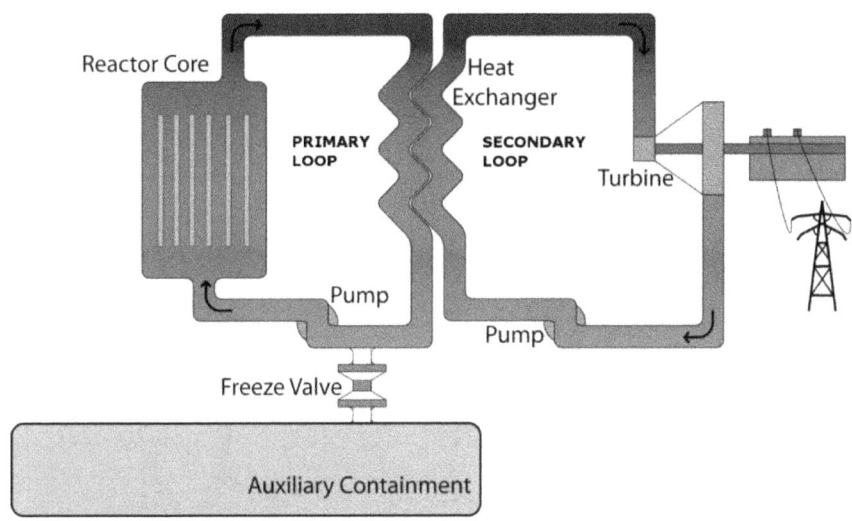

„Transatomic Powers" Flüssigsalz-Reaktor

Eine genügend grosse Zahl dieser 200-MW(e)-Reaktoren könnten 98% der zur Zeit existierenden 270'000 Tonnen abgebrannter Brennstäbe nutzen und den wachsenden Strombedarf der Welt für 72 Jahre decken. Der WAMSR schickt 650°C heisses Salz in einen Wärmetauscher, um Dampf für eine konventionelle Dampfturbine zu erzeugen. WAMSR nutzt nicht Thorium, sondern U-238, das reichlich vorhanden ist. Neben den erwähnten 270'000 Tonnen an abgebrannten Brennelementen existiert das 10-fache an abgereichertem Uran-238 in den Anreicherungsanlagen weltweit, die bei der Anreicherung von 0,7% U-235 auf 4% übrig geblieben sind. *Transatomic Power* hat 2012 763'000 $ an Startkapital erhalten.

Thorenco verfügt über einen Entwurf für einen schnellen LFTR.

Thorencos Gründer, Rusty Holdren, hat an der 2012er Konferenz der *„Thorium Energy Aliance"* einen Entwurf für eine Pilotanlage eines LFTR vorgestellt. Das ist ein Poolreaktor, in dem die aus der Spaltung von U-233 entstehende Wärme auf eine grosse Masse von zirkulierendem Salz im Poolgefäss übertragen wird. Ein zweiter Wärmetauscher oben am Gefäss überträgt die Wärme auf Dampf oder ein anderes Gas, das einen Turbogenerator antreibt.

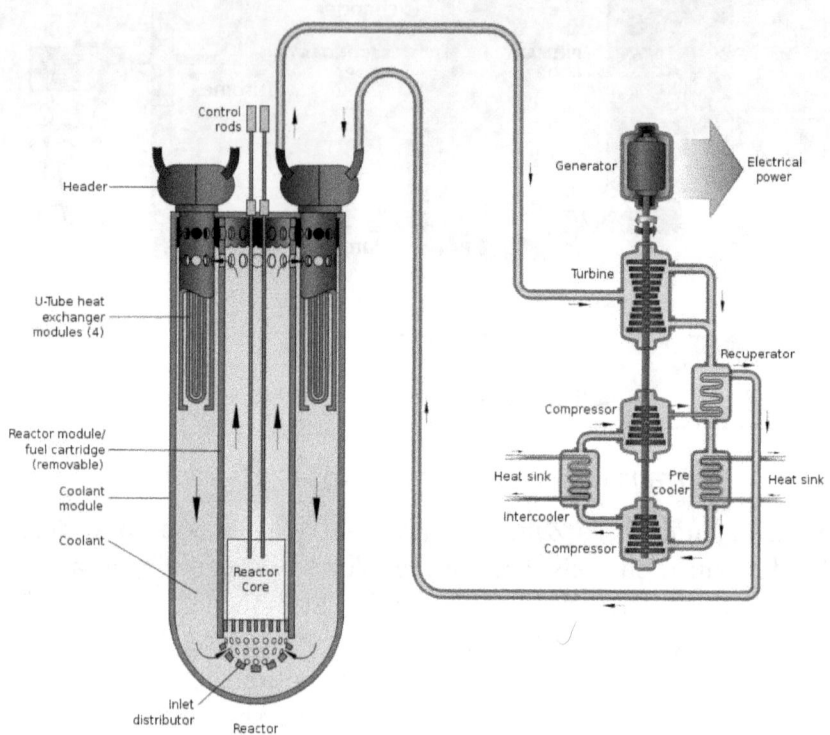

Pool-artiger Flüssigsalz-Reaktor

Holdren hat einen wabenförmigen Core erfunden der Brennstoffsalz enthält, das nicht zirkuliert. Das Brennstoffsalz wird durch flüssiges Salz gekühlt, das durch Konvektion getrieben durch sechseckige Kanäle aus Hastelloy fliesst. Die Wände der sechseckigen Kanäle trennen die beiden Salze. Da Hastelloy Nickel enthält, das Neutronenstrahlung schlecht erträgt, wird die Struktur wohl häufig ausgetauscht werden müssen.

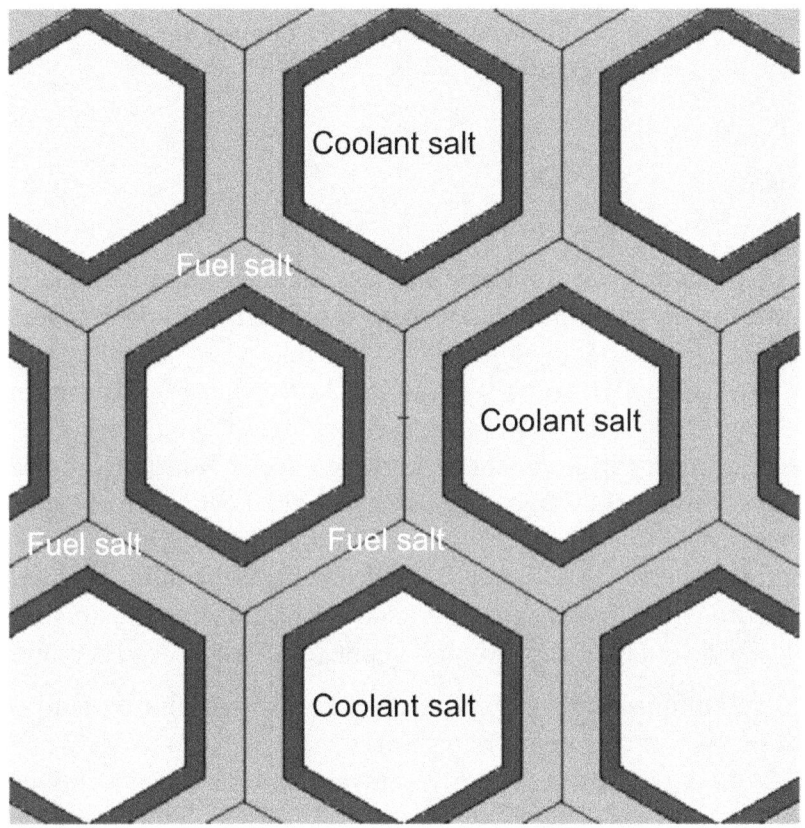

Kühlsalzkanäle in Flüssigsalz-Brennstoff

Das Kühlsalz besteht zu 57% aus NaF und 43% BeF_2. Das Brennstoffsalz in einer Studie war zusammengesetzt aus 7% UF_4, 7% ThF_4, 53% NaF und 33% BeF_2. Nur das Beryllium moderiert die schnellen Neutronen. Die Spaltquerschnitte sind deshalb kleiner, und es wird mehr Uran benötigt als in einem graphitmoderierten LFTR.

Dieser 40MW(th)-Reaktor würde mit einer Ladung von 1'600kg U-233 und 9'000 kg Th-232 zehn Jahre lang laufen. In dieser Dekade würde er 100 kg U-233 produzieren, aber 141 kg verbrauchen, so dass von den ursprünglichen 1'600 kg noch 1'559 kg übrig wären.

Wie alle Thorium MSR produziert der Reaktor kaum Plutonium oder andere Transurane. Er ist sehr proliferationsresistent wegen dem unweigerlich produzierten U-232 und dem in der Zerfallskette emittierten 2,6 MeV Gamma.

CHINA

China ist bemüht, die Abhängigkeit von Kohlestrom zu reduzieren. Seit 2006 sind in China viele kleine ineffiziente Kohlekraftwerke stillgelegt worden. Diese hatten 71 GW geleistet und dabei jedes Jahr 165 Millionen Tonnen CO_2 in die Luft geblasen. Der Ausbau der Stromproduktion wird aggressiv vorangetrieben, wobei verschiedene neue, fortgeschrittene kerntechnische Konzepte zur Anwendung kommen. Dazu gehören aber auch Leichtwasser-Reaktoren wie sie in den USA und anderswo laufen, der schwerwassermoderierte CANDU aus Kanada, der gasgekühlte Hochtemperatur-Kugelhaufen-Reaktor, der zuerst in Deutschland entwickelt wurde, sowie ein natriumgekühlter schneller Reaktor aus Russland.

In China laufen derzeit (2012) 14 Kernkraftwerke und 25 sind im Bau. Sie werden 2020 eine Kapazität von 60 GW(e) ans Netz bringen, die bis 2030 auf 200(e) GW anwachsen soll. Zum Vergleich: Das berühmte Drei Schluchten Wasserkraftwerk hat eine installierte Leistung von 18 GW.

China basiert seinen nuklearen Ausbau auf LWR der III Generation.

In China gibt es eine nukleare Industrie, die auch Brennstoffe fabriziert, die „*China National Nuclear Corporation*". Sie hat die französische AREVA mit dem Bau von vier EPR (European Pressurized water Reactor) beauftragt. Zwei sind in der Provinz Guangdong im Bau und sie sollen 2014 je 1,66 GW(e) ans Netz liefern.

Ausserdem ist Westinghouse damit beauftragt, vier AP-1000 zu bauen, die je 1,1 GW(e) liefern werden. Zwei der vier AP-1000 nähern sich der Inbetriebnahme. Die World Nuclear Association

(WNA) rechnet damit, dass die Investitionskosten in naher Zukunft von 2$ pro Watt auf 1,60$ pro Watt fallen werden. Acht weitere AP-1000 sind in Planung und 30 weitere sind vorgesehen. China erwirbt auch geistiges Eigentum an dieser komplexen Technik und plant, sich zu einem Exporteur von Nukleartechnik zu entwickeln.

China baut kommerzielle Kugelhaufen-Reaktoren.

Die PBR (Pebble Bed Reactor)-Technik wurde zuerst in Deutschland entwickelt, wo der THTR-300 (Thorium Hochtemperatur-Reaktor) von 1983 bis 1989 in Betrieb war. Südafrika übernahm die Technik zur Weiterentwicklung durch die Firma PBMR Pty Ltd. Doch das Geld ging 2010 aus und damit war das Projekt zu Ende. Eine attraktive Eigenschaft des PBR ist seine inhärente Sicherheit: bei hohen Temperaturen verschluckt U-238 mehr Neutronen und unterbricht so die Kettenreaktion. Passive Luftkühlung kann die Nachzerfallswärme abführen.

Der erste Kugelhaufenreaktor in China nahm 2003 an der Tsinghua University den Betrieb auf. Er basierte auf Verfahren aus dem deutschen AVR-Experiment der 60er Jahre. Die Chinesen kauften AVR-Komponenten und bauten sie neu zusammen. Es handelt sich um einen 10 MW(th) Heliumgas-gekühlten Hochtemperatur-Forschungsreaktor. Das Gas heizt Dampf für eine Dampfturbine. Die Australische Rundfunkgesellschaft besuchte den HTR-10 Kugelhaufenreaktor, um dessen Betrieb zu filmen. Professor Zhang Zuoy beschrieb die Ereignisse nachdem der Heliumkühlkreislauf bewusst unterbrochen wurde, um die inhärente Sicherheit zu beweisen: Die Temperatur stieg und dadurch konnte U-238 mehr Neutronen absorbieren, was die Kettenreaktion unterbrach. Die Nachzerfallswärme wurde anschliessend durch passive Konvektion abgeführt.

Geplante Kugelhaufenreaktoren bei Rongcheng

Zur Zeit wird bei Rongcheng ein 190MW-Demonstrations-Reaktor gebaut. Im Erfolgsfall sollen da insgesamt 19 solche Reaktoren mit einer Leistung von total 3'600 MW gebaut werden.

Die Russen verkaufen zwei schnelle Reaktoren nach China.

Am *„China Institute of Atomic Energy"* sind Experimente mit schnellen Brütern im Gang. Ein experimenteller 20 MW(e) natriumgekühlter Pool-Reaktor nahm die Stromproduktion im Jahre 2011 auf. Mit dem 350 Millionen-$-Projekt wollte man Erfahrungen mit schnellen Neutronen sammeln und Kernbrennstoffe und andere Materialen mit Neutronen hoher Energie bestrahlen.

Der natriumgekühlte schnelle Reaktor BN-600 war in Russland seit 1980 erfolgreich in Betrieb. Er soll nun durch einen verbesserten BN-800, ein 880MW-Reaktor, ergänzt werden. Der Vorteil von Reaktoren mit schnellen Neutronen ist der, dass sie brütbares U-238 verwenden können, das mehr als 100 mal häufiger ist als das spaltbare U-235, wie es in normalen LWR verwendet wird. China und Russland sind übereingekommen, zwei solche BN-800 Einheiten in Sanming zu bauen. Baubeginn soll 2013 sein und die Inbetriebnahme ist für 2019 vorgesehen.

China muss 95% des benötigten Urans importieren, aber das Land besitzt 8,9 Millionen Tonnen Thorium, das zusammen mit den Seltenen Erden vorkommt. Versuche mit Thorium laufen in CANDU- und Kugelhaufenreaktoren.

Die Chinesische Akademie entwickelt einen LFTR.

Im Januar 2011 gab die Chinesische Akademie der Wissenschaften bekannt, dass sie ein Projekt lanciert habe, um einen Thorium-Flüssigsalz-Reaktor (LFTR) zu entwickeln. Der damalige Vizepräsident der Akademie, Jiang Mianheng, verliess diesen Posten, um die Leitung des LFTR-Projekts zu übernehmen. Jiang Mianheng ist der Sohn des früheren Staatspräsidenten Jang Zemin und ein Ingenieur mit einem Abschluss der Drexel Universität in den USA.

Nachdem im Juli 2010 in der Zeitschrift *American Scientist* ein Artikel über LFTR erschienen war, führte Jiang eine Delegation nach den Oak Ridge National Laboratories, wo die Flüssigsalztechnik erfunden und in zwei Reaktoren geprüft worden war. Nachdem der chinesischen Gruppe von der Akademie Unterstützung und Finanzierung zugesichert worden war, empfingen die ORNL im Lauf des Jahres 2011 1894 chinesische Besucher und liessen sie an der gesamten Information über Weinbergs Experimente mit Flüssigsalzreaktoren teilhaben. Allerdings wollen die Chinesen das Geistige Eigentum an ihren Entwicklungen für sich beanspruchen.

Chinesische Akademie der Wissenschaften

Die Arbeit läuft am Institut für Angewandte Physik in Shanghai. Der Forscher Wen Weipo machte das Projekt im Januar 2011 mit einem Artikel in der Zeitschrift „*Wen Hui Bao*" bekannt und ebenfalls im „*Energy from Thorium*"-Forum. Das Projekt umfasst auch Energieumwandlung mittels Brayton-Turbinen, Wasserstoffproduktion und Methanolsynthese aus H_2 und CO_2.

Im Jahr 2012 beschäftigte das TMSR-Projekt angeblich 432 Personen, eine Zahl, die bis 2015 auf 750 steigen soll. Das Budget beträgt 350 Millionen \$ für 5 Jahre. Es ist vorgesehen, in vier Stufen vorzugehen, wobei die ersten zwei parallel bearbeitet werden.

1   2 MW(t) 660°C PB-AHTR bis 2015
2   2 MW(t) MSR bis 2017
3   10 MW(e) MSR bis 2020
4   100 MW(e) MSR bis 2030

Ausserhalb Chinas wurde nie bekannt, dass dort bereits in den 70er Jahren mit Flüssigsalz experimentiert wurde, also kurz nach Weinbergs Experimenten in Oak Ridge. Chinesische Wissenschaftler bauten einen Nullleistungsreaktor mit Lithium- und Beryllium fluorid, das Thorium- und U-235-Salz enthielt. Er wurde in den frühen 70er Jahren kritisch. Kürzlich nahmen sie mit Wissenschaftlern in Tschechien und Japan Kontakt auf, die noch über Information zum Projekt in Oak Ridge verfügten.

Ende 2010 beschrieb der führende Forscher am Shanghai Institut für Angewandte Physik den revolutionären Flüssigsalz-Reaktor mit geschmolzenen Fluoriden als Magma mit Kernbrennstoff. Er sagte, der Flüssigsalz-Reaktor sei aus der Liste fortgeschrittener Reaktorkonzepte des Generation-IV-Forums ausgewählt worden wegen des flüssigen Brennstoffs, weil der Reaktor klein sei, eine einfache Struktur habe, bei Umgebungsdruck funktioniere, verschiedene Brennstoffe verwenden könne und nur einen Tausendstel des langlebigen Abfalls herkömmlicher Reaktoren produziere.

Die Chinesische Akademie der Wissenschaften und das Schanghai Institut für angewandte Physik kooperieren mit Nuklearingenieuren an der UC Berkeley, am MIT und der Universität Wisconsin. Dabei stehen Sicherheitsbewertungen und Fragen im Zusammenhang mit Bewilligungsverfahren im Vordergrund. Einer der beiden ersten 2MW-Reaktoren wird ein salzgekühlter Kugelhaufen-Reaktor sein, ähnlich dem PB-AHTR den Berkeley entwickelt hat. Die Chinesen verfügen über die Kapazität, TRISO-Brennstoffkugeln herzustellen, wie sie im experimentellen Hochtemperatur-Reaktor in der Rongcheng Pilotanlage verwendet werden.

Die ausländischen Partner werden unabhängige Modelle entwickeln, um das thermische und hydraulische Verhalten und den Einfluss auf die Neutronenbilanz des chinesischen Modells zu untersuchen sowie den Einfluss der Temperatur auf die Reaktivität und das Verhalten der Abschaltkontrollstäbe. Amerikanische Studenten können als Stipendiaten an der Chinesischen Akademie arbeiten und zum Beispiel experimentelle Salzkreisläufe bauen, um Werkstoffe zu testen.

Die Chinesische Akademie der Wissenschaften und das US Energieministerium (DOE) haben ein „Memorandum of Understanding" über Zusammenarbeit in Kernenergiebelangen abgeschlossen. Die Zusammenarbeit wird gemeinsam von Jiang Mianheng und dem stellvertretenden Minister für Kernenergie, Pete Lyons, koordiniert.

Dabei sind auch Wissenschaftler aus dem INL, MIT, der UC Berkeley und ORNL.

Die Chinesische Akademie und das Shanghai Institut für Angewandte Physik beherbergten vom 29. Oktober bis 1. November 2012 die vierte Konferenz der „International Thorium Energy Organisation". Die Ankündigung der iThEO lautete:

> „China hat bei der Erkundung neuer Wege zur Kernspaltung die Führung übernommen im Bestreben, nachhaltige und umweltfreundliche Energie zuverlässig und in genügender Menge liefern zu können. Die Chinesen haben sich aufgemacht, Energiequellen zu erschliessen, die signifikant genug sind, um das Land von seiner Kohleabhängigkeit zu entwöhnen. Die grossen Mengen Thorium, die als Abfallprodukt bei der Gewinnung Seltener Erden anfallen, sind ein zusätzlicher Anreiz."

Premierminister Wen Jiabao sagte in einem am 5. März 2012 publizierten Regierungsbericht, dass China neue Energiequellen wie Kernenergie forcieren wolle und dem blinden Wachstum von Industrien wie Photovoltaik und Windenergie ein Ende setzen werde.

FRANKREICH

Wissenschaftler in Grenoble entwickeln einen Thorium MSR mit schnellen Neutronen.

Obwohl in Frankreich zur Zeit kein Flüssigsalz-Reaktor (MSR) gebaut wird, gibt es am Nationalen Forschungszentrum in Grenoble seit den 90er Jahren eine Forschergruppe, die Flüssigsalz-Reaktoren und Thorium untersuchen. Die ersten Studien befassten sich mit Systemen zur Nutzung der in Leichtwasser-Reaktoren anfallenden Actiniden vor allem des Plutoniums. Schliesslich rückte der Thorium-Brüter ins Zentrum des Interesses.

Gegenwärtig werden in Grenoble hauptsächlich Arbeiten über einen graphitfreien, nicht moderierten Flüssigsalz-Reaktor mit Thorium-Hülle publiziert, den sie MSFR (Molten Salt Fast Reactor) nennen.

Solche schnellen Reaktoren benötigen mehr Kernbrennstoff, um den schnellen Neutronen Gelegenheit zu geben mit Atomkernen zu reagieren bevor sie verloren gehen.

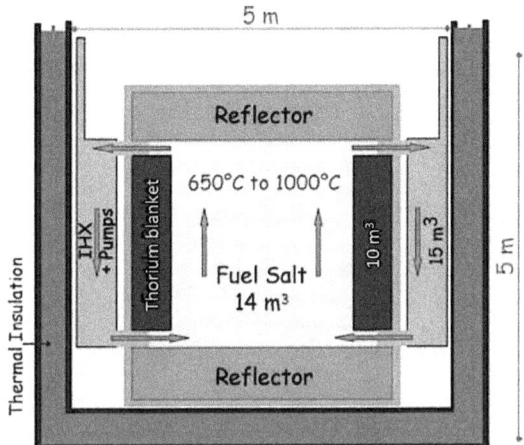

Der schnelle Thorium-Flüssigsalzreaktor aus Grenoble

Das MSFR-Salz besteht zu 78% aus LiF mit gelöstem $^{233}UF_3$ und $^{232}ThF_4$. Das spaltbare U-233 kann auch durch U-235, Pu-239 oder einer Mischung von Transuranen ersetzt werden, die in abgebrannten LWR-Brennstäben vorkommen. Ein 1'000MW(e)-Reaktor würde auch jährlich 95 kg U-233 produzieren, mit dem man neue Reaktoren anfahren könnte. Der MSFR benötigt ein grosses Inventar von U-233 von 3'400 kg, um die schnellen Neutronen nutzen zu können.

Der zylindrische Core misst 2,3 auf 2,3 Meter und enthält die Hälfte der 28 m³ geschmolzenen Salzes. Der Rest befindet sich in Rohren, Pumpen und Wärmetauschern. Pro Tag müssen gerade mal 40 Liter Salz wiederaufbereitet werden.

Frankreich ist ein Mitglied des Europäischen Projekts „EVOL" (Evaluation and Viability Of Liquid fuel fast reactor systems) zusammen mit den Niederlanden, Deutschland, Italien, dem Vereinigten Königreich, Tschechien, Ungarn und Russland.

ANDERE LFTR-ENTWICKLER TAUCHEN AUF

Tschechien und Australien könnten LFTR entwickeln.

Tschechien hat seit Jahren Forschung und Entwicklung an Flüssig-salzreaktoren unterstützt. Jan Uhlir ist ein führender Forscher auf dem Gebiet der Thorium-MSR am Nuklearforschungsinstitut in Rez bei Prag.

Flüssigsalz Testkreislauf in Rez

Das Institut hat theoretische und experimentelle Erfahrung in der chemischen Auftrennung von Actinid-Fluoriden, Transmutation von Actiniden zur Zerstörung langlebiger Transurane und der Pro-duktion von U-233 aus Th-232. Das Labor führt einige theoretische und experimentelle Entwicklungen der MSR-Verfahren durch – vor allem betreffend Brennstoffkreislauf, strukturelle Materialien (Ni-ckellegierungen) – und macht einige Systemstudien. Ihr Flüssigsalz-Testkreislauf ist hier abgebildet.

Im November 2011 kündigte die australische Firma „Thorium Energy Generation Pty. Ltd" (TEG) eine Zusammenarbeit mit Tschechien an mit dem Ziel, gemeinsam in Prag eine 60MW-Pilotanlage zu entwickeln. Diese junge Partnerschaft wird 50 Wissenschaftler und Ingenieure beschäftigen und die Anlage soll über 300 Millionen $ kosten.

Kanadische Jungunternehmen schauen sich die Möglichkeiten von ThMSR an.

„Thorium Power Canada" gab bekannt, dass sie einen Entwurf für einen Flüssigsalz Thorium-Reaktor haben. Sie sagen, dass vorläufige Bewilligungsverfahren für eine 10-MW-Einheit in Chile und eine 25-MW-Einheit in Indonesien angelaufen sind.

„Thorium One" hat versucht, feste Thorium-Brennstäbe für herkömmliche Leichtwasser-Reaktoren und CANDUs zu verkaufen. Die Brennstäbe würden neben Thorium Plutonium enthalten, ein Verfahren, das dem französischen MOX-Verfahren ähnlich ist. Anstelle von festem Brennstoff überlegt man sich bei „Thorium One", Flüssigbrennstoff für MSRs zu entwickeln.

Die kanadischen Nuklearingenieure sind nicht auf die LWR-Technologie eingeschworen. Sie haben die CANDU-Technologie entwickelt, die mit Natururan auskommt und schweres Wasser als Moderator benutzt. Jetzt, da die AECL liquidiert wird, stehen die frei werdenden Talente für neue Herausforderungen mit MSRs zur Verfügung.

Kanada ist der wichtigste Öllieferant der USA. Der Teersand in Alberta liefert den grössten Teil davon, was angesichts der CO_2-intensiven Abbaumethoden grosse Bedenken auslöst. Prozesswärme aus einem DMSR oder LFTR könnte den Dampf, liefern um die 175 Milliarden Fass umweltfreundlich abzubauen. Viele kleine dezentrale Module wären bestens geeignet, da Prozesswärme nicht weiter als etwa 10 km transportiert werden kann. Ein für Prozesswärme dedizierter MSR braucht die teure Energieumwandlung mit Turbinen nicht, was gegenüber einem Kraftwerk 30-40% der Kosten spart. David LeBlanc's „Ottawa Valley Research Associates" und

„Penumbra Energy" in Calgary versuchen, das Interesse der Ölindustrie und der Ingenieure zu wecken.

Die kanadische „Nuclear Safety Commission" dürfte gegenüber dieser fortgeschrittenen Technik aufgeschlossener sein als ihre amerikanischen Kollegen. So sind die Tritium-Grenzwerte in Kanada viel höher als in den USA, was den Betrieb von CANDU-Reaktoren in Kanada erlaubt, aber nicht in den USA.

Dr. Kazuo Furukawa hat IThEMS gegründet, um den FUJI MSR zu bauen.

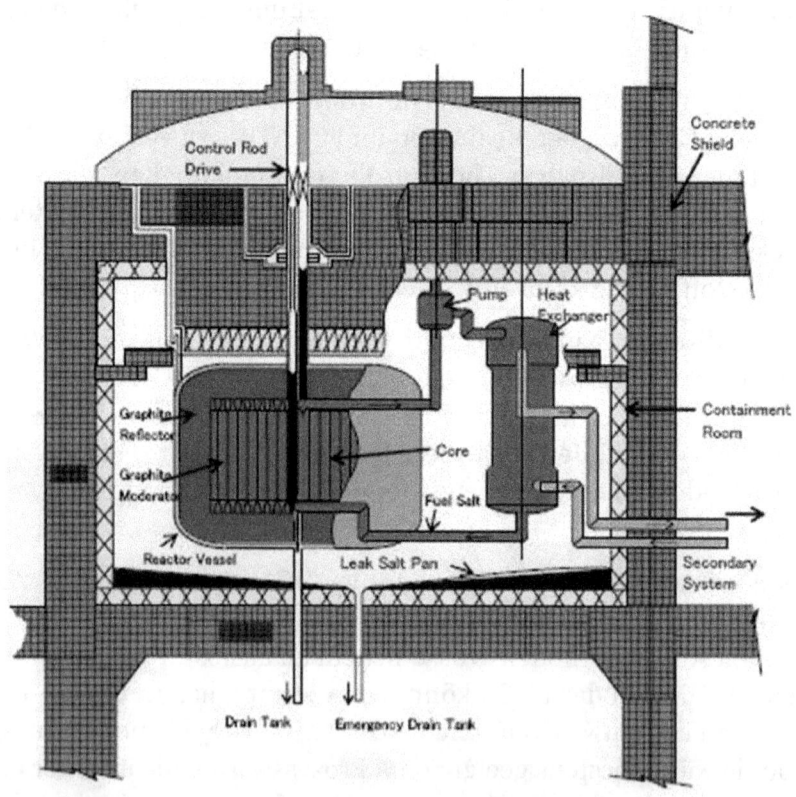

FUJI-Flüssigsalz-Reaktor

Dr. Kazuo Furukawa führte die japanische Forschung in Flüssigsalz-Reaktoren bis zu seinem Tod 2011. Er hatte 2010 IThEMS gegründet, eine Gesellschaft, die MSRs in Japan bauen will.

Der Business Plan sah vor, 300 Mio. $ Kapital zu suchen, um innert 6 Jahren einen 10MW(e)-MiniFUJI MSR zu entwickeln. Die Kosten für den Bau einer kommerziellen Version schätzte er auf 30 Mio. $, oder 3$/Watt. Das Nachfolgemodell sollte eine 200 MW(e) FUJI-Version sein, mit nur einem Salzkreislauf mit Thorium im Brennstoffkreislauf. Die geplanten Kosten für den Strom waren 6 Cents/kWh. Das Unternehmen hatte Probleme mit der Geldbeschaffung und nach dem Tod von Dr. Furukawa wurde es stillgelegt.

Gegen 90% des Core besteht aus Graphit. Die Salztemperatur beträgt 600°C. Der Th/U-Zyklus ist nahezu brütend, aber von Zeit zu Zeit muss Spaltstoff nachgeladen werden. Das kann U-233, U-235 oder PU-239 sein. Die Zusammensetzung des Salzes ist $7LiF-BeF_2-ThF_4-UF_4$.

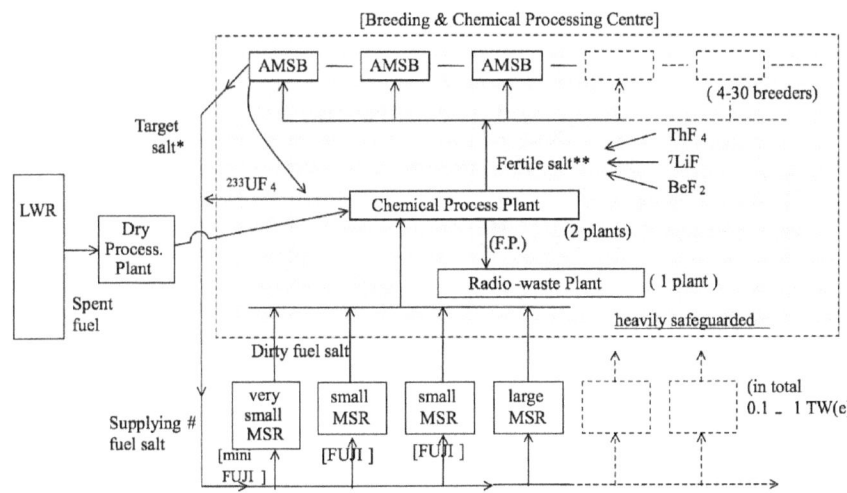

FUJI-System mit zentralem Brüten und verteiltem MSR-Betrieb

Um das zum Anfahren benötigte U-233 zu produzieren, plante man eine Hochsicherheitsanlage mit einem Beschleuniger. Dieser 1'000MEV, 300 mAmp Protonenbeschleuniger würde in einem Flüssigsalz-Target jährlich aus Th-232 400 kg U-233 produzieren. Die zum Anfahren eines 200MW(e)-FUJI benötigte Menge U-233 ist 800 kg. Das heisst, eine solche Beschleunigeranlage könnte die Inbetriebnahme eines FUJI-Reaktors alle zwei Jahre ermöglichen.

Takashi Kamei führt die Forschung am FUJI-Konzept weiter. Er verfolgt auch eine Variante mit Plutonium aus abgebrannten LWR-Brennelementen anstelle von U-233 als Starter. Die unterschiedlichen Kennzahlen der beiden Konzepte sind in der untenstehenden Tabelle zusammengefasst. Sie stammt aus der Dezember 2011-Ausgabe der Zeitschrift „Nuclear Safety and Simulation". Die Wiederaufbereitung des Brennstoffs findet alle 7,5 Jahre statt; die Lebensdauer wird auf 30 Jahre geschätzt.

FUJI 200 MW(e) MSR		
	FUJI-PU9	FUJI-U3
Th-Invertar zu Beginn	31.3 t	56.3 t
Pu-Inventar zu Beginn	5.78 t	
Pu-Zusatz in 30 Jahren	1.16 t	
U-233 zu Beginn		1.132 t
U-233 Zusatz in 30 Jahren		0.344 t
U-233 Inventar am Ende	0.295 t	1.505 t
Transurane am Ende	0.285 t	0.005 t
Umwandlungsverhältnis	0.92	1.01

Kamei, der japanische Artikel und Bücher zum Thema verfasst hat, meint, dass die „Chubu Electric Power" Gesellschaft für die künftige Stromproduktion an Thorium-Reaktoren interessiert ist. Chubu betreibt in Mitteljapan drei Leichtwasser-Reaktoren (LWR).

ANWÄRTER

Dieses Buch propagiert Thorium Flüssigsalz-Reaktoren wie LFTR oder DMSR, weil sie das Potential haben, elektrische Energie billiger zu produzieren als Kohle. Kohlebefeuerte Kraftwerke sind die grössten fest installierten Quellen von CO_2 und Russ. Es ist die These dieses Buches, dass der LFTR eine marktwirtschaftliche Lösung für die Umweltkrise darstellt, indem er Kohlestrom unterbietet. LFTR-Strom wird billig sein, weil Thorium billig ist und weil die Kapitalkosten verhältnismässig tief sind wegen seiner kompakten und inhärent sicheren Bauweise und weil er bei hoher Temperatur und niedrigem Druck betrieben wird.

Es existieren allerdings andere fortgeschrittene Kernkraftwerkprojekte, die Anwärter auf den Titel „Billiger als Kohlestrom" sind. Eine nachhaltige Welt benötigt eine solche Lösung, LFTR oder nicht. Viele Befürworter von möglichen Anwärtern setzen nicht so hohe Priorität auf das Ziel, die Kohle zu unterbieten. Dieses Ziel müsste in jeder Etappe der Entwicklung im Auge behalten werden, auch beim LFTR. In diesem Teil werden wir andere fortgeschrittene Kernkraftwerk-Konzepte betrachten, die zur Zeit im Gespräch sind.

NGNP

NGNPs sind die Wahl des US Energieministeriums für die nächste KKW-Generation.

NGNP (*Next Generation Nuclear Power*) ist vom US Energieministerium (*„Department of Energy"*, DOE) zur Weiterentwicklung ausgewählt worden mit einem Budget von 50 Millionen $ für 2012. Das Ziel ist, eine Hochtemperatur-Wärmequelle zu entwickeln, die nicht nur effizient Strom produziert, sondern auch für die Thermolyse von Wasser zur Gewinnung von Wasserstoff dienen und auch anderweitig Prozesswärme liefern kann.

Das Verfahren beruht auf TRISO-Brennstoffpartikeln in Graphitkugeln in einem Kugelhaufenreaktor oder in festen prismatischen Brennelementen. Gekühlt wird der Reaktor mit Helium bei hohem Druck und einem externen Wärmetauscher, der die Wärmeenergie an den Verbraucher überträgt.

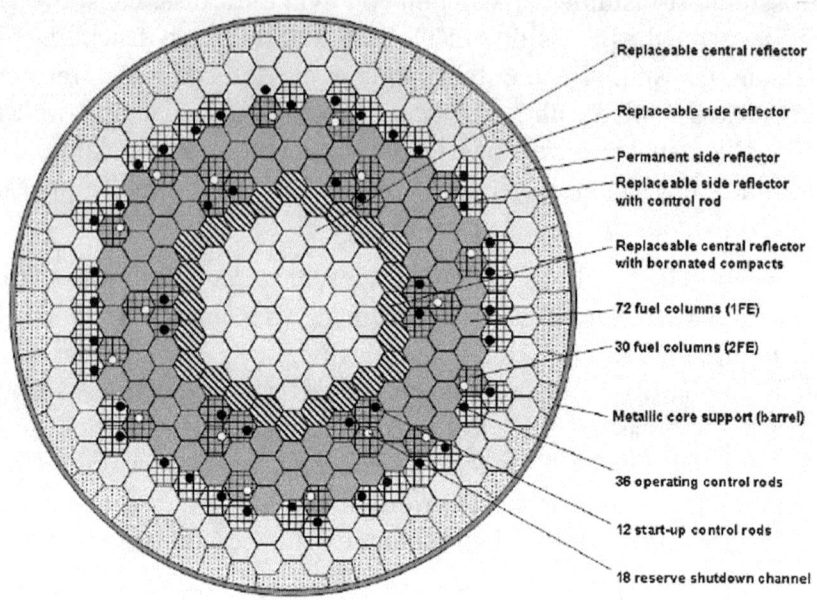

Replaceable central reflector

Replaceable side reflector

Permanent side reflector

Replaceable side reflector with control rod

Replaceable central reflector with boronated compacts

72 fuel columns (1FE)

30 fuel columns (2FE)

Metallic core support (barrel)

36 operating control rods

12 start-up control rods

18 reserve shutdown channel

NGNP-Querschnitt durch die prismatischen Brennelemente mit TRISO-Partiklen

Dieser Querschnitt durch einen prismatischen Core zeigt die Brennelemente, die einen zentralen Neutronenreflektor umgeben. Weitere Neutronenreflektoren bilden eine Hülle, die das Reaktorgefäss schützt.

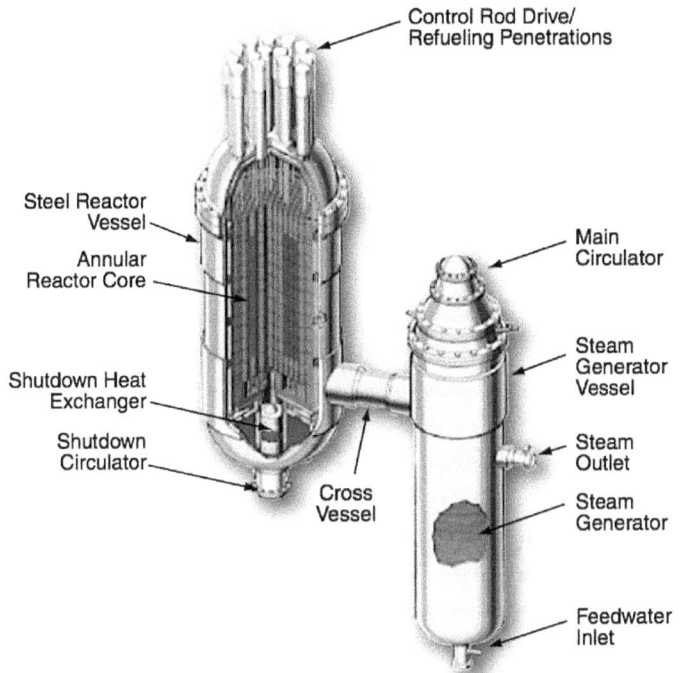

NGNP-Druckgefäss und Dampferzeuger.

Das Energiepolitikgesetz von 2005 („*Energy Policy Act*") bewilligte 1,5 Milliarden Dollar für die Entwicklung des NGNP, die insgesamt 4 Milliarden kosten dürfte. Die Industrie muss ebenfalls Beiträge leisten und die Mittel werden gebraucht, um die Arbeit am „Idaho National Laboratory" (INL) zu finanzieren. Die beteiligten Firmen haben die „NGNP Alliance" gegründet, an der unter anderen Areva, Westinghouse, Dow Chemical und Entergy beteiligt sind. Die Allianz hat sich für das Antares-Projekt von Areva entschieden mit prismatischen TRISO-Brennelementen und konventionellen Dampfturbinen.

Im Jahr 2012 publizierte INL einen 59-seitigen Bericht der etwa 2'000 Schritte zu einer Inbetriebnahme 2021 beschrieb. INL schätzt die Kapitalkosten für einen NGNR in der Gegend von 2$/W für ein Kraftwerk mit mindestens 600 MW Leistung. Die Allianz rechnet mit Kosten, die mit Gas zu 2-3 $/MWh oder 2-3 Cents/kW(th) konkurrenzfähig wären. Eine 33% effiziente Turbogeneratorgruppe hebt diese Kosten aber auf 6-9 Cents/kW(e), nicht ganz vergleichbar mit den 5,6 cents für Kohlestrom.

Hochtemperatur-TRISO-Brennstoff Kugelhaufen-Reaktoren mit Heliumkühlung sind in Deutschland und China erfolgreich betrieben worden. Ein ähnliches Projekt in Südafrika musste wegen Geldmangels eingestellt werden.

DER WESTINGHOUSE AP1000

Der AP1000-Entwurf entstand aus der PWR-Erfahrung von Westinghouse.

Der Toshiba-Westinghouse AP1000 1.1-GW-PWR ist ein möglicher Anwärter auf die „Billiger-als-Kohlestrom" Auszeichnung. Während Ideen wie der LFTR revolutionär sind, entstand der AP1000 durch Evolution über Jahrzehnte Erfahrung im Bau und Betrieb von Druckwasserreaktoren.

Eine evolutionäre Entwicklung ist in einer Industrie wie die nukleare mit ihren sehr langen Entwicklungshorizonten und Bewilligungsverfahren besonders vorteilhaft. Viele erfolgreiche Technologien blieben erfolgreich auch angesichts revolutionärer Neuerungen. Hier sind zwei Beispiele:

Magnetische Festplatten wurden von Compact Discs und Festkörperspeichern bedroht und ihr Ende wurde seit 1956 vorausgesagt. Aber Festplatten haben überlebt und ihre Leistungsfähigkeit wurde dramatisch verbessert. Heute kostet die Speicherung von 1 Gigabyte weniger als 0,10$ und noch geringere Kosten für industrielle Anwender machen Dienstleistungen wie Google möglich.

Kolbenmotoren wurden erfolgreich über einen noch längeren Zeitraum entwickelt. Sie trotzen den Herausforderungen von Wankel-Motoren, Turbinen und Elektromotoren.

Fortschritte des Ingenieurwesens und der Informatik ermöglichen neue Entwürfe.

Heute haben die Entwerfer von neuen Reaktortypen technische Möglichkeiten, die ihre Vorgänger in den 70er Jahren nicht hatten. Systeme des computergestützten Design sind heute eine Million mal

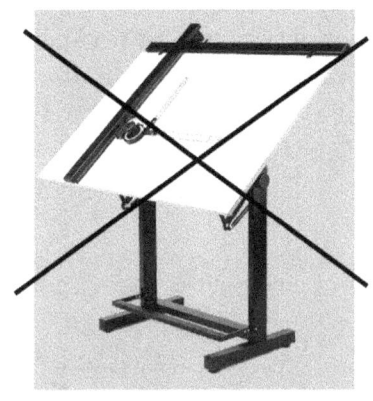

leistungsfähiger, mit dem Internet verbunden und Suchmaschinen ermöglichen Zugriff auf weltweite Datenbanken.

Programme wie Fluent, MATLAB, AutoCad, Catia und Pro/E machen es möglich, dreidimensionale Finite-Element-Analysen mit CAD zu verbinden. Damit können virtuelle Modelle gebaut werden, die thermische Belastung, Fliessverhalten, Leitfähigkeit für Wärme und Strom und Neutronenfluss simulieren. Neue Qualitätssicherungsverfahren wie das 6-Sigma-Konzept von GE und ISO 9'000 gehören zum heutigen Standard. Probabilistische Risikostudien, wie sie die NASA ausgiebig anwendet, beginnen auch in der Nuklearindustrie die vagen „so sicher wie vernünftigerweise möglich"-Konzepte zu ersetzen.

Westinghouse baute den ersten Druckwasser-Reaktor (PWR).

An der Weltausstellung von 1893 präsentierte George Westinghouse die neuste Erfindung von Nikola Tesla: Die Verteilung elektrischer Energie mittels Wechselstrom und legte damit die Grundlage für eine neue Unternehmung: Die Westinghouse Electric Company, nahe bei Pittsburg. Sie ist heute ein Teil von Toshiba und deren Minderheitsaktionären wie Shaw Group. Westinghouse baute 1953 das erste Kernkraftwerk im U-Boot „Nautilus". Westinghouse baute 1957 auch das erste stationäre Kernkraftwerk in Shippingport, Pennsylvania. Jedes zweite Kernkraftwerk der Welt läuft mit einem Druckwasser-Reaktor von Westinghouse. Westinghouse erhielt 2011 von der „Nuclear Regulatory Commission" (NRC) die Zertifizierung

für den AP1000 und 2012 erlaubte die NRC den Bau und Betrieb
von AP1000-Reaktoren in den Vereinigten Staaten.

Der neue AP1000 von Westinghouse hat eine kleinere Zahl teurer Bestandteile.

Verglichen mit früheren PWR-Typen hat der AP1000 weniger Komponenten, was die Kosten senkt und die Zuverlässigkeit erhöht. Verschalte Kühlpumpen brauchen keine Dichtungen, die rinnen könnten; die Pumpturbinen sind mitsamt ihrem Antrieb vollständig im Kühlmittel, das als Schmierung dient; alle elektrischen Verbindungen sind ausserhalb der Verschalung. Der Teil des Gebäudes, das erdbebensicher gebaut werden muss, ist verhältnismässig klein, was Kosten und Bodenfläche spart.

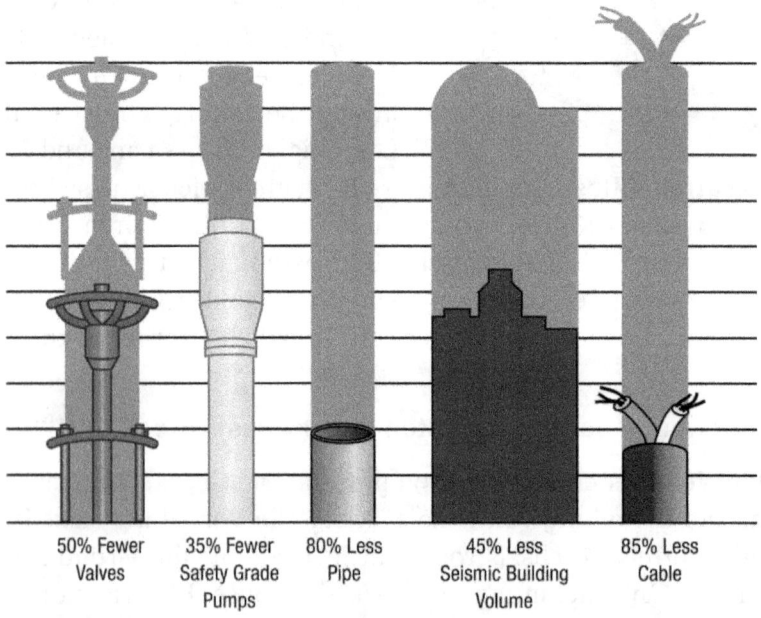

| 50% Fewer Valves | 35% Fewer Safety Grade Pumps | 80% Less Pipe | 45% Less Seismic Building Volume | 85% Less Cable |

AP1000-Verbesserungen gemäss Westinghouse Broschüre

Diese vereinfachten Konstruktionsprinzipien umfassen auch die Instrumentierung, die Betriebs- und Steuersysteme, die Sicherheitssysteme, den Kontrollraum und die Bauverfahren, was zu einem Kraftwerk führt, das zu geringeren Kosten gebaut, betreiben und unterhalten werden kann. Die Pläne umfassen auch einen Zeitplan für den Bau der Anlage in 36 Monaten.

Diese neuen Typen von Kernkraftwerken vermindern die Wahrscheinlichkeit eines Unfalls im Reaktor-Core auf ein Zehntel dessen, was von der NRC gefordert wird oder ein 1/100 dessen, was heute laufende KKW aufweisen.

Der AP1000 wird mit neuen modularen Bautechniken erstellt.

Der Einsatz neuartiger CAC-Technik ermöglicht moderne computergestützte Fertigung und modulare Bauverfahren mit Massenproduktion der Bestandteile in Fabriken und deren Endmontage auf dem Bauplatz. Mit Beton ausgegossene Stahlplatten ersetzen sowohl das Armierungseisen als auch die Schalung, das spart die Zeit zum Schalen und Ausschalen. Im Gegensatz zu klassischem Stahlbeton kann eine solche Struktur auch Kräfte aushalten, die weit über die Belastungsgrenze hinausgehen, weil der Beton sich nicht vom Baustahl lösen und abplatzen kann. Der AP1000 kann den Aufprall eines Passagierflugzeugs überstehen, obwohl er ein Fünftel des Betons und Baustahls herkömmlicher Kraftwerke benötigt.

Westinghouse hat in China eine Fabrik zur Produktion von Modulen gebaut und ihr Partner Shaw Group baute eine entsprechende Fabrik in Lake Charles, Louisiana, in den USA.

Die Nachzerfallswärme wird im AP1000 passiv abgeführt.

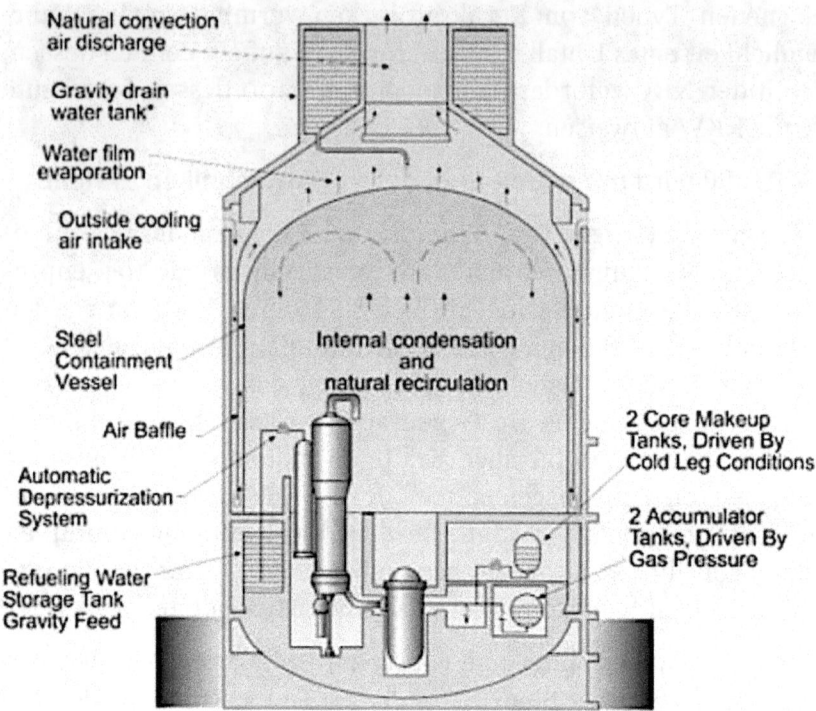

AP1000: Passive Kühlsysteme

Wenn ein Kernreaktor abgestellt wird und keine Kernspaltung mehr stattfindet, enthalten die Brennstäbe instabile Spaltprodukte, welche zerfallen und dabei Wärme produzieren. Eine Minute nach dem Abstellen produziert der Reaktor immer noch 4% seiner Nennleistung, einen Tag danach noch 0,5%. Bei den gegenwärtigen Leichtwasser-Reaktoren wie in Fukushima wird diese Wärme mittels Kühlwasserzirkulation abgeführt. Die Zirkulation wird durch Pumpen aufrechterhalten, die elektrisch angetrieben sind. Elektrizität stand aber in Fukushima nicht mehr zur Verfügung nachdem der Tsunami die Notstrom Dieselaggregate ausser Betrieb gesetzt hatte. Wie alle neuen Reaktoren verfügt der AP1000 über passive Kühlung und ist nicht auf elektrischen Strom angewiesen. Die Kühlung geschieht durch natürliche Konvektion, mit Druckluft und Schwerkraft eingespeistem Kühlwasser und Verdampfung. Während sieben Tagen ist kein Eingriff durch die Operateure erforderlich. Danach wird allerdings Energie von aussen benötigt.

Der AP1000 könnte vielleicht Strom billiger produzieren als Kohle.

Das Ziel der Chinesen ist es, den Westinghouse AP1000 Reaktor für unter 2$ pro Watt zu bauen. Das ist das gleiche Ziel, das wir uns für den LFTR setzen. Vier AP1000 sind bereits im Bau, 8 weitere sind fest eingeplant und 30 weitere sind vorgesehen. Die ersten 4 sollen knapp 2 $/W kosten, die nächsten 1,6 $/W.

Werden die Baukosten in den USA auch von 5 $/W auf 2 $/W fallen? Kurzfristig kaum; dazu sind die Arbeitskosten in den USA zu hoch. Auch hat Westinghouse die am weitesten fortgeschrittene Technik, volle Auftragsbücher und kaum Konkurrenz. Areva leidet unter Kostenüberschreitungen bei seinem EPR in Finnland und GE scheint seine BWR-Technik nicht zu vermarkten.

China wird in Zukunft mit Westinghouse im Wettbewerb stehen. Der Vertrag verleiht den Chinesen alle Rechte am AP1000 und sie werden mit einer modifizierten Version, dem CAP1400 auf den Markt kommen, eine 1'400MW-Einheit, die für den Export geeignet ist. Dieser Wettbewerb könnte die Kosten senken.

KLEINE MODULARE REAKTOREN

Wer neu in den Kernkraftwerksmarkt einsteigen will, muss sich an Westinghouse und ihrem AP1000 messen. Das bedeutet Investitionen von mehreren Milliarden. Dagegen ist der Markt für kleine modulare Reaktoren attraktiv weil:

1. kleine Reaktoren das Investitionsrisiko begrenzen,

2. neue Technologien eingesetzt werden können,

3. die Versorger – besonders in den USA –auf kleinere Investitionen setzen, weil ihre Regierung nicht mehr Milliarden-Kredite garantiert,

4. die Versorger mit kleineren Einheiten dem Bedarf besser folgen können,

5. kleinere Einheiten sich besser zur kostensenkenden Massenproduktion eignen.

Noch läuft keiner der neu angekündigten SMRs („Small Modular Reactors"). Sie haben einiges gemeinsam. Ihre Nennleistung liegt zwischen 25 und 300 MW. Sie sind fast alle Druckwasser-Reaktoren mit im Druckgefäss integriertem Dampferzeuger. Die Komponenten können mit normalen Transportmitteln auf die Baustelle transportiert werden. Das Druckgefäss wird unterirdisch angelegt, um das Restrisiko von Flugzeugabstürzen und Terrorangriffen zu eliminieren. Die unterirdische Anordnung dient auch als Strahlenschutz. Kleine Einheiten lassen sich wegen des grösseren Oberfläche-zu-Volumen-Verhältnises besser passiv kühlen.

Das US-Energieministerium fördert die Entwicklung eines amerikanischen SMR mit 450 Mio. $ für die Entwicklung, Typenzertifizierung und Baubewilligung von zwei Typen. Um in den Genuss der Förderung zu kommen, muss ein Entwickler zeigen, dass sein Entwurf im Jahr 2022 in Betrieb genommen werden kann und er muss die Hälfte der Entwicklungskosten tragen.

Der SMR von Babcock und Wilcox beruht auf Erfahrungen mit den Marinereaktoren.

Babcock und Wilcox verfügt über viele Jahre Erfahrung mit dem Unterhalt und der Versorgung von Antriebseinheiten von U-Booten und Flugzeugträgern. B&W betreibt eine Anlage für die Produktion von Brennelementen und sie sind auch in der Lage, Waffenmaterial in Brennstäbe für kommerzielle Reaktoren umzuarbeiten. Mit dieser Erfahrung hat B&W den „mPower"-Druckwasserreaktor mit 180 MW Leistung entwickelt. Wo Kühlwasser nicht verfügbar ist, kann der Reaktor mit Luftkühlung immer noch 155 MW leisten. Der Brennstoffzyklus dauert 4 Jahre und die Lagerung von abgebrannten Brennelementen aus 40 Jahren Betrieb ist möglich. B&W hat ein Abkommen mit dem Generalunternehmer Bechtel, um die Reaktoren zu bauen.

B&W mPower Doppel-SMR

B&W hat in Virginia eine Testanlage gebaut, in der die technischen Parameter in einem massstabgetreuen Modell ausgemessen werden können, vorerst mit elektrischen Wärmequellen. Die Anlage soll auch der NRC helfen bei der Entwicklung der Zertifizierungsverfahren. Die Tennessee Valley Authority – ein grosser Versorger – hat angekündigt, am Standort Clinch River bis zu sechs solcher mPower-Module bauen zu wollen. B&W hat ein Gesuch an das DOE gestellt, sich an der 450 Millionen$ Förderung zu beteiligen. Die Investitionskosten sollen unter 6$ pro Watt liegen.

Der SMR von „NuScale" basiert auf Forschung am INL und Oregon State.

Das *„Idaho National Laboratory"* (INL) und die *„Oregon State University"* (OSU) haben seit 2000 kleine Kernkraftwerke entwickelt mit Schwergewicht auf der Erforschung von passiven Kühlmethoden. Die OSU baute ein 1:3 Modell mit elektrischer Heizung, um Daten für die Zertifizierung zu gewinnen. NuScale erwarb die Rechte an der bisherigen Entwicklung und am Testmodell.

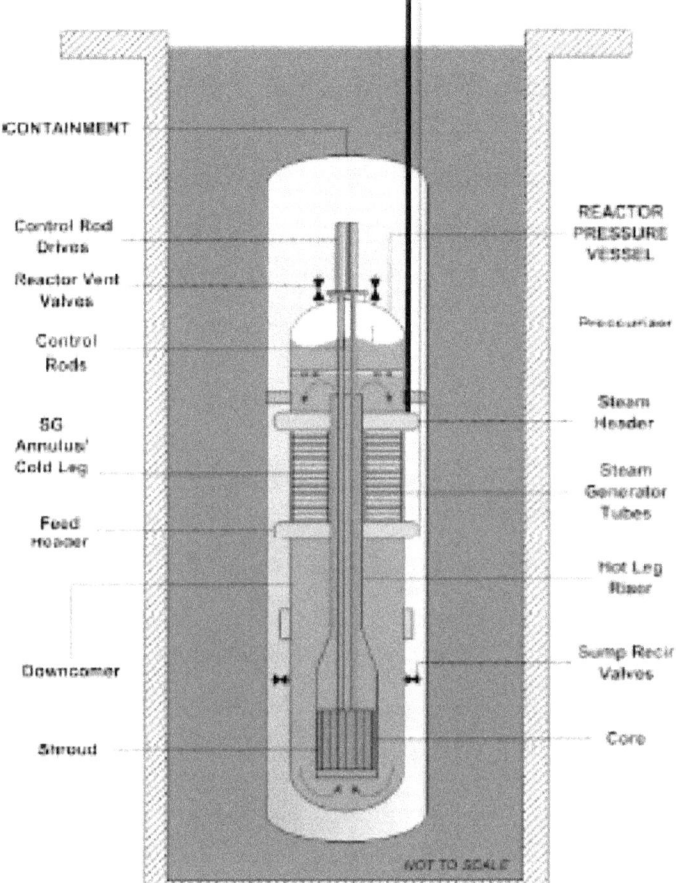

NuScale SMR geflutet mit Notkühlwasser

Die obige Figur zeigt den Core im untersten Teil des Druckgefässes, innerhalb des Containment. Das Containment ist nach Abschaltung des Reaktors und Stromausfall mit Kühlwasser geflutet. Das Kühlwasser verdampft innert eines Monats. Dann ist die Restaktivität genügend abgeklungen, dass konvektive Luftkühlung genügt.

NuScale's Module sind 45 MW Druckwasserreaktoren. Der Kernbrennstoff ist 5% angereichertes Uranoxid in Standardelementen, die allerdings nur 1,8 Meter lang sind.

NuScale gehört zu 55% „Fluor"; das ist ein grosser Generalunternehmer im Ingenieur- und Baugewerbe. Die *„South Carolina Electric and Gas Company"* hat im Mai 2012 zusammen mit NuScale vorgeschlagen, einen kleinen modularen Reaktor am Standort Savannah River des DOE zu bauen.

Holtec plant den ersten 140 MW SMR in Savannah River.

Holtec liefert Geräte zur Handhabung von Brennstoff an die Nuklear-Industrie in über einem Dutzend Kernkraftwerken.

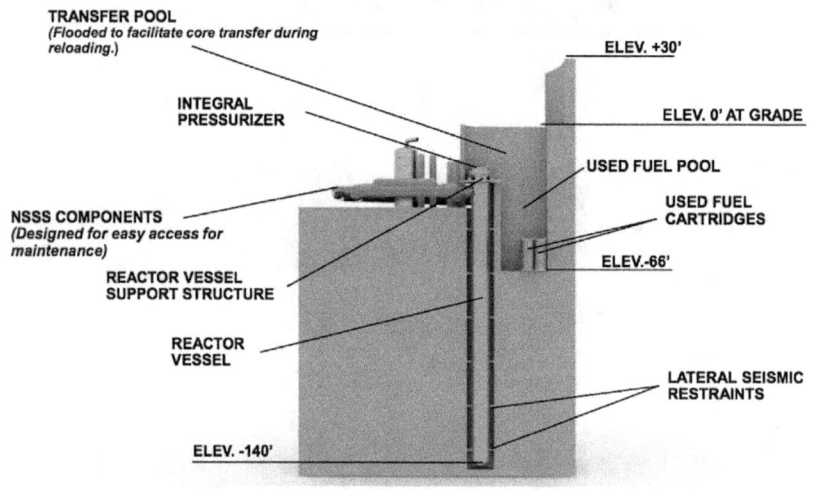

Holtec SMR

Holtec hat einen Vorentwurf für einen Druckwasser-Reaktor und hat mit *„Shaw Group"* einen Vertrag zur Entwicklung der Turbogeneratorgruppe abgeschlossen.

Der Entwurf sieht natürliche Zirkulation durch Konvektion vor und zwar auch im Normalbetrieb, nicht nur zur Notkühlung. Es gibt keine Pumpen, die Strom benötigen. Alle drei Jahre erfolgt der Brennstoffwechsel durch Austausch des gesamten Reaktor-Cores. Dort, wo Wasser knapp ist, steht auch Luftkühlung als Möglichkeit zur Verfügung.

DOE (das US-Energieministerium) betreibt am Savannah River Standort in South Carolina in einem 800 km² grossen Gebiet ein nukleares Forschungsinstitut, wo Holtec ihren Prototyp-Reaktor bauen wird. Das DOE stellt den Standort, die Stromleitungen, die Strassen und die Sicherheit zur Verfügung und wird dem fertigen Kraftwerk den Strom abkaufen.

Westinghouse plant einen 225 MW SMR.

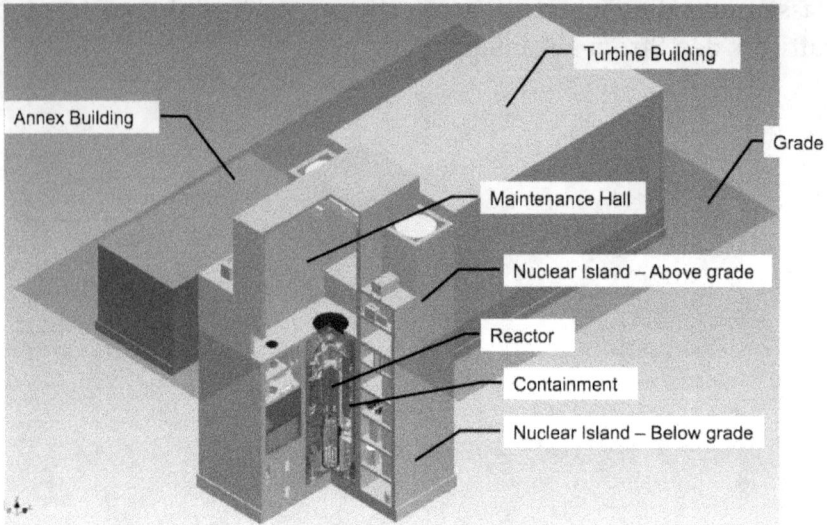

Westinghouse SMR

Westinghouse plant einen kleinen modularen Reaktor, der auf dem AP1000 beruht. Die Brennelemente sind Standard 17 x 17 Brennstabelemente mit UO2 auf unter 5% angereichert. Acht redundante verkapselte Pumpen sorgen für Kühlwasserzirkulation.

Die passive Notkühlung funktioniert ähnlich dem AP1000 mit Gasdruck und Konvektion ohne externe Elektrizität. Nach 7 Tagen wird Wasser oder Strom von aussen benötigt. Der Brennstoffzyklus beträgt 24 Monate.

Westinghouse strebt für 2013 die Zertifizierung ihres SMR durch die NRC an. Der Versorger Ameren im Staat Missouri arbeitet mit Westinghouse an einer NRC-Lizenzierung für 5 SMRs am Callway Standort als Ersatz für einen ursprünglich geplanten Areva EPR. Auch sie versuchen, ihren Anteil am 450 Mio. $ Förderkuchen zu ergattern.

Gen4 Energy, ursprünglich Hyperion, plant einen 25 MW SMR.

Gen4 Energy ist der neue Name für Hyperion Power Generation, die 2012 eine neue Führung erhielt. So kleine SMRs haben einen Markt in abgelegenen Ortschaften, Militärbasen und für industrielle Prozessenergie.

Die Gen4-Technik, ist aussergewöhnlich. Sie bruht nicht auf den üblichen wassergekühlten Uranoxidstäben. Der Brennstoff ist Urannitrid, ein keramisches Material, das hochtemperaturbeständig ist, verpackt in Edelstahlröhren. Gen4 Energy erhielt die Rechte vom Los Alamos National Laboratory. Gekühlt wird mit einer Flüssigmetalllegierung bestehend aus Blei und Wismut. Dies erlaubt Betriebstemperaturen bis 500°C, höher als wassergekühlte Druckwasser-Reaktoren und damit besser geeignet für Prozessenergie und höhere Wirkungsgrade. Die sowjetischen A-Klasse U-Bootantriebe beruhten auf einem ähnlichen Konzept. Dieser schnelle Reaktor kann 10 Jahre ohne Nachladung laufen.

Gen4 Energy hat mit Savannah River ein Abkommen abgeschlossen, um einen ersten Reaktor an diesem Standort zu bauen.

FLÜSSIGMETALL SCHNELLE BRÜTER

Wie der Name sagt sind Flüssigmetall Schnelle Brutreaktoren (*„Liquid Metall Fast Breeder Reactors"*, LMFBR):

- mit flüssigem Metall gekühlt,

- nicht moderiert und nutzen schnelle Neutronen zur Spaltung von Pu-239,

- Brutreaktoren, die aus U-238 spaltbares Pu-239 erbrüten.

In den 50er Jahren war die Motivation zur Entwicklung von Brutreaktoren die Furcht vor zur Neige gehenden Vorräten an spaltbarem U-235. Demgegenüber ist der Vorrat an brütbarem U-238 mit 99,3% attraktiv, verglichen mit den mageren 0,7% des U-235. Neu entdeckte Uranvorräte schienen dann aber genug U-235 für die nahe Zukunft zu versprechen, so dass die LMFBR-Entwicklung an Schwung verlor. Zunehmende Sorgen um den Klimawandel und die Suche nach CO2-freier Energie haben das Interesse an dieser Technik aber neu geweckt.

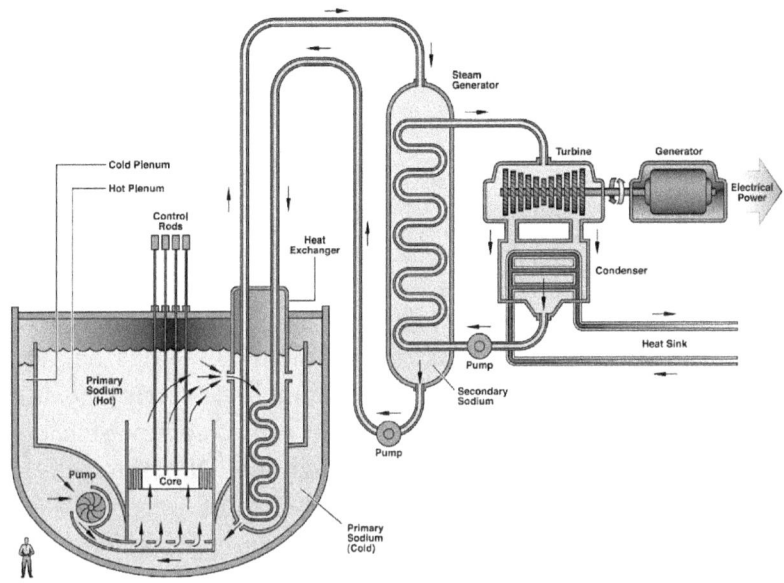

LMFBR in flüssigem Natrium

Dieses Bild zeigt den Core eines LMFBR in einem grossen Becken mit flüssigem Natrium. Das heisse Kühlmedium wird durch einen Wärmetauscher gepumpt, der ebenfalls im Becken untergebracht ist. Das Natrium fliesst in das Becken zurück, um wieder Wärme aufzunehmen. Der sekundäre Kreislauf enthält Natrium ohne Radioaktivität und überträgt die Wärmeenergie an einen zweiten, externen Wärmetauscher, der Dampf oder ein anderes Heissgas zum Antrieb einer Turbine erzeugt.

Das flüssige Metall als Kühlmittel kann Natrium sein oder auch Blei oder eine Blei-Wismut Legierung. LMFBR wurden in den USA, dem UK, in Russland, Indien, Japan, und Frankreich entwickelt und betrieben. Einige verzeichneten Zwischenfälle wie Natriumbrände und Core-Schmelzen. Als kommerzielles Kraftwerk war 2012 allein der BN-600 in Russland in Betrieb.

LFTRs und PWRs benutzen langsame, moderierte Neutronen, um U-233 oder U-235 zu spalten. Um Pu-239 zu spalten braucht es aber schnelle Neutronen, weil langsame Neutronen oft absorbiert werden statt zu spalten. Deshalb die Bezeichnung „schneller Reaktor".

In den USA sind drei LMFBR entwickelt worden. Der „Experimental Breeder Reactor" (EBR-I) in Idaho war 1951 der erste Reaktor der Welt, der Strom lieferte – 200kW.

Der EBR-II brauchte metallisches Uran als Brennstoff.

Im Jahr 1965 ging der EBR-II im heutigen Idaho National Laboratory in Betrieb.

Das flüssige Natrium reagierte weder mit Stahl noch mit dem Uran. Der Reaktor hatte einen Brutfaktor von mehr als 1, das heisst, er produzierte mehr Brennstoff als er verbrauchte. Natriumgekühlte Reaktoren hatten Probleme mit Bränden, weil Natrium sich beim Kontakt mit Luft oder Wasser spontan entzündet. Natriumlecks gab es nur im Sekundärkreislauf, im Primärkreislauf wären die Zwischenfälle gravierender gewesen, weil das Natrium da radioaktiv ist.

Der EBR-II hat bewiesen, dass er passiv sicher ist, sogar ohne Kontrollstäbe. Zwei Mal hat man das getestet, einmal durch Abstellen des Kühlkreislaufs und einmal mit einer Unterbrechung der Wärmeabfuhr indem Turbine und Generator stillgelegt wurden. In beiden Fällen versetzte sich der Reaktor ohne menschliches Zutun in einen sicheren Zustand.

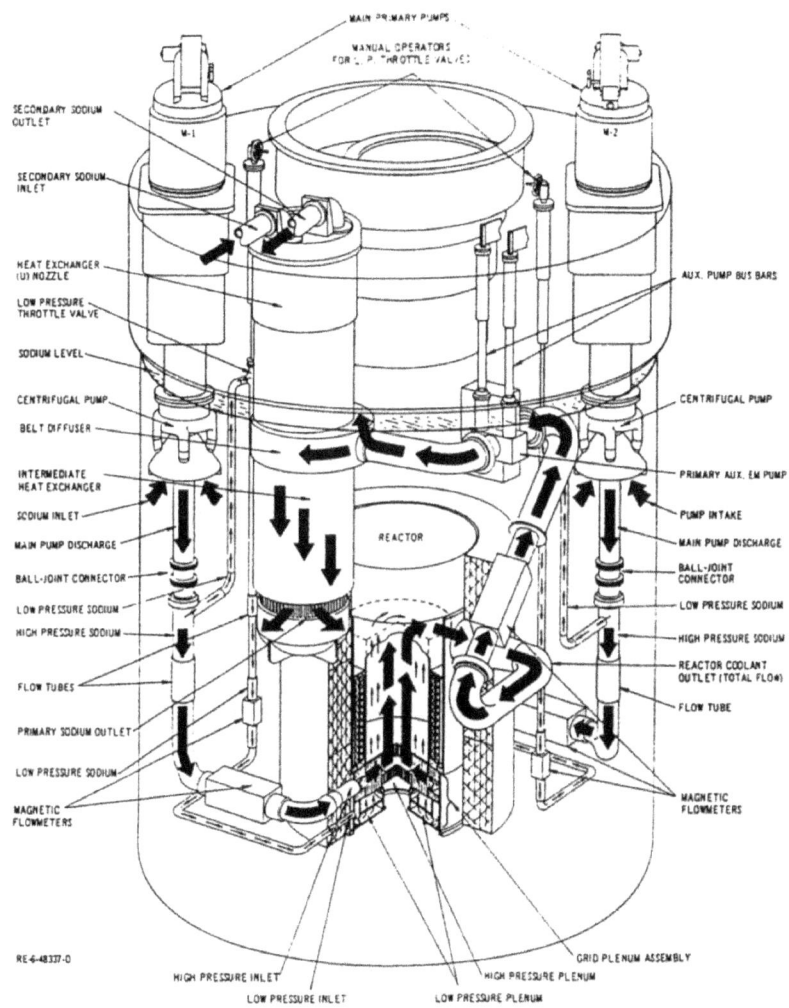

EBR-II

Der 20 MW(e) EBR-II funktionierte während 30 Jahren. Er demonstrierte zwei neue Verfahren: Metallischen Brennstoff und Wiederaufbereitung an Ort und Stelle.

Metalle leiten Wärme besser als keramische Stoffe, aber der Brennstoff für LWR und frühere LMFBR war immer keramisches Uranoxid gewesen. Im EBR-II hat man das Problem der bei Bestrahlung quellenden metallischen Brennstäbe so gelöst, dass man den Uran-Plutoniumbrennstoff mit 10% Zirkon legierte und so in Stahlröhren verkapselte, dass Platz blieb für die Ausdehnung. Die gute Wärmeleitung erlaubt eine höhere Leistungsdichte und damit einen kompakteren Reaktor. Sie erlaubt auch eine höhere Betriebs-temperatur, weil die Gefahr eines Wärmestaus im Innern der Brennstäbe und damit drohendem Schmelzen kleiner ist. Im Betrieb werden die Stahlröhren durch Neutronenbestrahlung geschwächt, so dass die Brennstäbe regelmässig ausgetauscht werden müssen.

Der „*Integral Fast Reactor*" ist eine Weiterentwicklung des EBR-II.

Der „Integral Fast Reactor" (IFR) ist für die Wiederaufbereitung des abgebrannten Brennstoffs an Ort und Stelle ausgelegt, daher die Bezeichnung „integral".

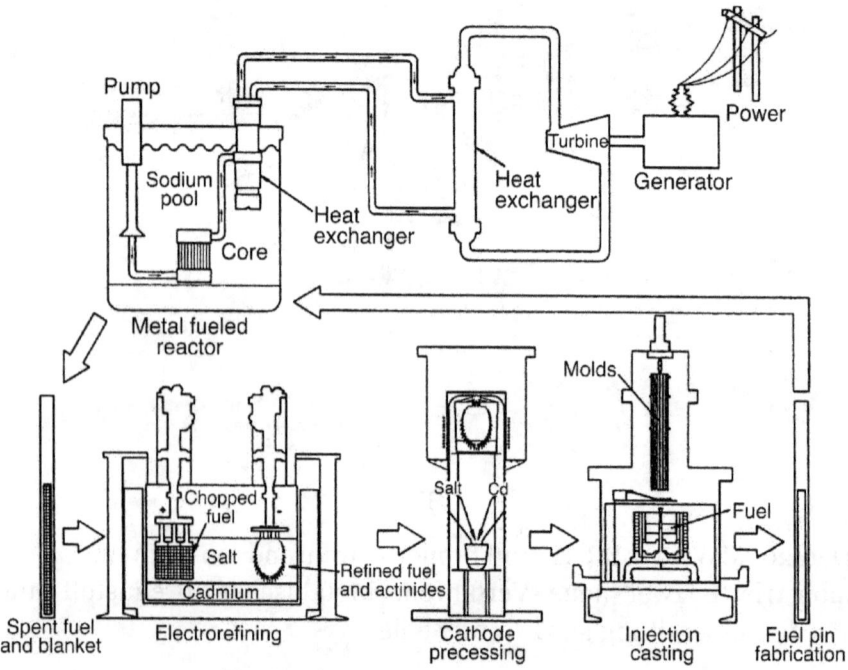

Brennstoff-Zyklus im IFR

Die Wiederaufbereitung beginnt mit dem Zerhacken der Brennstä-be. Dann wird das Material in einem Stahlkorb in einen Chlorsalzelektrolyten getaucht und anschliessend elektrolysiert. Dabei dient der Stahlkorb als Anode und zwei Kathoden aus Stahl und Kadmium können Uran und Plutonium trennen. Letzteres ist immer mit stark radioaktiven schwereren Transuranen wie Neptunium, Americium, Curium etc. vermischt. Die Metalle werden umgegossen und als neuer Brennstoff in Stahlröhren abgefüllt. Alle diese Vorgänge geschehen in einer Argon-Atmosphäre in abgeschirmten Zellen mittels Fernsteuerung.

Der Prozess ist aus verschiedenen Gründen resistent gegen Proliferation: Das grundsätzlich für Bomben geeignete Pu-239 ist zu stark mit anderen Plutonium-Isotopen vermischt, die spontan spalten und es enthält hochaktive Transurane, die mittels Elektrolyse nicht abgetrennt werden können und deren Strahlung für Plutonium-Diebe tödlich wäre.

Der IFR-Core hat eine Hülle aus Uran, in der durch Neutronenbeschuss Pu-239 erbrütet wird, das man unabhängig vom Wiederaufbereitungsprozess behandelt. Der Elektrolyseprozess kann das Plutonium nicht leicht abscheiden, aber es sind andere Prozesse bekannt wie der PUREX Prozess oder die Fluoridierung des Urans.

Am Argonne National Laboratory ist die IFR-Entwicklung weit genug getrieben worden, dass der Bau einer Demonstrationsanlage an die Hand genommen werden konnte. Doch 1994 beendete der US Kongress das Projekt auf Betreiben der Clinton Administration, die Proliferationsrisiken vorschob. Angaben über einen Bombentest, dessen Plutonium angeblich aus einem Kernkraftwerk stammte, müssen schon fast als Desinformation bezeichnet werden. Es handelte sich um Plutonium aus einem Reaktor, der auch für die Plutoniumproduktion gebaut worden war. In seiner „State of the Union"-Rede sagte Präsident Clinton1994: „Wir eliminieren nicht mehr benötigte Programme wie Forschung und Entwicklung auf dem Gebiet der Kernenergie."

Wer entschlossen ist, in den Besitz von Kernwaffen zu gelangen, würde bekannte Verfahren einsetzen, wie das Zentrifugieren von Uran oder den Bau von zur Plutoniumproduktion geeigneten Reaktoren. Plutonium aus einem IFR abzuzweigen wäre schwieriger, riskanter und teurer.

GE-Hitachis S-PRISM geht von der Entwicklung des EBR-II und des IFR aus.

GE-Hitachi (GEH) setzen für die Entwicklung des „S-PRISM" genannten 311-MW-Reaktors bei den Arbeiten am EBR-II und IFR in Argonne an. S-PRISM hat eine Brutrate von bloss 0,8, benötigt also eine Zufuhr von spaltbarem Material. Man möchte dafür abgebrannte Brennstäbe aus LWR, respektive das in ihnen verbliebene Plutonium und U-235 verwenden, womit gleichzeitig nukleare Abfälle vernichtet und Energie erzeugt würde.

Im Unterschied zum IFR hätte der S-PRISM eine separate Aufbereitungsanlage („Advanced Recycling Center", ARC) die 6 Reaktoren dient. GEH schätzt, dass ein Prototyp S-PRISM samt ARC für 3,2 Milliarden$ gebaut werden könnte. Die erste Brennstoffladung könnte aus überschüssigem Bombenplutonium stammen, das die USA zerstören wollen. Zur Zeit (2012) soll das durch Vermischen mit Uran bei der Herstellung von MOX-Brennstäben in einer im Bau befindlichen Anlage in Savannah River geschehen.

GEH hat noch keinen solchen Reaktor gebaut, aber 2010 mit dem Savannah River Lab (das dem US Energieministerium gehört) einen Vertrag abgeschlossen, der es GEH ermöglicht, dort ohne NRC Lizenz einen S-PRISM zu bauen. Im Jahr 2011 nahm GEH Verhandlungen mit dem Vereinigten Königreich auf, mit der Absicht, das S-PRISM-Konzept einzusetzen, um 100 Tonnen Plutonium zu nutzen, die in Sellafield in Cumbria liegen.

Russlands SVBR-100 nutzt die Erfahrungen der Alfa U-Boot Klasse.

Die russische Marine benutzte für ihre 40-Knoten Abfang-U-Boote einen Antrieb mit einem schnellen, Blei-Wismut gekühlten Reaktor. Sie erreichten angeblich eine Geschwindigkeit von über 80 km/h. Das letzte U-Boot der Alfa-Klasse wurde 1981 ausser Betrieb genommen. Mit 80 Betriebsjahren Erfahrung taucht nun dieser Reaktor als kleines modulares 100-MW-Kraftwerk wieder auf. Der

Dampferzeuger und der Reaktor-Core sind im gleichen Blei-Wismut Pool untergebracht. Eine Demonstrationsanlage ist für 2017 geplant.

Der russische BN-600 LMFBR läuft seit 1980.

Zur Zeit (2012) ist der BN-600 der einzige Flüssigmetall-gekühlte schnelle Brüter im kommerziellen Betrieb. Der 540-MW-Reaktor benutzt Uranoxid, das auf 26% angereichert ist, aber auch MOX. Es ist geplant, die brütende Uran-Hülle durch einen Neutronen-Reflektor aus Stahl zu ersetzen, was den Brüter zu einem Netto-Konsumenten macht, so dass die Russen ihre überschüssigen Vorräte an Bomben-Plutonium nutzen können.

Der BN-800 ist eine verbesserte Version. Er ist im Bau und soll 2014 ans Netz gehen. China hat zwei Einheiten bestellt, die ab 2013 in Sanming in der Provinz Fujian gebaut werden sollen.

Bill Gates unterstützt „TerraPower" und ihren Laufwellen-Reaktor.

TerraPower ist ein spin-off von „Intellectual Ventures". Das ist eine vom früheren Technologie-Chef von Microsoft, Nathan Myhrvold, gegründete Firma zur Lizenzierung und zum Verkauf von geistigem Eigentum. TerraPower wurde 2008 gegründet mit John Gilleland als Chef. Das Ziel ist, einen Laufwellen-Reaktor (Travelling Wave Reactor, TWR) zu entwickeln.

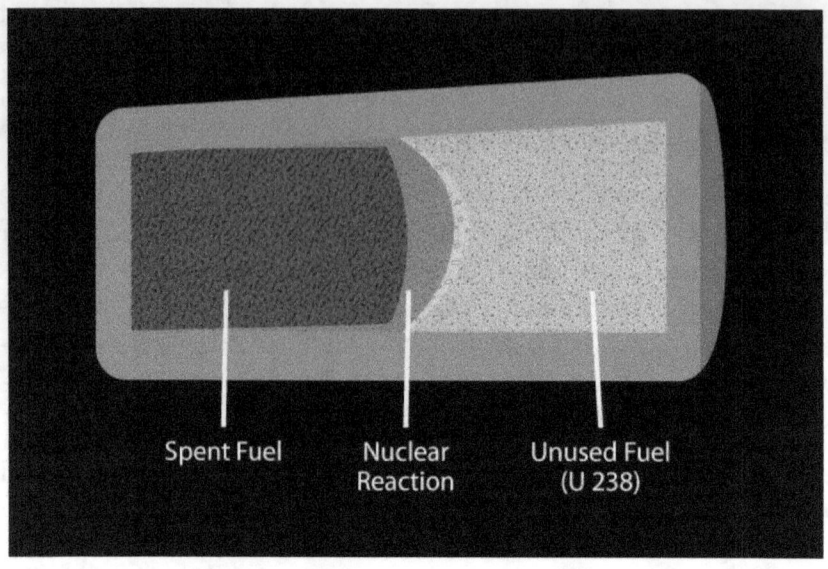

Spent Fuel   Nuclear   Unused Fuel
                Reaction   (U 238)

TerraPowers Laufwellen-Reaktor-Konzept

Die ursprüngliche Idee ist manchmal als „brennende Zigarre" bezeichnet worden. In der Mitte des obigen Diagramms ist eine Zone mit spaltbarem Pu-239, in der eine Kettenreaktion stattfindet. Überschüssige Neutronen dringen in das brütbare U-238 ein und verwandeln es nach und nach in Pu-239. Die reaktive Zone wandert in Jahrzehnten von links nach rechts und hinterlässt den abgebrannten Brennstoff bestehend aus 80% U-238 und 20% Spaltprodukten. TerraPower sagt, dass das abgebrannte Material ohne chemische Aufbereitung in neue Brennstäbe gegossen werden könne.

TerraPower wird von Bill Gates, Khosla Ventures, Charles River Ventures und Reliance Industries finanziert. TerraPower hat ein Team von über 50 Nuklearingenieuren versammelt und verfügt über neun Forschungspartner. Der Entwurf des TWR hat sich bedeutend entwickelt und profitiert von den Erfahrungen aus der EBR-II- und IFR-Entwicklung.

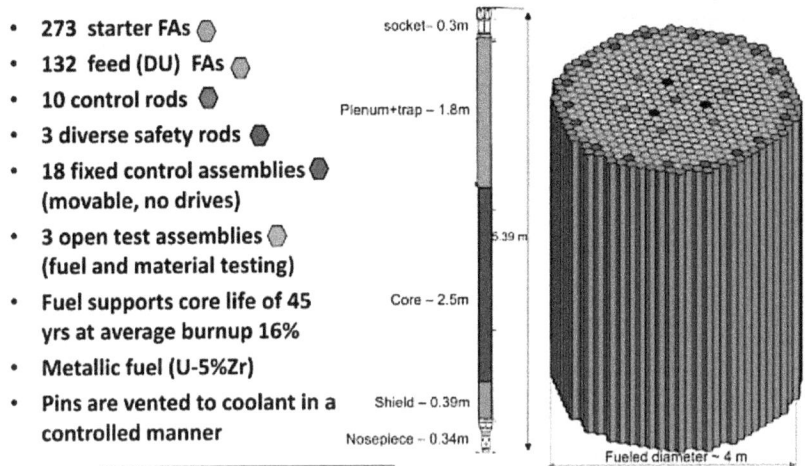

- **273 starter FAs**
- **132 feed (DU) FAs**
- **10 control rods**
- **3 diverse safety rods**
- **18 fixed control assemblies** (movable, no drives)
- **3 open test assemblies** (fuel and material testing)
- **Fuel supports core life of 45 yrs at average burnup 16%**
- **Metallic fuel (U-5%Zr)**
- **Pins are vented to coolant in a controlled manner**

socket– 0.3m

Plenum+trap – 1.8m

5.39 m

Core – 2.5m

Shield – 0.39m

Nosepiece – 0.34m

Fueled diameter ~ 4 m

TerraPower Reaktor mit von-innen-nach-aussen Laufwelle

TerraPower versetzt die Brennstäbe intern.

Im gegenwärtigen Entwurf sind Brennstäbe mit spaltbarem Material in der Mitte, wo auch die Kettenreaktion stattfindet. Darum herum sind Stäbe aus brütbarem U-238 angeordnet, das von den schnellen Neutronen aus der reaktiven Zone in PU-239 umgewandelt wird. So wandert die reaktive Zone radial nach aussen.

Alle 18 bis 24 Monate ersetzt eine Maschine im Innern des Reaktors die abgebrannten Stäbe im Zentrum durch Stäbe mit spaltbarem Material aus der Peripherie.

Wie alle LMFBR wird der 500-MW-TWR-D Reaktor mit flüssigem Natrium gekühlt, das den Core mit einer Temperatur von 510°C verlässt und dann durch einen internen Wärmetauscher fliesst. Der sekundäre Natriumkreislauf transportiert die Wärme zu einem Dampferzeuger, um mit einem Wirkungsgrad von 42% eine konventionelle Turbogeneratorgruppe anzutreiben.

Wie im EBR-II ist die Uran-Zirkon-Legierung in Stahlröhren verpackt, die einen Expansionsraum aufweisen, damit das schwellende Metall und die gasförmigen Spaltprodukte Platz finden. Zum

Druckabbau werden die flüchtigen radioaktiven Stoffe regelmässig abgeblasen, damit sie anschliessend aus dem Natrium entfernt werden können. Im Gegensatz zum EBR-II und IFR bleiben die Brennstäbe volle 40 Jahre im Reaktor. Es findet keine Wiederaufbereitung statt, ausser, wenn gewünscht, am Ende des vollen Zyklus.

Brennstoff für den TWR-D ist im Überfluss vorhanden. Die US Regierung besitzt über 500'000 Tonnen U-238, die bei der Anreicherung von LWR Brennstoff übrig geblieben sind. Das allein könnte den gesamten amerikanischen Strombedarf für 500 Jahre sicherstellen. Die bekannten Uranvorkommen sind 10 Mal so gross und 10'000 Mal soviel befinden sich im Meerwasser. Die Brennstoffvorräte sind praktisch unerschöpflich.

Kontrollstäbe steuern die Reaktivität und weitere Kontrollstäbe können den Reaktor ausschalten. Der TWR-D verfügt über ein passives Kühlsystem, das die Wärme abführt ohne elektrische Energie zu benötigen und zwar sowohl bei einem Verlust der primären Kühlung als auch bei einem Verlust der Wärmesenke (durch Ausfall des Turbogenerators).

Die Proliferationssicherheit ist ähnlich wie bei einem LWR: Kein Plutonium existiert ausserhalb der Reaktor-Cores. U-238 wird innerhalb des Cores zu Pu-239 umgewandelt und dieses wird konsumiert. Das PU-239 ist mit anderen Pu-Isotopen vermischt, womit es für Waffen ungeeignet ist. Die abgebrannten Brennstäbe enthalten hochradioaktive Spaltprodukte, die ungeschützte Bombenbauer töten würden.

Passend zu den Gründern ist der Reaktor auf äusserst umfangreichen Computermodellen aufgebaut. Diese berücksichtigen die Einfangsquerschnitte und Zerfallsraten von 3'400 Isotopen darunter 1'300 Zerfallsprodukten. Das TerraPower-Team kann Monte-Carlo-Simulationen von 110'000 Zonen im Core, verteilt auf 60 Jahre innert eines Tages berechnen.

Das wirtschaftliche Ziel des TWR-D ist es, die klassischen LWR preislich unterbieten zu können. Einsparungen entstehen durch den Wegfall der Anreicherung (ausser zum Anfahren) und die hohe

Temperatur, die eine um 20% höhere Ausbeute an elektrischer Energie erlaubt.

Wie viel U-235 zum Anfahren benötigt wird, ist nicht bekannt gegeben worden. Doch wenn der TWR-D ähnlich operiert wie andere schnelle Reaktoren, dann dürfte es 5- bis 10-mal mehr sein als bei einem LFTR. Das Uran soll auf „unter 20%" angereichert werden, etwa 5-mal stärker als für LWRs.

TerraPower erfüllt mit den detaillierten Konstruktionsangaben für den TWR-D die Sicherheitsanforderungen der IAEA. Der Bau könnte 2015 beginnen mit einer Inbetriebnahme um 2020, aber dafür gibt es keine konkreten Pläne.

Die Vorteile des LFTR bedingen einen längeren Entwicklungs-pfad als für LMFBR.

Verglichen mit LMFBR hat der LFTR verschiedene Vorteile:

1   Der LFTR hat eine höhere Betriebstemperatur (700°C statt 510°C). Das ermöglicht den Einsatz effizienterer Brayton-Turbinen.

2   Die hohe Betriebstemperatur des LFTR ermöglicht Wasserstoff-produktion mit Thermolyse und andere Hochtemperaturprozes-se.

3   Fluoridsalze haben eine 4,5-mal höhere Wärmekapazität pro Volumen als Natrium. Das macht den LFTR 2- bis 4-mal kleiner als den IFR.

4   Zum Anfahren benötigt der LFTR 5- bis 10-mal weniger spaltba-res Material.

5   Das LFTR Flüssigbrennstoff-Verfahren ist einfacher. Alle LMFBR in den USA sind ausser Betrieb. Weltweit ist nur noch einer im kommerziellen Betrieb, in Russland.

Der LMFBR ist möglicherweise weiter in der Entwicklung zum kommerziellen Betrieb:

1   Die US Regierung investierte über 16 Milliarden$ (zu Preisen von 2012) in die IFR-Entwicklung.

2   Der EBR-II, der erste LMFBR der Welt mit metallischem Brenn-stoff, wurde während 30 Jahren erfolgreich betrieben.

3   Die Wiederaufbereitung der abgebrannten Brennstoffe ist er-probt.

4   Hinter dem LMFBR steht eine potente Firma (GE-Hitachi), die bereits die Lizenzierung durch die NRC eingeleitet hat.

5   Der Laufwellenreaktor wird vom kompetenten und gut finan-zierten TerraPower-Team entwickelt und ist als Konzept fertig-gestellt. Er könnte bis 2020 gebaut werden.

BESCHLEUNIGER-BETRIEBENER

UNTERKRITISCHER REAKTOR

Ein Beschleuniger-betriebener Reaktor ist unterkritisch.

In den heutigen Kernkraftwerken wird Energie in einer Kettenreaktion produziert. Die Spaltung von Uran-Atomen durch Neutronen produziert weitere Neutronen, die wiederum Uran-Kerne spalten; das ist die Kettenreaktion. Jede Spaltung generiert 2 oder 3 neue Neutronen – einige werden absorbiert, andere spalten Kerne. Die durchschnittliche Anzahl Neutronen aus einen Spaltung, die wieder einen Kern spalten nennt man den effektiven Multiplikationsfaktor k_{eff}. Für eine stabile Kettenreaktion muss $k_{eff} = 1$ sein. Wenn $k_{eff} > 1$ ist, wird die Kettenreaktion schneller, der Core wird heisser, was die Reaktivität verkleinert und die Kettenreaktion wird langsamer. Wenn $k_{eff} < 1$ ist, bricht die Kettenreaktion ab, weil der Reaktor jetzt unterkritisch ist.

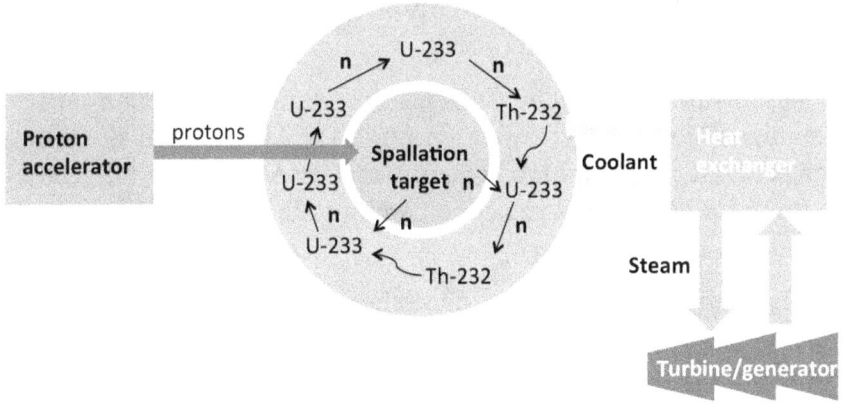

Beschleuniger-betriebener Reaktor

Ein Beschleuniger-betriebener Reaktor ist normalerweise unterkritisch. Er kann keine Kettenreaktion aufrecht erhalten, es sei denn, es werden zusätzliche Neutronen von aussen zugeführt. Im Ring in der Grafik werden U-233 Kerne gespalten und emittieren Neutronen, wobei k_{eff} von ihnen mehr U-233 spalten. Wenn $k_{eff} = 0,95$ ist, stirbt die Kettenreaktion nach 20 Generationen aus. Um sie aufrecht zu erhalten, braucht es auf 20 Neutronen ein zusätzliches, das von aussen kommen muss.

Die Quelle dieser Neutronen ist ein Block aus einem schweren Metall wie Blei, der mit hochenergetischen Protonen bombardiert wird. Moderne mehrstufige Beschleuniger können die kinetische Energie von Protonen auf 1 GeV bringen. Das ist viel Energie – etwa so gross wie die Ruhemasse des Protons. Wenn so ein Proton auf Blei trifft, löst es eine Kaskade von Elementarteilchen aus, darunter im Durchschnitt 24 Neutronen. Diese Neutronen können U-233 Kerne spalten und in der Kettenreaktion 19 weitere Neutronen kreieren wenn $k_{eff} = 0,95$ ist.

In einem Beschleuniger-betriebenen unterkritischen Reaktor („Accelerator-Driven Subcritical Reactor, „ADSR") enthält der Core Th-232 wie auch U-233. Einige Neutronen werden vom Th-232 absorbiert, was über einen zweistufigen Zerfall zu U-233 führt, dargestellt durch die Schlangenlinien. Der Brennstoff des ADSR ist also Th-232, aus dem U-233 erbrütet wird.

Der Beschleuniger braucht viel Leistung, um die Protonen zu beschleunigen. Je nach Typ kann ein 600 MW ADSR einen Beschleuniger benötigen, der 15 MW konsumiert. Der ADSR wird manchmal als „Energieverstärker" bezeichnet, weil er ein Mehrfaches der aufgewendeten Leistung liefert.

E. O. Lawrence beschrieb die Idee schon 1948. Ein anderer Nobelpreisträger, Carlo Rubbia, erweckte den ADSR zu neuem Leben und patentierte ihn 1995. Der ADSR hat einige der Vorzüge des LFTR, wie den Rückgriff auf reichlich vorhandenes Thorium als Vorstufe zu Nuklearbrennstoff und die wenigen langlebigen Transurane.

Den ADSR kann man ausschalten.

Was die Öffentlichkeit als Sicherheitsvorteil wahrnimmt, ist die Tatsache, dass der Reaktor nur dann läuft, wenn der Beschleuniger in Betrieb ist. Der Operateur kann diesen einfach ausschalten.

Allerdings könnte ein manuell betätigter Schalter zu langsam sein. Automatische Systeme zum Abschalten von Reaktoren können ebenfalls versagen. LWRs sind inhärent geschützt weil das überhitzte Wasser verdampft und nicht mehr als Moderator wirkt. Das Flüssigsalz eines LFTR expandiert und entfernt einen Teil des Brennstoffs aus der Kritikalitätszone und die Kettenreaktion bricht ab. Diese physikalisch bedingten Sicherheitsfunktionen benötigen keine menschlichen Eingriffe.

Alle Reaktoren in Fukushima haben sich ordnungsgemäss beim Erdbeben mittels ihrer Kontrollstäbe abgeschaltet. Der Schaden wurde durch die Nachzerfallswärme verursacht, die nicht abgeführt werden konnte. In einem ADSR kann man diese Wärmequelle auch nicht abschalten.

Grosse Protonenbeschleuniger sind teuer und unzuverlässig.

Protonenbeschleuniger die sich zum Betrieb von ADSR eignen würden, sind noch nie gebaut worden. Ob sie zu Dauerbetrieb, wie er für die Stromversorgung unabdingbar ist, überhaupt tauglich sind, weiss man nicht.

Die grösste Spallations-Neutronenquelle steht (2012) im Oak Ridge National Lab. Sie kann 1,4 MW mit 1-GeV Protonen produzieren. Das sind $1{,}5 \times 10^{14}$ Protonen pro Sekunde. Sie wird verwendet, um Neutroneneffekte zu studieren. Ihr Betrieb ist nicht kontinuierlich. Sie wurde 2006 vollendet und kostete 1,4 Milliarden\$. Weil die Beschleuniger nicht im Dauerbetrieb arbeiten können, braucht es für jeden ADSR mehrere Beschleuniger. Sie kosten mehr als ein gewöhnliches Kernkraftwerk.

ADSRs benötigen zuverlässige Kontrollstäbe.

Weil die Beschleuniger so teuer sind, ist man versucht, die Reaktivität an der Kritikalitätsgrenze zu halten. Rubbia rechnet mit einem k_{eff} =0,997, was nahe bei einer stabilen Kritikalität liegt. Die Mischung von U-233, Spaltprodukten und spaltbaren Transuranen ändert sich im Lauf des Zyklus und ein k_{eff} >1 ist nicht ausgeschlossen, ausser wenn Kontrollstäbe das verhindern, indem sie überschüssige Neutronen absorbieren. Ein blockierter Kontrollstab könnte also eine Überhitzung nicht verhindern und diese könnte man nicht einfach „abschalten" indem man den Beschleuniger ausschaltet. Ein ADSR benötigt hochzuverlässige Kontrollmechanismen, genau wie unsere LWRs.

Die besten Sicherheitssysteme sind diejenigen, die auf physikalischen Grundlagen beruhen. Zum Beispiel dehnt sich die Salzschmelze des LFTR aus wenn sie überhitzt und verdünnt damit das spaltbare Uran womit die Reaktivität verkleinert wird. Ein anderes Beispiel: der gasgekühlte Hochtemperatur-Reaktor kann nicht überkritisch werden, weil bei einer Überhitzung die Absorptionslinie des U-238 durch den Dopplereffekt verbreitert wird und mehr Neutronen absorbiert werden, was die Reaktivität senkt und den Reaktor stabilisiert. Noch ein Beispiel: Die traditionellen LWRs fahren zurück wenn sie überhitzen, weil der kochende Moderator die Neutronen nicht mehr genügend abbremst.

Einen ADSR ohne spaltbares Material anfahren zu wollen ist unpraktisch.

Der beschriebene ADSR benutzt U-233 als Spaltmaterial. Ein ADSR kann aber auch mit einer beliebigen Mischung aus U-233, U-235 und Pu-239 oder den spaltbaren Isotopen in abgebrannten Brennstäben aus LWRs angefahren werden. Im Betrieb werden diese schliesslich aufgebraucht und der Betriebsstoff ist dann ausschliesslich U-233 aus der Neutronenbestrahlung von Th-232.

Ein angeblicher Vorteil des ADSR ist der, dass er angefahren werden kann ohne dass spaltbares Material herantransportiert werden muss. Man würde einfach den Beschleuniger anschalten und die Spallations-Neutronen würden Th-232 in U-233 verwandeln. Allerdings würde es 40 bis 400 Jahre dauern, bis genügend U-233 produziert wäre, um eine selbsterhaltende Reaktivität zu erzeugen.

Die meisten ADSR-Pläne sehen Flüssigmetall-gekühlte schnelle Reaktoren vor mit Blei oder Blei-Wismut als Kühlmittel. Diese Reaktoren bräuchten das Fünffache an spaltbarem Material zum Anfahren, verglichen mit thermischen Reaktoren.

Ralph Moir's Schätzung von 500$ pro Gramm Uran-233, das vom Beschleuniger produziert wird, ist das zehnfache dessen, was U-233 aus Th-232 kostet. Allein der Strom zum Betrieb des Beschleunigers um genug U-233 für einen 1GW-ADSR zu produzieren würde 240 Millionen$ kosten.

Die Englische ThorEA fördert ADSR-Forschung.

„The Thorium Energy Association" (ThorEA) ist eine englische, nicht gewinnorientierte Organisation, die Thorium als Kernbrennstoff propagiert und dazu Konferenzen und Workshops zum Thema ADSR organisiert.

ThorEA, ursprünglich die „Thorium Energie-Verstärker Vereinigung" publizierte im Jahr 2010 einen Bericht, der eine Investition von 500 Millionen$ der öffentlichen Hand für die Entwicklung eines ADSR über 5 Jahre forderte. Anschliessend sollten 3 Milliarden von der Industrie aufgebracht werden, um innert 10 Jahren einen 600MW(e)-Prototypen zu entwickeln, der 2025 in Betrieb gehen sollte. ThorEA möchte, dass das UK in dieser Technik führend wird. Ihr Blog hat links zu Publikationen zur ADSR-Technik.

ADSRs sind von verschiedenen Jungunternehmen studiert worden.

Die norwegische Öldienstleistungsgesellschaft Aker begründete 2010 eine Zusammenarbeit mit Carlo Rubbia und unternahm eine Machbarkeitsstudie für ein 600MW(e)-ADSR-Kraftwerk (genannt ADTR). Das wäre ein unterkritischer, Thorium-betriebener, bleigekühlter schneller Reaktor mit einem Protonenbeschleuniger geworden. Aker kaufte Rubbias Patente und investierte 3 Millionen$ in Studien.

ADNA (Accelator Driven Neutron Applications), eine Firma in Virginia, USA, schlug 2010 ein 160 Millionen$ teures Forschungsprojekt vor, das sich mit einer Flüssigsalz-Version eines ADSR befassen sollte.

Der *„International Workshop on ADS and Thorium Utilization"* hielt je ein Treffen in Virginia und in Indien ab.

Ein Grossteil des Interesses an der ADSR-Technik kommt von Physikern, die Beschleuniger für ihre Grundlagenforschung einsetzen und die diese neue Anwendung gefunden haben.

Das Interesse der Medien hat viel mit Carlo Rubbia zu tun, dem italienischen Nobelpreisträger und ehemaligen Direktor des CERN, der die Idee des Energieverstärkers patentiert hat. Es ist eine interessante Idee aber sogar Rubbia selbst sagt, er sei Physiker und kein Ingenieur.

Der ADSR hat keinen Vorteil gegenüber dem LFTR

Obwohl die neuartige Anwendung von Teilchenbeschleunigern interessant ist, wird der ADSR bestimmt kein Anwärter auf den „billiger als Kohle-Strom"-Titel. Er hat keinen Vorteil gegenüber anderen Typen von Reaktoren. Die „Ausschaltfunktion" bringt nicht mehr Sicherheit. Er benötigt alle Sicherheitseinrichtungen, die andere Reaktoren benötigen. Es handelt sich wirklich einfach um einen Reaktor mit einem angeschlossenen teuren Beschleuniger.

Für den LFTR ist das Flüssigsalz der Schlüssel zu den niedrigen Kosten. Es transportiert Brut- und Spaltstoff. Es hat eine hohe Wärmekapazität und damit sehr gute Kühleigenschaften und eine hohe Energiedichte, was tiefe Kosten ermöglicht – Energie, billiger als Kohle-Strom, eben. Die Sicherheit ist inhärent. Nach dem Anfahren muss kein spaltbares Material vom und zum Reaktor transportiert werden. Der Vorrat an Kernbrennstoff ist klein. Flüssigsalzreaktoren sind erprobt. Die flüssige Form des Brennstoffs erlaubt eine kontinuierliche Entfernung der Spaltprodukte. Die Edelgase bilden Blasen, die Edelmetalle fällen aus und die übrigen Spaltprodukte, die als Fluoride vorliegen, können chemisch abgetrennt werden. Das Abtrennen der Spaltprodukte erhöht die Sicherheit. Im LFTR gibt es keinen Spaltprodukte-Abfall in festen Röhren innerhalb des Reaktors.

VORTEILE DES LFTR

Nuklearingenieur Ed Phiel hat diese Liste der Vorteile des LFTR zusammengestellt:

1 Geringe Produktion von Pu-239.

2 Verglichen mit LWR, bloss 1% radioaktives Inventar.

3 Der Abfall enthält praktisch kein spaltbares Material, so gibt es keine Gefahr von Kritikalitätszwischenfällen bei der Abfallbehandlung.

4 Keine Xenon-Vergiftung und dadurch verursachte Instabilität.

5 Inhärent sicher durch thermische Expansion wodurch bei steigender Temperatur die Kettenreaktion unterbrochen wird.

6 Der Core ist flüssig und kann deshalb nicht schmelzen.

7 Keine Gefahr von Kühlmittelexplosionen, keine Gefahr eines Kühlmittelverlusts und Emission von radioaktivem Material in die Umgebung.

8 Der ganze Core kann bei Überhitzung aus irgendeinem Grund automatisch in eine unterkritische Situation überführt werden mit beliebig langer Kühlung durch Konvektion.

9 Der Core ist ohne Steuerstäbe lastfolgend durch automatische Anpassung der Reaktivität.

10 Thorium ist fast gratis erhältlich als Abfall bei der Gewinnung Seltener Erden.

11 Thorium ist weniger radioaktiv als Uran.

12 Der Kernbrennstoff des LFTR wird kontinuierlich nachgefüllt, Betriebsunterbrüche sind unnötig.

13 Der LFTR benötigt keine Überschuss-Reaktivität im Core die von Steuerstäben zur Regelung benötigt wird.

14 Der LFTR erbrütet seinen Kernbrennstoff, der mit Fluor-Spülung und anschliessender Wasserstoffreduktion aus dem Hüllenmaterial entfernt und in den Core geleitet wird.

15 Der Funktionsnachweis eines Flüssigsalz-Reaktors mit einem Kreislauf wurde im ORNL erbracht

16 Das spaltbare Uran-233 enthält U-232, das Ausgangs-Isotop einer Zerfallskette mit Thallium-208, ein starker Gamma-Strahler, der U-233 für die Waffenproduktion ungeeignet macht.

17 Die ganze Core-Infrastruktur fällt weg, weil der Core einfach aus flüssigen Salz besteht. Das reduziert Investitions- und Betriebs-kosten gegenüber einem LWR.

18 Wegen der höheren Temperatur kann die Stromproduktion bis zu 50% effizient sein, verglichen mit 33% für LWRs.

6 SICHERHEIT

UNFÄLLE

Unfälle passieren. Im Energiesektor können Unfälle schwere Auswirkungen haben, weil grosse Mengen Energie zum Beispiel in Öltanks, Stauseen und nuklearen Brennstäben gespeichert sind. Obwohl die Wahrscheinlichkeit eines Unfalls nie null sein kann, bemühen sich Ingenieure und Aufsichtsbehörden, die Zahl der Unfälle klein und akzeptabel zu halten.

Es hilft, die Häufigkeit und die Schwere von Unfällen in nuklearen Anlagen mit der in anderen Energieversorgungsanlagen zu vergleichen.

22 Energiekatastrophen töteten im Jahr 2010 nicht weniger als 608 Personen.

Alexis Madriga vom „The Atlantic" Magazin publizierte eine illustrierte Liste von Unfällen im Jahr 2010, die unten zusammengefasst ist:

Energie-Katastrophen 2010			
Unfall	Ort	Datum	Tote
Gaskraftwek-Explosion	Middletown CT, USA	7.Feb.	6
Raffinerie-Explosion	Artesia NM, USA	2. Mrz.	2
Brand in Kohlemine	Zhengzhou, China	15. Mrz	25
Einsturz einer Kohlemine	Quetta, Pakistan	20. Mrz	45
Wasser in Kohlemine	Shanxi, China	28 Mrz	28
Raffinerie-Explosion	Anacortes WA, USA	2. Apr.	5

Explosion in Kohlemine	Raleigh County WV, USA	5. April	29
Explosion auf Ölplatform	Golf von Mexico	20. Apr	11
Kohlemine-Explosion	Mezhdurechensk, Russland	8. Mai	91
Gas-Explosion	Anshun, Chizhou, China	14. Mai	21
Kohlemine-Explosion	Zonguldak, Turkey	18. Mai	28
Kohlemine-Explosion	Shanxi Provinz, China	19. Mai	10
Kohlemine Dynamit-Explosion	Chenzhou, China	30. Mai	17
Kohlemine Gas-Explosion	Amaga, Colombia	17. Jun	73
Kohlemine Kohlenmon-oxid-Vergiftung	Pingdingshawn City, China	21. Jun	46
Erdgas-Explosion	Los Angeles CA, USA	30. Juli	1
Erdgas-Pipeline-Explosion	San Bruno CA, USA	10. Aug	5
Kohlemine-Explosion	Yuzhou, China	16. Oct	20
Kohlemine Gas-Explosion	Greymouth, New Zealand	19. Nov	29
Kohlemine-Explosion	Heilongjiang, China	Nov 21	87
Erdöl-Pipeline-Explosion	San Martin Texmelu-can, Mexico	Dec 19	27
Erdgas-Explosion	Wayne IN, USA	Dec 29	2

Keiner dieser Unfälle betraf ein Kernkraftwerk. Doch was ist mit Fukushima, Tschernobyl und Three Mile Island? In Fukushima und

Three Mile Island wurde niemand verletzt oder getötet. In der untenstehenden Zusammenstellung von schweren Unfällen bei der Stromproduktionskette des Schweizerischen Paul Scherrer Instituts ist der Unfall von Tschernobyl berücksichtigt. Ein schwerer Unfall ist definiert als einer mit fünf oder mehr Toten. Die Stromproduktionskette umfasst alle Tätigkeiten von der Gewinnung der Rohstoffe über den Transport, die Verarbeitung, die Stromproduktion bis zur Entsorgung.

Schwere Unfälle in der Energiekette, 1969-1996			
Energie Kette	Unfälle mit >5 Toten	Tote	Tote per GW-Jahr
Kohle	185	8,100	0.35
Öl	330	14,000	0.38
Erdgas	85	1,500	0.08
Flüssiggas	75	2,500	2.9
Wasserkraft	10	5,100	0.9
Kernkraft	1	28	0.0085

Zur besseren Vergleichbarkeit wurde in der letzten Kolonne das Verhältnis von Todesfällen zu der mit der betreffenden Technik produzierten Energiemenge berechnet. Kernenergie ist bei weitem die sicherste Energiequelle – 9-mal sicherer als Erdgas und 41-mal sicherer als Kohle.

Die „Nuclear Regulatory Commission" (NCR) der USA hat die Folgen schwerer Nuklearunfälle untersucht.

Im Jahr 2012 hat die NRC der USA einen Bericht publiziert, in dem die Resultate einer fünf Jahre dauernden Studie über Reaktorauswirkungen zusammengefasst sind. Die Untersuchung beruht auf Daten aus Jahrzehnten Betriebserfahrung von zwei unterschiedli-

chen Kraftwerkauslegungen und Computersimulationen von denk-
baren Reaktorunfällen mit der neusten Simulationssoftware. Der
Bericht sagt:

> „Unsere Untersuchungen ergeben ein verschwindend kleines Ri-
> siko von unmittelbaren Todesfällen."

> Die berechneten Krebstodesfälle aus den untersuchten Szenari-
> en sind mehrere tausendmal kleiner als die Sicherheitsvorschrif-
> ten der NRC erlauben und millionenmal kleiner, als das generel-
> le Krebsrisiko."

Dieser Bericht umfasst die Analyse von Siedewasser- und Druckwasser-Reaktoren in den USA. LFTRs und DMSRs sollten noch sicherer sein, weil sie keine hohen Drücke aufweisen, der Core nicht
schmelzen kann und die Nachzerfallswärme passiv abgeführt wird.

IONISIERENDE STRAHLUNG

Wenn etwas strahlt, wird Energie von einer Quelle strahlenförmig
(radial) ausgesandt. Bekannte Strahlenarten sind Sonnenlicht, das
von der Sonne weg strahlt, Radiowellen von der Antenne eines
Handy, infrarote Strahlung aus der Fernbedienung und Fernsehsig-
nale von Satelliten im Weltraum. Ionisierende Strahlung ist ener-
giereicher und kann chemische Bindungen in lebenden Zellen lösen.

**Weniger als 0,2% der ionisierenden Strahlung kommt aus
Kernkraftwerken.**

Die Hälfte der natürlichen Strahlung stammt aus Radon-Gas, ein
Zerfallsprodukt des Radiums in der Erdkruste. Der Rest stammt aus
der kosmischen Strahlung und verschiedenen, natürlich radioaktiven Elementen. Der grösste Teil der künstlichen Strahlung stammt
aus medizinischer Diagnose und Therapie. Nur 1% der künstlichen
Radioaktivität hat einen Zusammenhang mit Kernenergie.

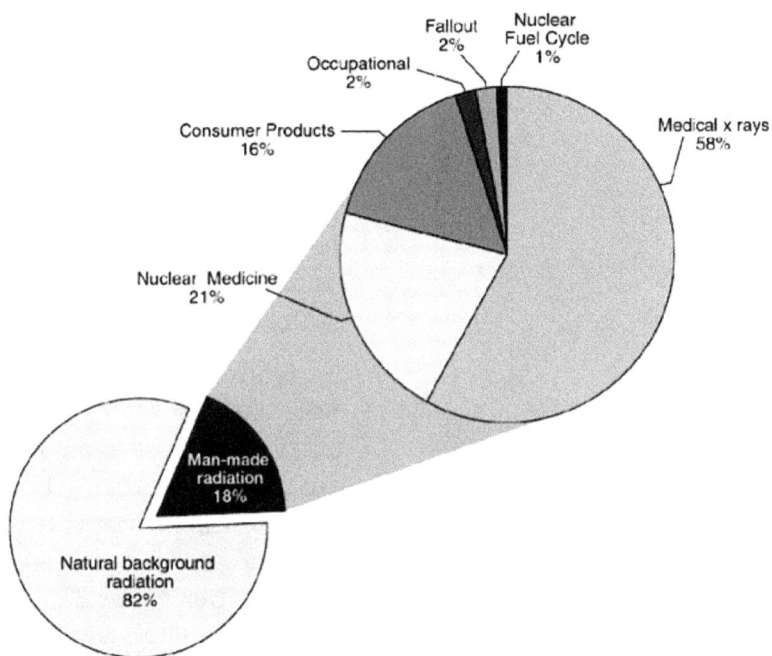

Quellen von ionisierender Strahlung, der wir ausgesetzt sind.

Vier ionisierende Partikel mit vier verschiedenen Wirkungen.

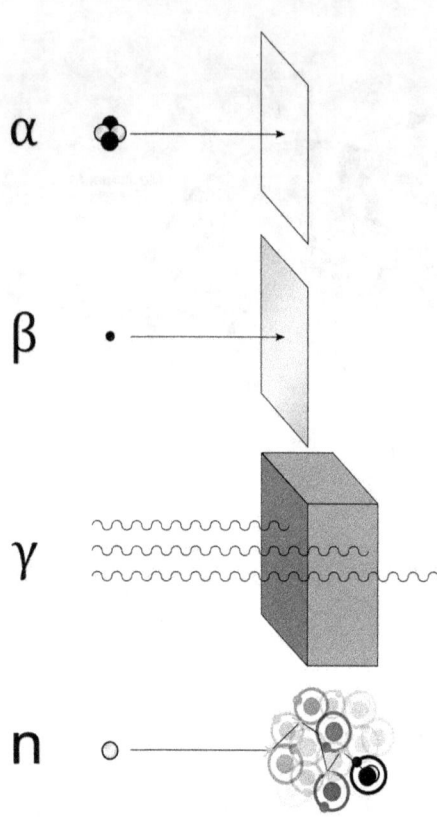

Energiereiche, schwere Alpha-Teilchen (He-Kerne) aus dem Zerfall von Transuranen können die tote Hautschicht (Epidermis) nicht durchdringen.

Beta-Teilchen sind Elektronen, die von Kernen mit NeutronenÜberschuss ausgesandt werden. Sie können eine Metallfolie nicht durchdringen.

Gammastrahlung sind Photonen, die von Atomkernen mit einem Überschuss an Energie ausgesandt werden. Um sie abzuschirmen, braucht es viel Material wie einige Meter Beton oder Dezimeter Blei.

Neutronen aus Kernspaltungen werden von leichten Atomkernen wie Wasserstoff (H) in Wasser abgebremst. Sie ionisieren nicht.

Obwohl Alphastrahlung von der toten Epidermis absorbiert wird, können sie Lungen- und Darmgewebe schädigen, wenn ein Alphastrahler durch Nase oder Mund aufgenommen wird. Radon-Gas aus dem Zerfall von Radium im Granit kann sich in Wohnungen sammeln. Es hat eine Halbwertszeit von vier Tagen und in unseren Lungen kann es zu Polonium und dann zu Blei zerfallen. Weniger bekannt ist, dass die Düngemittel für Tabakpflanzen und damit auch Zigaretten Spuren von Radium enthalten. Wer ein Paket im Tag raucht nimmt eine zusätzliche Dosis von 12 mSv pro Jahr aus dem Zerfallsprodukt Polonium in Kauf, verglichen mit der normalen Umgebungsdosis von 2 mSv pro Jahr.

Ionisierende Strahlung kann Zellen schädigen.

Die Bindungsenergien in Molekülen sind in der Grössenordnung von 1 Elektronvolt (eV) und ionisierende Energie von 10 eV und mehr kann von einem Molekül ein Elektron herausschlagen und es damit in ein Ion oder ein freies Radikal verwandeln, das chemisch reaktiv ist. Der normale Zellmetabolismus ist die hauptsächliche Quelle von reaktiven Sauerstoffmolekülen wie Wasserstoffperoxid. Normalerweise verwandeln Enzyme diese reaktiven Moleküle zurück in Wasser und Sauerstoff, aber ein Überschuss davon kann DNA, RNA und Proteine schädigen.

Die Reparatur von geschädigter DNA findet in unserem Körper ständig statt, etwa einmal pro Sekunde pro Zelle in allen 100 Tausend Milliarden Zellen im Körper. Die überwiegende Quelle der Schädigungen ist der normale Stoffwechsel, nicht ionisierende Strahlung.

Man misst Radioaktivität indem man Zerfälle zählt.

Die bekannten Klicks eines „Geigerzählers" entstehen, wenn ein Atomkern zerfällt und ein Alpha-, Beta- oder Gammateilchen aussendet. Die meisten Zähler können nur Beta- und Gammastrahlen registrieren. Ein Becquerel (Bq) ist ein Zerfall pro Sekunde. Beispielsweise hat das Kalzium in einer Banane eine Quellstärke von 20 Bq, 20 Zerfälle und damit 20 Strahlen pro Sekunde. Ein Bund von 10 Bananen enthält also 200 Bq, aber die wenigsten Betateilchen schaffen es aus den Bananen heraus, aber wenn man die Bananen isst, gelangt das Kalium in eine Zelle im Körper. Das ist natürlich und normal.

Die Tabelle auf der nächsten Seite gibt einige Beispiele von Quellenstärken in Becquerel.

Bq	Radioaktive Quelle
Beispiele von Radioaktivität in Zerfällen pro Sekunde (Bq)	
20	Eine Banane
100	Japanischer Grenzwert für I-131/Liter in Babymilch
300	Japanischer Grenzwert für I-131/Liter im Trinkwasser
650	Ein Kubikmeter typischer Mutterboden (500 Bq von K-40)
740	US Grenzwert für Tritium/Liter im Trinkwasser
1,000	1 kg Kaffee
1,000	1 kg Granit (z.B. eine Küchenabdeckung)
2,000	1 kg Kohleasche
2,000	Japanischer Grenzwert für 1 kg Fisch
3,000	Radon in einer 100 m^2 grossen australischen Wohnung
3,000	IAEA Grenzwert für I-131 / Liter im Trinkwasser
5,000	1 kg Superphosphat-Dünger
7,000	Erwachsener Mensch (70 kg)
7,000	Ontario-Grenzwert für Tritium/Liter im Trinkwasser
10,000	Schweiz. Grenzwert für Tritium/Liter im Trinkwasser
30,000	Rauchmelder mit Americium
30,000	Radon in einer 100 m^2 Wohnung in Europa
500,000	1 kg Uranerz (Australien, 0.3%)
925,000	Tritium in einer Armbanduhr
1 Million	1 kg schwach radioaktiver Abfall
25 Millionen	1 kg Uranerz (Kanada, 15%)
70 Millionen	Radioisotop für Medizinische Diagnose
4 Milliarden	Iod-131 Quelle für Schilddrüsenbehandlung
1 Billion	Ein „EXIT" Leuchtzeichen mit Tritium (1970)
10 Billionen	1 kg 50-jähriger verglaster Abfall aus Kernbrennstoff
100 Billionen	Radioaktive Quelle für Strahlentherapie
400 Trillionen	Fukushima
3'000 Trillionen	500 atmosphärische Kernwaffentests
4'000 Trillionen	Tschernobyl

Strahlendosen misst man in Energieeinheiten.

Die Strahlendosis ist ein Mass für die Menge Energie, die durch ionisierende Strahlung in lebender Masse deponiert wird. Man misst die Energie in Joules. Ein Joule ist eine Wattsekunde oder 6 x

10^{18} eV. Das ist sehr viel verglichen mit 1 eV der chemischen Bindung.

Weil mehr Fleisch auch mehr Strahlung absorbiert, drückt man die Dosis als J/kg aus. Diese Dosis nennt man 1 Gray (Gy). Ein kg lebende Masse enthält etwa 10^{25} Atome, aber 6×10^{18} eV, das ist immer noch eine ganze Menge Energie, um auf 10^{25} Atome verteilt zu werden. 1 Gy ist eine sehr grosse Einheit.

Die Einheit Becquerel (Bq) misst die Aktivität oder die Zerfallsrate einer _Quelle_. Das Gray (Gy) ist ein Mass für die _absorbierte_ Energie in lebendem Material.

Die Wirkung der schweren Alphateilchen ist 20 Mal so gross wie die von Beta- oder Gammastrahlen mit der gleichen Energie. Die „effektive Dosis" ist darum 20 Mal grösser. Die Einheit für die effektive Dosis ist das Sievert (Sv). Sie hat die gleiche Dimension (J/kg) wie das Gray.

Somit gilt: Für Beta- und Gammastrahlung 1 Gy = 1 Sv, für Alphastrahlung 1 Gy = 20 Sv. Dosen werden in der Regel als Sv angegeben. Da Alphastrahlen von aussen nicht in den Körper eindringen können, ist die Unterscheidung zwischen Sv und Gy nur für eingeatmete oder eingenommene Alphastrahler von Bedeutung.

Weil 1 Sv eine sehr hohe Dosis ist, werden die Dosen in der folgenden Tabelle in Millisievert (mSv) angegeben. Die Zahl in der letzten Zeile ist sehr gross, weil die Strahlung von einem winzigen Körperteil absorbiert wird.

| Absorbierte Strahlendosis. Beispiele, Millisievert ||
Dosis, mSv	Ursache
0.001	Ein 10-sec Scan im Flughafen
0.007	Ein einseitiges Zahn-Röntgen, F-speed Film
0.010	Ein Jahr nahe bei einem Kernkraftwerk wohnen
0.014	Ein Zahnröntgen, ganzes Gebiss, digital
0.02	Ein Jahr lang neben einer anderen Person schlafen
0.03	Ein 6-stündiger Flug
0.04	Ein Jahr lang täglich eine Banane essen
0.05	Ein Jahr unmittelbar am Zaun eines KKW wohnen
0.1	Ein Jahr in einem Backsteinhaus wohnen
0.1	Schädelröntgen
0.2	Bruströntgen
0.3	Mammogragraphie
1	Unterleibsröntgen
1.5	Maximale Jahresdosis für allg. Bevölkerung (USA)
2	Flugzeugbesatzung auf Kurzstrecken, 1 Jahr
3	Eine Tomographie des Schädels
4	Flugzeugbesatzung auf Langstrecken, 900 h/Jahr
6	Ein Röntgen mit Kontrastmittel
10	Ein Jahr mit Erdgas kochen (Radon!)
10	Ein Ganzkörper Tomogramm
9	Flugzeugbesatzung auf Polarrouten, 900 h/Jahr
13	Täglich ein Jahr lang 1 Päckchen Zigaretten rauchen
20	Jahres-Grenzwert für strahlenexponierte Personen
50	Herzkatheter, Angiogramm der Herzkranzgefässe
50	Jahresgrenzwert für KKW-Arbeiter im Ernstfall
100	Tiefste Dosis mit nachweisbarer Karzinogenese
150	Ganzkörperdosis bei I-131 Krebstherapie
250	Vorübergehende Sterilität bei Männern
500	Übelkeit und Müdigkeit innert Stunden
750	Erbrechen und Haarausfall in 2-3 Wochen
1500	Innert einer Stunde: 0 bis 5% tödlich
4000	Innert einer Stunde: Hautverbrennungen und 50% tödlich
20,000	Innert einer Stunde: 100% tödlich
400,000	Schilddrüsendosis bei I-131 Therapie

Die LNT-Theorie behauptet, dass jede Strahlung gefährlich ist.

Ein sehr konservatives Modell über die gesundheitlichen Auswirkungen von ionisierender Strahlung ist das LNT-Modell („Linear No Threshold"). Es besagt, dass die Halbierung der Dosis auch die Krebswahrscheinlichkeit halbiert und egal wie klein die Dosis sei, immer eine Restwahrscheinlichkeit bestehe. Die Amerikanische Akademie der Wissenschaften publizierte 2005 einen umstrittenen Bericht zu diesem Thema („Biological Effects of Ionizing Radiation VII", BEIR).

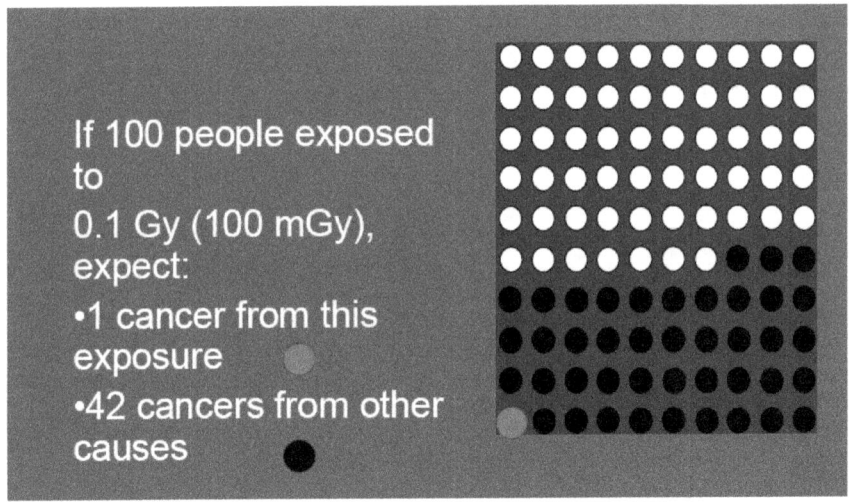

If 100 people exposed to
0.1 Gy (100 mGy), expect:
•1 cancer from this exposure
•42 cancers from other causes

LNT, Theorie der linearen Wirkung ohne Schwellenwert

Die obige Aussage bedeutet, dass 100 mSv ionisierender Strahlung die Krebsrate über das ganze Leben um 1 % erhöht. Da das Todesfallrisiko bei Krebs um 50% liegt, heisst das, dass 100 mSv 0,5% Sterberisiko für eine Person bedeutet oder 1 mSv 0,005% Sterberisiko. Mit dieser Logik würden während den 815 Milliarden Passagiermeilen, die jährlich in den USA geflogen werden, insgesamt 10'000 Passagiersievert aufgenommen, die jedes Jahr 500 Personen umbringen würden. Auf die gleiche Weise argumentieren die Kernenergie-Gegner mit grossen Bevölkerungszahlen und erhalten so auch bei kleinsten Dosen erhebliche Auswirkungen: Wenn 100 Millionen Personen durch einen Unfall 1 mSv (die Hälfte der natürlichen Strahlung) ausgesetzt sind, resultieren angeblich 5'000 Tote.

Der 400-seitige BEIR-Bericht ist schwierig zu lesen und nicht wirklich überzeugend. Er enthält kaum Beobachtungsdaten und ist im Wesentlichen eine Diskussion von anderen Publikationen und Strahlenwirkungs-Modellen.

Aber die LNT ist die Theorie auf der alle Sicherheitsverordnungen beruhen. Gemäss LNT ist das Krebsrisiko streng proportional zur Dosis. Typische Dosen, und die sich aus der LNT Theorie ergebenden Risiken, sind in der folgenden Grafik dargestellt. Beachten Sie, dass die Grafik doppelt logarithmisch ist und sich über 6 Zehnerpotenzen erstreckt.

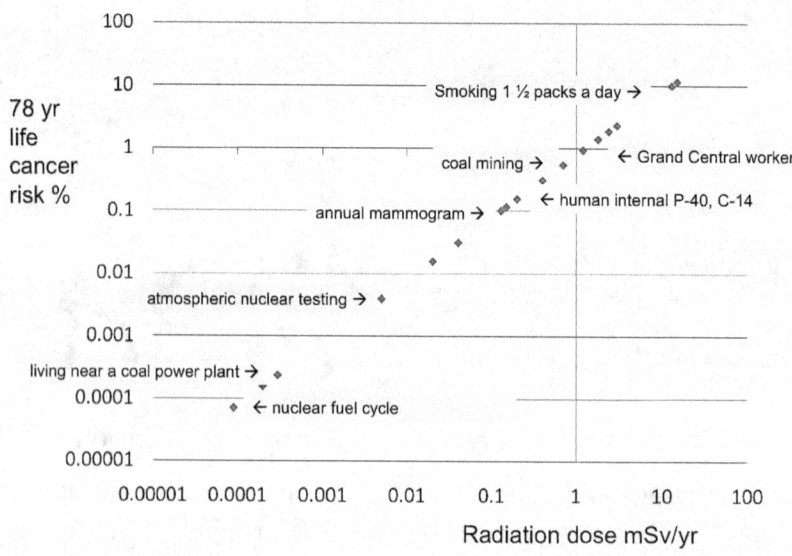

Krebsrisiko wegen Strahlenexposition gemäss BEIR VII

Ein Beispiel: Ein Arbeiter in der Grand Central Station in New York ist wegen dem Granit, aus dem der Bahnhof gebaut ist, einer zusätzlichen Dosis von 1,2 mSv pro Jahr ausgesetzt und hat damit eine um

1% höhere Wahrscheinlichkeit im Lauf des Lebens an Krebs zu erkranken.

Das Problem mit der LNT-Theorie ist, dass sie experimentell nicht bestätigt werden kann, wie die folgende Grafik zeigt. Die meisten Dosisbeispiele sind weit unterhalb der Hintergrundstrahlung von 2,4 mSv/a – in der Schwankungsbreite. Ebenso sind die Krebsrisiken weit unterhalb der natürlichen 42%-Krebswahrscheinlichkeit – ebenfalls innerhalb der Schwankungsbreite. Die Schraffur hebt den Bereich hervor, der für die Gesundheitsbehörden von Bedeutung ist – genau den Bereich, in dem die Auswirkungen durch die Schwankungen unkenntlich gemacht werden.

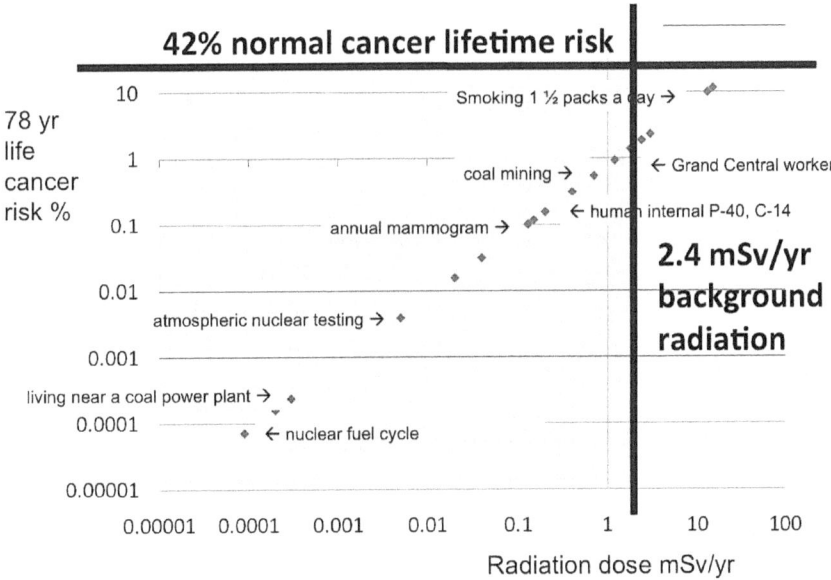

Hintergrundstrahlung und Krebsrisiko verglichen mit der Dosis

Alltägliche Tätigkeiten sind ein tödliches Risiko.

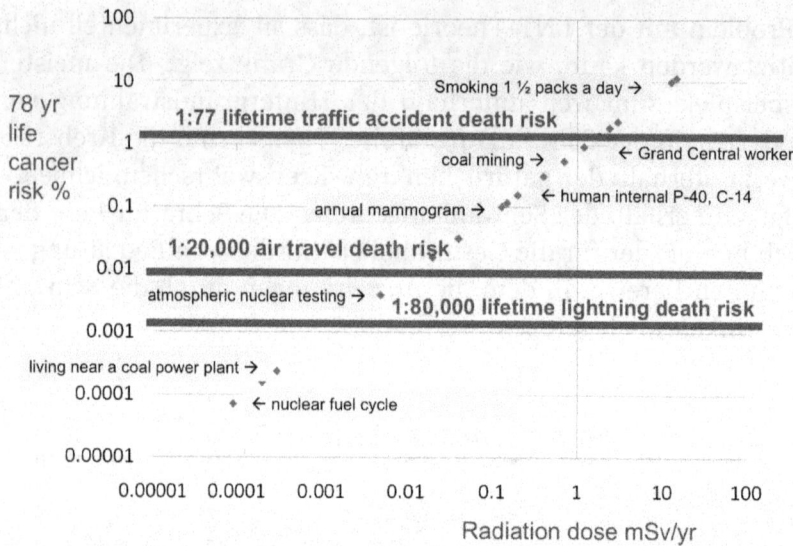

Krebsrisiko nach BEIR VII verglichen mit alltäglichen Risiken

Von 77 Personen kommt in den USA eine bei einem Verkehrsunfall ums Leben, doch niemand fordert ernsthaft, das Fahren zu verbieten, da Mobilität zur Zivilisation gehört. Welches Risiko soll für die Produktion von Strom akzeptiert werden, der auch zur Zivilisation gehört?

Leben ist tödlich. Wir alle sterben. Jede Tätigkeit beinhaltet ein Verletzungs- oder Sterbensrisiko. Jeder Atemzug gefährdet DNA-Moleküle durch reaktiven Sauerstoff. In jedem Moment laufen wir Gefahr, spontan an Krebs zu erkranken. Jeder Herzschlag kann der letzte sein. Was ist ein akzeptables Risiko?

Das US Umweltamt (EPA) versucht, die Kosten der Regulierung mit dem Wert des regulierten Gutes in Einklang zu bringen.

Um die Kosten der Regulierung mit dem damit erzielten Ertrag zu vergleichen, weist die EPA einem geretteten Menschenleben einen monetären Wert zu. Danach ist ein statistisches Leben 7,9 Millionen$ wert. Wenn also eine bestimmte Massnahme 1'000 Verkehrstote im Jahr verhindern könnte, dann dürfte eine solche Massnahme 7,9 Milliarden$ kosten. Wie viel darf die Sicherheit von Kernkraftwerken kosten?

Paul Slovic schreibt im „Bulletin oft the Atomic Scientist" über Untersuchungen von Tengs, wonach wir mit Sicherheitsgurten 69$ pro gewonnenes Lebensjahr bezahlen, aber 100 Millionen$ pro Lebensjahr für eine bestimmte Massnahme zur Begrenzung von radioaktiven Emissionen. Die Abwägung von Kosten und Risiken durch unsere Gesellschaft ist höchst inkonsistent – um einen Faktor von mehr als eine Million!

David Ropeik und Stephen Levitt unterscheiden statistisches Risiko und wahrgenommenes Risiko; der Unterschied beeinflusst Politiker und Behörden übermässig. Wir empfinden es als grosse Gefahr für Kinder in einem Haus zu wohnen, in dem es Feuerwaffen gibt. Aber in einem Haus mit Feuerwaffen und einem Schwimmbad ist die Wahrscheinlichkeit, dass das Kind im Schwimmbad ertrinkt, 100 mal grösser als dass es erschossen wird.

Angst rettet Leben.

In der Debatte über Angst und Vernunft müssen wir uns im Klaren sein wie Angst unser Leben retten kann. Der Mensch hat überlebt, weil er rasch und unüberlegt auf wahrgenommene Gefahren reagieren kann, sei es eine sich bewegende Schlange oder ein daherkommender LKW. Angst löst die Kampf-oder-Flucht-Reaktion aus. Die Vernunft hat sich lange nach der Amygdala entwickelt, dem Teil des Gehirns, der über die Ausschüttung von Adrenalin, die Puls-Rate und den Blutstrom gebietet.

Angst hilft weniger gut bei Entscheidungen über komplexe Dinge, wie etwa die Lagerung von nuklearem Abfall. Dazu braucht es rationale Gedankengänge eines klaren Geistes. Aber wenn Angstgefühle die unterbewussten Schnellschuss-Reaktionen auslösen, können diese das logische Denken stören.

Frank Furedi, University of Kent, nennt die Angst vor genetisch veränderten Pflanzen, vor Mobiltelefonen, Klimawandel und Maul-
und Klauenseuche. Er argumentiert, dass die Wahrnehmung von
Risiken und die Kontroversen über die Gesundheit, die Umwelt und
Technik wenig mit wissenschaftlichen oder empirischen Tatsachen
zu tun haben.

Angst verkauft.

Gute Verkäufer wissen, wie man Angst nutzbar macht. Die Angst
vor Kindsentführungen hilft, Apps zu verkaufen, mit denen man
den Aufenthaltsort von Kindern verfolgen kann, obwohl Entführun-
gen nicht zugenommen haben. Angst vor Einbrüchen hilft Alarman-
lagen und Sicherheitseinrichtungen zu verkaufen, obwohl die Zahl
der Einbrüche zurückgeht. Die Angst vor Krankheiten verkauft unnötige Ganzkörpertomogramme, die weitere unnötige Untersuchungen auslösen und die Gesundheitskosten in die Höhe treiben.

Auch Politiker nutzen Angst. G.W. Bush benutzte die Angst vor Sad-
dam Husseins Massenvernichtungswaffen, um Unterstützung für
die Invasion von Iraq zusammenzutrommeln. Der frühere Sicher-
heitsberater Zbigniew Brzezinski ist der Meinung, der Begriff „War
on Terror" sei bewusst gewählt worden, um ein Klima der Angst zu
verbreiten, das „die Vernunft benebelt, Gefühle verstärkt und es den
demagogischen Politikern erleichtert, das Volk für ihre obskuren
Ziele zu mobilisieren." Furedi fährt fort: „Die Politik hat die Kultur
der Angst gepachtet. Daher drehen sich politische Diskussionen oft
nur darum, wovor das Volk am meisten Angst haben sollte."

In der Debatte über das Kernkraftwerk Vermont Yankee haben die
Politiker Angst auf diese Weise eingesetzt. Indem sie die Angst
schürten, konnten sie sich als Retter der Gesellschaft aufspielen,
von allen anderen Problemen ablenken und gewählt werden. Doch
klares Denken würde zeigen, dass dieses Kraftwerk den Bewohnern
von Vermont den sichersten, saubersten und billigsten Strom liefert, den sie haben können.

Angst löst Flucht aus – zurück in die scheinbare Sicherheit der Natur.

Angst löst Flucht aus – zurück zur Natur – zurück in den Wald und den Baum der Seelen in Pandora im Film *Avatar*. Der Produzent David Cameron wusste genau um die Gefühle des Publikums, als er diesen Bestseller entwarf, der über 2,7 Milliarden$ eingespielt hat.

Verängstigte Leute denken, dass die Kraft der Natur – Windmühlen, Wasserfälle, Sonnenlicht und Lagerfeuer – die Zivilisation retten werden. Das Schüren der Strahlenangst und die Flucht in die erneuerbaren und natürlichen Energiequellen verdecken den Blick auf ihre Risiken, Kosten und Umweltschäden. Auch wenn die Leute in Vermont und Deutschland tatsächlich grüne, natürliche und umweltfreundliche Energie wollen, führt sie ihre irrationale Angst vor Strahlung dazu, gedankenlos mehr Kohle und Erdgas zu verbrennen und die Umweltverschmutzung und den CO_2-Ausstoss zu erhöhen.

Wir haben hier einen emotionalen Konflikt – Angst gegen Vernunft. Einstein hat gesagt, dass wir die Probleme nicht mit der gleichen Art von Denken lösen können, mit der wir sie geschaffen haben. Wir brauchen eine höhere Stufe des Bewusstseins: Vernunft.

Wir müssen die Leute auf angstschürende Botschaften aufmerksam machen und sie auffordern, Quellen und Inhalte zu überprüfen. Kommen sie von Wissenschaftlern, Ingenieuren, Sicherheitsbehörden oder Radiologen? Haben sie Zahlen? Was sind die Kosten? Welche Risiken sind akzeptabel? Eine von 77 Personen beendet ihr Leben in einem Verkehrsunfall, aber wir akzeptieren diese Sterberate als Preis für die Freiheit zu fahren. Können wir die Risiken, die Kosten und die Umwelteinflüsse der Kernenergie rational abschätzen?

Die Theorie der linearen Wirkung ohne Schwellenwert wird bestritten.

Viele bezweifeln die Gültigkeit der LNT-Theorie. Hier eine kleine Aufzählung von Argumenten dagegen:

- Wer in grosser Höhe lebt, erhält etwa 1 mSv mehr an Strahlung als Leute im Tal, aber sie haben nicht mehr Krebs.

- Leute, die an Orten leben, wo die Hintergrundstrahlung 5-mal stärker ist als üblich, haben nicht mehr Krebs.

- Strahlentherapie gegen Krebs wird nicht in einer grossen Dosis verabreicht, sondern in mehreren kleinen, so dass das umgebende gesunde Gewebe sich erholen kann.

- Die beobachtete Sterberate der Liquidatoren in Tschernobyl ist nicht linear: 2% bei 2,5 Sv und 33% bei 5 Sv.

- Arbeiter in Kernkraftwerken haben weniger Krebs.

- Bewohner eines Gebäudes in Taiwan dessen Baustahl mit Kobalt-60 verseucht war, hatten weniger Krebs.

Das „Scientific Committee on the Effects of Atomic Radiation" der UNO stützt zwar LNT, aber sagt: „Eine strikte Linearität ist nicht unter allen Umständen zu erwarten." Die Französische Akademie der Wissenschaften „bezweifelt die Gültigkeit der LNT-Theorie für die Abschätzung des Krebsrisikos bei tiefen Dosen (<100 mSv) und erst recht bei sehr tiefen Dosen (<10 mSv)". Die „Health Physics Society" in den USA „rät davon ab, quantitative Gesundheitsrisiken abzuschätzen, wenn die individuelle Dosis unter 50 mSv pro Jahr oder die Lebensdosis weniger als 100 mSv über der natürlichen Dosis liegt." Die „American Nuclear Society" sagt: „Unterhalb von 100 mSv (einschliesslich berufliche und natürliche Exposition) sind gesundheitliche Risiken zu klein, um beobachtet werden zu können oder sie sind inexistent."

Der verstorbene Bernhard Cohen, Physikprofessor an der University of Pittsburgh, hat die LNT-Hypothese in seinen Schriften aktiv bekämpft und dabei ein grosses Echo gefunden.

Ein anderer Physiker, Wade Allison, äussert sich in seinem Buch *Radiation and Reason* ebenfalls klar und zitiert Daten über die Krebshäufigkeit der Überlebenden von Hiroshima und Nagasaki.

Todesfälle durch Leukämie wurden durch Dosen unter 200 mSv nicht beeinflusst.

mSv step to..	Survivors	Survivor deaths	Control deaths
<5	37,407	92	84.9
100	30,387	60	72.1
200	5,841	14	14.5
500	6,304	27	15.6
1,000	3,963	20	9.5
2,000	1,972	39	4.9
>2,000	737	25	1.6

Die von den Überlebenden von Hiroshima und Nagasaki aufgenommenen Strahlendosen werden in der linken Kolonne in Schritten von 0-4, 5-99, 100- 199 usw. dargestellt. Neben den Überlebenden haben die Forscher eine Kontrollgruppe von 28'580 Personen ausgewählt, die in Japan ausserhalb der bombardierten Städte gelebt haben. Ihre Leukämietodesfälle wurden auf die Zahl der Überlebenden hochgerechnet. Die rechte Kolonne enthält also die Zahl der ohne Strahlenbelastung zu erwartenden Todesfälle.

**Todesfälle durch Tumore wurden unterhalb 100 mSv nicht be-
einflusst.**

mSv step to..	Survivors	Survivor deaths	Control deaths
<5	38,507	4,270	4,282
100	29,960	3,387	3,313
200	5,949	732	691
500	6,380	815	736
1,000	3,426	483	378
2,000	1,764	326	191
>2,000	625	114	56

Diese Tabelle zeigt ein ähnliches Resultat. Dosen unterhalb 100 mSv führten zu keinem häufigeren Auftreten von Todesfällen durch maligne Tumore.

Diese Dosen wurden in einem Augenblick, akut, aufgenommen. Dosen, die über einen längeren Zeitraum allmählich aufgenommen werden, geben den DNA-Reparaturmechanismen Zeit. Chronische Exposition dürfte deshalb zu geringerem Auftreten von Krebs führen als akute Exposition.

Die Bewohner von Fukushima werden keine zusätzlichen Krebserkrankungen erleiden.

Gegen 20'000 Personen kamen beim Erdbeben und dem nachfolgenden Tsunami in der Gegend von Fukushima ums Leben, aber keiner dieser Todesfälle war durch die Strahlung aus den havarierten Kernkraftwerken zurückzuführen. Prof. Robert Gale vom Imperial College hat die Strahlendosen der Bewohner rund um das Kernkraftwerk abgeschätzt. Die Arbeiter im Kraftwerk erhielten eine durchschnittliche Dosis von 9 mSv, aber 37 Arbeiter erhielten über 100 mSv. Ihr Krebsrisiko dürfte dadurch um 1 bis 2% steigen.

mSv Schritt bis ...	Anzahl Exponierte
< 1	5800
10	4100
20	71
23	2

John Boice, Präsident des „National Council on Radiation Protection and Measurements", sagte „die Dosen der Bevölkerung sind sehr, sehr niedrig. Daher gibt es keine Möglichkeit, sinnvolle epidemiologische Studien durchzuführen. Die Dosen sind schlicht zu klein." Trotzdem plant die Japanische Regierung umfangreiche Untersuchungen, um die Ängste der Bevölkerung abzubauen und sie zu unterstützen. Diese Studien umfassen:

- Ein 10-seitiger Fragebogen für alle 2 Millionen Bewohner der Fukushima Präfektur mit einer 30 Jahre dauernden Nachfolgeuntersuchung.

- 360'000 Kinder unter 18 Jahren erhalten eine Schilddrüsenuntersuchung.

- Eine ärztliche Untersuchung aller Personen im betroffenen Gebiet inklusive einer Blutuntersuchung.

- Eine spezielle Untersuchung von 20'000 schwangeren und stillenden Frauen.

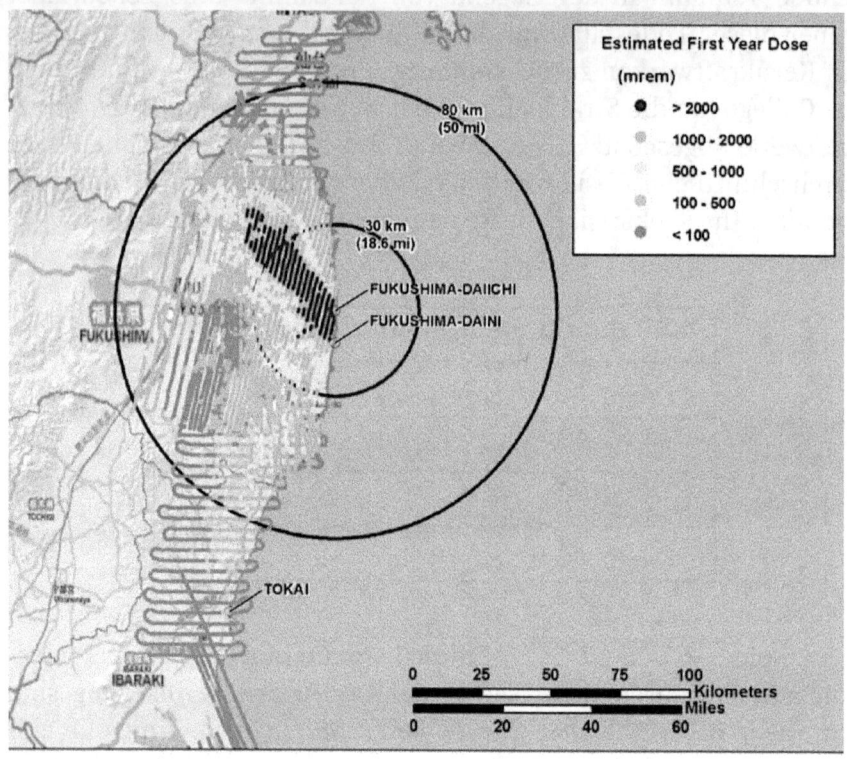

Die „US National Nuclear Security Administration" beobachtete die Strahlung in Fukushima und erstellte diese Karte mit der total im ersten Jahr aufgenommenen Dosis. Das dunkelste Band Richtung Nordwest von Fukushima Daiichi zeigt die Orte, wo die Dosis 20 mSv übersteigt. Die Karte stimmt mit der vorherigen Tabelle überein. Jerry Cuttler hat darauf hingewiesen, dass es ein Fehler war, die Leute aus dem ganzen Gebiet zu evakuieren, wo die Dosis nirgends grösser war als 680 mSv pro Jahr, eine Dosis, die für medizinische Untersuchungen als unbedenklich gilt.

Forschungsresultate mit kleinen Dosen widersprechen der LNT-Hypothese.

Angesichts der Kontroversen um den Klimawandel, Kernenergie und der LNT-Hypothese, der gesundheitlichen Auswirkungen von schwacher Strahlung, ist es wichtig, das besser zu verstehen. So können übertriebene Strahlenschutz-Standards Milliarden kosten, wenn sie etwa auf die Dekontamination der aus dem Zweiten Weltkrieg stammenden Plutoniumanlage in Hanford (Staat Washington) angewendet werden. In unserer Zeit müssen wir auch darauf vorbereitet sein, auf eine „schmutzige Bombe" eines Terroristen vernünftig zu reagieren und nicht eine ganze Stadt kopflos zu evakuieren.

Bis 2012 hat die US-Regierung Forschung am „Low Dose Radiation Research Program" des Energiedepartements finanziert. Die früheren Resultate und Unterlagen für Schulen sind auf der Website

lowdose.energy.gov

immer noch erhältlich und Links zu anderen Forschungsstellen werden nachgeführt. Hier ist ein Beispiel eines Experiments, das den nichtlinearen Zusammenhang von Dosis und Wirkung illustriert:

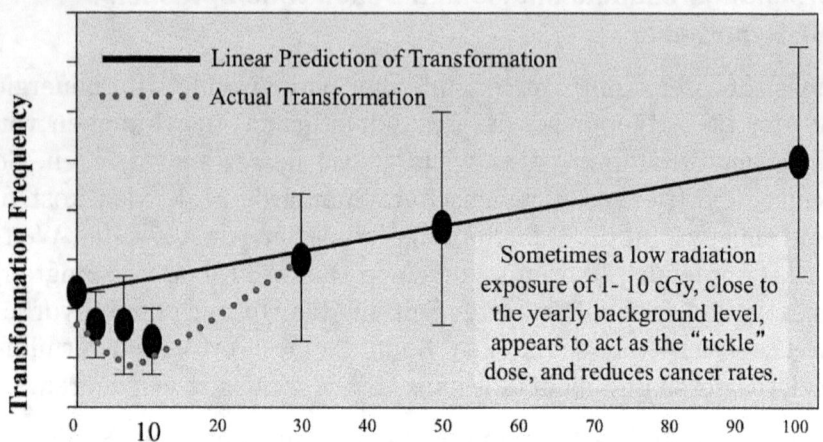

Beobachtete Krebsfälle bei kleinen Dosen (cGy) verglichen mit linearer Extrapolation (1cGy = 10 mSv)

Die Universität von New Mexico unternahm ein Experiment mit tiefer Hintergrundstrahlung 600 Meter unter Grund, wo praktisch alle Strahlung aus dem Weltraum und aus Mineralien abgeschirmt war. Man stellte fest, dass der Mangel an Strahlung das Wachstum von Bakterien behinderte.

Im Dezember 2011 berichtete das „Lawrence Berkeley National Laboratory" über Forschungen die gezeigt haben, dass bei schwacher Strahlung mehr DNA-Reparaturstellen auftreten. Bei 100 mSv gab es 4-mal mehr als bei 1'000 mSv. „Unsere Daten zeigen, dass bei tiefen Dosen ionisierender Strahlung die DNA-Reparaturmechanismen besser wirken als bei hohen Dosen" sagte Mina Bissel, eine weltbekannte Brustkrebsforscherin am Berkeley Lab. „Diese nichtlineare DNA-Reparaturfunktion stellt die allgemeine Annahme in Frage, dass jede Menge ionisierender Strahlung schädlich und additiv ist."

In einer Studie aus dem Jahr 2012 setzten Engelward und Yanch am MIT Mäuse einer Strahlenrate von 100 mSv/Jahr aus. Nach 5 Wochen (einer Dosis von 10 mSv) untersuchten sie die Mäuse auf DNA-Schäden wie Strangbrüche und Basenschäden. Sie fanden keine Erhöhung der Schadenrate. DNA-Schäden und deren Reparatur finden ständig natürlich statt mit einer Rate von 10'000 pro Zelle und Tag. Bei einer Bestrahlung mit 100 mSv pro Jahr erhöht sich diese Rate um 12 Schäden pro Tag. Frühere Studien haben gezeigt, dass eine akute Dosis von 10 mSv den Reparaturmechanismus überfordern kann, aber eine chronische Bestrahlung mit dieser Dosis zeigte keine Schäden.

Strahlenschutz-Richtlinien, die auf akuter Bestrahlung basieren, sind viel zu konservativ und führten zur unnötigen Evakuation von Tausenden von Personen aus den Gebieten um Fukushima, wo die Dosisraten weit unterhalb der sicheren Marke von 100 mSv/Jahr lagen.

Kobalt-60 Bestrahlung reduzierte die Krebsrate in Taiwan.

Rezyklierter Baustahl, der mit Kobalt-60 kontaminiert war, wurde beim Bau von Mehrfamilienhäusern in Taiwan verwendet. Während 20 Jahren wurden 8'000 Personen einer mittleren akkumulierten Dosis von 400 mSv ausgesetzt. Die Auswirkungen auf die Gesundheit waren positiv! Ist vielleicht chronische Bestrahlung eine Krebsprophylaxe?

Natürliche, erwartete, und beobachtete Krebsfälle in 8'000 Personen		
Normal	LNT erwartet	Beobachtet
186	242	5

Die Hormesis niedriger Strahlendosen schützt uns vielleicht vor hohen Dosen.

Die Erfahrung aus Taiwan und die Forschungsresultate der Berkeley Labs scheinen ein Phänomen zu bestätigen, das man Hormesis nennt. Das ist ein zellulärer Verteidigungsmechanismus, den man auch als adaptive Reaktion bezeichnet. Die „International Dose-Response Society" der Schule für öffentliche Gesundheit an der Universität von Massusetts publiziert eine Zeitschrift über die biologische Reaktion auf kleine Dosen von Chemikalien, Medikamenten und Strahlung. Da berichtet zum Beispiel Krzysztof *Fornalsky* in einem Artikel *„Der Effekt des gesunden Arbeiters und Arbeiter in der Nuklearindustrie"* über Untersuchungen darüber, ob die Arbeiter in der Nuklearindustrie gesünder sind, weil sie besser betreut werden oder weil sie einer leicht erhöhten Strahlung ausgesetzt sind.

Die adaptive Reaktion auf niedrige Raten ionisierender Strahlung hat sich möglicherweise während der Evolution entwickelt. Als das Leben vor 3 Milliarden Jahren entstand, war die natürliche Hintergrund-Strahlung 10 mSv/Jahr – 4-mal so hoch wie heute.

Radiophobie ist schädlich.

Die Japanische Regierung schürt möglicherweise Radiophobie, indem sie alle Kernkraftwerke stilllegt und massive sozialmedizinische Erhebungen veranstaltet. 80'000 Personen im Umkreis von 30 km von Fukushima Daiichi wurden evakuiert ohne Rücksicht auf die Intensität der Strahlung. Nur 16'000 wurde bis März 2012 – ein Jahr nach dem Unglück – die Rückkehr erlaubt. In der Evakuationszone starben 10 Personen während der Evakuation aus Spitälern. Die Behörden deklarierten 573 Todesfälle als katastrophenbezogen, das heisst, sie fielen nicht der Katastrophe direkt zum Opfer, sondern einem damit zusammenhängenden Einfluss wie Ermüdung, Aufregung oder der Verschlimmerung eines chronischen Leidens.

Zbigniew Jaworowski, der frühere Vorsitzende des „Komitees über die Auswirkungen Radioaktiver Strahlung" der UNO schrieb kürzlich, dass er die gegenwärtigen Strahlenschutz-Standards für unethisch halte, weil sie bei 15 Millionen Personen in Weissrussland, der Ukraine und in Russland nach dem Unfall in Tschernobyl unnötigerweise psychosomatische Leiden verursacht haben. Sie erzwingen Ausgaben von Hunderten von Millionen$, die für unnötige Strahlenschutzmassnahmen bei Kernkraftwerken verschwendet werden. Er erwähnte folgende Gründe für Radiophobie:

1   Die psychologische Reaktion auf die Zerstörung und den Verlust von Leben, verursacht durch die Atombomben auf Hiroshima und Nagasaki am Ende des Zweiten Weltkriegs.

2   Der psychologische Krieg während des Kalten Krieges, der mit der Angst der Leute vor Nuklearwaffen spielte.

3   Lobbying durch die Kohle- und Erdölindustrie.

4   Die Interessen der Strahlenforscher, die Anerkennung und Forschungsgelder erstreben.

5   Die Interessen der Politiker, für die Radiophobie ein praktisches Werkzeug für ihre Machtspiele war (in den 1970er Jahren in den USA und in den 80er und 90er Jahren in Ost- und Westeuropa und in der früheren Sowjetunion).

6   Die Interessen der Nachrichtenmedien, die davon profitieren, Angst zu verbreiten.

7   Die Annahme einer linearen Dosis-Wirkungsbeziehung ohne Schwellenwert für die biologische Wirkung von ionisierender Strahlung.

Jaworowskis Vorschlag ist einfach: Man hebe den Grenzwert für die allgemeine Bevölkerung von 1 mSv/Jahr auf 10 mSv/Jahr an. Das ist ein Zehntel der Dosis, bei der überhaupt gesundheitliche Auswirkungen beobachtet werden konnten. Es passt, dass 10 mSv/Jahr die natürliche Dosisrate am Anfang des Lebens vor 3 Milliarden Jahren war – ein guter Hinweis, dass diese Dosis harmlos und im Einklang mit der Evolution des Lebens ist.

Sinnlos niedrige Strahlengrenzwerte sind schädlich.

Über 80'000 Personen, die innerhalb eines Umkreises von 20 km um das Kraftwerk von Fukushima lebten, wurden evakuiert und daran gehindert, in ihre Heime zurückzukehren. So viele Menschen zu entwurzeln ist eine menschliche Tragödie. Leute, die in Stadtzentren verpflanzt werden atmen verschmutzte Luft. Die Selbstmordrate steigt. Es sollte ein gesundes Verhältnis herrschen zwischen den Risiken der Entwurzelung und den Risiken tiefer Strahlendosen.

Die Standards der ICRP („International Commission on Radiological Protection") beruhen auf dem Prinzip „so tief wie vernünftigerweise möglich". („As Low As Reasonably Achievable" – ALARA). Die nationalen Standards richten sich nach den ICRP-Standards. ALARA ist kein vernünftiges, durch Beobachtungen gestütztes Konzept. In unserer vom Klimawandel, Luftverschmutzung und schwindenden Ressourcen bedrohten Welt ist es unverantwortlich, die saubere, sichere und ökonomische Kernenergie auszuschliessen – das würde zu immensen Schäden führen. Wade Allison schlägt vor, ALARA durch „so hoch wie verhältnismässig sicher" zu ersetzen. Er schlägt einen Grenzwert von 100 mSv/Monat vor, um die Diskussion über Studien zur Strahlensicherheit anzuregen.

Die „American Nuclear Society" weist Fehler der LNT-Hypothese nach.

Im Juni 2012 veranstaltete die „American Nuclear Society" eine spezielle Konferenz über die Wirkungen schwacher ionisierender Strahlung und publizierte eine Sammlung von Artikeln und Referenzen. Diese weisen nach, dass die LNT-Theorie falsch ist. Die Publikation enthält Internet-Links und Vorabdrucke. Ein Link zu dieser umfangreichen Datei findet sich im Referenz-Teil dieses Buches.

Kein wichtiges Nachrichtenmedium hat über die Publikation oder die Konferenz berichtet. Journalisten berichten lieber über Dinge, die Angst machen im Kampf um Aufmerksamkeit und Werbung. Sicherheit ist langweilig. Furcht verkauft.

ABFALL

Die Natur hat ihren nuklearen Abfall in Gabun sicher entsorgt.

Uran-235 hat eine Halbwertszeit von 700 Millionen Jahren, somit war die Konzentration von U-235 im Uran dieser Erde vor 1'700 Millionen Jahren nahe bei 3% und nicht bei 0,7% wie heute. Durch einen Zufall gab es damals in einer Sandsteinformation in Oklo, Gabun, genügend Uran, um einen natürlichen Kernreaktor in Gang zu setzen.

Ort des natürlichen Kernreaktors

Grundwasser lieferte den Moderator, der die Neutronen so abbremste, dass sie U-235 Kerne spalten konnten. Die entstehende Wärme verdampfte das Wasser, die Kettenreaktion brach ab und begann von neuem, nachdem sich das Wasser wieder abgekühlt hatte. Dieser Zyklus dauerte drei Stunden und wiederholte sich während 100'000 Jahren. Die mittlere Leistung betrug 100 kW. Insgesamt wurden 16 solche natürlichen Reaktoren identifiziert. Die Spaltprodukte blieben während mehr als einer Milliarde Jahren an Ort und Stelle.

Der militärische Abfall der USA ist sicher unterirdisch verwahrt.

Die „Waste Isolation Pilot Plant" der US Streitkräfte nahe Carlsbad in New Mexico besteht seit 1999. Über 10'000 Ladungen von Transuranen, die aus Forschung und Bombenproduktion stammen, sind seither hier eingetroffen.

Das radioaktive Material lagert in einer Tiefe von 600 Metern in einer 1'000 Meter mächtigen Salzschicht.

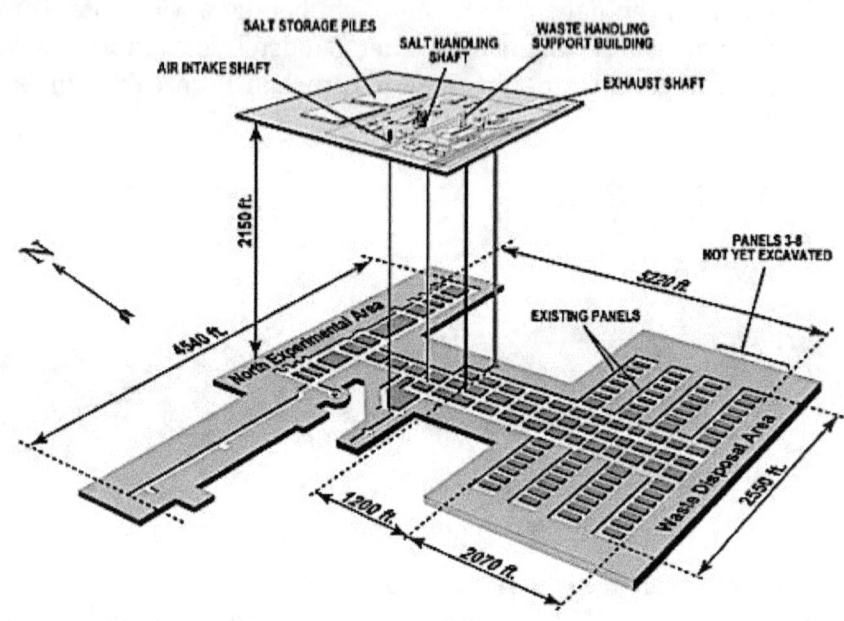

Abfalllager-Versuchsanlage in New Mexico

Das NaCl-Salz ist ein wenig plastisch. Spalten und Löcher schliessen sich und verhindern den Zufluss von Wasser. Schlussendlich werden sich die Kavernen über den eingelagerten Fässern schliessen und das eingelagerte Material permanent von der Umwelt isolieren.

Andere funktionierende unterirdische Lager für radioaktives Material gibt es in Finnland, Deutschland und Schweden. In Planung sind unterirdische Lager in Argentinien, Belgien, Kanada, China, Frankreich, Deutschland, Japan, Korea (im Bau), der Schweiz, dem Vereinigten Königreich und den USA (Yucca Mountain).

Der langlebige Abfall kann in tiefen Bohrlöchern versorgt werden.

Ein LFTR produziert weniger als 1% der langlebigen Abfälle der heutigen LWR. Flüssigsalz-Reaktoren können radioaktives Material in eingelagerten LWR-Brennstäben als Brennstoff verwenden. Aber in allen Szenarien gibt es langlebige, radioaktive Materialien, die von der Umwelt isoliert werden müssen.

Per Peterson, ein Mitglied der „Blue Ribbon Commission on the Future of Nuclear Power" (BRC) des US Präsidenten, hat mit mir über dieses Thema korrespondiert. Geologische Tiefenlagerung auf dem Land scheint die praktischste Lösung zu sein. Tiefenlagerung auf dem Meeresgrund wäre technisch kein Problem aber die damit verbundenen juristischen Komplikationen machen diese zu umständlich. Es gibt viele geologisch geeignete Varianten für eine sichere Endlagerung zu vertretbaren Kosten.

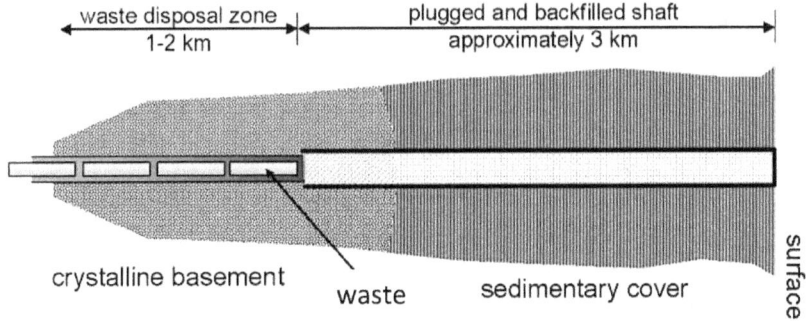

Endlagerung in einem tiefen Bohrloch (nicht massstabtreu)

Das Sandia National Laboratory berichtet, dass 70% der USA auf geologisch geeignetem Gestein für die Tiefenlagerung liegt, nämlich auf über eine Milliarde Jahre altem kristallinem Urgestein in weniger als 2 km Tiefe. Endlagerung per Bohrloch ist wirtschaftlich, da keine unterirdischen Anlagen gebaut, unterhalten und betrieben werden müssen. Sandia schätzt, dass 10'000 Tonnen in 85 Bohrlöchern im Abstand von 200 Metern verteilt auf 2 km² für 2,1 Milliarden$ endgelagert werden könnten.

LFTRs werden etwa 1 Tonne Spaltprodukte pro Gigawattjahr erzeugen. Wenn man die Schätzungen von Sandia umrechnet, ergeben sich für 1 GW-Jahr Kosten von 210'000$ oder 0.002 Cent pro kWh. Heute zahlen die Stromversorger 0,1 Cent pro kWh an einen von der Regierung beaufsichtigten Entsorgungsfonds. Wenn dereinst die ganzen 500 GW elektrischer Leistung in den USA aus LFTRs stammt, werden sie zusammen in einem Jahrhundert 50'000 Tonnen Spaltprodukte produzieren, die in Bohrlöchern auf einer Fläche von 16 km² in der Tiefe versorgt werden könnten.

Salzminen sind eine weitere Möglichkeit für Tiefenlagerung. Die lokale Bevölkerung in Carlsbad, New Mexico, hat lange Erfahrung mit der Salzgewinnung aus der WIPP-Anlage und sie ist begierig, in die Verarbeitung von radioaktiven Abfällen bis zur Endlagerung mit einbezogen zu werden. Neben Salzminen verfügen die USA über ausgedehnte Granit- und Tongesteine, die sich ebenfalls für die Endlagerung eignen. Bis 2011 hatten die USA allerdings keine gesetzliche Grundlage, um solche Anlagen zu entwickeln, doch wird sich das ändern, sobald der Kongress die Empfehlungen der BRC („Blue Ribbon Commission") umsetzt und das entsprechende Gesetz verabschiedet.

Eine Alternative zur Endlagerung des bestehenden Abfalls aus Leichtwasserreaktoren wäre deren Verarbeitung zu Flüssigsalz für DMSRs. Die Herstellung von Brennstoff für DSMRs aus LWR-Abfall ist billiger als die Herstellung von TRISO-Brennstoff oder von Brennstäben für LWRs. So könnte sogar ein Markt für LWR-Abfall entstehen. Bei der Wiederaufarbeitung könnte man die stabilen Spaltprodukte der Platingruppe gewinnen und verkaufen.

LFTR-Abfall benötigt weniger Endlagerplatz.

Das LFTR-Konzept reduziert das Endlagerproblem von Millionen Jahren auf einige hundert Jahre. Die Radiotoxizität des Reaktorabfalls stammt aus zwei Quellen: Den hochradioaktiven Spaltprodukten und den langlebigen Transuranen (Aktiniden) aus der Absorption von Neutronen im Uran-238. Reaktoren, die mit Uran oder Thorium betrieben werden, produzieren im Wesentlichen die gleichen Spaltprodukte. Ihre Radiotoxizität fällt innerhalb von 500 Jahren unter diejenige von Uranerz, wie es für den Betrieb von LWRs abgebaut wird. Aber LFTRs produzieren viel weniger Transurane (Aktiniden) als LWRs, weil Th-232 sieben Neutronen absorbieren muss, um Pu-239 zu erzeugen, während U-238 nur ein einziges braucht. Nach 300 Jahren ist der LFTR-Abfall 10'000 mal weniger radioaktiv als der von LWRs. Praktisch dürfte allerdings ein Bruchteil von 1% der Transurane im LFTR bei der Abtrennung der Spaltprodukte mit in den Abfall gelangen, so dass der wirkliche Unterschied zum LWR-Abfall vielleicht ein Tausendstel ist. Yucca Mountain wäre zu gross als Endlager!

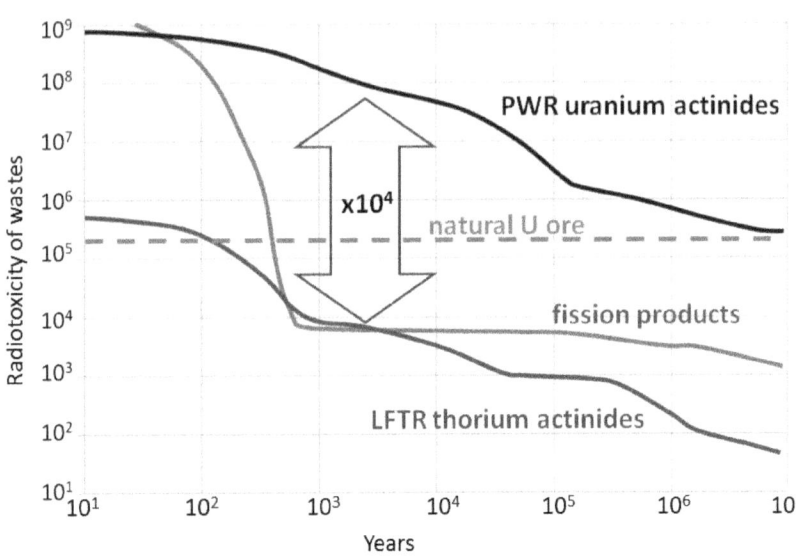

Radiotoxizität von Abfall aus einem 1-GW(th) Reaktor

PROLIFERATION

Die Sicherheit unserer Zivilisation könnte davon abhängen, dass die Ausbreitung der Nuklearwaffen, die ganze Städte zerstören können, gestoppt wird. Viele Befürworter der Kernenergie sind Umweltschützer, welche die Zivilisation vor dem drohenden Klimawandel, der Luftverschmutzung und vor Ressourcenkonflikten schützen wollen. Diese Leute würden niemals etwas befürworten, das die Gefahr der Weiterverbreitung von Nuklearwaffen in die Hände von unzuverlässigen Regimen erleichtern würde, die einen Atomkrieg anzetteln könnten.

Waffen stammen aus Machtansprüchen, nicht von Kernkraftwerken.

Sogar arme Entwicklungsländer wie Indien, Pakistan und Nordkorea haben sich Kernwaffen beschafft. Der Beschaffungsprozess wurde nicht vom Vorhandensein von Kernkraftwerken angetrieben, sondern von internationaler Machtpolitik. Waffentechnik wurde aus angenommenen Interessen der Geber und/oder der Empfänger weitergegeben.

Viele Leute machen sich falsche Vorstellungen über die Rolle der Kernenergie bei der Weiterverbreitung von Kernwaffen. So sagte der frühere Vizepräsident Al Gore:

> „Während meiner Zeit im Weissen Haus hatte jedes Proliferationsproblem mit einem Reaktorprogramm zu tun. Die heute so gefährlichen Programme von Iran und Nordkorea sind direkt mit den jeweiligen zivilen Reaktorprogrammen verbunden."

Diese Aussage ist falsch. Nordkorea hat kein ziviles Reaktorprogramm. Das eben in Betrieb genommene Kernkraftwerk in Iran wird mit russischem Brennstoff betrieben, nicht mit Uran aus den Zentrifugen-Anreicherungsanlagen.

Die Rolle der internationalen Politik wird in einem Buch von Thomas C. Reed vom Livermore Waffenlabor und Danny B. Stillmann, früher Geheimdienstchef in Los Alamos, erhellt: *„The Nu-*

clear Express: A Political History of the Bomb and its Proliferation". (Der Nukleare Express: Eine politische Geschichte der Bombe und ihrer Weiterverbreitung). Sie sagen, dass seit dem Anfang des nuklearen Zeitalters kein Land, auf sich allein gestellt, Nuklearwaffen entwickelt hat.

Die Waffentechnik wurde von waffenbesitzenden Ländern durch politische Prozesse an waffensuchende Länder übertragen.

1 Die USA kooperierten mit Kanada und dem Vereinigten Königreich im Manhattan-Projekt und halfen diesem, die Bombe zu bauen.

2 Frankreich gewann Kenntnisse zum Bau von Kernwaffen von ehemaligen Manhattan-Projekt Mitarbeitern.

3 Russische Spione im Manhattan-Projekt ermöglichten Stalin eine exakte Kopie der Nagasaki-Bombe zu bauen und zur Explosion zu bringen.

4 China wurde von Russland grosszügig mit Information versorgt. Der Manhattan-Spion Klaus Fuchs konnte nach seiner Entlassung aus dem Gefängnis für Maos Programm 1959 weitere Details liefern.

5 China lieferte technische Information zum Bombenbau an Algerien, Pakistan und Nordkorea.

6 Pakistan lieferte die Pläne für Bomben an Libyen und Iran.

7 Indien erhielt einen experimentellen Reaktor von Kanada, schweres Wasser von den USA und technische Beratung aus Frankreich. Die Inder versprachen rein friedliche Absichten, dann bauten sie die Bombe.

8 Dutzende israelische Wissenschaftler nahmen am französischen Atomwaffenprogramm teil.

9 Israel gewährte Südafrika Mitarbeit und Know-How. Südafrika verzichtete schliesslich auf seine Atomwaffen.

Kein Land ausser den USA hat unabhängig Kernwaffen erfunden. Kernkraftwerke waren nie eine Quelle für Kernwaffen. Nukleartechniker werden weiterhin dafür sorgen, dass das so bleibt. Der LFTR ist proliferationsresistent, der DMSR erst recht.

Fortgeschrittene Kernkraftwerke müssen proliferationsresistent sein.

Kernwaffen können schreckliche Verwüstungen in ganzen Städten anrichten und ganze Landstriche kontaminieren, darum muss die Expansion der Kernenergie mit der Sicherheit einhergehen, dass das Risiko der Weiterverbreitung von Nuklearwaffen dadurch nicht erhöht wird. Das Verfahren zu ihrer Herstellung ist bekannt, aber der Herstellungsprozess ist schwierig und teuer. Kommerzielle Kernkraftwerke haben noch nie zum Bau von Bomben geführt; Länder, die Bomben gebaut haben, schufen geeignete Anlagen und Programme. Allerdings gibt es Verfahren mit doppeltem Nutzen, wie die Anreicherung von U-235 in Zentrifugen zur Produktion von Kernbrennstoff. Das gleiche Verfahren kann angepasst werden, um hochangereichertes U-235 für Bomben zu gewinnen.

Nach der Rede von Präsident Eisenhower „*Atoms for Peace*" (Atome für den Frieden) halfen die USA anderen Ländern, das Material und das Wissen zur friedlichen Nutzung der Kernenergie zu erwerben. Überraschenderweise führte das Programm aber auch dazu, dass Indien Nuklearwaffen entwickelte.

Der weltweite Verkauf von fortgeschrittenen Kernkraftwerken bedeutet nicht, dass das Empfängerland in den Besitz von Fertigkeiten und Materialien gelangt, die ihm den Bau von Kernkraftwerken oder Kernwaffen ermöglichen. Man vergleiche die Flugzeug- und Triebwerkindustrie: Viele Länder wünschen aus Prestigegründen eine eigene Luftlinie. Volle 83 Länder von Algerien bis Yemen operieren Boeing-747 Flugzeuge, aber diese Länder verfügen über keine eigene Flugzeug- oder Triebwerkindustrie. Für General Electric ist es ein Geschäftsmodell, die Triebwerke in ihren eigenen Service-Zentren zu warten und zu unterhalten. Dieses Modell ist resistent gegen Technologie-Transfer und würde sich bestens für den weltweiten Vertrieb und Unterhalt von LFTRs eignen.

Der Flüssigfluorid Thorium-Reaktor ist proliferationsresistent.

Der LFTR benötigt zum Anfahren spaltbares Material, das zum Standort des Reaktors transportiert werden muss; danach ist kein solcher Transport mehr nötig. Der LFTR generiert und konsumiert anschliessend U-233, das theoretisch für Nuklearwaffen verwendet werden könnte. Wird das jemals geschehen?

China, die USA, Russland, Indien, das UK, Frankreich, Pakistan, und Israel, Länder, die zusammen für 57% des CO_2-Ausstosses verantwortlich sind, haben bereits Nuklearwaffen und somit kein Interesse die LFTR-Technik zu missbrauchen. Wenn also diese Länder die LFTR-Technik übernähmen, wäre das bereits ein grosser Schritt in der Bekämpfung des Klimawandels. Viele weitere Länder wie Kanada, Japan und Südafrika hätten die Möglichkeit, Nuklearwaffen zu bauen aber haben entschieden, das nicht zu tun. Auch sie haben kein Interesse daran, die LFTR-Technik zu missbrauchen.

Sollten LFTRs in weiteren Ländern installiert werden? Terroristen wären bestimmt nicht in der Lage, das im Flüssigsalz gelöste Uran zu stehlen, das innerhalb des verschlossenen Reaktorgefässes mit hochradioaktiven Spaltprodukten vermischt ist. Die Sicherheitsmassnahmen der IAEA verlangen die physische Sicherung, den Nachweis aller Bewegungen und die Kontrolle des spaltbaren Materials sowie die Überwachung, die zwingende Entdeckung unbefugter Manipulationen und sie macht unangekündigte Inspektionen.

Die Neutronenwirtschaft des LFTR hilft ebenfalls, spaltbares Material zu sichern. Die Spaltung eines U-233-Kerns produziert im Mittel 2,4 Neutronen. Eines wird gebraucht, um einen weiteren Kern zu spalten und damit die Kettenreaktion aufrecht zu erhalten. Ein weiteres verwandelt einen Th-232-Kern im Salz der Hülle in U-233. Mit den Verlusten durch Absorption durch Protaktinium und durch andere Neutronenabsorber dürfte ein richtig gebauter LFTR ziemlich genau 1 Neutron zum Brüten verbrauchen. Damit entsteht kein Überschuss an U-233, sondern gerade soviel, dass der Reaktor unbegrenzt laufen kann. Wenn die Brut-Rate auf 1,01 erhöht werden kann, würde der LFTR 1 kg zusätzliches Uran pro Jahr produzieren. Sollte tatsächlich eine für unfriedliche Zwecke genügende Menge Uran abgezweigt werden, würde der Reaktor das sofort melden, indem er sich abstellt. Es wäre nicht genügend Uran vorhanden, um die Kettenreaktion aufrecht zu erhalten.

Aber ein souveränes Land oder eine revolutionäre Gruppe könnte die IAEA-Inspektoren ausweisen, den LFTR ausser Betrieb setzen und versuchen, das U-233 zu stehlen. Dazu bräuchte es ausgebildete Spezialisten, die in einer hochradioaktiven Umgebung arbeiten müssten. Um das Uran-Salz aus dem Core vom übrigen Salz zu trennen, müssten sie die Fluoridierungsanlage umbauen. Was würde mit ihnen geschehen?

Die Neutronen, die U-233 machen, produzieren auch U-232, dessen Zerfallsprodukte durchdringende Gammastrahlen mit einer Energie von 2,6 MeV aussenden. Diese Strahlung ist gefährlich für die Bombenbauer und durch die Überwachungsgeräte leicht nachzuweisen. U-232 zerfällt über eine Kette von Elementen zu Thallium-208, das ein Gammastrahler ist:

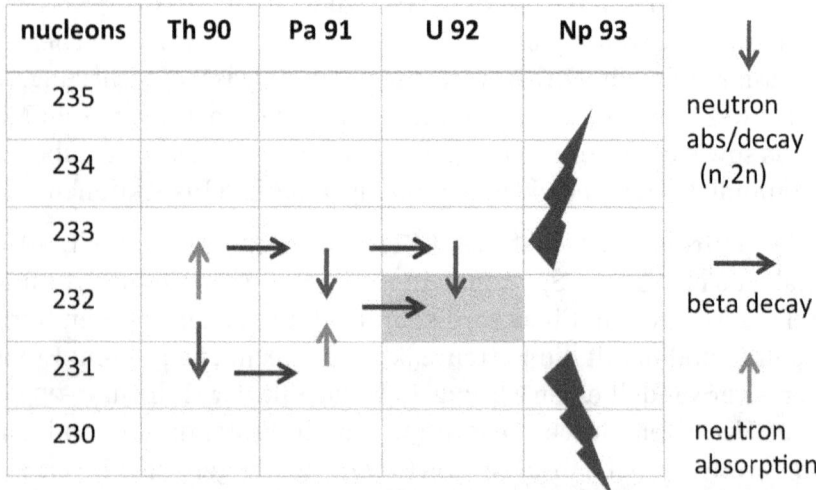

U-232-Produktion in einem Thorium-Reaktor

^{232}U (α, 72 Jahre) → ^{228}Th (α, 1.9 Jahr)
→ ^{224}Ra (α, 3.6 Tage, 0.24 MeV) → ^{220}Rn (α, 55 s, 0.54 MeV)
→ ^{216}Po (α, 0.15 s) → ^{212}Pb (β−, 10.64 h)
→ ^{212}Bi (α, 61 s, 0.78 MeV) → ^{208}Tl (β−, 3 m, γ 2.6 MeV)
→^{208}Pb (stabil)

Abhängig von der spezifischen Konstruktion dürfte der Anteil U-232 in einem kommerziellen Reaktor um die 0,13% betragen. Ein Jahr nach der Abtrennung würde ein Bombenbauer ein Meter von einer (unterkritischen) 5 kg Kugel Uran einer Strahlendosis von 43 mSv pro Stunde ausgesetzt, verglichen mit 0,003 mSv/h von Plutonium und noch weniger von U-235. Nach drei Jahren verdreifacht sich die Dosisleistung.

Eine daraus hergestellte Bombe wäre hoch radioaktiv und gefährlich für alles militärische Personal in der Nähe. Die durchdringende Gammastrahlung würde die Anwesenheit von U-233 leicht verraten, möglicherweise sogar an Satelliten.

U-232 kann chemisch nicht abgetrennt werden und die Trennung durch Zentrifugen würde die Apparatur für den Unterhalt zu radioaktiv machen. Man könnte sich vorstellen, dass der Reaktor stillgelegt, das Uran chemisch extrahiert und von den Zwischenelementen der Zerfallskette gesäubert wird. Allerdings entstehen diese immer wieder neu. Sie könnten aber auch versuchen, die Spuren von Pa-233 aus dem Salz zu entfernen und es zu reinem, unkontaminiertem U-233 zerfallen zu lassen. Dazu müssten sie eine spezielle chemische Ablage innerhalb des hoch radioaktiven Reaktors bauen. Schliesslich wäre es denkbar, dass frisch abgetrenntes U-233 rasch zu einer Bombe verarbeitet wird, bevor sich das radioaktive Thallium bildet. Aber es gibt schnell genügend Thallium, dass das Material leicht entdeckt werden kann. Wie auch immer – die Herausforderungen und die Kosten, um U-233 aus einem LFTR abzuzweigen, sind auf jeden Fall hoch, sicher höher als der Bau einer Waffenfabrik mit bekannten Verfahren wie die Zentrifugen in Iran oder dem

PUREX-Verfahren zur Extraktion von Plutonium aus Brennstäben aus LWRs.

Bruce Hoglund hat einen ausführlicheren Bericht über die Herausforderungen geschrieben, denen potentielle Bombenbauer gegenüberstehen und es gibt eine Diskussion darüber im „Energy from Thorium"-Blog. Beide Links findet man im Referenzkapitel.

Ein LFTR, der unter IAEA-Beobachtung betrieben wird, könnte zusätzlich dadurch gesichert werden, dass im Notfall U-238 eingeleitet würde, das den Bombenbau unmöglich machen würde. Allerdings stoppt das auch die Kettenreaktion und macht das Salz unbrauchbar als Kernbrennstoff.

Jede Operation mit U-233 muss aus Sicherheitsgründen mit Fernmanipulation in einer abgeschirmten „Hot Cell" durchgeführt werden. Diese kann so konstruiert werden, dass es für Aussenstehende (und unbefugte Insider) unmöglich ist, daran heran zu kommen.

Ein weiteres Hindernis für einen möchtegern Dieb, der Uran aus der 700°C heissen Salzmischung abzweigen möchte, sind die kurzlebigen Spaltprodukte. Sogar mit einer Stunde Abklingzeit in der die Isotope mit den kürzesten Halbwertszeiten zerfallen, produziert das Salz immer noch 350 Watt pro Liter. Diese Wärme stammt von der Strahlung der Spaltprodukte, die den Dieb innert Minuten töten würde, ausser er sei durch viele Meter Beton oder Wasser oder einen massiven Bleischild abgeschirmt. Diese Strahlung der Spaltprodukte ist die gleiche, die abgebrannte Brennelemente aus Leichtwasser-Reaktoren diebstahlsicher macht.

Der DMSR mit nur einem Kreislauf ist hochresistent gegen Proliferation.

Der DMSR enthält genügend U-238 im Gemisch von spaltbarem U-233 und U-235, dass das Uran die für eine Bombe nötige, sehr schnelle Kettenreaktion nicht erzeugen kann. Uran mit weniger als 20% U-235 nennt man LEU (für „Low Enriched Uranium", niedrig angereichertes Uran). LEU ist für Bomben unbrauchbar. Dazu braucht es typischerweise 90% Anreicherung. Den DMSR mit über 80% U-238 nennt man daher „denaturiert".

Der DMSR braucht weniger chemische Verfahrenseinrichtungen als der LFTR. Dieser benötigt mit seinen zwei unterschiedlichen Flüssigkeiten Fluorchemie, um das U-233 aus der Hülle in den Core zu leiten. Im DMSR gibt es keine Einrichtungen um U-233 abzuzweigen.

Wegen der grossen Menge U-238 im DMSR brütet er Plutonium genau wie die Leichtwasser-Reaktoren. Ein Teil des Plutoniums wird gespalten, aber das für Bomben geeignete Pu-239 ist nur 31% von allem Plutonium, das auch die Isotope 238, 240, 241 und 242 enthält, die es für Bomben ungeeignet machen. Weil das Plutonium im Salz gelöst ist, gibt es keine Möglichkeit, das PU-239 vorzeitig aus dem Reaktor zu entfernen – wie man es in LWR, CANDU oder RBMK machen kann – bevor Neutronen es in andere Isotope verwandelt haben. Weiter machen es die chemischen Eigenschaften von Plutonium schwierig, es aus dem Salz zu entfernen und dann sind da auch noch die Spaltprodukte und das U-232 mit ihrer starken Gammastrahlung. Der DMSR ist der am stärksten gegen Proliferation resistente Reaktor überhaupt.

Es gibt einfachere Wege, Kernwaffen zu bauen als über U-233.

Pakistan hat vorgemacht, wie ein Entwicklungsland in der Lage sein kann, Uranbomben mittel Zentrifugen-Technik herzustellen und gleichzeitig Methoden zu entwickeln, um Plutonium aus Uran-Reaktoren abzuscheiden. Indien und Nordkorea entwickelten Plutoniumbomben aus dem Plutonium in schwerwasser- oder graphitmoderierten Reaktoren. Iran hat Anreicherungsanlagen mit Zentrifugen gebaut und ist in der Lage, hochangereichertes Uran für Uranbomben zu produzieren. Angesichts dieser bewährten Wege zu Nuklearwaffen ist niemand daran interessiert, den technisch schwierigen und teuren Weg über U-233 zu beschreiten.

Nur ein hochmotiviertes, gut finanziertes Programm auf nationaler Ebene wäre in der Lage, die Hindernisse zu überwinden, um illegal an U-233 zu kommen, das in einem LFTR produziert wird. Ein solches Programm würde schnell feststellen, dass es viel weniger problematisch ist, Natururan anzureichern oder Plutonium in geeigneten Reaktoren zu brüten.

LFTR reduziert bestehende Proliferationsrisiken.

Die weltweite Verbreitung von LFTRs würde das Risiko der Weiterverbreitung von Nuklearwaffen nicht vergrössern, sondern verkleinern.

Das Anfahren der LFTRs benötigt und verbraucht bestehende Vorräte von bombenfähigem Plutonium.

Der Thorium-Uran-Brennstoffkreislauf reduziert die Nachfrage nach Anreicherungsanlagen für U-235, die Bombenmaterial fast so einfach herstellen können wie Spaltmaterial für Kernkraftwerke.

Reichlich vorhandene Energie, die billiger ist als Kohle-Strom, erhöht den Wohlstand und ermöglicht Lebensweisen, die zu stabilen Populationen und nachhaltigen Gesellschaften führen, die keine Kriege um Ressourcen mehr führen müssen.

7 Eine nachhaltige Welt

Wir können die Welt nachhaltig machen, indem wir die Vorteile der sicheren, reichlich vorhandenen und billigen Energie aus Flüssigsalz-Thorium-Reaktoren nutzen. Es gibt viele Möglichkeiten, wie LFTR-Energie bisherige fossile Energiequellen ersetzen kann. Dieses Kapitel beschreibt die Innovationen, die zu einer nachhaltigen Welt führen.

Elektrizität ist die wertvollste und praktischste Energieform zur Verbesserung der Gesundheit, der Sicherheit und des Wohlstands der Gesellschaften unserer Welt. „Energie billiger als Kohle-Strom" – aus LFTRs –wird uns nicht nur davon abhalten, fossile Brennstoffe in Kraftwerken zu verbrennen, sie bringt auch günstige Elektrizität in die Entwicklungsländer, die sie dringend für die Wasserversorgung, sanitäre Einrichtungen, Lebensmittelverarbeitung und -konservierung, Kommunikation, Handel, Industrie und viele andere Tätigkeiten benötigen.

Heute ist Öl die wichtigste Grundlage für das Transportwesen. Als Flüssigkeit ist es leicht zu transportieren und zu lagern, es hat eine hohe Energiedichte und kann leicht in PKWs, LKWs, Schiffen, Lokomotiven und Flugzeugen mitgeführt werden. Die hohe Temperatur der LFTR kann dazu benutzt werden, um synthetische Brenn- und Treibstoffe herzustellen, die günstig und CO_2-neutral sind.

Sauberes Süsswasser ist entscheidend, um die Gesundheit von einer Milliarde Menschen zu verbessern und es wird für die Bewässerung benötigt. Pumpen, Verteilen und Aufbereiten von Wasser und Abwasser machen 8% des weltweiten Energiekonsums aus. LFTRs können diese Energie für den Rest der Menschheit liefern und mit ihrer Wärmeenergie können die Wasserentsalzungsanlagen ausgebaut und erweitert werden, ohne wie bisher fossile Brennstoffe dafür zu verschwenden.

ERSATZ FÜR KOHLE

Das 4,4GW-Kohlekraftwerk in Taichung, Taiwan ist das grösste der Welt. Die 1'200 grössten Kohlekraftwerke produzieren zusammen 30% der klimaschädlichen CO_2-Emissionen.

Dank LFTR können die Emissionen der Kohlekraftwerke auf Null reduziert werden.

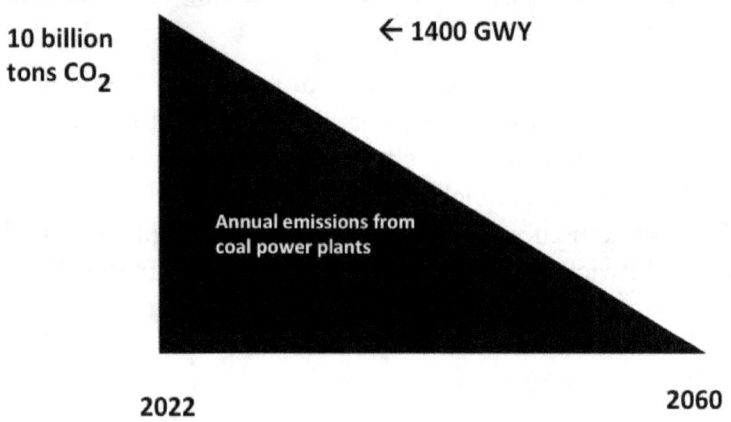

Durch LFTR-reduzierte CO_2-Emission aus Kohlekraftwerken

Jedes Jahr fügen die Kohlekraftwerke der Welt weitere 10 GT zum bereits vorhandenen CO_2 in der Atmosphäre hinzu. Der Ersatz von Kohle durch LFTRs eliminiert die grösste Quelle von Treibhausgasen. Die tägliche Inbetriebnahme eines 100MW-LFTR könnte alle Kohlekraftwerke bis 2060 ersetzen.

Wenn wir diese Emissionen beenden können, müssen die Ozeane weniger und schliesslich gar kein CO_2 mehr aufnehmen; so stoppt die weitere Versäuerung, die für das Leben im Meer und die Nahrungskette so verhängnisvoll ist.

Das US Umweltbundesamt schätzt, dass jährlich 34'000 amerikanische Leben gerettet werden könnten, wenn die Feinstaubemissionen aus Kohlekraftwerken wegfielen. In China betrifft das hunderttausende von Menschen.

Thorium: billiger als Kohle-Strom ist der wirtschaftliche Schlüssel um 9 Milliarden Menschen davon abzuhalten, Kohle zu verbrennen.

SEEFAHRT

LFTRs könnetn Handelsschiffe antreiben.

Frachtschiffe verbrennen täglich 7 Millionen Fass Öl und die Umstellung des Antriebs auf LFTR würde die CO2-Produktion um 4% vermindern. Kernenergie treibt heute Unterseeboote, Eisbrecher und Flugzeugträger an. Die allererste Nutzung der Kernenergie war der Antrieb des U-Boots USS „Nautilus" auf und im Meer. Seit 1955 hat die US Marine unfallfrei eine Erfahrung von 5'400 Reaktorjahren gesammelt. Die nuklear angetriebene Handelsschifffahrt wäre eigentlich naheliegend.

Die 380 Tonnen Schweröl, die für jeden Tag auf See mitgeführt werden müssen, nehmen viel Platz für lukrative Fracht weg. LFTR-Energie billiger als aus Kohle ist auch billiger als die asphaltartigen Rückstände aus Raffinerien, die man Schweröl nennt. Schliesslich fallen die Anlandungen zum Bunkern weg und Schifffahrtrouten müssen sich nicht mehr nach den Bunkerhäfen richten.

Das grösste Containerschiff (2012) hat eine Antriebsleistung von 90 MW, knapp die 100 MW eines typischen LFTR. Der grösste Flugzeugträger der Nimitz-Klasse verfügt über einen 200MW-Kernreaktor.

So wie die Schifffahrt einst von Kohle auf Öl umgestellt hat, könnte sie heute von Öl auf LFTR-Antrieb umstellen.

ERDÖL

Billiges, leicht zu förderndes Erdöl wird knapp. Die Förderindustrie wendet sich mehr und mehr unkonventionellen Fördermethoden zu, die für die Förderung und Raffinierung mehr Energie brauchen.

Den Öl-Peak hinauszuschieben bedeutet weniger EROI und mehr CO_2.

Der Öl-Peak ist der Moment, wenn der Verbrauch grösser ist als die Leistung neu entdeckter Quellen, woraus geschlossen wird, wann das Öl ausgeht. Der Öl-Peak wird jedes Mal dann hinausgeschoben, wenn eine neue Fördermethode Quellen erschliesst, die bisher als nicht förderbar galten. Allerdings erhöht sich dabei jeweils der Aufwand an Energie und die Emission von CO2.

Hydraulisches Aufbrechen („Hydraulic fracturing") ist erfolgreich eingesetzt worden, um Erdgas aus dichten Schieferschichten zu befreien, die bisher für Methan undurchlässig waren. „Fracking" wird nun auf ähnliche Weise auch zur Gewinnung von Öl eingesetzt; dieses könnte ein Viertel des importierten Öls ersetzen.

Kanadische Teersande enthalten Bitumen, das abgebaut und dann mittels Erdgas veredelt wird. Dieses Verfahren benötigt viel mehr Energie, als einfaches Pumpen. Die Energie stammt aus Erdgas, das verbrannt wird, wobei CO2 entsteht. Das minderwertige Öl wird aufwändig weiter raffiniert, was schliesslich zu einem EROI („Energy Return on Investment") von gerade mal 4 führt. Bereits stammen 10% des importierten Öls der USA aus diesen Teeren. Steigende Nachfrage steht hinter der umstrittenen Keystone Pipeline von Kanada nach den USA.

Die Südafrikanischen SASOL-Kohleverflüssigungsanlagen produzieren bereits 150'000 Fass Öl täglich, etwa 35% des Verbrauchs. Aber die zur Kohleverflüssigung benötigte Energie stammt von der Verbrennung von zusätzlicher Kohle, womit der CO2-Ausstoss aus Benzin 50% höher ist, als wenn das Benzin traditionell aus Erdöl raffiniert würde. Das leider abgebrochene Projekt eines Südafrikanischen Kugelhaufen-Reaktors war dazu vorgesehen, die zusätzliche Energie für den Kohleverflüssigungsprozess zu liefern ohne zusätzliches CO2. In China wird die Kapazität der Anlage zur Kohleverflüssigung in Shenhua zur Zeit verdreifacht.

In Qatar hat Shell eine Anlage zur Gasverflüssigung gebaut, die 260'000 Fass Öl-Äquivalent im Tag produziert. Die mit Erdgas befeuerte Anlage wandelt das Methan des Erdgases in Flüssigkeiten wie ultrareines Dieselöl um.

Obwohl die Benzinnachfrage in den USA langsam zurückgeht, steigt sie weltweit, weil in den Entwicklungsländern, besonders in China, immer mehr PKWs gekauft werden.

Wir sehen vielleicht nie einen Öl-Peak, aber der Peak des *billigen* Öls ist schon vorbei. Jeroen van der Veer, der Chef von Shell, sagte es 2008 so:

> "Nach 2015 werden leicht zugängliche Vorräte von Öl und Gas wohl nicht mehr mit der Nachfrage Schritt halten können. Wir werden deshalb nicht darum herum kommen, auf andere Energiequellen zurück zu greifen – ja, erneuerbare, aber auch mehr Kernenergie und unkonventionelle fossile wie Teersand."

Die USA verfügen über mehr Öl als die Menschheit je gefördert hat.

Im Green River Bassin in Wyoming, Utah und Colorado gibt es riesige unterirdische Vorkommen von Ölschiefer. Das meiste Land gehört der Zentralregierung. Dieser Schiefer enthält eine Substanz, die man Kerogen nennt und die, wenn an Ort und Stelle aufgeheizt, zu flüssigem Öl wird und gepumpt werden kann. Zurück bleibt Kohle und Gas.

Kerogene sind Moleküle mit hohem Molekulargewicht (über 1'000) aus Wasserstoff und Kohlenstoff im Verhältnis 3:2. Wie Öl und Kohle stammen sie aus der Zersetzung von Biomasse. Wenn man Kerogen aufheizt, entsteht Rohöl und Erdgas. Der grösste Teil der Kerogenvorräte der Welt befinden sich auf dem Amerikanischen Kontinent, in Kanada, den USA und Venezuela.

Allein in den USA liegen unter dem Green River Bassin 1'500 Milliarden Fass Öl-Äquivalent von denen vielleicht 1'000 Milliarden Fass förderbar sind. Die USA verbrauchen 7 Milliarden Fass im Jahr, somit entspricht das Green River Bassin einem Öl-Vorrat für mehr als ein Jahrhundert.

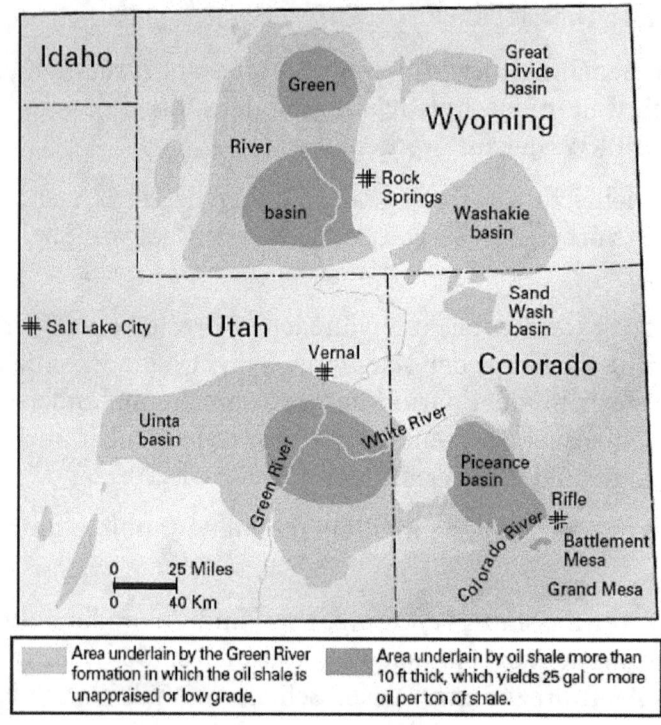

Ölschieferlager im Green River Bassin, USA

Der EROI („Energy Return on Investment") für die Förderung von Öl aus unterirdischem Kerogen wird auf unter 4 geschätzt, das heisst mehr als 25% der gewonnenen Energie muss für die Förderung aufgewendet werden. Wenn diese Energie aus fossilen Quellen stammt, heisst das, dass die CO_2-Emission für die gleiche Tätigkeit um mehr als 25% grösser ist. Besser wäre es, diese Energie aus einem LFTR zu beziehen.

Tagebau von Ölschiefer ist umweltschädlich.

Die Umwandlung von Kerogen im Ölschiefer ist in den USA noch nicht ein kommerzielles Verfahren wegen der Kosten, unerprobter Technik und Umweltbedenken. Andernorts werden täglich 18'000 Fass auf diese Art produziert. Im Tagebau wird schweres Gerät eingesetzt, um den über dem Ölschiefer liegenden Abraum wegzuführen. Der freigelegte Ölschiefer wird abgebaut und in grossen LKWs in eine spezielle Raffinerie geführt. Dieses Verfahren ist ähnlich, wie das in Alberta (Kanada) zum Abbau von Teersand angewendete oder der Kohletagebau in West Virginia (USA).

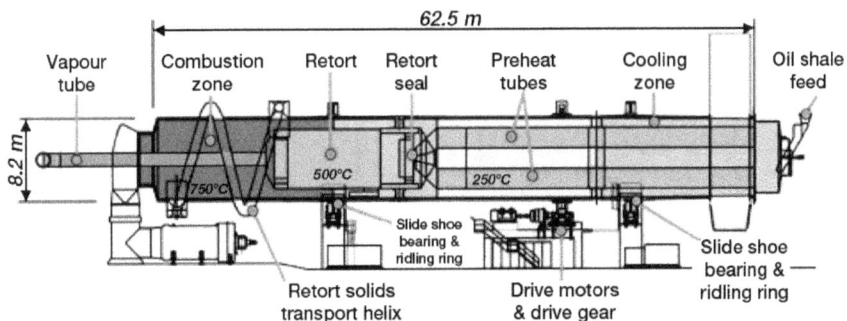

Retorte in der Ölschiefer auf 750°C erhitzt wird, um Kerogen zu verdampfen

Der Ölschiefer wird zerstossen, um die Oberfläche zu vergrössern, durch die das Öl extrahiert wird und dann in einer grossen Retorte durch Öl- oder Gasbrenner erhitzt. Ab 500°C zersetzt sich das Kerogen in Öl und Gas, die den Schiefer verlassen. Diese Produkte werden anschliessend weiter raffiniert. Bei diesem Verfahren entstehen etwa 40 Liter Abwasser pro Tonne Schiefer und der ausgelaugte Schiefer kann Verunreinigungen wie Sulfate, Schwermetalle oder polyzyklische aromatische Kohlenwasserstoffe enthalten, die zum Teil giftig oder karzinogen sind.

Schieferölextraktion vor Ort ist weniger umweltbelastend.

Statt den Ölschiefer abzubauen und zu verarbeiten, wird er bei der Extraktion vor Ort in der Tiefe erhitzt, so dass das Kerogen zerfällt und Öl und Gas gefördert werden können. Die Rückstände bleiben wo sie sind, tief im Untergrund. Die Kosten für die Heizenergie sind hoch. Das Gestein muss während Monaten, wenn nicht Jahren, erhitzt werden, weil das Gestein die Wärme schlecht leitet.

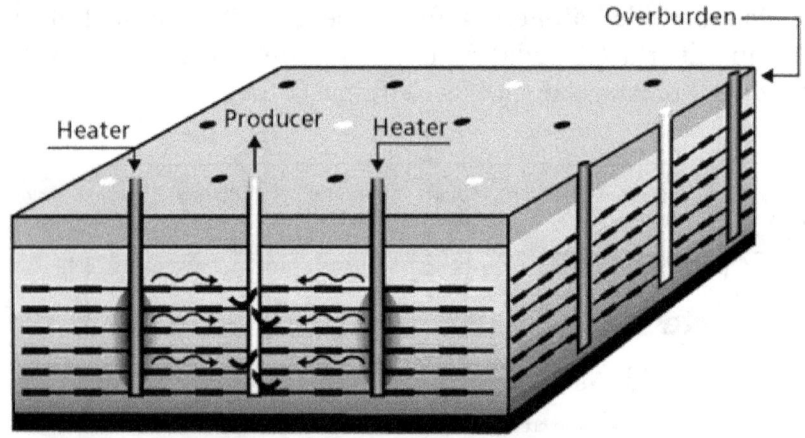

Elektrische Schieferheizung durch Shell

Shell's experimentelles Verfahren benutzt elektrische Heizelemente in Heizbohrungen, um den Ölschiefer auf 350°C zu erhitzen, was etwa vier Jahre dauert. Öl und Gas werden dann über Produktionsbohrungen gefördert. Das ganze Gebiet wird durch gefrorene Wände vom Grundwasser isoliert, die durch Bohrungen erzeugt werden, durch die eine Kältemischung zirkuliert. Die Nachteile sind der hohe Stromverbrauch, der grosse Wasserbedarf und die Gefahr von Grundwasserverschmutzung. Shell schätzt einen EROI von 3 bis 4 für dieses Verfahren.

Beim Verfahren von „American Shale Oil" wird Heissdampf durch eine Serie von horizontalen Bohrungen unter dem zu heizenden

Schiefer hindurchgeleitet. Vertikale Bohrungen, durch welche die heissen Produkte gefördert werden, sorgen dann für eine natürliche Wärmeübertragung in die höheren Schichten. Die Energie wird fossil erzeugt.

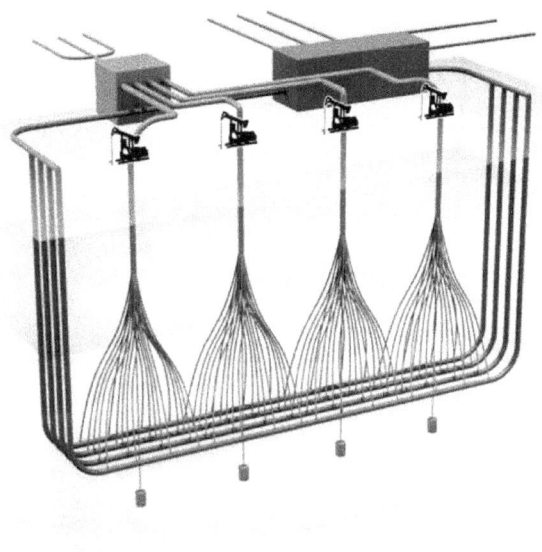

Heissdampf heizt und zerlegt Kerogen

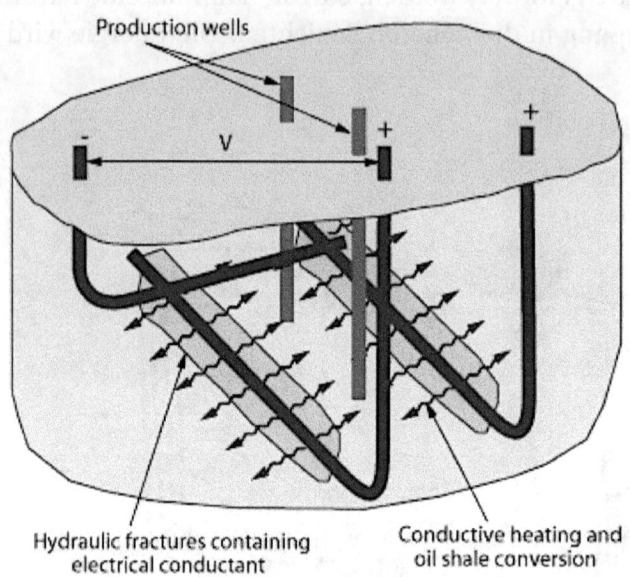

Widerstandsheizung durch leitende Flüssigkeit in aufgebrochenem Ölschiefer

Beim ElectroFrac-Verfahren wird der Schiefer zunächst hydraulisch aufgebrochen und anschliessend eine elektrisch leitende Flüssigkeit injiziert. Damit wird das Gestein elektrisch leitend und kann mit Strom aufgeheizt werden. Schliesslich werden Produktionsbohrungen abgeteuft.

Beim Chevron-Verfahren wird heisses CO_2 injiziert, um das Kerogen zu verflüssigen.

„General Synfuels" empfiehlt heisse Luft.

Keines dieser Verfahren ist kommerziell in Betrieb.

Der LFTR könnte billige Energie für die Schieferöl-Gewinnung liefern.

Alle Verfahren zur Schieferölförderung sind äusserst energieintensiv mit einem geschätzten EROI zwischen 2 und 4. Ein EROI von 2 bedeutet eine Verdoppelung der CO_2-Emission bei der Produktion und Verwendung des so gewonnenen Brennstoffs, wenn die Energie aus fossilen Quellen stammt.

Wie hoch wären die Kosten für die LFTR-Energie zur Extraktion von Schieferöl? Für das ElectroFrac-Verfahren könnte ein LFTR vor Ort Strom zu 3 Cent/kWh für die Widerstandsheizung erzeugen. Weil die Widerstandsheizung Wärme gleichmässig im ganzen Schiefer erzeugt, kann der EROI bei bis zu 4 liegen, das heisst 1 kWh könnte 4 kWh(th) produzieren zu Kosten von 0,75 Cents/kWh oder 13$ pro Fass. Ist der EROI bloss 2 sind die Stromkosten 26$ pro Fass.

Besser wäre die Verwendung von LFTR-Prozesswärme. Diese würde 1 Cent/kWh kosten, was selbst bei einem schlechten EROI wie 2 bloss 8$ pro Fass extrahiertes Öl ausmacht.

Diese 8-26$ sind eine grobe Abschätzung für die Energie zur Extraktion ohne die weiteren Kosten für Transport, Raffinierung, Bohr- und Arbeitskosten. Trotzdem scheint eine solche Energiequelle bezahlbar verglichen mit 100$ pro importiertes Fass Öl.

Ein grosses 2-GW-LFTR-Kraftwerk könnte die Energie liefern, um etwa 10 Millionen Fass Erdöl pro Jahr zu produzieren. Die USA verbrauchen 7 Milliarden Fass Erdöl pro Jahr. Wenn sie im Jahr 3 Milliarden Fass weniger importieren möchten, könnte diese Menge Öl durch Schieferöl aus dem Green River Bassin ersetzt werden. Dazu bräuchte man 300 2-GW-Reaktoren. Das ist eine gewaltige Leistung! Zum Vergleich: Heute verfügen die USA über 100 solcher Reaktoren zur Stromproduktion. Aber Erdöl ist ein grosses Geschäft! Man bedenke, dass eine Raffinerie in Texas das Äquivalent von 40GW(th) an Erdölprodukten umsetzt.

LFTR-Prozesswärme kann Rohöl aus kanadischem Teersand extrahieren.

Kanada ist der grösste Lieferant von Erdölprodukten für die USA. Die wichtigste Erdölquelle Kanadas sind die Teersande in Alberta. Der Teersand wird im Tagebau abgebaut. Bitumen, ein sehr zähflüssiges Rohöl, wird durch Erhitzen extrahiert. Anschliessend wird das

Bitumen in ein flüssigeres Öl umgewandelt, das leichter zu transportieren ist. Die viele Energie und der Wasserstoff für dieses Verfahren stammen aus Erdgas. Der EROI beträgt etwa 5. Die totale CO_2-Emission von Brennstoffen, die auf diese Weise produziert werden, ist 15% höher als bei Leichtöl. Dies ist der Grund, warum die Keystone Pipeline bekämpft wird.

Das Parlament von Kanada, die Firma „Energy Alberta", Shell und die Idaho National Labs studieren die Möglichkeit, Kernenergie für die Gewinnung von Öl aus Teersand einzusetzen. In einem Bericht wird geschätzt, dass ein 600MW(e)-Kernkraftwerk die Energie zur Extraktion von 60'000 Fass pro Tag liefern könnte. Allerdings ist es unwirtschaftlich, Dampf über mehr als 10 km zu verteilen, so dass sich verteilte modulare 100MW(e)-LFTR besser eignen würden. Bei 3 Cents/kWh Strom wären die Kosten pro Fass 7$.

Die Verwendung von LFTRs zur CO_2-freien Extraktion von Schieferöl oder Teersandöl ändert aber nichts daran, dass die Verbrennung dieser Produkte CO_2 in die Atmosphäre entlässt.

SYNTHETISCHE FAHRZEUGTREIBSTOFFE

Kohlenstoffbasierte Treibstoffe haben hohe Energiedichten.

Wie werden wir LKWs und Flugzeuge in einer postfossilen Ära antreiben? Der Vorteil von kohlenstoffbasierten Treibstoffen wie Benzin, Dieselöl oder Flugpetrol liegt in ihrer hohen Energiedichte. Sie macht es möglich, dass Fahr- und Flugzeuge ihren Energievorrat zu vertretbaren Kosten mitführen können. Die wichtigste Kostenstelle der Luftfahrtgesellschaften ist der Treibstoff. Sogar mit den heutigen hocheffizienten Triebwerken wiegt eine Langstreckenmaschine wie die Boeing 747 bei der Landung nur noch halb soviel wie beim Start. Die Hälfte des Startgewichts ist Treibstoff. Der Rest ist das Flugzeug, die Passagiere und die Nutzlast. Fliegen mit einem schwereren Treibstoff wäre unpraktisch. Es gibt keinen wirklichen Ersatz für kohlenstoffbasierte Treibstoffe, also werden wir einen CO2-neutralen Brennstoffzyklus finden müssen, wenn Flugzeuge ohne CO2-Emissionen fliegen sollen. Benzin wie man es durch Raffinieren aus Erdöl gewinnt ist ein Gemisch von Kohlenwasserstoffen wie Iso-oktan, Butan und aromatischen Kohlenwasserstoffen. Sie verbrennen zu CO2 und Wasser, zum Beispiel:

$$2\ C_8H_{18} + 25\ O_2 \rightarrow 16\ CO_2 + 18\ H_2O + \text{Wärme}$$

Iso-oktan, Butan, Aromatischer Kohlenwasserstoff

Dieselöl und Flugpetrol sind ähnliche Mischungen mit anderen Kohlenwasserstoffen mit 8 bis 21 Kohlenstoffatomen.

Kohlenstoffbasierte Treibstoffe können aus Erdgas hergestellt werden, zum Beispiel Methanol als Benzinersatz oder Dimethyläther (CH_3OCH_3) für Dieselöl. Allerdings haben diese eine um einen Drittel kleinere Energiedichte, brauchen also einen 50% grösseren Tank für die gleiche Reichweite.

Die Weltwirtschaft hängt für die Transporte vom Erdöl ab.

Die Welt bezieht 37% ihrer Energie aus Erdöl und 21% aus Kohle. Ein typisches Kernkraftwerk kann etwa 1 GW elektrische Leistung erbringen. Eine grosse Raffinerie produziert 40 GW in Form von Benzin, Dieselöl und Flugpetrol.

Die hohe Energiedichte des Erdöls und ein Jahrhundert Erfahrung in der Verfahrenstechnik haben es für die Weltwirtschaft unverzichtbar gemacht. Der Durst der USA nach Erdöl verlangt heute nach 19 Millionen Fass pro Tag, von denen 45% zu Kosten von nahe zu 1 Milliarde$ pro Tag importieret werden müssen. Die US-Produktionseinrichtungen am Persischen Golf haben schätzungsweise 7 Billionen$ gekostet.

Eine weitere Möglichkeit, die billige LFTR-Energie zu nutzen ist die Synthese von flüssigen Treibstoffen als Ersatz für Erdöl. Natürlich können wir den LFTR-Strom brauchen, um mehr Hochgeschwindigkeitszüge anzutreiben und elektrische PKWs aufzuladen, aber Linienflugzeuge kann man nicht elektrifizieren und LKWs auch nicht, weil sie keine grossen, schweren Batterien mitführen können.

Kohlenwasserstoff-Treibstoffe kann man mit LFTR-Wasserstoff herstellen.

Die Synthese von Kohlenwasserstofftreibstoffen benötigt eine Quelle für Wasserstoff und eine Quelle für Kohlenstoff. Heute wird Wasserstoff kommerziell aus Erdgas, also Methan (CH4) hergestellt. Allerdings ist dieser Prozess nicht CO2-neutral, weil das Kohlenstoffatom als CO2 in die Atmosphäre gelangt. CO2-neutrale Wasser-stoffproduktion geschieht durch Hochtemperaturthermolyse von Wasser (H2O).

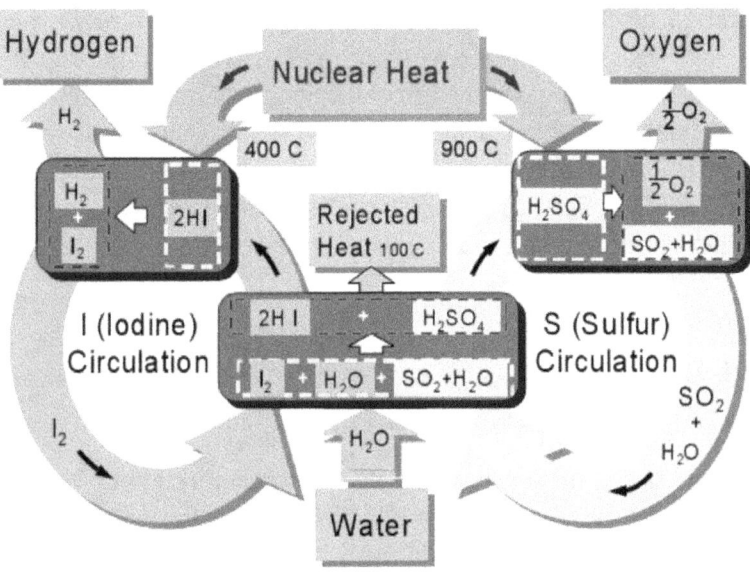

Der Schwefel-Iod Zyklus

Nukleare Wärmeenergie kann für die Herstellung von Wasserstoff verwendet werden. Bei einer Temperatur von 950°C läuft der Schwefel-Iod Zyklus mit einem chemisch-thermischen Wirkungs-grad von nahezu 50%. Der zu 43% effiziente Kupfer-Chlorid Prozess schon bei 530°C, eine Temperatur, für die es heute bereits zertifi-zierte Materialien für nukleare Strukturen gibt.

Bei tieferen Temperaturen kann Strom das Wasser mit einem che-misch-elektrischen Wirkungsgrad von 60% in seine Bestandteile zerlegen. Wenn der Strom mit einem elektrisch-thermischen Wir-kungsgrad von 40% produziert wurde, resultiert ein vergleichbarer chemisch-thermischer Wirkungsgrad von 24%. Zwar ist Wasserstoff an sich ein brauchbarer Treibstoff, aber seine wirkliche Bedeutung erreicht er als Rohstoff für die Synthese von flüssigen Treibstoffen.

Aus Wasserstoff und Kohle werden synthetische Treibstoffe.

Zur Herstellung von Kohlenwasserstoffen braucht man neben Wasserstoff auch Kohlenstoff. Dieser kann als Kohle vorliegen. Auch ohne nuklearen Wasserstoff gibt es chemische Verfahren – wie das Fischer-Tropsch-Verfahren – Benzin aus Kohle zu fabrizieren. Dieser F-T-Prozess emittiert grosse Mengen CO_2, so dass das Benzin, wenn es dann schliesslich Motoren antreibt, eine um 50% grössere CO_2-Belastung erzeugt als Benzin aus Erdöl. Das Verfahren wurde in Südafrika während des Embargos perfektioniert und produziert heute 160'000 Fass pro Tag. Es wurde etwa erwogen, damit die Energieunabhängigkeit der USA zu verbessern.

Unser Ziel ist ein CO_2-neutrales Treibstoffsyntheseverfahren, das auch während der Herstellung kein CO_2 produziert. Wir wollen Wasserstoff und Kohlenstoff etwa in dieser Art kombinieren:

$$8\, C\ +9\, H_2\ + \text{Energie} \rightarrow\ C_8H_{18}$$

das ist Oktan, eine Art Benzin. Wir können nuklearen Wasserstoff machen, aber wir brauchen auch eine Quelle für Kohlenstoff. Wie gesagt, kann das einfach Kohle sein. Locke Bogart hat ein Verfahren beschrieben, das Wasserstoff und Sauerstoff aus der Wasserzerlegung nutzt und auch das Wasser aus dem Fischer-Tropsch-Verfahren. Im Diagramm unten bedeutet „$-CH_2$" eine Kohlenwasserstoffkette wie C_8H_{18}.

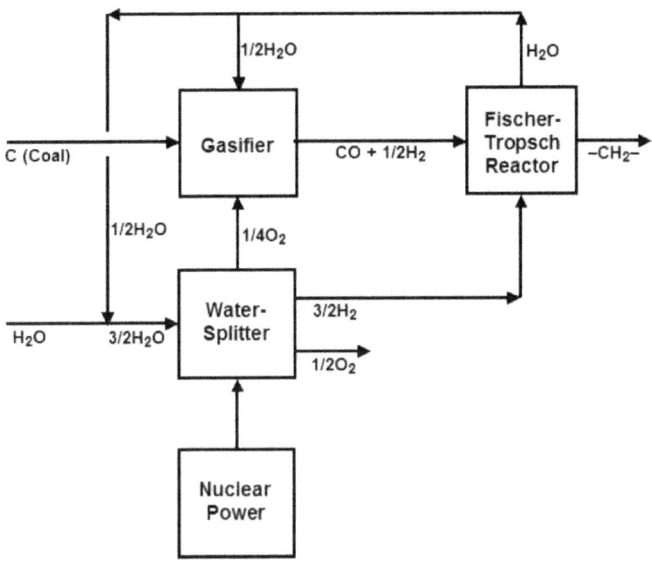

Idealisierter Wasserzerleger, Kohlevergaser und F-T-Reaktor.

Energie aus LFTR kann aus Kohle und Erdgas Benzin machen.

Eine Möglichkeit, Treibstoffe wie Benzin und Dieselöl herzustellen, ist die Kombination von Kohle und Erdgas in einer nuklear beheizten Chemischen Fabrik. Verglichen mit Oktan (C_8H_{18}) hat Methan (CH_4) zu viel Wasserstoff und Kohle (etwa CH) hat zu wenig davon. Wir können sie im richtigen C/H-Verhältnis mischen, um Erdölersatz zu schaffen.

$$4 \times (CH_4) + 2 \times (2CH) + Energie \rightarrow C_8H_{18}$$

Die Verbrennungswärmen der Rohstoffe und des Produkts sind:

Methan	56 kJ/g
Kohle	27 kJ/g
Benzin	47 kJ/g

Die gleichen Massen Methan und Kohle haben zusammen nur 41 kJ/g; es braucht also 6 kJ/g zusätzlich aus CO2-neutraler Kernenergie. Während des Herstellungsprozesses emittiert dieses Verfahren kein CO2, es wäre also eine Verbesserung gegenüber den gängigen kommerziellen Syntheseverfahren. Diese beziehen ihre Energie aus der Verbrennung von Kohle, sie emittieren also mehr CO_2 als Erdöl aus Bohrungen. Gasverflüssigungsanlagen verbrennen Erdgas und produzieren ebenfalls CO_2. Die USA haben grosse Vorräte an Erdgas und Kohle als Rohstoff zur CO_2-freien Herstellung von Benzin und Dieselöl mit LFTR-Energie.

Noch ist keine solche Anlage zur Herstellung flüssiger Treibstoffe aus Kohle und Gas gebaut worden und ihre Entwicklung wäre ein Multimilliarden-Unternehmen vom Ausmass der Südafrikanischen Kohleverflüssigung oder der Qatarischen Gasverflüssigungsanlagen.

Allerdings würde diese Art synthetischen Treibstoffs beim Verbrennen genau so viel CO_2 emittieren wie Benzin aus Erdöl. Für die USA wäre der wichtigste Vorteil des Verfahrens eine verbesserte Energieunabhängigkeit. Es bringt aber nichts zur Abwendung des drohenden Klimawandels wegen der CO_2-Emissionen.

Synthetische Treibstoffe könnten CO_2-neutral werden durch Rezyklieren von CO_2.

Kohlekraftwerke verbrennen Kohle und emittieren CO_2 in die Atmosphäre. Bei neuen, fortgeschrittenen Kohlekraftwerken sollte es möglich sein, das CO_2 abzutrennen. Dieses CO_2 könnte als Quelle für Kohle zur Herstellung synthetischer Treibstoffe verwendet werden. Die CO_2-Neutralität kommt daher, dass das CO_2 ohnehin in die Atmosphäre gelangt wäre, aber in einem nächsten Verfahrensschritt zusätzliche Energie aus einem Kernkraftwerk zur Verfügung stellt. Wenn alle 1,9 Gt/Jahr der CO_2-Kohlekraftwerkemissionen der USA mit Hilfe von Kernenergie in Flüssigtreibstoff umgewandelt würden, könnte die ganze Transportwirtschaft der USA versorgt werden. Die Produktionskosten würden bei etwa 3$/Gallone (0,6€/Lt) liegen mit CO_2 als Rohstoff und 2$/Gallone (0,4€/Lt) direkt aus Kohle. Ein Problem mit dieser Argumentation liegt darin, dass Kohlekraftwerke in Zukunft durch Gaskraftwerke und LFTRs ersetzt werden dürften.

Weitere Quellen für Kohle sind Luft, Biomasse und Zement.

Wir wollen drei weitere mögliche Kohlequellen anschauen. Man könnte CO_2 direkt aus der Luft gewinnen, aber das ist schwierig, weil die Konzentration des CO_2 in der Luft so klein ist, nämlich etwa 0,04%. Eine andere Möglichkeit ist Biomasse, wobei im Wesentlichen der Kohlenstoff verwendet wird, den die Pflanzen eingefangen haben, statt die Energie der Photosynthese. Eine dritte, überraschende Möglichkeit ist die Verwendung von CO_2, das bei der Herstellung von Zement entsteht.

„Green Freedom" will CO_2 aus der Luft gewinnen.

Das Projekt „Project Green Freedom" wurde von Jeffrey Martin und William Kubic vom Los Alamos National Laboratory erfunden. Ihre Idee besteht darin, einen Kernreaktor zu verwenden, um Flüssigtreibstoff zu produzieren und die durch den Kühlturm strömende Luft als Quelle von Kohlenstoff zu benutzen indem das CO_2 extrahiert wird.

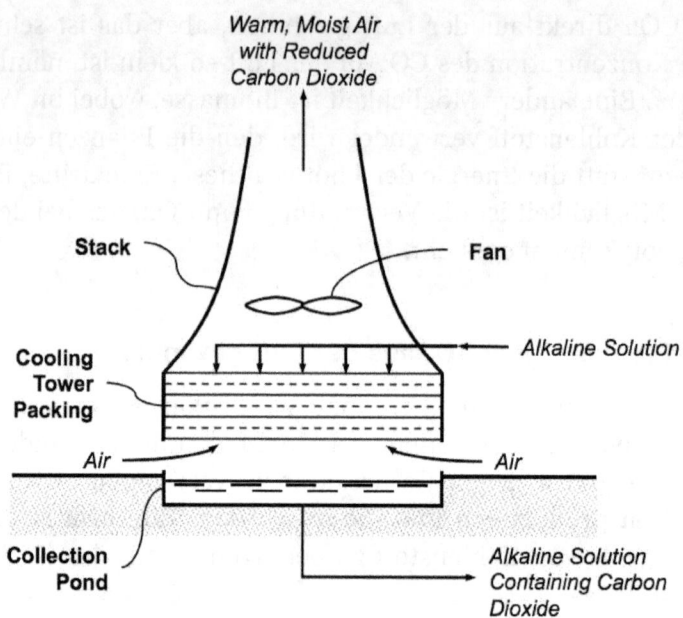

CO$_2$-Extraktion im Luftstrom des Kühlturms bei "Green Freedom"

Sie haben beobachtet, dass alkalische Seen das 30-fache an CO2 absorbieren, verglichen mit der gleichen Fläche Rutenhirse. Sie konstruierten einen Kalziumkarbonat-Filter durch den die Luft im Kühlturm eines Kernkraftwerks strömt. Das Kalziumkarbonat absorbiert das CO2:

$$CO_2 + K_2CO_3 + H_2O \rightarrow 2\ KHCO_3$$

Dabei entsteht Bikarbonat. Das CO2 würde elektrochemisch aus dem Bikarbonat herausgelöst mit einem Energieaufwand von ~410 kJ/Mol elektrisch und ~100 kJ/Mol thermisch. Diese Energie würde von einem Kernkraftwerk geliefert, etwa einem LFTR. Weil CO2 in der Luft so stark verdünnt ist, stellen sich Martin und Kubic eine grosse Luftverarbeitungsanlage mit einem 1'000MW(e) und 470 MW(th) leistenden Kernkraftwerk vor, das über sechs CO2-

sammelnde Kühltürme verfügt. Diese kühlen das Kernkraftwerk und die chemische Fabrik.

Das chemische Verfahren zur Umwandlung von CO_2 und Wasserstoff zu Methanol ist erprobt und kommerziell in Betrieb. Mobil Oil hat ein Verfahren entwickelt, das erlaubt, Methanol in Benzin umzuwandeln. Die ganze Anlage könnte 17'000 Fass Benzin pro Tag liefern und das zu einem Verkaufspreis von 5$/Gallone bei Investitionskosten von 5 Milliarden. (Alles US$ zu 2007 Preisen). Martin und Kubic erwarten eine Kostenreduktion von 20% durch verbesserte Technologie. Günstigere Energie aus LFTRS würde die Kosten des synthetischen Benzins weiter senken. Das Projekt zeichnet sich dadurch aus, dass es ausschliesslich erprobte und kommerziell funktionierende Verfahren einsetzt; einzig die CO_2-Gewinnung muss noch im grossen Massstab erprobt werden.

Methanol ist seit Jahren in Rennwagen am Indianapolis-500-Rennen verwendet worden. Obwohl Methanol nur etwa die halbe Energiedichte von Benzin hat, kann es ohne weiteres in leicht modifizierten Motoren eingesetzt werden. Heute wird Methanol (CH_3OH) aus Erdgas (CH_4) produziert und könnte so eine Übergangslösung darstellen bis der CO_2-neutrale „Green Freedom"-Prozess perfektioniert ist.

Das vollständige „Green Freedom"-Verfahren ist CO_2-neutral weil es genau so viel CO_2 aus der Luft entfernt wie später durch das Verbrennen des Benzins emittiert wird.

Nukleare Wärmeenergie kann Biomasse in synthetischen Treibstoff umwandeln.

Pflanzen absorbieren Kohlenstoff aus der Luft. Biomasse und Wasserstoff können mittels nuklearer thermischer Energie effizienter zu synthetischen Treibstoffen, wie Benzin und Dieselöl vereinigt werden, als durch das Zellulose-Äthanol-Verfahren.

Viele Arten Biomasse können verwendet werden, um sie in Flüssigtreibstoff umzuwandeln. Die nötige Energie kann aus der Verbrennung von Biomasse stammen. Um den Bedarf an Biomasse zu ver-

ringern, kann die Wärme von aussen zugeführt werden, zum Beispiel durch Wasserstoff aus LFTR-Produktion, der die Temperatur
des sauerstofffreien Verfahrens auf 1'000 bis 1'200°C bringen kann.
Eine solche Temperatur kann vom LFTR nicht direkt erreicht werden, wohl aber im Plasma eines elektrischen Lichtbogens.

Die Rolle der Biomasse besteht nicht in erster Linie in der Liefe-
rung von Energie, sondern von Kohlenstoff, um mit Wasserstoff
und Wärmeenergie aus LFTRs synthetische Treibstoffe herzustellen. Die folgende Tabelle zeigt den Beitrag der LFTR-Energie zur
Produktion von Dieselöl.

Wenn die Biomasse nicht oxidiert wird, verbessert man den Wirkungsgrad des Verfahrens um das 5.6/1.7 = 3.3-fache, verglichen
mit dem Zellulose-Äthanol-Verfahren oder der Fermentation oder
Vergasung. Dies bedeutet eine Verringerung des Landbedarfs zu
Gunsten der Nahrungsmittelproduktion.

Die geschätzten Kosten für diese Art der Produktion von Dieselöl
sind 4$/Gallone (0,9€/Lt). Noch ist keine solche Raffinerie im Bau
und bevor an den Bau einer solchen Multimilliarden-Anlage gedacht werden kann, sind noch bedeutende Entwicklungsschritte in
der Verfahrenstechnik zu bewältigen. Die grossen Ölgesellschaften
wären dazu in der Lage.

	Biomasse / Diesel Massenverhältnis	kWh(e) input per kWh(t) Synthese-benzin output
Biomasse-Vergasung	5.6	0
Biomasse-Vergasung mit LFTR Energie	1.7	1.08

Biomasse-Treibstoffe mit LFTR-Energie könnten zum Bedarf der USA beitragen.

Eine Studie des Energieministeriums (DoE) aus dem Jahr 2005 bezifferte das Potential für Treibstoffe aus 1366 Millionen Tonnen trockener Biomasse auf 3 Milliarden Fass. Die Ausbeute könnte mit LFTR Energiekonversion verdreifacht werden. Die USA verbrauchen etwa 7 Milliarden Fass Erdölprodukte im Jahr. Pro Hektare wachsen ca. 6 Tonnen trockene Biomasse im Jahr nach, somit müssten auf 160 Millionen ha ausschliesslich Pflanzen für Biomasse wachsen, um den ganzen Bedarf auf diese Weise zu decken. Wald und Landwirtschaft beanspruchen 670 Millionen ha. Es ist also kaum vorstellbar, den gesamten Treibstoffbedarf der USA so zu decken. Es würde helfen, den Treibstoffverbrauch pro Fahrzeug zu senken.

Benzin beansprucht 44% des Erdölkonsums der USA und dieser Anteil könnte durch sparsamere PKWs und Elektrofahrzeuge wesentlich gesenkt werden. Fast die Hälfte der Eisenbahntransporte sind Kohletransporte von der Mine zum Kraftwerk. Dieser Teil des Dieseltreibstoffs wird nach und nach frei, wenn Kohlekraftwerke eingemottet werden. Die Elektrifizierung der Eisenbahnen kann den Bedarf an Dieselöl weiter verringern und der Bau von Hochgeschwindigkeitszügen verringert den Bedarf für Lufttransporte. LKWs und Flugzeuge werden die wichtigsten Konsumenten von Flüssigtreibstoffen aus Biomasse sein.

AMMONIAK

Was wäre, wenn sich die bisher geschilderten Verfahren zur Produktion von Flüssigtreibstoffen als zu schwierig oder zu teuer erweisen sollten, um als praktische Quelle für Flüssigtreibstoff zu dienen?

Ammoniak kann einen grossen Teil der Energie des Wasserstoffs transportieren.

Wasserstoff kann schlecht als Fahrzeugantrieb eingesetzt werden. Um ihn aufzubewahren muss er entweder auf -253°C abgekühlt oder auf 350 bar komprimiert werden. Beides ist teuer und braucht 30% der Energie. Die kleinen Moleküle des H2 diffundieren durch die Behälterwände und verspröden das Metall.

Wie Kohlenwasserstoffe kann auch Stickstoff die potentielle chemische Energie von Wasserstoff transportieren. Die flüssigen Formen solcher Treibstoffe können leicht in Tanks bei Normaltemperatur und kleinem Druck aufbewahrt werden.

Mit Stickstoff statt mit Kohlenstoff kann man andere Moleküle aufbauen, die als Treibstoff dienen, zum Beispiel Ammoniak. Stickstoff ist reichlich vorhanden, die Atmosphäre besteht zu 78% daraus. Er ist billiger zu haben als Kohlenstoff. Damit ist ein weiterer Weg offen, um die günstige LFTR-Energie zu nutzen: Ammoniak produzieren.

Die Energiedichte von Ammoniak ist höher als die von Wasserstoff.

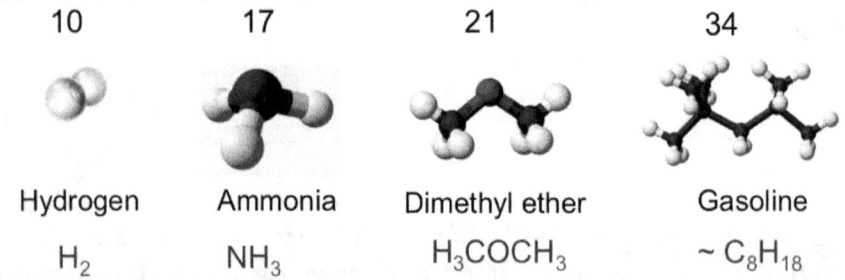

10	17	21	34
Hydrogen	Ammonia	Dimethyl ether	Gasoline
H_2	NH_3	H_3COCH_3	~ C_8H_{18}

Energiedichten von Flüssigtreibstoffen, MJ/L

Die obigen Energiedichten in Megajoule pro Liter zeigen, dass Wasserstoff sogar wenn auf 350 Bar komprimiert, für die gleiche Energie fast das doppelte Volumen einnimmt als Ammoniak. Dimethyläther ist ein Beispiel eines kohlenstoffhaltigen Treibstoffs, der Dieselöl ersetzen kann.

Die höhere Energiedichte und Transportfähigkeit der kohlenstoffhaltigen Treibstoffe machen sie zum am besten geeigneten Energieträger für das Transportwesen. Ammoniak hat nur die halbe Energiedichte von Benzin oder Dieselöl, braucht also in einem Fahrzeug einen doppelt so grossen Tank. Trotzdem gibt es viele Möglichkeiten, diesen kohlenstofffreien Treibstoff einzusetzen.

Ammoniak ist ein verbreitetes Industrieprodukt.

In den USA werden jährlich 20 Millionen Tonnen Ammoniak und ammoniakbasierte Düngemittel produziert. Weltweit wird 1-2% aller Energie für die Produktion von Ammoniak aufgewendet. Über 80% des Ammoniaks wird als Rohstoff für die Produktion von Dünger verwendet, der für 1/3 der Weltbevölkerung die Ernährung sicherstellt. Ammoniak war eine wichtige Komponente der „grünen Revolution", die im 20sten Jahrhundert eine Milliarde Menschen vor dem Hungertod bewahrt haben soll. Heute wird Ammoniak hauptsächlich aus Erdgas erzeugt unter Emission von CO_2. Die Nahrungsmittelproduktion der Welt ist stark von fossiler Energie anhängig.

Ammoniak wird als Dünger in den Boden eingebracht

Ammoniak kann Verbrennungsmotoren antreiben.

Während des Zweiten Weltkriegs haben Belgische Busse mit Ammoniakantrieb Passagiere tausende von Kilometern transportiert.

Mit Ammoniak angetriebener Bus in Belgien

Heute verbessern die Ingenieure Verbrennungsmotoren für den Betrieb mit Ammoniak als Treibstoff oder Ammoniak mit Zusätzen wie Biodiesel, Äthanol, Wasserstoff, Zetan oder Benzin. „Sturman Industries" entwickelt einen hydraulischen Motor mit Ammoniakantrieb, ohne Kurbelwelle, Nockenwelle, oder Kohlenstoff!

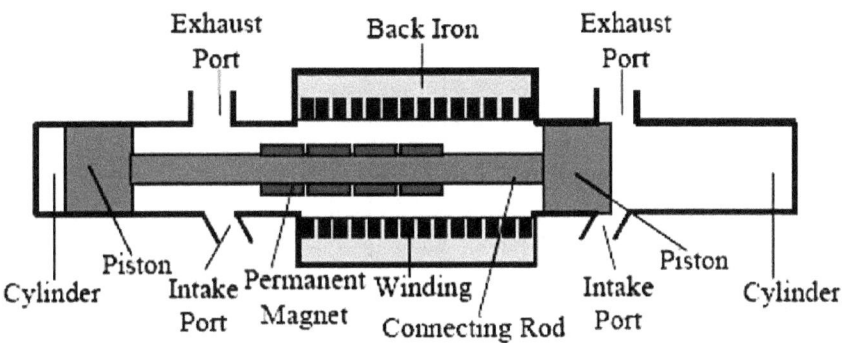

Freikolben-Linearmotor

Die Entwicklung eines Freikolbenmotors mit integriertem Stromgenerator wird weitergeführt. Mit einer mageren Mischung aus Luft und Ammoniak soll er einen Wirkungsgrad von 50% erreichen.

„Hydrofuel Inc." hat 2010 einen mit Ammoniak angetriebenen PKW vorgestellt.

Ammoniak-Brennstoffzellen können direkt Strom erzeugen.

Bei Brennstoffzellen, die mit Wasserstoff betrieben werden, muss zunächst der Wasserstoff im Ammoniak vom Stickstoff abgetrennt werden. Direkte Ammoniak-Brennstoffzellen benötigen keine vorgängige Spaltung des Ammoniakmoleküls. Einige benutzen Flüssigsalz als Elektroden. Hocheffiziente Hochtemperaturzellen mit festen Oxiden („Solid Oxide Fuel Cells", SOFC) nutzen protonenleitende Feststoffelektrolyten.

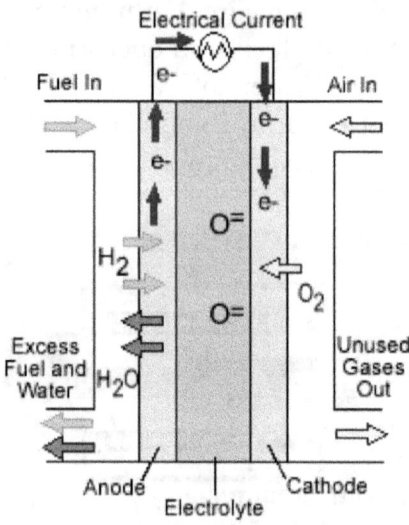

Brennstoffzelle

Feststoffsynthese von Ammoniak senkt die Kosten.

Heute werden jährlich 500 Millionen Tonnen Ammoniak mittels des Haber-Bosch-Verfahrens aus Erdgas, Wasser, Luft und elektrischer Energie erzeugt. Das allein benötigt 3-5% des jährlich geförderten Erdgases. Der Kohlenstoff aus dem Methan (CH_4) wird als CO2 in der Atmosphäre entsorgt.

Sammes und Restuccia von der „Colorado School of Mines" haben ein Feststoffverfahren zur Ammoniaksynthese („Solid State Ammonia Synthesis", SSAS) patentiert. Stickstoff wird aus der Luft gewonnen. Wasser liefert den Wasserstoff. Es gibt kein freies Wasserstoffgas und somit keine Explosionsgefahr. SSAS arbeitet wie eine Feststoffbrennstoffzelle, aber rückwärts. Es gibt da ebenfalls eine protonenleitende keramische Membran. Die Membran hat die Form von Röhren und die Anlage kann durch Hinzufügen von Röhren skaliert werden. Neben Elektrizität könnte ein LFTR mit über 650°C heissem Dampf für die SSAS-Zellen auch Ammoniak produzieren.

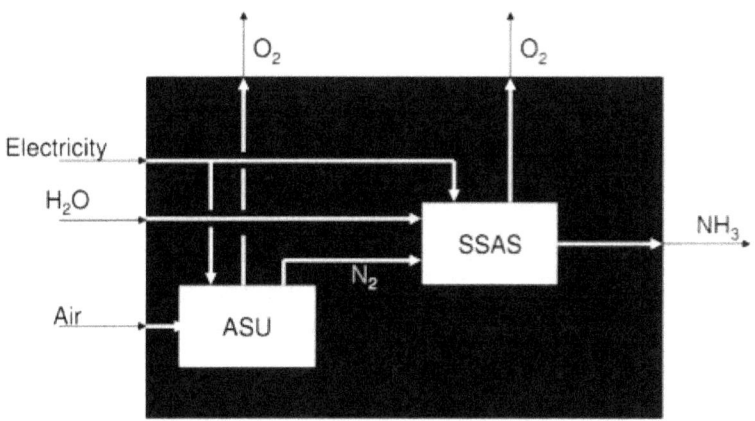

SSAS: 6 H2O + 2 N2 → 3 O2 + 4 NH3

Bei Massenproduktion des LFTR würde der Strom 0,03$/kWh kosten was kalkulatorisch Kosten von etwa 200$/Tonne Ammoniak ergibt. Das ist die Hälfte dessen, was die heutige Ammoniakproduktion aus Erdgas kostet und vermeidet die Emission von CO2 wie beim weit verbreiteten Haber-Bosch-Verfahren. Dieses neue SSAS-Verfahren funktioniert im Labormassstab, aber es bleibt noch ein erheblicher Forschungs- und Entwicklungsaufwand, bevor es Ammoniak kommerziell produzieren kann.

Die Energiekosten für nukleares Ammoniak sind 1/3 derer für Benzin.

Die Verbrennungswärme ist die Wärmeenergie, die in einem Verbrennungsmotor freigesetzt würde. Unter Berücksichtigung der verschiedenen Kosten und Verbrennungswärmen kann man zeigen, dass die Energie aus Ammoniak dreimal weniger kostet als die aus Benzin.

Kosten des Energieinhalts von Ammoniak und Benzin			
Treibstoff	Verbrennungswärme	Preis	Energiekosten
Nukleares Ammoniak	22 MJ/kg	$0.20/kg	$0.01/J
Benzin	132 MJ/Gal	$4/Gal	$0.03/J

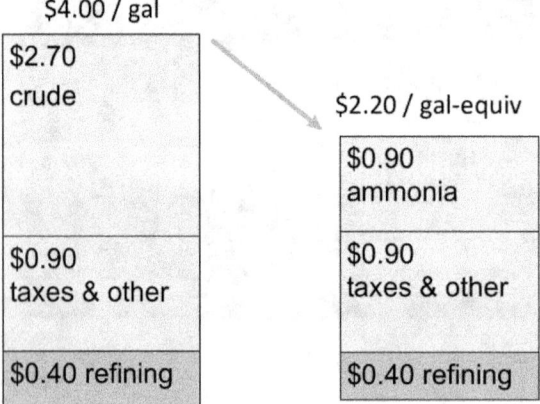

Brennstoffkostenanteile: Energiequelle, Steuern, Raffinierung

Wie wirken sich diese tieferen Energiekosten auf die Kosten für PKW-Treibstoffe aus? Die linke Säule zeigt die typischen Kostenanteile für Benzin in Kalifornien. Der grösste Kostenanteil stammt vom Rohöl, das die Energie des Benzins liefert. Die Raffinierung trägt nur etwa 10% der Kosten bei, obwohl eine Raffinerie eine komplexe, teure Anlage ist. Wir kennen die Kosten für eine industrielle SSAS-Anlage nicht, aber nehmen wir mal an, dass die Ingenieure, die Raffinerien bauen, imstande sind, ähnlich grosse Ammoniakfabriken zu ähnlichen Kosten zu bauen.

Ammoniak kann sicher gehandhabt werden.

Ammoniak ist die am zweitmeisten produzierte Chemikalie mit 20 Millionen Tonnen pro Jahr allein in den USA. Da gibt es auch ein 4'800 km langes Netz von Pipelines, die Ammoniak hauptsächlich für landwirtschaftlichen Einsatz transportieren. Die Speicherkapazität beträgt 5 Millionen Tonnen.

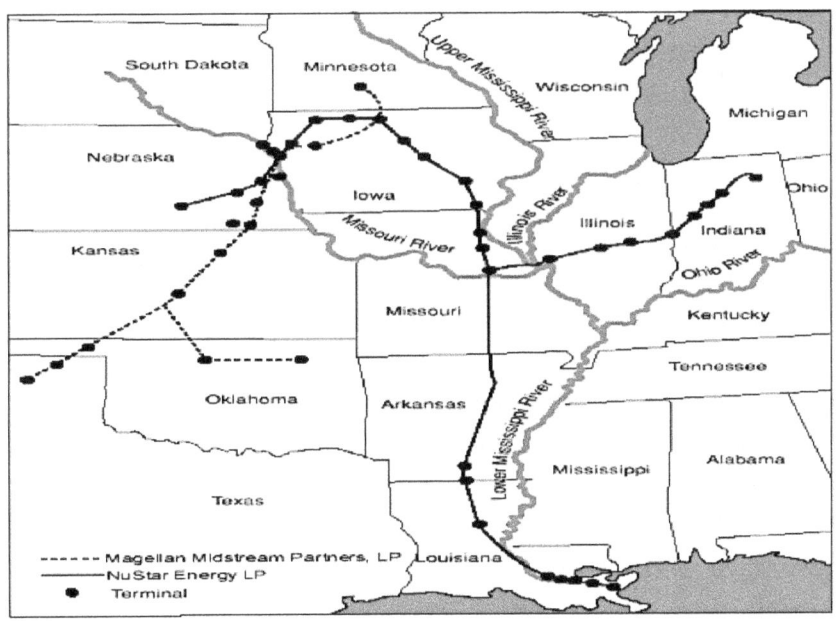

Ammoniak-Pipelines im Mittelwesten der USA

In einem Fahrzeug würde das Ammoniak als Flüssigkeit in einem Drucktank bei einem Druck von 14 Bar mitgeführt (ähnlich wie Propan bei 12 Bar). Man vergleiche das mit dem Drucktanks für Erdgas (200 Bar) oder Wasserstoff (340 Bar). Bei einem Unfall oder sonst einem Tankschaden verflüchtigt sich das Ammoniak schnell, weil es leichter ist als Luft. Sein stechender Geruch ist alarmierend, aber es ist schwer entzündlich bei einer Flammtemperatur von 650°C. Im Gegensatz zu Benzin kann ein Ammoniakfeuer mit Wasser leicht gelöscht werden.

Ammoniakdämpfe in einer Konzentration von einem halben Prozent einzuatmen ist für 50% der Fälle tödlich. Das Einatmen von 500ppm ist gesundheitsschädlich. Chronische Belastung mit 25ppm ist für Menschen und andere Säuger unbedenklich, da sie im Urea-Zyklus auf natürliche Weise NH3 ausscheiden. Andererseits ist Ammoniak giftig für Fische.

Die Gefährdung durch Ammoniak ist anders, aber vergleichbar mit der Gefährdung durch Benzin. Ammoniak ist giftig und Benzin ist feuergefährlich. Eine Untersuchung der Iowa State University hat 2009 ergeben:

> „Zusammengefasst lässt sich sagen, dass die Gefährdung und die Risiken beim LKW-Transport, der Lagerung und der Verteilung von Ammoniak, Benzin und Flüssiggas ähnlich sind. Bei der Konstruktion und der Platzierung von Tankstellen sollten die international akzeptierten Risiken für die Öffentlichkeit berücksichtigt werden. Die bisherigen Erfahrungen mit Transportsystemen für Gefahrengüter dieser Art, legen nahe anzunehmen, dass das Risiko aus der Verwendung von Benzin, Ammoniak und Flüssiggas als Treibstoffe für PKWs für die Öffentlichkeit tragbar ist."

Kurz gesagt: Nuklear produziertes Ammoniak ist ein geeigneter Treibstoff. Es stösst beim Verbrennen kein CO_2 aus. Der Produktionsprozess kann CO_2-frei sein. Die Treibstofftanks in PKWs müssten allerdings doppelt so gross sein wie Benzintanks.

NUKLEARER ZEMENT

Ein anderes Verfahren könnte den Kohlenstoff für die Fabrikation von synthetischen Treibstoffen auf Kohlenstoffbasis liefern und dabei CO2-neutral sein.

Zement, der zu Beton aushärtet, absorbiert CO$_2$.

Seit Jahrtausenden wird der Kalkzyklus verwendet, um Mörtel herzustellen. Kalk (CaCO3) wird auf eine sehr hohe Temperatur aufgeheizt um das CO2 auszutreiben. Kalk wird „gebrannt", aber nicht wirklich ver-brannt. Zusammen mit Wasser wird aus dem CaO Kalziumhydroxid, C(OH)2, das Bindemittel im Mörtel. Beim Aushärten wird Wasser abgeschieden und der aushärtende Mörtel nimmt langsam CO2 aus der Luft auf, um das stark bindende Kalziumkarbonat zu bilden. Dieser ideale Kalkzyklus ist kohlenstoffneutral.

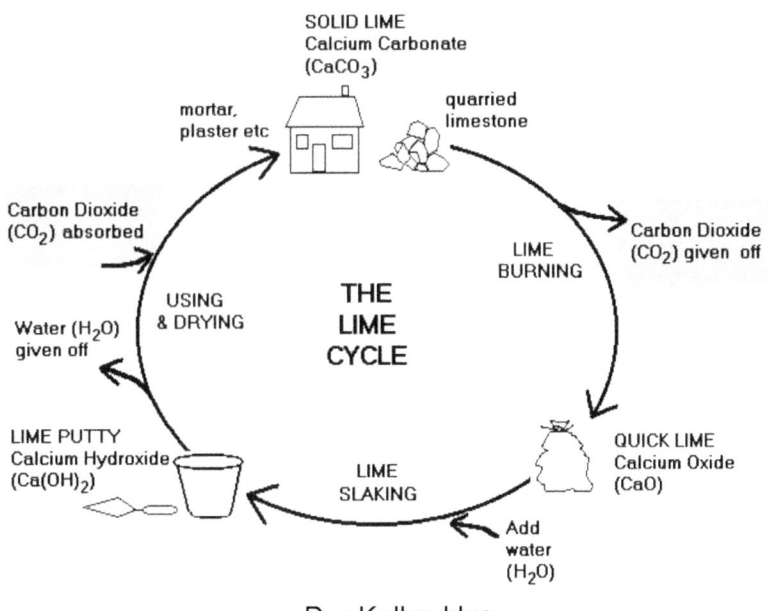

Der Kalkzyklus

In der heutigen Bauindustrie wird der reine Kalkmörtel durch Portlandzement ersetzt, der in einem ähnlichen Verfahren hergestellt wird, aber mit der Zugabe von Quarzsand. Damit wird die Chemie des Zyklus durch Silizium ergänzt. Die Kalziumsilikate $2CaO\cdot SiO2$ und $3CaO\cdot SiO2$ verstärken das Kalziumkarbonat. Der $CO2$-Zyklus ist der gleiche.

Die Herstellung von Portlandzement und die anschliessende Sinterung bei 1450°C verbrauchen grosse Mengen fossiler Brennstoffe.

Statt das $CO2$, das aus dem Kalk ausgetrieben wird, einfach in die Atmosphäre zu entlassen, könnte man es sammeln und als Rohstoff für synthetische Treibstoffe verwenden.

Zement könnte mit LFTR-Energie produziert werden.

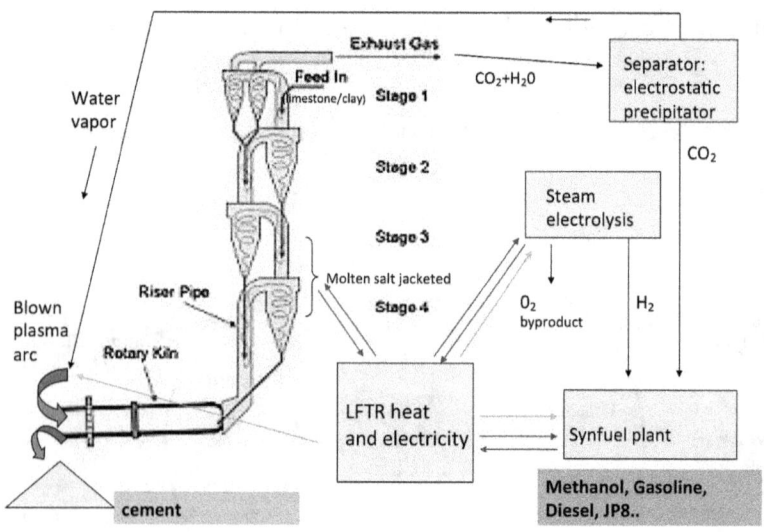

Zementofen mit Wärme aus einem LFTR und Plasmalichtbogen

Dieses Verfahren beruht auf Überlegungen von Darryl Siemer, ein pensionierter Nuklearchemiker des „Idaho National Lab". Wärmeenergie aus einem LFTR würde durch Flüssigsalz zu den Zyklon-Vorheizern geführt, um den Sand und den Kalk auf 700°C zu heizen. Portlandzement benötigt 1'500°C, es wird also eine weitere

Wärmequelle benötigt. Das ist ein Lichtbogen, der mit Elektrizität aus dem LFTR betrieben wird. Das ganze CO_2 wird eingefangen und zusammen mit Wasserstoff aus der Hochleistungselektrolyse im LFTR zu synthetischem Treibstoff verarbeitet.

Wenn der synthetische Treibstoff verbrannt wird, geht er als CO_2 in die Luft, aber er wird beim Aushärten des Zements über die Jahre in der gleichen Menge wieder aufgenommen. Das CO_2 des Kalkzyklus wird gewissermassen für den synthetischen Treibstoff ausgeborgt. Die Heizenergie kommt aus dem LFTR statt aus fossilen Brennstoffen, womit auch diese Quelle von CO_2 eliminiert ist.

Nukleare Herstellung von Zement könnte genug CO_2 liefern, um 8% der heutigen fossilen Treibstoffe durch synthetische Treibstoffe zu ersetzen und 390 Megatonnen Zement im Jahr zu liefern. Die USA verbrauchen 106 Megatonnen und der Weltverbrauch beträgt 3'300 Megatonnen, die Hälfte davon wird in China verbaut.

Diese CO_2-Quelle ist eine Ergänzung zu den anderen erwähnten Quellen: Abscheidung aus der Luft und Kultivierung von Biomasse.

WASSERSTOFF

In den letzten Abschnitten haben wir über mögliche Treibstoffe diskutiert, die keine CO_2-Emissionen zur Folge haben und die mit billiger LFTR-Wärme und -Elektrizität hergestellt werden könnten.

Ammoniak (NH_3) war ein Beispiel eines Treibstoffs, der in Verbrennungsmotoren, Raketentriebwerken oder Brennstoffzellen verbrannt werden kann. Ammoniak kann aber auch einfach als Träger von Wasserstoff betrachtet werden, der thermisch zerlegt wird, um den Wasserstoff mit dem Sauerstoff der Luft zu verbrennen.

Ein anderes Beispiel war synthetischer Treibstoff auf Kohlenstoffbasis wie Methanol (CH_3OH) oder Dimethyl-Äther (H_3COCH_3). Um per Saldo kohlenstoffneutral zu sein, ist für ihre Synthese eine Kohlenstoffquelle erforderlich, die CO_2 aus der Atmosphäre entfernt.

Die Beispiele dazu sind die CO2-Extraktion aus der Luft durch „Green Freedom", Anbau von Biomasse (für Kohlenstoff, nicht für Energie) und Zementherstellung.

Diese Verfahren zur Treibstoffproduktion weltweit in industriellem Massstab einzuführen ist eine gewaltige Herausforderung. Es gibt einen weiteren, scheinbar ganz einfachen Treibstoff: Wasserstoff. Es gibt auf der Erde keinen freien Wasserstoff, weil er mit Sauerstoff reagiert, um Wasser (H_2O) zu bilden. Heute wird Wasserstoff durch Reformierung von Erdgas (CH_4) durch Wasserdampf (H_2O) erzeugt. Dabei entsteht CO_2. Wasserstoff könnte mit Energie aus einem LFTR aus Wasser erzeugt werden, entweder durch normale Elektrolyse, durch Hochtemperaturelektrolyse oder katalytische Dissoziation bei hoher Temperatur (Thermolyse).

Die Infrastruktur für eine Wasserstoffwirtschaft existiert nicht.

Die Herausforderung des Wasserstoffs ist es, ihn zu lagern und zu transportieren. Das Wasserstoffmolekül ist klein und dringt leicht in Metalle ein und versprödet sie. Spezielle Oberflächenbehandlungen ermöglichen den Transport durch Pipelines und wurden in PKW-Versuchsanlagen geprüft. In grossen Tankanlagen kann Wasserstoff verflüssigt und bei kleinem Druck gelagert werden, aber das bedingt kryogenische Technik und Temperaturen unter -253°C (20°K). Sowohl Druck- als auch Flüssiglagerung von Wasserstoff sind energieintensiv und mit Verlusten von etwa 30% behaftet.

Die Sicherheit von Verfahren mit Wasserstoff ist schwierig zu garantieren, weil Wasserstoff farb- und geruchlos und in Mischungen von 20-60% mit Luft explosiv ist. Diese Mischung (Knallgas) kann sehr leicht entzündet werden, beispielsweise durch die elektrostatische Entladung in einem strömenden Gas. Weil Wasserstoff viel leichter ist als Luft, verflüchtigt es sich perfekt, kann sich aber unter Überhängen und Decken wie in einer Tiefgarage sammeln. Versuche haben gezeigt, dass PKW-Brände mit Wasserstoff weniger schlimm sind als mit Benzin.

Kohlenstofffreie Wasserstoffproduktion kann zentral oder dezentral erfolgen. Dezentral würde man den Wasserstoff durch normale oder

Hochtemperaturelektrolyse erzeugen und an Tankstellen verkaufen. Elektrolyse kann 50-80% effizient sein und mit Strom, der mit einem Wirkungsgrad von 40-50% erzeugt wurde, ergibt sich ein Gesamtwirkungsgrad von vielleicht 30%. Das ist schlechter als bei zentraler Produktion, vermeidet aber Wasserstofftransporte.

Zentrale Produktion würde in einer dafür gebauten Hochtemperatur-Elektrolyseanlage am Standort eines LFTR erfolgen. Dieser liefert Strom und Prozesswärme bei 950 bis 1'000°C. Mit dem Schwefel-Iod-Verfahren erreicht man einen Wirkungsgrad von 50%, mit heute erprobten Materialien und dem Kupfer-Chlor-Verfahren sind es 43% bei 530°C.

In Kalifornien ist ein Wasserstoff-PKW erhältlich.

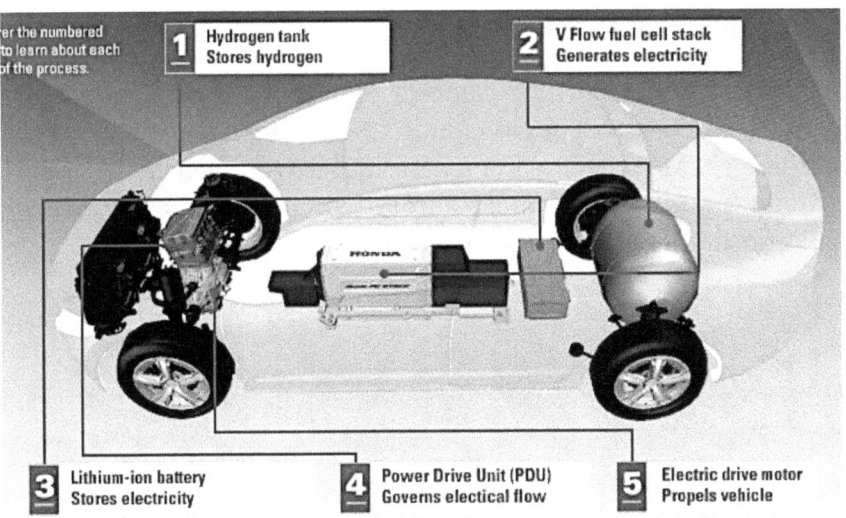

Honda FCX Clarity

Honda verkauft bereits einen wasserstoffgetriebenen PKW, den FCX Clarity. Sein Tank hält 4 kg Wasserstoff bei einem Druck von 350 Bar und hat eine Reichweite von 380 km. Eine 100 kW Brennstoffzelle verwandelt Wasserstoff und Sauerstoff in elektrische Energie, die in einer Lithiumionenbatterie zwischengespeichert wird und den Elektromotor antreibt. Für 600$ pro Monat kann der Wagen in Kalifornien gemietet werden. Entlang der „Wasserstoffstrasse" gibt es 14 Wasserstofftankstellen.

Der industrielle Wasserstofflieferant ist Linde. Linde hat grosse Erfahrung in der Herstellung und dem Transpost von Wasserstoff als Flüssigkeit und Druckgas. BMW, Ford, Daimler Chrysler, GM, Opel und andere greifen für ihre Wasserstofffahrzeug-Entwicklung auf die Erfahrungen von Linde zurück. Linde hat insgesamt 19 Wasserstofftankstellen installiert.

Wasserstoff kann Flugzeuge antreiben.

Mit viel Entwicklungsarbeit kann man vielleicht Wasserstoff zu einem Flugtreibstoff machen. Für den gleichen Energieinhalt ist die Masse von Wasserstoff nur 1/3 derer von Flugpetrol, das ist sehr vorteilhaft für den Flugbetrieb. Komprimierter Wasserstoff bei 350 Bar kann in leichten Kohlefaserbehältern aufbewahrt werden. Höhere Drücke bedingen aber schwere Stahltanks. Allerdings ist die Energiedichte bei diesem Druck mit 2,8 MJ/Liter ungünstig verglichen mit 33 MJ/Liter bei Flugpetrol. Das Volumen der Wasserstofftanks müsste also 12-mal so gross sein mit einem entsprechenden Verlust an Frachtvolumen oder Reichweite.

ЭКСПЕРИМЕНТАЛЬНЫЙ САМОЛЕТ ТУ-155

Experimentelle Tupolev TU-155

In Russland wurde 1989 ein durch kryogenischen Flüssigwasserstoff angetriebenes Flugzeug gezeigt. Boeing verwendete Verbrennungsmotoren bei einem unbemannten, wasserstoffbetriebenen Flugzeug. Kleine wasserstoffbetriebene Flugzeuge mit Brennstoffzellen und Elektroantrieb sind ebenfalls schon gezeigt worden.

WASSER UND ENTSALZUNG

Die Wasservorräte der Welt sind übernutzt.

Die UNESCO berichtet, dass 8% der weltweiten elektrischen Energie verwendet werden, um Wasser zu pumpen, zu reinigen und zu regenerieren. Die Weltbank sagt, dass 2,6 Milliarden Menschen keinen Zugang zu sauberem Wasser haben, was den Gesundheitszustand beeinträchtigt und das BSP um 6% einschränkt. Über eine Milliarde Menschen haben keine Stromversorgung. Die Landwirtschaft beansprucht 70% der Wasserentnahmen und die Nahrungsmittelproduktion muss in den nächsten 40 Jahren um 70% gesteigert werden, mit dem Bevölkerungswachstum Schritt zu halten. Grundwasserpumpen haben die Landwirtschaft revolutioniert, aber die Erneuerung des Grundwassers hält mit der Entnahme vielerorts nicht Schritt. Die schmelzenden Gletscher erhöhen vorübergehend die Wassermengen in den Flüssen, aber mit der Zeit werden die Gletscher als ausgleichende Schmelzwasserquellen wegfallen.

Auch die Energieproduktion verbraucht Wasservorräte. Alle thermischen Kraftwerke müssen gekühlt werden und das geschieht fast immer mit Wasser durch Verdampfung oder durch Beheizen von Flüssen und Seen. Unter den thermischen Kraftwerken verstehen wir Kern-, Kohle-, Erdgas-, Biomasse- und konzentrierende Solarkraftwerke sowie Geothermie-Kraftwerke. Sogar Wasserkraftwerke verbrauchen Wasser durch Verdunstung in Stauseen.

Energie aus LFTRs kann die weltweite Wassernot lindern.

Hochtemperatur-Reaktoren wie LFTRs, die luftgekühlt sind, können die Wassernot in trockenen Gebieten lindern, weil sie diese knappe Ressource nicht beanspruchen.

Mit elektrischer Energie können sanitäre Anlagen Abwasser wirtschaftlich soweit aufbereiten, dass sie zur Bewässerung verwendet werden können. Behandeltes Abwasser ist ein zunehmender Anteil des Wasserverbrauchs in den Ländern des Nahen Ostens wie Saudi Arabien (1%), Oman (3%), Jordanien (9%) und Qatar (10%).

Meerwasserentsalzung wird effizienter.

Die täglich 70 Millionen m^3 Trinkwasser, die heute aus Meerwasser gewonnen werden, kommen aus Anlagen, die mit Erdöl befeuert sind – was die CO_2-Emissionen erhöht. Die meisten Entsalzungsanlagen befinden sich in den reichen Ländern des trockenen Nahen Ostens. Die älteren, mehrstufigen Entspannungsverdampfer verbrauchen 25 kWh(th) pro m^3 produzierten Trinkwassers. In Kombination mit einem Kraftwerk, in dessen Kühlung die Destillation integriert ist, kann der Energieaufwand mehr als halbiert werden und beträgt noch 10 kWh/m^3.

In neueren Anlagen ist die Umkehrosmose das häufigste Verfahren. Sie benötigt 6kWh(e)/m^3, was etwa 0,5 \$/m^3 kostet. Der Grossteil der Kosten der Wasserentsalzung stammt von der Energie. Reduktion der Energiekosten dank LFTR verbilligt das Wasser. Ersatz der ölbefeuerten Entsalzungsanlagen durch LFTR verringert auch den CO_2-Ausstoss.

Multieffekt-Destillation ist sogar noch effizienter und benötigt nur 1 kWh(th)/m³. Siemens hat ein Verfahren auf Elektrolysebasis entwickelt, das 1,5 kWh(e)/m³ braucht.

Mit seiner Betriebstemperatur von 700°C ist der LFTR in Kombination mit einer Brayton-Turbine sehr effizient und produziert wenig Abwärme. Trotzdem könnte eine fortgeschrittene Version der Multieffekt-Destillation für jeweils 30 kWh elektrische Energie auch noch 1m³ Trinkwasser erzeugen.

Weil die Brennstoffkosten bei allen Kernkraftwerken sehr tief sind – so auch beim LFTR – laufen diese in der Regel ständig mit ihrer Nennleistung. Da aber die Nachfrage schwankt – die minimale Nachfrage ist im Allgemeinen halb so hoch wie die maximale – kann die bei geringer Nachfrage überschüssige Energie zusätzlich für die Wasserentsalzung verwendet werden.

STABILE BEVÖLKERUNG

Das Ende der Energieknappheit ist der Schlüssel zu einem bescheidenen Wohlstand in den Entwicklungsländern. Der Gründer von Microsoft und Philanthrop Bill Gates meinte:

> *„Wenn man die Situation der ärmsten 2 Milliarden Menschen verbessern will, ist wohl das Beste, was man tun kann, den Energiepreis drastisch zu senken. Es ist die Energie, die der Zivilisation in den letzten 220 Jahren ermöglicht hat, alles und jedes dramatisch zu verändern.“*

Das Ende des Energiemangels stabilisiert die Bevölkerung.

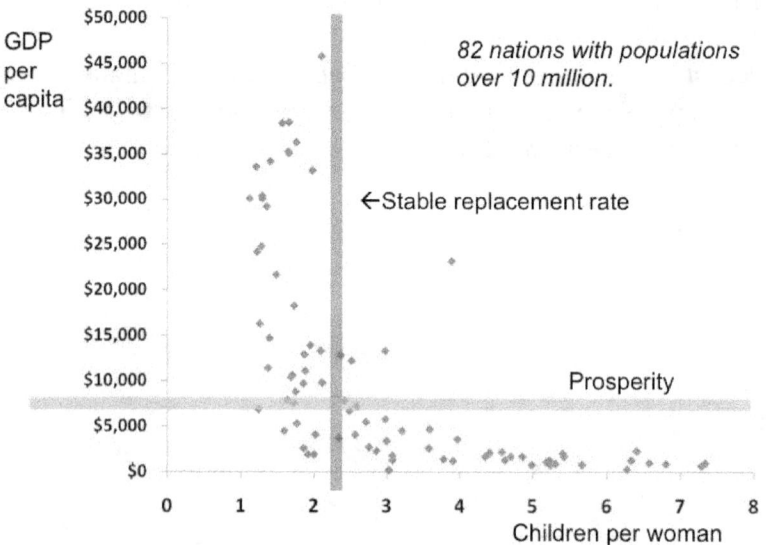

BSP, Geburtenrate und Wohlstand

Arme Länder mit einem pro Kopf-Einkommen unter 7'500$ pro Jahr haben die höchsten Geburtenraten. Mit billiger Energie können sie ihren Wohlstand befördern und damit wird die Geburtenrate sinken, was eine stabile oder gar abnehmende Bevölkerungszahl bewirkt.

8 Energiepolitik

Welches sollten die Ziele der Energiepolitik sein?

1   Den Klimawandel aufhalten?

2   Die Umwelt schützen?

3   Die menschliche Gesundheit und Sicherheit schützen?

4   Eine nachhaltige Welt sicherstellen?

5   Den Energiemangel beheben?

6   Wirtschaftswachstum fördern?

7   Die Energieversorgung sicherstellen?

8   Vorherrschaft in der Energiewirtschaft erreichen? (Anm. d. Übers.: Vorherrschaft der USA)

Wer sollte die Energie- und Umweltkrise der Welt lösen?

1   Eine transnationale Organisation wie die UNO?

2   Ein Land wie die USA?

3   Verschiedene nationale oder Provinzregierungen?

4   Unternehmen?

5   Führungsstarke Einzelpersonen?

Angesichts dieser Dilemmata ist es kein Wunder, dass sich die Energiepolitik weltweit und in den USA in einem unproduktiven Chaos befindet. Werfen wir einen Blick auf die der USA.

Die USA wenden 21 Milliarden\$ in Form von Steuernachlässen für Energie auf.

Die Energiepolitik der USA wird durch Regulierungen, direkte Förderung, Steuernachlässe und Risikoübertragungen auf Bundes-, Staats- und manchmal Gemeindeebene umgesetzt.

Steuernachlässe sind Rabatte auf den Einkommenssteuern, welche der Bund erhebt. Die Bundesregierung ermuntert damit die Unternehmen, bestimmte bevorzugte Energiequellen zu nutzen, wie zum Beispiel durch 30%igen Steuernachlass auf den Investitionskosten eines Solarkraftwerks.

In einigen Fällen werden die Steuernachlässe ausbezahlt, wenn keine Steuern fällig sind, von denen sie abgezogen werden könnten. Ein anderes Beispiel ist der Steuernachlass von 2,2 Cents/kWh für Windstrom.

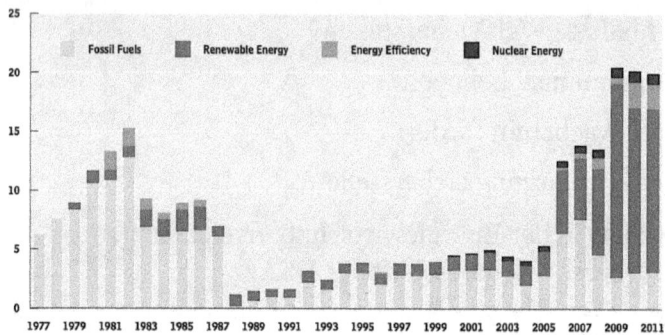

Steuernachlässe für fossile, erneuerbare, gesparte und nukleare Energie.

Das Budgetbüro des Kongresses hat diese Grafik über die Energiesubventionen in Form von Steuernachlässen in Milliarden$ erstellt. Die Zunahme der Beiträge an erneuerbare Energie, ab 2006, ist durch höhere Beiträge für Solar- und Windanlagen bedingt. Die Steuernachlässe betrugen 2011 20,5 Milliarden, dazu kamen Beiträge des Energieministeriums von 3,4 Milliarden$.

Auf Grund einer Anfrage im Kongress, erstellte die Energieinformationsagentur eine Analyse über die Subventionen ausschliesslich der elektrischen Energie, einschliesslich aller Formen der Subvention.

Subventionen und Förderung für elektrische Energie in den USA 2011		
Energiequelle	Subvention Millionen $	Anteil %
Kohle	1,189	10.0
Erdgas	654	5.5
Nuklear	2,499	21.0
Biomasse	114	1.0
Geothermisch	200	1.7
Wasserkraft	215	1.8
Solar	968	8.2
Wind	4,986	42.0
Übertragung	971	8.2
Total	**11,873**	**100**

900 Millionen$ der Subventionen für Kernenergie sind Steuernachlässe auf den Erträgen der Entsorgungsfonds.

Das Energieministerium gibt 3% seines Budgets für fortgeschrittene Kernenergie aus.

Ohne Waffenentwicklung betrug das Budget des Energieministeriums 2012 17'700 Millionen$. Es fördert einige Forschungs- und Entwicklungsarbeiten zum Beispiel des gasgekühlten Hochtemperaturreaktors. LFTR und DMSR werden nicht unterstützt. Im Budget sind auch 67 Millionen$ für die teilweise Erstattung der Kosten von Lizenzierungsgesuchen von Firmen, die kleine modulare Reaktoren entwickeln.

Die Agentur für fortgeschrittene Energie-Forschungsprojekte hat 650 Millionen$ ausgegeben, aber nichts davon ging an nukleare Forschungs- oder Entwicklungsprojekte.

Budget 2012 des Energieministeriums für nukleare Entwicklungen	
Fortgeschrittene Entwicklungen	**Millionen$**
Grundlagen für Nukleartechnik	97
Reaktor-Konzepte F&E	125
Brennstoffzyklus F&E	155
Idaho Anlagenunterhalt	150
Total fortgeschrittene Nuklear-technik	**527**

Die 33 Milliarden$ für Energieprojekte aus dem 800 Milliarden$ „American Recovery and Investment Act" von 2009 brachten nichts für fortgeschrittene nukleare F&E.

Eine Zusammenstellung der historischen Ausgaben des Energieministeriums für Kernenergie durch die „Management Information Services" zeigt eine stetige Abnahme der Ausgaben für Kernenergieforschung, die seinerzeit hauptsächlich in die Entwicklung des IFR gingen, insgesamt 16 Milliarden. Das Projekt wurde 1992 von der Clinton-Regierung abgebrochen.

Risikotransfers machten 2009 31 Milliarden$ in Anleihen und Garantien aus.

Risikotransfers bestehen darin, dass die Bundesregierung einem Unternehmen Anleihen gewährt oder Bürgschaften übernimmt. Das ermöglicht risikoreiche Projekte, die sonst unterblieben. Es senkt auch die Finanzierungskosten. Es kostet die Bundeskasse nichts, wenn die Anleihe zurückbezahlt wird und dann kann das Ausmass der Subvention schwer berechnet werden. Das „Subsidyscope" des

„Pew Charitable Trust" hat 31 Milliarden$ gefunden, die im Fiskal-jahr 2009 für solche Risikotransfers verwendet wurden.

Subsidyscope.org enthält Analysen von Bundessubventionen an den Energiesektor und zehn weitere Sektoren der Wirtschaft der USA. Subsidyscope enthält auch eine Datenbank über Finanzbeiträge und Verträge mit der Möglichkeit der interaktiven Suche.

Die 50 Staaten der USA haben 50 weitere Energiepolitiken.

In den USA haben die Staaten die Regeln und Preise für die Strom-produktion häufig geändert. Als Grund dafür wird meist die Reduk-tion der CO2-Emission zur Bekämpfung des Klimawandels angege-ben, obwohl der Einfluss eines einzelnen Staates oder auch aller Staaten zusammen, angesichts des globalen Problems vernachläs-sigbar ist. Es scheint darum zu gehen, Schuldgefühle wegen der Umweltverschmutzung zu beschwichtigen oder Führungsstärke im Kampf gegen den Klimawandel zu demonstrieren in der Hoffnung auf Nachahmer. Es fühlt sich gut an, etwas zu unternehmen, wie unnütz auch immer.

Das nationale Resultat ist ein verwirrendes Durcheinander von wechselnden Regeln zur Stromproduktion, die staatenübergreifend sind und national koordiniert werden sollten.

Die *„Regional Greenhouse Gas Initiative"* (RGGI) ist ein Cap-and-Trade-Markt zur Begrenzung der CO2-Emission, die 2008 gegrün-det wurde. Connecticut, Delaware, Maine, Maryland, Massachus-etts, New Hampshire, New York, Rhode Island und Vermont koope-rieren, indem sie von den Stromversorgern verlangen, Emissions-rechte zu ersteigern, wenn sie CO2 emittieren. Das Ziel ist, die CO2-Emissionen bis 2018 um 10% zu senken. Die Stromproduzenten bezahlen also für ihre Emissionen. Der Preis für eine Tonne CO2 beträgt zur Zeit 2$. Dieser Preis dürfte steigen, wenn die Begren-zung ab 2014 jedes Jahr um 2,5% sinkt. Die Begrenzung wurde 20% höher angesetzt als die aktuelle Emission beträgt, womit die effekti-ve Reduktion null ist. Vierteljährliche Versteigerungen bringen je-weils um die 40 Millionen$, total etwa 1 Milliarde. Der Ertrag wird auf die beteiligten Staaten verteilt. Das Geld soll für CO2-

reduzierende Projekte wie Effizienzverbesserungen verwendet werden, doch die Staaten sind frei, das Geld für anderes auszugeben. New Jersey hat die RGGI verlassen und New Hampshire überlegt es sich. Die kleinen Kosten von 2$/t haben keinen Einfluss auf das Verhalten der Stromversorger. Die zusätzlichen Kosten werden durch Tariferhöhungen aufgefangen.

Steuernachlässe für erneuerbare Energie-Projekte gibt es sowohl auf Bundes- als auch auf Staatsebene. In Vermont betrug dieser Nachlass 30%, doch wurde er inzwischen abgeschafft.

Einspeisevergütungen sind Verpflichtungen der Stromversorger, Strom aus bestimmten erneuerbaren Quellen zu Preisen über dem Marktpreis zu kaufen. In den meisten Staaten ist der Strommarkt dereguliert und die Stromversorger kaufen die Energie von unabhängigen Produzenten. Die Stromversorger sind verantwortlich für die Übertragung und die Verteilung der Energie sowie für den Kundenservice. Sie kaufen die Energie in einem kompetitiven Marktumfeld vom Produzenten mit dem tiefsten Preis. Einspeisevergütungen stehen über diesem Vorgang in einem Markt, in dem sich der Preis durch Konkurrenz bei etwa 5 Cents/kWh für Nuklear-, Hydro- und Gasstrom einspielt. In Vermont zum Beispiel war die Einspeisevergütung für Photovoltaikstrom 30 Cents/kWh als die ersten Solarkraftwerke gebaut wurden. Das Gesetz aus dem Jahr 2012 setzt den Preis nun nicht nach CO_2-Einsparung fest, sondern nach Art der Produktion. Zum Beispiel kriegt der Produzent folgende Vergütungen in Cents/kWh: Solar 27, Wasserkraft 12, Biogas 14, Wind 11, kleine Windturbinen 25, Biomasse 12. Wenn man einen kostendeckenden Abnahmepreis garantiert, fällt der Ansporn weg, effizienter zu produzieren. Einspeisevergütungen gibt es auch in Staaten, wo die Stromversorger selbst produzieren. In Europa sind sie allgegenwärtig: Deutschland hat die Preise für Solarstrom auf 23 bis 30 Cents/kWh reduziert. Griechenland zahlt bis 63 Cents, das sonnige Spanien 27. Im UK plant man, die Vergütung für solare Kleinanlagen auf 25 Cents/kWh herunterzufahren.

Produktionssteuernachlässe werden an Produzenten gewährt. Sie richten sich nach der effektiven Produktion. Zusätzlich zum Programm des Bundes mit 2,2 Cents/kWh zahlt etwa Iowa mindestens 1 Cent für Windstrom. Arizona, New Mexiko, Oklahoma und Maryland kennen ebenfalls Produktionssteuernachlässe.

Erneuerbare Energie Zertifikate sind Rechte, die man durch die Produktion von 1 MWh CO_2-freier elektrischer Energie erwirbt (ausser für Kernenergie). Produzenten können den Strom und die Zertifikate separat verkaufen. Stromversorger können Vorschriften betreffend Anteil erneuerbarer Energie einhalten, entweder indem sie solchen Strom selbst produzieren oder indem sie Zertifikate auf dem freien Markt einkaufen. Die Zertifikate werden nach Energiequelle klassifiziert: Wind, Solar, Biomasse etc. Massachusetts schreibt einen Mindestpreis von 55 $/MWh vor; andernorts bewegt sich der Marktpreis zwischen 1 und 30 $/MWh. Unternehmen, die gerne einen kleinen CO_2-Ausstoss ausweisen, können Zertifikate kaufen. Intel kaufte Zertifikate für 2,5 Millionen MWh 2011, um 85% des CO_2-Ausstosses ihres Stromkonsums zu kompensieren.

Renewable Portfolio Standards (RPSs) sind Vorschriften die einen Stromproduzenten verpflichten, einen bestimmten Prozentsatz seiner Produktion aus einer bestimmten Energiequelle zu schöpfen. Jeder US-Staat hat andere Regeln, die bis zu bestimmten Terminen (2015 bis 2030) verlangen, 10% bis 40% aus verschiedenen erneuerbaren Quellen zu produzieren. Einige Staaten erlauben, dass diese Vorschriften durch den Ankauf von Zertifikaten erfüllt werden. Der Kongress erwägt ein RPS-Gesetz auf Bundesebene.

CO2-Steuern sind Abgaben, die auf der Menge des bei der Stromproduktion emittierten CO_2 erhoben werden. Kleine CO_2-Steuern gibt es in Colorado (0,5 Cents/kWh) Kalifornien (4,4 Cents/Tonne CO_2 und Maryland (5 $/Tonne CO_2).

Dieses Durcheinander zu verwalten ist teuer. Die Regeln, Ausnahmen, Zugeständnisse, Versteigerungen und Überprüfungen sind arbeitsintensiv, komplex und ändern ständig. Nur schlaue Geschäftsleute finden sich in diesem Gestrüpp zurecht. Ein Solarprojekt in Vermont war äusserst profitabel wegen eines Bundessteuerrabatts von 30%, eines staatlichen Steuerrabatts von 30%, beschleunigter Abschreibung, garantierter Abnahme des Stroms zu 30 Cents/kWh dank Einspeisevergütung und der Möglichkeit, Zertifikate zu verkaufen.

Unsere Energiepolitik versagt.

CO_2-Emission nehmen immer noch zu. Die globalen CO_2-Emissionen stiegen 2011 um 3,2% auf 31,2 Gt. Die führenden Emittenten sind China und Indien. In den USA gingen die Emissionen um 1,7% zurück wegen eines milden Winters und der Verschiebung der Stromproduktion von Kohle zu Erdgas. In der EU waren die Emissionen um 1,9 rückläufig, infolge eines warmen Winters und wirtschaftlicher Rezession. In Japan schossen die Emissionen 2.8% in die Höhe wegen der Stilllegung der Kernkraftwerke.

Eine Reduktion der CO_2-Emissionen in den USA hilft wenig gegen den Klimawandel, da die USA nur 17% des Problems darstellen. Die Energieinformationsagentur des Energieministeriums rechnet mit einer jährlichen Zunahme der Emissionen von 0,3% in den USA, 1,3% für die Welt und 2,6% für China und Indien.

Deutschland nimmt die Kernkraftwerke ausser Betrieb und verbrennt mehr Kohle und Braunkohle, baut 17 neue Kohlekraftwerke und verbrennt Erdgas aus Russland. Die steigenden Kosten für elektrische Energie haben bereits zum Konkurs eines Aluminiumwerks geführt.

EMPFEHLUNGEN ZUR ENERGIEPOLITIK.

Wir empfehlen folgende Ziele für die Energiepolitik der USA:

1. Den Klimawandel stoppen,
2. Die Umwelt schützen,
3. Die menschliche Gesundheit und Sicherheit schützen,
4. Eine nachhaltige Welt sicherstellen,
5. Den Energiemangel beheben,
6. Das Wirtschaftswachstum fördern,
7. Die Energieversorgung sicherstellen.

Die Akteure in diesem Bestreben sollten sein: Die Bundesregierung der USA, welche es Unternehmen ermöglicht, innovative Energiequellen zu entwickeln unter Führung von Politikern, Philanthropen und Investoren.

Energiepolitik gehört auf Bundes-, nicht Staatsebene.

Strom fliesst über Staatsgrenzen, wie die (vom Umweltbundesamt regulierten) Emissionen und auch die (vom Transportministerium des Bundes lizenzierten) LKWs fahren über die Staatsgrenzen. Die NRC („Nuclear Regulatory Commission") übt eine strikte Kontrolle über alle Kernkraftwerke aus – bundesweit. Nur die Energiepolitik scheint weitgehend an die Staaten delegiert. Diese erfinden und implementieren Einspeisevergütungen, Steuernachlässe, CO2-Zertifikate, RPSs auf 50 verschiedene Arten. Zwar gibt es eine „Federal Energy Regulatory Commission" auf Bundesebene, aber sie hat sich in dieser Sache nicht vernehmen lassen.

Die Energiepolitik ist durch neutrale Experten zu überprüfen.

Das Budget-Büro des Kongresses (CBO) hilft dem Kongress bei der Evaluation der finanziellen Auswirkungen seiner Entscheidungen. Das CBO wird als kompetent und neutral betrachtet. Der Kongress könnte ähnliche Auskünfte von einem Expertengremium auf dem Gebiet der Energiepolitik erhalten.

Die „Integrated Systems Operators", ISOs, haben regionale Versorger und Produzenten als Mitglieder. ISOs wie ERCOT (Texas) und ISO-NE (Nordost USA) managen das Tagesgeschäft beim Betrieb von Kraftwerken und Verteilnetzen zuverlässig und überwachen die Verwaltung des regionalen Grosshandels. Ihre Angestellten sind neutrale Experten, die verstehen, wie sich die fluktuierende Einspeisung durch Wind und Sonne auf Preise und Service auswirkt und wie sie mit Wasser- und Kernkraft, Kohle- und Erdgasproduktion zusammenwirkt. Sie wären ideale Partner für eine CBO-Studie.

Energiepolitik mittels Subventionen ist zu beenden.

Die meisten Energiesubventionen kommen in der Form von Steuerrabatten. Bundes- und Staatsregierungen bezahlen nicht direkt, sondern verzichten auf Einnahmen. Diese Art der Subvention hilft neuen, innovativen Unternehmen nicht, da sie noch keine Einnahmen zu versteuern haben.

Stromkonsumenten zahlen eine weitere grosse Subvention durch Einspeiseentschädigungen für bis zu 300% überteuerte Stromquellen, welche die Regierung bevorzugt. Ohne Einspeiseentschädigungen wären Wind und Sonne niemals konkurrenzfähig. Die Überlegung, die zu solchen von den Konsumenten zu bezahlenden Subventionen führt ist folgende: Mit der Erfahrung und der Entwicklung werden die Kosten für Sonne und Wind sinken, aber danach sieht es nicht aus. Subventionen ruinieren den Wettbewerb und führen zu höheren Preisen.

Die Energiekosten müssen sinken.

Die Energiekosten sind wichtig für entwickelte Volkswirtschaften wie die der USA, aber erschwinglicher Strom ist besonders entscheidend für Entwicklungsländer, in denen eine Milliarde Menschen noch keinen Zugang dazu haben. Wenn man ihre Armut beendet, beendet man auch die Überbevölkerung und die Ressourcenkonflikte. In den OECD-Ländern erhöht die Senkung der Energiekosten die Produktivität.

Die CO₂-Emissionen müssen sinken.

Das scheint selbstverständlich, aber dieses Ziel wird oft aus den Augen verloren. Zum Beispiel zwingt man die Konsumenten, Windstrom zum dreifachen Marktpreis zu kaufen und dabei Reserve-Gaskraftwerke in Kauf zu nehmen, deren CO2-Emissionen beim An- und Herunterfahren die Einsparungen durch die Windkraftwerke kompensieren. Die Grundlage für politische Entscheidungen müssten Gesamtemissionen sein. Deutschland und Japan haben das Ziel aufgegeben und produzieren mehr CO2 denn je zuvor.

Die Bevorzugung der erneuerbaren Energie ist zu beenden.

Einspeisevergütungen, Steuerkredite für Erneuerbare, Subventionen und dergleichen begünstigen allesamt einen Mix von Energieproduktionsverfahren, die von der Regierung bevorzugt werden. Das Ziel ist angeblich die Reduktion des CO2-Ausstosses, aber wie können 50 staatliche Behörden den richtigen Technologie-Mix bestimmen? Die simpelste CO2-Abgabe hätte mehr Wirkung, als das unübersichtliche Durcheinander von Lobbyeinflüssen und Bevorzugungen.

Es sollte in Energie investiert werden, die billiger ist als Kohle.

Neuartige, revolutionäre Energiequellen, welche die Kohle unterbieten, werden alle Länder in ihrem eigenen wirtschaftlichen Interesse davon abhalten, Kohle und andere fossile Brennstoffe zu verbrennen. Damit fallen die CO2-Emmissionen weg und der Klimawandel wird gestoppt. Ohne Kohleminen und ohne den Feinstaub aus Kohlekraftwerken werden Landschaften geschützt und Millionen von Leben gerettet. Erschwingliche Energie erhöht den Wohlstand in den Entwicklungsländern und führt zu nachhaltiger Bevölkerungsentwicklung. Alle Wirtschaften profitieren von tieferen, nicht von höheren Energiepreisen. Wenn alle Länder sich selbst versorgen können, fällt ein Anlass für Kriege weg.

Erforschung und Entwicklung von neuen nuklearen Konzepten müssen finanziert werden.

In den USA werden nur etwa 500 Millionen$ in neue fortgeschrittene nukleare Konzepte investiert und gar nichts in flüssige Kernbrennstoffe in die in China bereits jetzt 350 Millionen$ investiert werden. Die USA könnten 1 Milliarde $ gewinnbringend in F&E für LFTRs und DMSRs investieren. Terra Power und GE verfolgen nun den Weg, den die Forschung der USA einst mit flüssigmetallgekühlten schnellen Brütern vorgespurt hat.

Wir empfehlen, dass öffentlich finanzierte F&E öffentlich sei und die sich daraus ergebenden Erkenntnisse jedermann zur Verfügung stehen. Unternehmen können in solchen Regierungsprogrammen eine wichtige Rolle spielen. Zum Beispiel war Union Carbide für den Betrieb des Oak Ridge National Lab während der Entwicklung des MSR verantwortlich.

Wenn F&E an verschiedenen Orten betrieben wird, erhöht das den Wettbewerb. Universitäten, Unternehmen und die Laboratorien des Energieministeriums können alle beitragen. Ein Problem des MSR von Weinberg bestand darin, dass alles Wissen darüber in Oak Ridge konzentriert war und die Entscheidungsträger auf Regierungsebene kaum etwas darüber wussten.

Die Entwicklung von Thorium-Reaktoren, die billiger als Kohle-Strom produzieren, soll finanziert werden.

Energie aus Flüssigfluorid Thorium-Reaktoren kann billiger sein als Kohle, weil die Brennstoffbehandlung einfach ist, die Kühlflüssigkeit eine hohe Wärmekapazität hat, der Core unter Atmosphärendruck steht, der Reaktor inhärent passiv sicher ist, die Komponenten klein und die Umwandlung in elektrische Energie hocheffizient ist. Schliesslich kann der Reaktor in einer Fabrik am Fliessband produziert werden und die neuen Verfahren sind in Entwicklung.

Neue thermodynamische Energiewandler müssen entwickelt werden.

Es gibt zwei neuartige Konzepte für thermodynamische Energie-wandler, welche die hohe Betriebstemperatur von Reaktoren wie LFTRs vorteilhaft nutzen können. Sie haben die Funktionsfähigkeit im Labormassstab unter Beweis gestellt, aber noch nicht im industriellen Massstab. Die dreistufige geschlossene Brayton-Gasturbine funktioniert wie ein Jet Triebwerk, ausser dass die thermische Energie statt aus der Verbrennung von Flugpetrol vom heissen Salz eines Reaktors stammt und das Gas zum Kompressor zurückgeführt wird. Die superkritische CO_2-Turbine benutzt CO_2 bei so hoher Temperatur und Druck, dass es sich wie eine komprimierbare Flüssigkeit verhält. Die Turbine wird damit extrem klein und das bedeutet wohl auch kleinere Kosten für diese wichtige Kraftwerkskomponente.

Die Erforschung von Hochtemperatur Materialien unter Bestrahlung muss finanziert werden.

Die hohe Betriebstemperatur der fortgeschrittenen Reaktoren ist aus zwei Gründen vorteilhaft: 1. Ein höherer Wirkungsgrad bei der Produktion von elektrischer Energie und 2. Prozesswärme bei hoher Temperatur erlaubt die Extraktion von Öl aus Teersand und Öl-schiefer, Zementherstellung, Synfuel- und Metallproduktion. Neue Legierungen und Siliziumkarbid-Keramik müssen unter intensiver Neutronenbestrahlung getestet werden. Das Energieministerium verfügt über zwei Neutronenquellen, mit denen die jahrelange Belastung von Materialien innert Monaten geprüft werden kann.

Die Hochtemperatur-Wasserstoffproduktion muss entwickelt werden.

Thermochemische Zyklen wie der Schwefel-Iod- oder der Kupfer-Chlorzyklus, können Wasserstoff durch Spaltung von Wasser mit einem chemisch/thermischen Wirkungsgrad von nahezu 50% herstellen. Diese Verfahren müssen vom Labor zu Prototypgrösse skaliert werden. In der Nach-Kohlenstoffwelt benötigen wir diese Anlagen im Industriemassstab zur Herstellung synthetischer Treibstoffe.

Wir müssen lernen, synthetische Treibstoffe aus Wasserstoff herzustellen.

Hochtemperaturreaktoren wie LFTRs können auf effiziente Weise Wasserstoff durch Dissoziation von Wasser herstellen. Bekannte industrielle Verfahren, wie der Fischer-Tropsch-Prozess, können aus Wasserstoff und Kohlenstoff aus Abgasen oder Biomasse kohlenstoffbasierte Treibstoffe synthetisieren. Das verringert sowohl den CO2-Ausstoss als auch die Ölabhängigkeit. Wenn die Elektrolyse und die Hochtemperatur-Wasserstoffdissoziation einmal in Pilotprojekten nachgewiesen sind, wird sich die petrochemische Industrie dafür zu interessieren beginnen und den Bau von Anlagen zur Produktion von synthetischen Treibstoffen erwägen.

Den Unternehmen muss die Entwicklung neuer Kernkraftwerke erleichtert werden.

Wir verlassen uns auf die unternehmerischen Qualitäten unserer Industrieunternehmen, die im Stande sind erschwingliche Kernkraftwerke in Massenproduktion herzustellen, so wie Boeing Flugzeuge herstellt. Sowohl die NASA als auch die Privatwirtschaft, waren am Erfolg der Apollo-Mission beteiligt. Die Bundesregierung kann die Entwicklung des LFTR erleichtern, indem sie Anlagen wie Savannah River für den Bau von Prototypen von kleinen modularen Reaktoren zur Verfügung stellt und gleichzeitig die Lizenzierung derselben vorbereitet. Das Idaho National Lab kann sich ebenso nützlich machen. Regeln und Vorschriften müssen soweit rationalisiert werden, dass die Unternehmen die Entwicklung unserer sauberen Energiezukunft an die Hand nehmen können, ohne auf prohibitive bürokratische Hindernisse zu stossen. Wir müssen Entwicklung und Bau vor unvernünftigen Einsprachen durch legalistische Elemente schützen, die nichts anderes wollen, als die Entwicklung durch Verzögerungen abzuwürgen.

Die NRC muss die Mittel haben, um sich über die fortgeschrittenen Reaktorkonzepte zu informieren.

Die NRC erhielt 2012 vom Kongress bloss 129 Millionen$ neben den Einkünften aus Gebühren, welche die bestehenden LWR bezahlen. Die NRC und ihre Beamten sind sehr wohl in der Lage, den Betrieb der heutigen Reaktoren zu überwachen, aber nicht, sich in neue Konzepte wie den LFTRs einzuarbeiten. Heute zahlt man 250 $/Stunde für all die Stunden, die aufgewendet werden müssen, die neuen Konzepte beherrschen zu lernen und sich eine fundierte Meinung über deren Sicherheit zu bilden. So gesehen könnte die Lizenzierung einer neuen Technik hunderte von Millionen kosten, was sich auch ein grosses und risikofreudiges Unternehmen schlicht nicht leisten kann. NCR hat ein Konzept zur technologieneutralen Lizenzierung ausgearbeitet, aber das ist zur Zeit nicht im Budget. Die NRC muss Nuklearingenieure und -Wissenschaftler anstellen und ausbilden können, die in die Lage versetzt werden, die Entwicklung eines LFTR kritisch zu begleiten.

Die Kenntnis der Auswirkungen kleiner Strahlendosen muss verbessert werden.

Die Vorteile der Nuklearmedizin und der Kernenergie sind klar und messbar. Die Nachteile sind nach wie vor umstritten. Die USA beschränkt die Bestrahlung der allgemeinen Bevölkerung auf unter 1 mSv pro Jahr, obwohl bis zu 100 mSv pro Jahr keine Schädigung nachgewiesen werden kann. Neuere Befunde lassen sogar eine positive Wirkung durch Auslösen eines Schutzmechanismus vermuten. Die USA hat der Erforschung niedriger Strahlendosen die Mittel entzogen, aber wir brauchen mehr davon, um die wahren Risiken niedriger Dosen ionisierender Strahlung zu kennen.

Die Öffentlichkeit braucht mehr Information über Kernenergie.

Viele Leute haben Angst vor Kernenergie. Politiker und Medien nutzen diese Tatsache, um Aufmerksamkeit zu gewinnen. Die Gegner behaupten Ungeheuerliches. Die Medien sind weiter auf Fukushima fokussiert, aber berichten kaum über Obamas Unterstützung vom 26. März 2012:

"... wir wollen nie vergessen, welch erstaunlichen Nutzen die Kerntechnik in unser Leben gebracht hat. Kerntechnik macht unsere Nahrung sicher. Sie verhindert Krankheiten in den Entwicklungsländern. Sie ist die high-tech Medizin, die Krebs heilt und neue Behandlungen erfindet. Und, natürlich, es ist die Energie – die saubere Energie – die hilft, die Kohlenstoffverschmutzung zu vermindern, die dazu beiträgt, unser Klima zu verändern."

Die Regierung und ihre Führer müssen mehr wissen über die Vorteile und die realen und nicht übertriebenen Risiken der Kernenergie. Wir brauchen ein gezieltes, umfassendes und überzeugendes Programm, das uns ermöglicht, mehr Leute davon zu überzeugen, dass Kernkraftwerke sicherer sind als alle andern Energiequellen.

Wir müssen den Wettbewerb mit andern Ländern gewinnen.

Die grössten Konkurrenten in der Energieindustrie sind Länder, nicht multinationale Unternehmen. Exxon-Mobil mag die am höchsten kapitalisierte Gesellschaft der Welt sein und den höchsten Umsatz und Gewinn erzielen, aber sie verfügt bloss über 3% der weltweiten Ölvorräte und weniger als die staatlichen Ölgesellschaften von Saudi Arabien, Iran, Iraq, Venezuela, Abu Dhabi oder Kuwait. Zunehmend wird der Wettbewerb unter Ländern ausgetragen, nicht unter Unternehmen.

Exportrestriktionen hindern im Moment die Unternehmen der USA daran, sich im internationalen Kernenergiegeschäft zu bewerben. Diese Restriktionen sind zu überdenken, denn der LFTR ist eine Gelegenheit sich international als führend in der Produktion von sauberem und sicherem Strom zu positionieren, der billiger ist als Kohle-Strom.

LFTRs müssen exportiert werden.

Einfach billige, saubere LFTR-Energie in den USA zu produzieren reicht nicht, um die globale Energie- und Umweltkrise zu lösen. Die USA sollten sich anstrengen, diese kleinen Kernkraftwerke zu exportieren, damit sie in der Dritten Welt mithelfen, den Energiemangel zu beheben, den CO_2-Ausstoss zu vermindern und schliesslich ein 70 Milliarden\$ Exportzweig zu werden, der die Wirtschaft der USA stützt. Russland, China, Südkorea und Indien planen, ihre Kernkraftwerke zu exportieren.

Wer geht voran?

1 Eine transnationale Organisation wie die UNO?
2 Ein Land wie die USA?
3 Verschiedene nationale oder Provinzregierungen?
4 Unternehmen?
5 Führungsstarke Einzelpersonen?

Die Vereinigten Nationen können unsere Klima- und Umweltkrise nicht lösen. Duzende von IPCC-Konferenzen endeten mit dem Versprechen, sich später zu einigen, und mit Streit zwischen reichen und armen Ländern. Wenige Länder werden bereit sein, ihre Energie-Souveränität für das Wohl der Menschheit aufzugeben.

Die Vereinigten Staaten können führend sein in der Entwicklung des LFTR und der Thorium-Energie die billiger ist als Kohle-Strom. Die USA haben die Nationalen Laboratorien des Energieministeriums, die besten universitären Studienprogramme für Nuklearingenieure und die Tradition der Zusammenarbeit zwischen Regierung, Unternehmen und Universitäten zur Realisierung und Kommerzialisierung grosser Projekte.

Es fehlt die politische Führung. Auf der Ebene der Regierung, des Parlaments und der Staaten haben die gewählten Politiker nicht begriffen, welches die wirtschaftlichen, physikalischen, ökologischen und geopolitischen Realitäten sind und welche Rolle die globalen Ressourcen spielen. Stattdessen nutzen diese Politiker die Gruppendynamik der Angst vor allem was nuklear heisst und sie umwerben die Wähler mit den *guten Gefühlen*, wenn es um *natürliche* Sonnen- und Windenergie geht. Sie verschweigen die wirklichen Kosten von Beiträgen, Subventionen und Steuerrabatten, von denen wenige besonders schlaue Geschäftemacher profitieren.

Dabei gäbe es die ungeheure politische Gelegenheit für einen weitsichtigen Politiker, indem er

1 Die Linke und die Umweltschützer befriedigt durch die Bekämpfung des Klimawandels und des Elends der Dritten Welt und

2   Die Konservativen und die Wirtschaftselite befriedigt, indem er
    CO2-Abgaben vermeidet, die Energiekosten senkt und eine neue
    Exportindustrie von der Grösse von Boeing begründet.

Regierungen haben die Chance, Industriegesellschaften anzuspor-
nen, LFTR F&E zu unternehmen. Wenn einmal Kraftwerke auf
LFTR-Basis in voller Grösse laufen und wenn einmal das rechtliche
und regulatorische Umfeld dafür geschaffen ist, kann die Industrie
die Massenproduktion von LFTRs aufnehmen. Von da an können
wir uns auf die wirtschaftlichen Interessen der Unternehmen verlassen, LFTRs so schnell zu produzieren und zu installieren wie
Boeing Flugzeuge ausliefert. Diese Unternehmen werden erfolgreich
sein, denn sie können sich auf das wirtschaftliche Interesse von
7 Milliarden Personen in 250 Ländern verlassen, welche die güns-
tigste, sauberste Energie wollen. Damit werden die CO2-Emissionen
ein Ende haben und Kohle und andere fossile Brennstoffe werden
nicht mehr nachgefragt werden.

Letzten Endes sind es immer führende Köpfe, welche die Weichen
stellen. Admiral Rickover führte die Entwicklung der Kernenergie;
Präsident Eisenhower führte das „Atome für den Frieden"-
Programm; Alvin Weinberg führte die Entwicklung des Flüssigsalz-
Reaktors „zum Wohle der Zukunft der Menschheit"; Präsident Kennedy führte die Apollo-Mission; Bill Gates führt die philanthropi-
schen Bemühungen, den Energiemangel zu beenden; Jiang Mianheng führt die Entwicklung des Flüssigsalz-Reaktors in China; der
unternehmerische Kirk Sorensen führt die Bemühungen, die LFTR-
Entwicklung bei FLIBE zu finanzieren. Ein international tätiger
Geschäftsmann bemüht sich in aller Stille, mittels LFTRs den Energiemangel in Afrika zu beheben.

Kennedy's Rede von 1962, leicht der Realität angepasst, lässt die
LFTR-Entwicklung als ein Kinderspiel erscheinen:

> *„Liebe Landsleute, wenn ich euch heute sage, dass wir eine rie-*
> *sige Rakete zum Mond senden werden, 300'000 km weit weg*
> *vom Kontrollzentrum in Houston, dass diese Rakete 100 Meter*

hoch sein wird, so hoch wie ein Fussballfeld lang, dass diese Rakete aus neuen Legierungen gebaut werden wird, von denen einige noch nicht erfunden sind, die Hitze und Belastungen aushalten müssen wie wir sie noch nie kannten, zusammengesetzt mit einer Präzision wie die wertvollste Uhr, dass sie alles mitträgt, was benötigt wird, alle Geräte und Einrichtungen für den Antrieb, die Steuerung, die Kommunikation, Lebensmittel und Überlebenshilfen auf eine erstmalige Mission zu einem unbekannten Himmelskörper, und dass wir sie dann sicher zur Erde zurückbringen werden, dass sie mit über 40'000 km/h in die Erdatmosphäre eintauchen wird, dabei halb so heiss wird wie die Oberfläche der Sonne und das alles ohne Fehler und Fehlschlag und bevor das Jahrzehnt zu Ende geht, dann wäre ich kühn.“

Wer geht voran?

THORIUM: BILLIGER ALS KOHLE-STROM

Wir können die globale Energie- und Umweltkrise lösen durch technische Innovation, Marktwirtschaft und eine revolutionäre Technik – mit Strom, der billiger ist als Kohle-Strom.

Wenn wir aller Welt anbieten, ihnen das Verfahren zu verkaufen, das Strom so billig produziert, dann wird alle Welt aufhören, Kohle zu verbrennen. Wir können uns auf das wirtschaftliche Interesse von 7 Milliarden Menschen in 250 Ländern verlassen, billigeren, saubereren Strom zu nutzen.

Die USA sollten die rasche Entwicklung dieser innovativen nuklearen Technik finanzieren, die Strom billiger bereitstellen kann als Kohle. Anschliessend können Industrieunternehmen die Massenproduktion von Flüssigfluorid-Reaktoren aufnehmen. Die USA sollten die Unternehmen dabei unterstützen, die LFTRs schnell und sicher zu entwickeln und zu betreiben.

Dieses Buch, *THORIUM: billiger als Kohle-Strom*, plädiert dafür, die Energiekosten zu senken – die marktwirtschaftliche Lösung aller Umweltprobleme. Damit können wir:

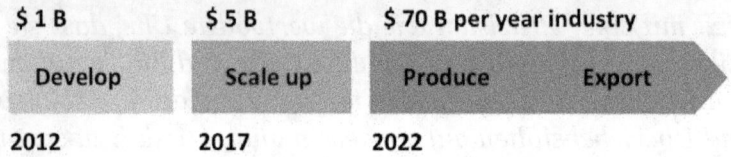

- *10 Milliarden Tonnen CO2 pro Jahr bis 2060 auf Null reduzieren.*

- *CO2-Abgaben vermeiden.*

- *Die tödliche Luftverschmutzung beenden.*

- *Den Wohlstand in aller Welt steigern.*

- *Eine nachhaltige Entwicklung der Weltbevölkerung einleiten.*

- *Das unerschöpfliche, überall vorkommende Thorium als Energiequelle nutzen.*

Wer geht voran?

Referenzen

Diese Referenzen können auch auf der Website des Buches ein-
gesehen werden, http://www.thoriumenergycheaperthancoal.com

TITELSEITEN, VORWORT, EINLEITUNG

p Aim High! http://rethinkingnuclearpower.googlepages.com/aimhigh
p Ralph Moir: http://ralphmoir.com
p Kernenergie neu gedacht: http://rethinkingnuclearpower.googlepages.com
p "Energy from thorium" Blog und Forum: http://energyfromthorium.com
p American Scientist Artikel:
http://home.comcast.net/~robert.hargraves/public_html/2010Hargraves2.pdf
p Kirk Sorensen, Die Geschichte vom Feuer; http://www.youtube.com/watch?v=L-
T-WSWgBCc
p Barack Obama März 26, 2012: http://www.whitehouse.gov/the-press-
office/2012/03/26/remarks-president-obama-hankuk-university

ENERGIE UND ZIVILISATION

p Energie-Anteil am BSP: http://www.instituteforenergyresearch.org/2010/02/16/a-
primer-on-energy-and-the-economy-energys-large-share-of-the-economy-requires-
caution-in-determining-policies-that-affect-it/
p 11 PKW: http://www.vanseodesign.com/web-design/visual-grammar-lines
p Jaguar, Volvo Schwungrad-Hybriden: http://www.economist.com/node/21540386
p Hurrikan-Energie: http://www.aoml.noaa.gov/hrd/tcfaq/D7.html
p Berg- und Tal-Bahn: http://davidmanlysblog.blogspot.com/2011/05/ups-and-
downs-of-physics.html
p 12 Uhren-Gewicht und Hemmung:
http://commons.wikimedia.org/wiki/File:PSM_V29_D198_Gravity_clock_escapeme
nt_mechanism_aided_by_weight.jpg
p 11 Wasserrad: http://chestofbooks.com/crafts/mechanics/Engineer-Mechanic-
Encyclopedia-Vol2/Water-Wheel-Part-2.html

p 15 Chemische Bindungen:
http://www2.chemistry.msu.edu/faculty/reusch/VirtTxtJml/intro2.htm
p 17 Alhambra Brunnen: http://en.wikipedia.org/wiki/Alhambra
p 21 Ga-Moleküle: http://en.wikipedia.org/wiki/File:Translational_motion.gif
p 28 Carnot-Wärmekraftmaschine:
http://en.wikipedia.org/wiki/File:Carnot_heat_engine_2.svg
p Kohlenstaub: http://web.mit.edu/mitei/docs/reports/beer-emissions.pdf
p Temperatur bei Kohlenstaubverbrennung:
http://old.enea.it/attivita_ricerca/energia/sistema_elettrico/Centrali_carbone_rendim
enti/RSE110.pdf
p 33 Die Zähmung des Chloroblasten:
http://evolutionaryroutes.wordpress.com/2011/08/31/the-taming-of-the-chloroplast/
p 34 Eukaryotische Zelle:
http://www.m2c3.com/chemistry/VLI/M2_Topic2/M2_Topic2_print.html
p Richard Wrangham: http://news.harvard.edu/gazette/story/2009/06/invention-of-
cooking-drove-evolution-of-the-human-species-new-book-argues/
p Pferde: Vaclav Smil, Energies: An Illustrated Guide to the Biosphere and Civiliza-
tion, MIT Press.
p Quaker Oats; http://www.amazon.com/Quaker-Nutrition-Calories-Energy-
Flakes/dp/B005DGWOK0
p Rickover's über Energie und Sklaverei:
http://desc.hinchey.house.gov/DODRickover1957Speech.doc
p Grüner Stahl aus Brasilien: http://www.forestry-invest.com/2010/eucalyptus-
charcoal-brazils-choice-for-the-steel-industry/268
p 38 Mehl mahlen: http://www.touregypt.net/featurestories/bread.htm
p 39 Wasserrad: http://www.top-alternative-energy-sources.com/water-wheel-
design.html
p 40 Windmühle: http://en.wikipedia.org/wiki/Windmill
p Die englische Patentgesetzgebung und die Industrielle Revolution:
http://www.amazon.com/The-Most-Powerful-Idea-World/dp/0226726347
p 42 Dampfmaschine von Newcomen:
http://en.wikipedia.org/wiki/Industrial_revolution
p 44 BSP pro Kopf der Welt:
http://econ161.berkeley.edu/TCEH/1998_Draft/World_GDP/Estimating_World_GD
P.html
p 45 Weltenergieverbrauch: http://www.eia.gov/forecasts/ieo/index.cfm
http://en.wikipedia.org/wiki/World_energy_consumption
p 48 CO2 Emissionen der Welt: http://www.eia.gov/forecasts/ieo/index.cfm

DIE WELT IST NICHT NACHHALTIG

p Meadows' "Grenzen des Wachstums":
http://www.aspoitalia.it/images/stories/aspo5presentations/Meadows_ASPO5.pdf
p Revisiting Limits to Growth, American Scientist:
http://www.americanscientist.org/issues/pub/2009/3/revisiting-the-limits-to-growth-
after-peak-oil

p 53 Meadows Kritik im Smithsonian: http://www.smithsonianmag.com/science-nature/Looking-Back-on-the-Limits-of-Growth.html
p Murphy interview: http://oilprice.com/Interviews/Tom-Murphy-Interview-Resource-Depletion-is-a-Bigger-Threat-than-Climate-Change.html
p Murphy, Rechne!: http://physics.ucsd.edu/do-the-math/p 57 CIA World Fact Book data: https://www.cia.gov/library/publications/the-world-factbook/docs/rankorderguide.html
p 62 EIA Weltenergie; http://www.eia.doe.gov/oiaf/ieo/world.html
Energieverbrauch in Indien: http://www.world-nuclear-news.org/NP_Nuclear_the_fuel_for_energetic_Indian_growth_2202121.html
p OECD Umweltausblick bis 2050:
%http://www.oecd.org/document/34/0,3746,en_21571361_44315115_49897570_1_1_1_1,00.html
p 64 NOAA Klimagrafiken: http://www.ncdc.noaa.gov/cmb-faq/anomalies.php
p 66 Hansen Klimaeinflüsse:
http://www.columbia.edu/~jeh1/2010/201010_BluePlanet.ppt
p 68 IPCC Voraussagen:
http://www.ipcc.ch/publications_and_data/ar4/syr/en/main.html
p 69 Rongbuk Gletscher:
http://www.columbia.edu/~jeh1/2010/201010_BluePlanet.ppt
p 72 Korallenbleiche:
http://news.nationalgeographic.com/news/bigphotos/10063392.html
p NY Times Säuregrad der Ozeane:
http://www.nytimes.com/2009/01/31/science/earth/31ocean.htmlRising
p Ozean-Versäuerungs-Lehrbuch:
http://www.skepticalscience.com/Mackie_OA_not_OK_post_1.html
p Ocean Versäuerung:
http://www.sciencedaily.com/releases/2012/03/120301143735.htm
p 72 EPA Schwefeldioxid-Emissionen:
http://www.epa.gov/airtrends/2007/report/sulfurdioxide.pdf
p EPA 2011 Luftverschmutzungs-Regel:
http://yosemite.epa.gov/opa/admpress.nsf/d0cf6618525a9efb85257359003fb69d/cedd944b946fdc5f852578c60055e818!OpenDocument
p Guardian Schiffs-Emissionen:
http://www.guardian.co.uk/environment/2009/apr/09/shipping-pollution
p Gizmag Schiffs-Emissionen: http://www.gizmag.com/shipping-pollution/11526/
p EPA Schiffs-Emissions Regel:
http://www.epa.gov/aging/press/epanews/2009/2009_1222_1.htm
p Konflikte um Ressourcen: Prof. Michael Klare, Hampshire College, Verfasser von "Resource Wars" und "Blood and Oil: The Dangers and Consequences of America's Growing Petroleum dependency"
p 81 China Daily News Oct 7, 2010:
http://pub1.chinadaily.com.cn/cdpdf/us/download.shtml?c=32073
p Schmelzen des Grönländischen Eisschilds:
http://www.nasa.gov/topics/earth/features/greenland-melt.html
p OECD Umweltausblick bis 2050:
http://www.oecd.org/dataoecd/32/53/49082173.pdf

ENERGIEQUELLEN

p 93 Energie-Safari: http://pages.google.com/pages/energysafari.
p 95 EIA 2010 Quellen/Verwendungen:
http://www.eia.gov/totalenergy/data/annual/pdf/sec2_3.pdf
p 97 EIA 2010 Jahrbuch der Elektrischen Energie:
http://www.eia.gov/electricity/annual/
p Stromverbrauch der Datenzentren:
http://online.wsj.com/article/SB10001424052702303610504577420251668850864.html
p 94 EIA 2012 Energieausblick:
http://www.eia.gov/electricity/annual/http://www.eia.gov/pressroom/presentations/howard_01232012.pdf
p 97 EIA 2010 Jahrbuch der Elektrischen Energie:
http://www.eia.gov/electricity/annual/
p 98 EIA 2010 Kapitalkosten:
http://www.eia.gov/oiaf/beck_plantcosts/pdf/updatedplantcosts.pdf
p 99 EIA 2010 Kosten der Stromproduktion:
http://www.eia.gov/oiaf/beck_plantcosts/excel/table2.xls
p 100 EIA CO2 Emissionen: http://205.254.135.7/forecasts/ieo/emissions.cfm

Kohle

p Wirkungsgrad der GuD: http://web.mit.edu/mitei/docs/reports/beer-emissions.pdf
p 101 Neue Kohlekraftwerke: http://www.netl.doe.gov/coal/refshelf/ncp.pdf
p 104 MIT CCS Datenbank: http://sequestration.mit.edu/index.html
p CBO CCS Report: http://cbo.gov/publication/43357
p 105 China GreenGen: http://sequestration.mit.edu/tools/projects/greengen.html
p 106 Zobach Gorelick Auslösen von Erdbeben:
http://www.pnas.org/content/early/2012/06/13/1202473109.abstract?sid=f6da10e3-978d-4e86-9101-9079d428ba35
p 107 EIA Kosten der Kohle: http://205.254.135.7/electricity/annual/pdf/table3.5.pdf
p 107 MIT Revidierte Kosten der Kernenergie:
http://web.mit.edu/nuclearpower/pdf/nuclearpower-update2009.pdf
p 107 MIT Zukünftige nukleare Brennstoffkreisläufe Ch 1-3:
http://web.mit.edu/mitei/research/studies/documents/nuclear/nuclearpower-ch1-3.pdf
p 107 MIT Zukünftiger nuklearer Brennstoffkreislauf Ch 4-9:
http://web.mit.edu/mitei/research/studies/documents/nuclear/nuclearpower-ch4-9.pdf
p 107 MIT Zukunft der Kohle:
http://web.mit.edu/mitei/research/studies/documents/coal/The_Future_of_Coal.pdf
p 107 EIA Welt-Energieausblick:
http://www.eia.gov/forecasts/ieo/pdf/0484(2011).pdf
p 109 NY Times Kosten der fossilen Brennstoffe:
http://www.nytimes.com/2009/10/20/science/earth/20fossil.html

p 109 NAS Verdeckte kosten der fossilen Brennstoffe;
http://www.nytimes.com/2009/10/20/science/earth/20fossil.html
p Harvard Med School Kosten der Kohle:
http://www.loe.org/images/content/110218/CoalPamphlet_Final_SingPg(2).pdf

Gas

p 111 Erdgas-Verbrennungsturbine:
http://commons.wikimedia.org/wiki/File:Brayton_cycle.svg
p 115 Hydraulisches Aufbrechen: http://www.fraw.org.uk/ideas/fracking/index.html
p 115 Methan-Leck Emissionen:
http://www.sustainablefuture.cornell.edu/news/attachments/Howarth-EtAl-2011.pdf
p 116 Matt Ridley Der Schiefergas-Schock.:
http://marcellus.psu.edu/resources/PDFs/shalegas_GWPF.pdf
p 117 EIA Schiefergas:
http://www.eia.gov/analysis/studies/usshalegas/pdf/usshaleplays.pdf
p 116 EPA fracking Emissionsregel:
http://www.nytimes.com/2012/04/19/science/earth/epa-caps-emissions-at-gas-and-oil-wells.html
p 118 US Erdgas-Pipelines:
http://www.eia.gov/pub/oil_gas/natural_gas/analysis_publications/ngpipeline/ngpipelines_map.html
p 120 Erdgaspreise: http://www.ferc.gov/market-oversight/mkt-gas/overview/ngas-ovr-lng-wld-pr-est.pdf
p Kernenergiefreies Japan: PSP-Rückgang um 7%:
http://ajw.asahi.com/article/0311disaster/fukushima/AJ201206300053
p 122 Erdgaspreise, EIA: http://www.eia.gov/dnav/ng/hist/rngc1d.htm
p 122 EIA 2012 Energieausblick:
http://www.eia.gov/pressroom/presentations/howard_01232012.pdf
EIA Erdgaspreise, Howard:
http://www.eia.gov/pressroom/presentations/howard_01232012.pdf
p 122 EIA Internationaler Gasausblick:
http://www.eia.gov/forecasts/ieo/nat_gas.cfm
p Pittinger Schiefergas Preise: http://www.theoildrum.com/node/8212
p Erdgas entspricht Kohle: http://www.reuters.com/article/2012/06/27/utilities-coal-gas-eia-idUSL2E8HRG6820120627

Wind

p 126 Brazos Wind-Farm: http://en.wikipedia.org/wiki/Brazos_Wind_Farm
p 127 US DOE Windkarte:
http://www.eere.energy.gov/windandhydro/windpoweringamerica/wind_maps.asp
p 129 Cape Wind Preis: http://www.bostonglobe.com/metro/2011/12/28/after-court-ruling-cape-wind-poised-move-forward/cjtMPcMX47IYPDbtbH5fTK/story.html
p 129 NStar Fusion:
http://www.boston.com/Boston/businessupdates/2012/02/nstar-agrees-buy-cape-wind-power-win-state-okay-merger/38TIb9N1uq7B8P3WHxfOOK/index.html
p 129 Deepwater Wind: http://www.reuters.com/article/2011/10/13/us-deepwater-wind-idUSTRE79C0YC20111013p GE FlexEff/Wind combo:

http://theenergycollective.com/willem-post/59747/ge-flexefficiency-50-ccgt-facilities-and-wind-turbine-facilities
p 130 William Palmer, Ontario Kohle/Wind:
http://www.masterresource.org/2012/02/ontario-windpower-case-study-i/
p 134 EPA Vorgeschlagener Grenzwert für CO2/kWh:
http://epa.gov/carbonpollutionstandard/pdfs/20120327factsheet.pdf
p 134 Willem Post Wind/CO2: http://theenergycollective.com/willem-post/64492/wind-energy-reduces-co2-emissions-few-percent
p 136 Wind-Farm Leistung in Australien: http://windfarmperformance.info/
p 136 CO2-Auswirkung von Wind im Irischen Netz:
http://www.clepair.net/IerlandUdo.html
p 136 Bentek Studie: CO und TX: http://docs.wind-watch.org/BENTEK-How-Less-Became-More.pdf
p 136 Lang CO2 vermieden durch Wind:
http://bravenewclimate.files.wordpress.com/2009/08/peter-lang-wind-power.pdf

Solar

p 139 Passiv solar:
http://www.energysavers.gov/your_home/designing_remodeling/index.cfm/mytopic=10270
140 Solares Heisswasser in China:
http://www.easybizchina.com/freemember/products/3303/snxing_solar_energy_technology_co__ltd-1.html
p 141 IEA Solar weltweit: http://www.iea-shc.org/publications/downloads/Solar_Heat_Worldwide-2011.pdf
p 142 AllEarth Solare Production: http://www.allearthrenewables.com/energy-production-report/detail/316#view=yearly&date=2011-01-01
p 142 AllEarth Solarer Ableger in Vermont:
http://www.vermontbiz.com/news/january/largest-solar-installation-burlington-now-operating-rock-point
p 144 Albiasa Caceres: http://www.albiasasolar.com/pdfs/projects.pdf
p Albiasa gibt Arizona auf: http://www.azinews.com/2011/09/01/albiasa-abandons-solar-project/
p 144 Abengoa Solare Kosten:
http://www.abengoasolar.com/corp/web/en/acerca_de_nosotros/sala_de_prensa/noticias/2011/solar_20110913.html
p 145 Brightsource CA Solare Kosten: http://www.latimes.com/news/local/la-me-solar-tortoise-20120304,0,6145488.story
p 142 Andasol Parabol-Rinnenkraftwerk:
http://www.renewbl.com/2009/07/02/solar-millenium-officially-inaugurated-andasol-1-parabolic-trough-power-plant.html
p 143 Andasol Flüssigsalzspeicher:
http://www.nrel.gov/csp/troughnet/pdfs/2007/martin_andasol_pictures_storage.pdf
p 144 Der Grosse Solarplan: http://www.scientificamerican.com/article.cfm?id=a-solar-grand-plan&page=1
p 147 MIT Fluktuierende Erneuerbare:
http://web.mit.edu/mitei/research/reports/intermittent-renewables-full.pdf

Biotreibstoffe

p 147 Zusammensetzung von Holz:
http://marioloureiro.net/ciencia/ignicao_vegt/ragla91a.pdf
p Feuchtigkeit von Holz:
http://www.epa.gov/burnwise/workshop2011/WoodCombustion-Curkeet.pdf
p EPA Statistik der Sauberen Energie: http://www.epa.gov/cleanenergy/energy-resources/refs.html
p 147 USDA Energieinhalt von frischem Holz:
http://www.fpl.fs.fed.us/documnts/techline/fuel-value-calculator.pdf
p 148 EPA CO_2-Speicherung in Wäldern:
http://www.epa.gov/sequestration/faq.html
p 149 Kosten des Biomassekraftwerks in New Hampshire:
http://supportnhbiomass.wordpress.com/press-releases/
p Burlington McNeil Kosten von Holzschnitzeln:
https://www.burlingtonelectric.com/page.php?pid=75&name=mcneil
p EROI Ethanol: http://netenergy.theoildrum.com/node/6760
p Biomasse per Gallone:
http://www1.eere.energy.gov/biomass/ethanol_yield_calculator.html
p 154 US "Renewable Energy Labs" Biomasse: http://www.nrel.gov/biomass/
p 154 US Ethanolfabrik aus Zellulose:
http://www.nytimes.com/2011/07/07/business/energy-environment/us-backs-plant-to-make-fuel-from-corn-waste.html
p 154 NREL Biotreibstoff-Broschüre: http://www.nrel.gov/biomass/pdfs/40742.pdf
p Corn prices: http://topics.nytimes.com/top/news/business/energy-environment/biofuels/index.html?scp=5&sq=corn%20prices&st=cse
p 154 Konkurrenz zwischen Nahrung und Bioenergie:
http://www.nytimes.com/2011/04/07/science/earth/07cassava.html
p WSJ Vorschrift über Zellulose-Ethanol:
http://online.wsj.com/article/SB10001424052970204012004577072470158115782.html

Energie-Speicherung

p 156 "Economist" über Energie-Speicherung:
http://www.economist.com/node/21548495?frsc=dg%7Ca
p 158 Sadoway Mg-Sb Flüssigbatterie: http://sadoway.mit.edu/wordpress/wp-content/uploads/2011/10/Sadoway_Resume/141.pdf
p 158 MIT Fluss-Batterie: http://web.mit.edu/newsoffice/2011/flow-batteries-0606.html
p 157 PKW mit Batteriewechsel: http://www.betterplace.com/
p 158 Batterien im Kraftwerksmassstab:
http://www.electrochem.org/dl/interface/fal/fal10/fal10_p049-053.pdf
p 158 Beacon Power Schwungräder:
http://www.beaconpower.com/files/EESAT_2011_Final.pdf
p 161 EPRI CAES:
http://my.epri.com/portal/server.pt?space=CommunityPage&cached=true&parentname=ObjMgr&parentid=2&control=SetCommunity&CommunityID=405

p 162 EPRI Kosten von Grossbatterien: http://gigaom.com/cleantech/5-things-you-need-to-know-about-energy-storage/
p 162 EPRI Überblick der Energie-Speicher:
http://disgen.epri.com/downloads/EPRI%20CAES%20Demo%20Proj.Exec%20Overview.Deep%20Dive%20Slides.by%20R.%20Schainker.Auguat%202010.pdf
p 164 Siemens Wasserstoff-Speicher:
http://www.technologyreview.com/energy/40001/?nlid=nldly&nld=2012-03-29

Energie sparen

p 168 EIA 2012 Welt-Energieausblick: http://www.eia.gov/forecasts/aeo/er/
p 169 "en.lighten" Energie sparen: http://www.enlighten-initia-tive.org/portal/CountrySupport/CLAs/Energysavingbenefits/tabid/79099/Default.aspx
p 168 Energieintensität: http://www.eia.doe.gov/pub/international/iealf/tablee1p.xls
p 171 Hansen über Fleisch: http://bravenewclimate.com/2012/03/24/dietary-gc-ignores-cc/

Andere Quellen für elektrische Energie

p 165 Hydro: http://en.wikipedia.org/wiki/Hydroelectricity
p Grand Inga Dam: http://www.internationalrivers.org/campaigns/grand-inga-dam-dr-congo
p 172 Meerwasser-Entsalzung:
http://en.wikipedia.org/wiki/Desalination#Cogeneration
p 172 Entsalzungsanlage in Grand Cayman: http://www.desalination.com/
p 173 Kernenergie: http://www.world-nuclear.org/

DER FLÜSSIGFLUORID THORIUM-REAKTOR

p Periodische Tabelle: http://www.ptable.com/
p 182 NRC PWR: http://www.nrc.gov/reading-rm/basic-ref/students/animated-pwr.html
p 182 NRC BWR: http://www.nrc.gov/reading-rm/basic-ref/students/animated-bwr.html
p 183 Brennstab-Querschnitt: http://jolisfukyu.tokai-sc.jaea.go.jp/fukyu/mirai-en/2008/5_3.html
p 188 Flüssigplutonium Reaktor:
http://fas.org/sgp/othergov/doe/lanl/pubs/00416628.pdf
p 190 Johnson Thorium-Chemie:
http://www.thoriumenergyalliance.com/downloads/TEAC3%20presentations/TEAC3_Johnson_KimLawrence.pdf
p WNA über Thorium: http://www.world-nuclear.org/info/inf62.html
p Haubenreich, Engel, MSRE-Erfahrung
http://energyfromthorium.com/pdf/NAT_MSREexperience.pdf
p Wikipedia MSRE: http://en.wikipedia.org/wiki/Molten_Salt_Reactor_Experiment

p 194 ORNL Dokumentenlager zu Flüssigsalz:
http://www.energyfromthorium.com/pdf/
p 194 Hoglund's ORNL Flüssigsalz Dokumentenlager:
http://moltensalt.org/references/static/downloads/pdf/
p 194 MacPherson Das Flüssigsalz-Reaktor Abenteuer von 1985:
http://www.moltensalt.org/references/static/home.earthlink.net/bhoglund/mSR_Adventure.html
p Fluzeug-Reaktorexperiment:
http://moltensalt.org/references/static/downloads/pdf/NSE_ARE_Operation.pdf
\p 196 Wikipedia LFTR: http://en.wikipedia.org/wiki/Liquid_fluoride_thorium_reactor
p 196 Forsberg et al Fortgeschrittener Flüssigsalz-Reaktor:
www.ornl.gov/~webworks/cppr/y2001/pres/119930.pdf
p MIT Steam/Brayton/SCO$_2$ Energieumwandlung:
http://stuff.mit.edu/afs/athena/course/22/22.33/www/dostal.pdf
p 203 Forsberg offene Braytonturbine:
https://www.ornl.gov/fhr/presentations/Forsberg.pdf
p Haubenreich interview: http://energyfromthorium.com/msrp/paul-haubenreich/
p 204 Weinberg, Alvin; Die erste nukleae Ära: Das Leben und die Zeit eines technischen Fixers
p 204 Martin, Richard; SuperFuel: Thorium, die grüne Energiequelle für die Zukunft: http://www.amazon.com/SuperFuel-Thorium-Energy-Source-Future/dp/0230116477/
p Weltvorrat an abgebrannten Brennelementen:
https://iaea.org/NewsCenter/Features/UndergroundLabs/Grimsel/storageoverview.pdf
p 206 Flüssigchlorig Schneller Reaktor:
http://moltensalt.org/references/static/downloads/pdf/ANL-6792.pdf
p Moir Fission-Fusion Hybrid: http://ralphmoir.com/aFusFisHyb.htm
p Moir Fusions Thorium Brüter:
http://ralphmoir.com/media/thBreedNProlifICENESdr7.pdf
p 208 US Thorium Reserven:
http://minerals.usgs.gov/minerals/pubs/commodity/thorium/myb1-2007-thori.pdf
p 208 Lemhi Pass Thorium Reserven:
http://www.thoriumenergy.com/index.php?option=com_content&task=view&id=43&Itemid=68
p 208 Thorium Reserven: http://www.world-nuclear.org/info/inf62.html
p 210 David MSR Abfall:
http://www.europhysicsnews.org/index.php?option=article&access=standard&Itemid=129&url=/articles/epn/pdf/2007/02/epn07204.pdf
p 210 LeBrun et al MSBR radiotoxicity: http://hal.archives-ouvertes.fr/docs/00/04/14/97/PDF/document_IAEA.pdf

Denaturierter Flüssigsalz-Reaktor (DMSR)

p 212 ORNL DMSR 1971: http://www.energyfromthorium.com/pdf/ORNL-4541.pdf
p 212 ORNL 7207 gescannt:
http://moltensalt.org/references/static/ralphmoir/ORNL-TM-7207.pdf
p 212 ORNL 7207 OCR Word, DMSR Engel et al 1980:
http://www.energyfromthorium.com/pdf/ORNL-TM-7207.pdf

p 212 ORNL MSRE Entwurfstudie:
http://moltensalt.org/references/static/downloads/pdf/ORNL-2796.pdf
p 212 ORNL DMSR 1978: http://www.energyfromthorium.com/pdf/ORNL-5388.pdf
p 212 ORNL 1979 Entwicklungsprogramm:
http://moltensalt.org/references/static/downloads/pdf/ORNL-TM-6415.pdf
p 212 ORNL 1972 MSR Edelmetalle:
http://moltensalt.org/references/static/downloads/pdf/ORNL-TM-3884.pdf
p 212 ORNL 1980 DMSR: http://www.energyfromthorium.com/pdf/ORNL-TM-7207.pdf
p LeBlanc Alte Ideen neu gesehen:
http://www.energyfromthorium.com/forum/download/file.php?id=480&sid=d82b958034ccdcfbe4d859c75840036b
p Denaturierter Flüssigsalz-Reaktor:
http://www.coal2nuclear.com/MSR%20-%20Denatured%20-%20CNSLeBlanc2010revised.pdf
p LeBlanc MSRs:
http://www.torium.se/res/Documents/dleblancnewvisiongenivpdf.pdf
p LeBlanc DMSR video: http://www.youtube.com/watch?v=_-BXg18fAlk&feature=player_embedded
p 214 Forsberg Proliferationsresistenter Brennstoffzyklus:
http://www.ornl.gov/~webworks/cpr/misc/106598.pdf
p 214 Forsberg: MSR Optionen:
http://www.ornl.gov/~webworks/cppr/y2001/misc/120977.pdf
p 214 Uran aus Meerwasser:
http://www.physics.harvard.edu/~wilson/energypmp/2009_Tamada.pdf

Fortgeschrittener Hochtemperatur-Kugelhaufen-Reaktor (PB-AHTR)

p 216 UC Berkeley PB-AHTR: http://pb-ahtr.nuc.berkeley.edu/
p 216 Peterson, Scarlat 2010 PB-AHTR Präsentation:
http://www.thoriumenergyalliance.com/downloads/TEAC3%20presentations/TEAC3_Scarlat_Raluca.pdf
p Forsberg MIT/UCB/UW Arbeit:
http://web.mit.edu/nse/pdf/researchstaff/forsberg/FHR%20Project%20Presentation%20Nov%202011.pdf
p TRISO Brennstoffherstellung bei B&W:
https://www.ornl.gov/fhr/presentations/Nagley.pdf

LFTR Energie billiger als Kohle-Strom

p 223 Kasten MOSEL MSR Kosten:
http://www.moltensalt.org/references/static/brucehoglund/msrMOSELConcept_OCR.pdf
p 223 SL-1954 Schätzung der Kapitalaufwands:
http://moltensalt.org/references/static/downloads/pdf/SL-1954.pdf
p 223 Sargent and Lundy, Kapitalaufwand für einen 1000 MW(e) Flüssigsalz-Konverter. Bericht über einen Prototyp-Reaktor SL 1994 (27 December 1962).

p 223 Oak Ridge TM1060 1965 Kostenschätzung:
http://moltensalt.org/references/static/downloads/pdf/ORNL-TM-1060.pdf
p 223 Moir MSR cost estimate: http://ralphmoir.com/media/coe_10_2_2001.pdf
p 223 ORNL LFTR Kosten des Brennstoffzyklus:
http://moltensalt.org/references/static/downloads/pdf/CF-61-8-86.pdf
p 223 Moir 2008 MSR est costs: http://ralphmoir.com/media/moir_icenes_07.pdf
p University of Chicago ökonomische zukünftige Kernkraftwerke:
http://www.ne.doe.gov/np2010/reports/NuclIndustryStudy-Summary.pdf
p 227 Boeing 737 Montagestrasse, Photo k62904 copyright Boeing Aircraft

Aufgaben der LFTR-Entwicklung

p 233 ORNL MSR Unsicherheiten in der Entwicklung:
http://www.energyfromthorium.com/doc/ORNL4541_sec16.html
p 233 Forsberg MSR Technische Gräben:
http://www.torium.se/res/Documents/124670.pdf
p 234 http://moltensalt.org/references/static/downloads/pdf/ORNL-TM-6415.pdf
p 234 ORNL MSR Entwicklungsplanan 1974:
http://www.energyfromthorium.com/pdf/ORNL-5018.pdf
p 238 ORNL Migration der Edelmetalle:
http://moltensalt.org/references/static/downloads/pdf/ORNL-TM-3884.pdf
p 238 Madden Theoretische Chemie, Präsentation:
http://www.itheo.org/sites/default/files/pdf/Paul_Madden.pdf
p 238 Madden flibe Leitfähigkeit und Viskosität:
http://www.mendeley.com/research/conductivityviscositystructure-unpicking-the-relationship-in-an-ionic-liquid/
p 239 Messinger MIT Ausgasen:
http://icapp.ans.org/icapp12/program/abstracts/12097.pdf
p 242 Wärmetauscher-Diagram:
http://en.wikipedia.org/wiki/File:Spiral_heat_exchanger.png
p 242 Wärmetauscher EfT Forum:
http://energyfromthorium.com/forum/viewtopic.php?f=3&t=1017&sid=69b28d995589bc6238d49a4fc483bc65
p 242 ORNL Plan zur Materialprüfung: http://nuclear.inl.gov/deliverables/docs/intg-matls-plan.pdf
p 242 ORNL Erfahrungen mit Materialien:
http://nuclear.inl.gov/deliverables/docs/gfr_matls_rd_plan_r1.pdf
p 242 Newsome, Snead, SiC Neutronenbestrahlung:
http://www.osti.gov/bridge/servlets/purl/903202-raGNdX/903202.pdf
p 243 ORNL Tritium: http://www.energyfromthorium.com/pdf/ORNL-TM-5759.pdf
p 243 Sorensen Li-6 Separation:
http://energyfromthorium.com/category/materials/lithium/
p 243 EfT Forum Lithium-7:
http://energyfromthorium.com/forum/viewtopic.php?f=64&t=363
p 243 Ragheb Isotopentrennung:
https://netfiles.uiuc.edu/mragheb/www/NPRE%20402%20ME%20405%20Nuclear%20Power%20Engineering/Isotopic%20Separation%20and%20Enrichment.pdf

p 245 Brayton Zyklus Heizung:
http://nuclear.inl.gov/deliverables/docs/genivihc_2006_milestone_report_7_1_2006_final.pdf
p 245 U Waterloo Brayton Zyklus-Lehrbuch:
http://www.mhtlab.uwaterloo.ca/courses/me354/lectures/pdffiles/web7.pdf
p 246 MIT Energiewndlung mit superkritischem CO_2:
http://stuff.mit.edu/afs/athena/course/22/22.33/www/dostal.pdf
p 246 Wright Sandia SCO2: http://www.barber-nichols.com/sites/default/files/wysiwyg/images/supercritical_co2_turbines.pdf
p 246 Wright, SCO2 interview: http://djysrv.blogspot.com/2012/05/supercritical-co2-turbine-being.html
p 246 Siemens 51% efficient steam turbine:
http://www.pennenergy.com/index/articles/pe-article-tools-template.articles.power-engineering-international.volume-13.issue-10.features.power-plant-control.finely-tuned.html
p 253 Bonomett-Programm Ratschläge:
http://www.thoriumenergyalliance.com/downloads/TEAC3%20presentations/TEAC3_Bonometti_Joe.pdf
p 257 DOE Vernichtungsplan für U-233:
http://www.em.doe.gov/PDFs/ProjectFiles/OakRidge.pdf
p Magreb Zerfallswärme:
http://www.ewp.rpi.edu/hartford/~ernesto/F2011/EP/MaterialsforStudents/Petty/Ragheb-Ch8-2011.PDF
p Sorensen Atommüll-Rechner:
http://www.energyfromthorium.com/javaws/SpentFuelExplorer.jnlp
p 252 Siemer, "Nuclear Technology", Juni 2012, Improving the integral fast reactor's proposed salt waste management system

Entwickler

p 256 Moir, Das MSR Program neu starten:
http://ralphmoir.com/media/moir_icenes_07.pdf
p ORNL docs, Energy from Thorium: http://www.energyfromthorium.com/pdf/
p 261 Transatomic Power: http://transatomicpower.com/
p 261 Transatomic Power Geld:
http://www.masshightech.com/stories/2012/05/28/daily28-Transatomic-secures-763K.html
p 262 Thorenco Präsentation:
http://www.thoriumenergyalliance.com/downloads/TEAC3%20presentations/TEAC3_Holden_Charles.pdf
p 265 ORLY Energy Group: http://www.orlygroup.com/lftr.html
p 266 Der chinesische Kugelhaufen-Reaktor:
http://pebblebedreactor.blogspot.com/2007/03/china-has-built-pebble-bed-reactor.html
p Chinas AP1000 Kosten: http://www.world-nuclear.org/info/inf63.html
p 268 Chinese Academy of Sciences: http://energyfromthorium.com/2011/01/
p 271 International Thorium Energy Organization: http://itheo.org/
p 271 Merle-Lucotte Schneller MSR mit Plutonium anfahren: http://hal.archives-ouvertes.fr/in2p3-00135141_v1/

p 271 Merle-Lucotte iTheo 2010 TMSR Überblick:
http://www.itheo.org/sites/default/files/pdf/Elsa_Merle-Lucotte.pdf
p 271 Merle-Lucotte Spaltung im schnellen MSR:
http://hal.in2p3.fr/docs/00/38/53/78/PDF/ANFM09-MSFR.pdf
p 271 Merle-Lucotte transition 2nd 3rd gen to TMSR:
http://hal.in2p3.fr/docs/00/13/51/49/PDF/ICAPP07_final.pdf
p 272 Nachhaltige Kernenergie-Technik MSR Artikel:
http://www.snetp.eu/www/snetp/images/stories/Docs-SRA2012/sra_annex-MSRS.pdf
p 272 Mouney Pu management im LWR Brennstoffzyklus:
http://nuclear.tamu.edu/~ragusa/documents/courses/489_09A/lectures/projects/multi/Plutonium_and_minor_actinides_management_in_the_nuclear_fuel_cycle--_assessing_and_controlling_the_inventory.pdf
p 273 Czech LFTR joint venture: http://www.praguepost.com/business/10382-czechs-aussies-partner-on-energy.html
p 273 Uhlir Rez Czech R&D:
http://www.torium.se/res/Documents/uhlirfluorination1.pdf
p 274 Thorium Power Canada: http://www.thoriumpowercanada.com/
p 274 DBI Century Fuels: http://www.dauvergne.com/technology/technology-overview/
p 274 Thorium One Canada: http://www.thorium1.com/
p 275 Japan FUJI MSR: http://nextbigfuture.com/2007/12/fuji-molten-salt-reactor.html
p 275 Japan FUJI IAEA: http://www-pub.iaea.org/MTCD/publications/PDF/te_1536_web.pdf
p 275 Furukawa et al nachhaltige sichere, Nuklearindustrie:
http://cdn.intechopen.com/pdfs/19683/InTech-New_sustainable_secure_nuclear_industry_based_on_thorium_molten_salt_nuclear_energy_synergetics_thorims_nes_.pdf

Anwärter

p 278 US DOE NGNP:
https://inlportal.inl.gov/portal/server.pt/gateway/PTARGS_0_2_3310_277_2604_43/http%3B/inlpublisher%3B7087/publishedcontent/publish/communities/inl_gov/about_inl/gen_iv___technical_documents/a1_ngnp_fy07_external.pdf
p NGNP Alliance docs: http://www.ngnpalliance.org/index.php/resources
p 280 NGNP 2010 Status:
http://www.ngnpalliance.org/index.php/resources/download/czo4NDoiL2ltYWdlcy9nZW5lcmFsX2ZpbGVzL1N1bW1hcnlfZm9yX3RoZV9OZXh0X0dlbmVyYXRpb25fTnVjbGVhcl9QbGFudF9Qcm9qZWN0XzIwMTAucGRmIjs_
p 280 INL NGNP: www.inl.gov/technicalpublications/Documents/4680340.pdf
p 280 NGNP Fahrplan:
https://www.google.com/url?sa=t&rct=j&q=&esrc=s&source=web&cd=6&ved=0CHIQFjAF&url=https%3A%2F%2Finlportal.inl.gov%2Fportal%2Fserver.pt%2Fdocument%2F98008%2Fngnp_integrated_schedule_development_plan_pdf&ei=3QaoT9GyNer86QG8482fBA&usg=AFQjCNF5WT2T7lzxYHKUByby2m29Uj_LsA
p 280 INL NGNP Datenblatt: http://www.inl.gov/research/next-generation-nuclear-plant/

p 283 Westinghouse AP1000:
http://www.westinghousenuclear.com/docs/AP1000_brochure.pdf
p 286 AP1000 in China: http://www.world-nuclear.org/info/inf63.html

Kleine modulare Reaktoren

p 288 B&W mPower: http://www.generationmpower.com/
p 289 NuScale: http://www.nuscale.com/index.php
p 291 Holtec Präsentation:
http://pbadupws.nrc.gov/docs/ML1120/ML112070201.pdf
p 293 Westinghouse SMR: http://www.westinghousenuclear.com/SMR/index.htm
p 293 NRC Westinghouse Präsentation:
http://pbadupws.nrc.gov/docs/ML1119/ML111920208.pdf
p 294 Gen4 Energy: http://www.gen4energy.com/

Flüssigmetall Schnelle Brüter

p 295 Reaktoren mit schnellen Neutronen: http://www.world-
nuclear.org/info/default.aspx?id=540
p 298 EBR-II: http://en.wikipedia.org/wiki/EBR-II
p Plutonium aus UK magnox: http://atomicinsights.com/2010/07/proving-a-
negative-why-modern-used-nuclear-fuel-cannot-be-used-to-make-a-weapon.html
p 301 GE Hitachi fortgeschrittene Wiederaufbereitunsanlage:
http://www.usnuclearenergy.org/PDF_Library/_GE_Hitachi%20_advanced_Recycli
ng_Center_GNEP.pdf
p 301 GEH Prism tech brief:
http://cfcc.edu/lrc/documents/PRISMTechnicalbriefR0.pdf
p 301 NRC GEH Prism pre application safety report NUREG-1368:
http://www.osti.gov/bridge/servlets/purl/10133164-2ZfTJr/native/10133164.pdf
p 301 Russisches Alfa U-Boot: http://en.wikipedia.org/wiki/Alfa_class_submarine
p 301 Russischer SVBR-100: http://www.world-nuclear-
news.org/NN_Heavy_metal_power_reactor_slated_for_2017_2303122.html
p 302 TerraPower, Tyler Ellis et al: http://lumma.org/temp/Ellis_et_al-
TWRs_A_Truly_Sustainable_Resource.pdf
p 304 TerraPower 500 MW, Charles Ahlfeld et al:
http://www.terrapower.com/Libraries/Article_Reprints/ICAPP_2011_Paper_11199.s
flb.ashx
p 304 MIT Tech Rev of TWR; http://www.technologyreview.com/energy/38148/

Beschleuniger-getriebene unterkritische Reaktoren

p 308 McIntyre ADS: http://energy2050.se/uploads/files/rubbia2.pdf
p 308 WNA, ADS: http://www.world-nuclear.org/info/inf35.html
p 308 Unterkritische Reaktoren: http://en.wikipedia.org/wiki/Subcritical_reactor
p 310 ORNL spallation neutron source: http://neutrons.ornl.gov/facilities/SNS/
p 312 Thorium Energy Association: http://thorea.hud.ac.uk/
p 312 ThorEA 2010 report:
http://www.thorea.org/publications/ThoreaReportFinal.pdf
p 312 Rubbia, Aker Solutions, ADSR:
http://energy2050.se/uploads/files/rubbia2.pdf

p 312 ADNA ADSR 2010: http://www.phys.vt.edu/~kimballton/gem-star/workshop/presentations/bowman.pdf
p 312 Intl ADSR conferences [possible malware]: http://www.ivsnet.org/ADS/ADS2011/
p 312 iTheo 2010 ADSR and MSR presentations: http://www.itheo.org/thorium-energy-conference-2010
p 312 UK Daily Mail: Emma and thorium: http://www.dailymail.co.uk/home/moslive/article-2001548/Electron-Model-Many-Applications-Technology-save-world.html#ixzz1P2lkjkiG

SICHERHEIT

p 317 Madrigal 2010 accidents: http://www.theatlantic.com/technology/archive/2011/03/25-other-energy-disasters-from-the-last-year/72814/
p Paul Scherrer Insitut Unfälle: http://gabe.web.psi.ch/pdfs/PSI_Report/ENSAD98.pdf
p 320 NRC SORCA: http://www.nrc.gov/about-nrc/regulatory/research/soar.html
p 322 Alphastrahlen Diagramm: http://en.wikipedia.org/wiki/Ionizing_radiation#Ionizing_radiation_level_examples
p Reaktive Sauerstoff: http://en.wikipedia.org/wiki/Reactive_oxygen_species
p Idaho Strate U radioactivity in nature: http://www.physics.isu.edu/radinf/natural.htm
p Idaho State U Strahlungs-Informations Netzwerk: http://www.physics.isu.edu/radinf/
p 324 Post, radiation exposure: http://theenergycollective.com/willem-post/53939/radiation-exposure
p 324 Health Physics Society: http://www.radiationanswers.org/
p 324 IEM Strahlungs-Werkzeugkasten: http://www.iem-inc.com/toolset.html
p 324 Health physics society: http://www.hps.org/
p 327 NAS BEIR VII: http://www.nap.edu/catalog.php?record_id=11340
p 331 Levitt, Freakonomics: http://www.freakonomics.com/
p 331 Slovic, Bulletin Atomic Scientists: http://intl-bos.sagepub.com/content/68/3/67.full
p 331 Bulletin Atomic Scientists on LNT: http://intl-bos.sagepub.com/content/current
p 332 Furedi, Angst-Kultur: http://www.amazon.com/Culture-Fear-Revisited-Frank-Furedi/dp/0826493955/ref=sr_1_4?ie=UTF8&qid=1336081132&sr=8-4
p Cohen, LNT-Richtigkeit: http://www.world-nuclear.org/sym/1998/cohen.htm
p Cohen, LNT: http://www.phyast.pitt.edu/~blc/
p Cohen, Option Kernenergie: http://www.phyast.pitt.edu/~blc/book/BOOK.html
p 333 Craig, LNT-Richtigkeit URL Sammlung: http://a-place-to-stand.blogspot.com/2010/03/low-level-radiation-evidence-that-it-is.html
p Taiwan Wohnungen Co-60 Bestrahlung: http://www.jpands.org/vol9no1/chen.pdf
p 337 Fukushima Strahlung: http://safetyfirst.nei.org/public-health/experts-say-health-effects-of-fukushima-accident-should-be-very-minor/

p 337 ANS Fukushima Bericht:
http://fukushima.ans.org/report/Fukushima_report.pdf
p 339 DOE Kleine Strahlendosen: http://lowdose.energy.gov/
p 339 US DOE Kleine Strahlendosen:
http://lowdose.energy.gov/radiobio_slideshow.aspx
p Cuttler Fukushima Evakuation: http://www.ourenergypolicy.org/wp-content/uploads/2012/03/35766131k01w4103.pdf
p Cuttler Fukushima Präsentation: http://atomicinsights.com/wp-content/uploads/Cuttler-2012_ANS-President-Session_Jun23-copy.pdf
p 339 New Mexico Experiment mit kleinen Dosen:
http://www.wipp.energy.gov/pr/2011/Low%20Background%20Radiation%20Experiment%20News%20Release.pdf
p 339 US DOE Forschung mit kleinen Dosen:
http://lowdose.energy.gov/science_highlights.aspx
p Lawrence Berkeley Lab DNA-Reparatur: http://newscenter.lbl.gov/news-releases/2011/12/20/low-dose-radiation/
p Lawrence Berkeley Lab DNA Reparatur:
http://www.pnas.org/content/early/2011/12/16/1117849108.full.pdf+html
p MIT Engelward, Yanch, Dauernde Strahlen-Exposition: http://web.mit.edu/newsoffice/2012/prolonged-radiation-exposure-0515.html
p 341 Int'l Dose Response Society: http://www.dose-response.org/
p Effekt der gesunden Arbeiter:
http://www.ncbi.nlm.nih.gov/pmc/articles/PMC2889508/
p 342 Fukushima Todesfälle bei der Evakuation:
http://www.yomiuri.co.jp/dy/national/T120204003191.htm
p 342 Zbigniew Jaworowski, APS newsletter, Strahlungs-Ethik:
http://www.riskworld.com/Nreports/1999/jaworowski/NR99aa01.htm
p Allison Radiation and Reason: http://www.radiationandreason.com/
p Allison 100mSv/Monat:
http://www.youtube.com/watch?feature=player_embedded&v=Uj8Pl1AiOuA
p 344 ANS Sondersitzung zu LNT (grosses dokument!):
http://www.new.ans.org/about/officers/docs/special-session-low-level-radiation-version1.4.pdf
p 345 Ragheb Gabon Natürliche Reaktoren:
https://netfiles.uiuc.edu/mragheb/www/NPRE%20402%20ME%20405%20Nuclear%20Power%20Engineering/Natural%20%20Nuclear%20Reactors,%20The%20Oklo%20Phenomenon.pdf
p 347 Sandia Bohrloch Endlagerung:
http://www.mkg.se/uploads/Bil_2_Deep_Borehole_Disposal_High-Level_Radioactive_Waste_-_Sandia_Report_2009-4401_August_2009.pdf
p 346 Economist, Abfalllagerung: http://www.economist.com/node/21556100
p WIPP: http://en.wikipedia.org/wiki/Waste_Isolation_Pilot_Plant
p 349 David MSR Abfall:
http://www.europhysicsnews.org/index.php?option=article&access=standard&Itemid=129&url=/articles/epn/pdf/2007/02/epn07204.pdf
p Reed, Stillman, Nuclear Express:
http://www.amazon.com/gp/product/076033904X
p NY Times, Die Bombe:
http://www.nytimes.com/2008/12/09/science/09bomb.html

p 354 LeBrun et al, MSBR radiotoxicity, proliferation resist: http://hal.archives-ouvertes.fr/docs/00/04/14/97/PDF/document_IAEA.pdf
p U-232 Zerfall: http://en.wikipedia.org/wiki/Uranium-233#U-232_impurity
p Kang, von Hippel, proliferation resistance U-233: http://scienceandglobalsecurity.org/archive/sgs09kang.pdf
p Gammastrahlen Nachweis-Sateliten: http://imagine.gsfc.nasa.gov/docs/sats_n_data/gamma_missions.html
p 356 Hoglund Flüssigsalz-Referenzen: http://moltensalt.org/references/static/home.earthlink.net/bhoglund/index.html
p 356 Hoglund Proliferations- Schutz: http://www.moltensalt.org/references/static/home.earthlink.net/bhoglund/multiMissionMSR.html
p 356 Moir Publikationen zu Flüssigsalz: http://ralphmoir.com/aMlt_slt.htmz
p 356 Moir U-232 Proliferations-Schutz: http://ralphmoir.com/media/lLNLReport2_2010_06_25.pdf
p 356 Hoglund Multi-Mission MSR: http://www.moltensalt.org/references/static/home.earthlink.net/bhoglund/multiMissionMSR.html
p 356 Energie aus Thorium Proliferations-Diskussion: http://energyfromthorium.com/2010/10/02/lftr-discourages-weapons-proliferation
p 357 Pakistan Kernwaffen: http://en.wikipedia.org/wiki/Pakistan_and_weapons_of_mass_destruction

EINE NACHHALTIGE WELT

Kohle

p 360 Holm thorium applications: http://www.thoriumapplications.com/chapter_10_page_8.htm
p 360 1200 Das grösste Kohlekraftwerk der Welt: http://carma.org/

Erdöl

p 362 Worldwatch sustainable world: http://ww.worldwatch.org/climate-energy
p 363 Shell Pearl gas to liquids: http://www.shell.com/home/content/aboutshell/our_strategy/major_projects_2/pearl/ships_first_products/
p Shell, van de Veer: http://www.shell.com/home/content/media/speeches_and_webcasts/archive/2008/jvdv_two_energy_futures_25012008.html
p 364 Walter, alternative Treibstoffe: http://www.same-satx.org/briefs/090317-walters.pdf
p 365 Holm, Kohle-zu-Thorium: http://coal2thorium.com
p 369 Forsberg Schieferöl: http://web.mit.edu/nse/pdf/faculty/forsberg/ANS%202011%20Transport%20Panel%20Nov%20Ext.pdf

p 365 Colorado Geo Survey, Bericht:
http://geosurvey.state.co.us/energy/Oil%20Shale/Pages/OilShale.aspx
p 366 RAND Bericht über Schieferöl:
http://www.rand.org/pubs/monographs/2005/RAND_MG414.pdf
p 366 Schieferöl-Gewinnung: http://en.wikipedia.org/wiki/Shale_oil_extraction
p 366 Shell Elektrische Heizung: http://ostseis.anl.gov/guide/oilshale/
p 367 Exxon Mobil ElectroFrac: http://208.88.130.69/August-2008-Shale-oil-pilot-projects-proliferate.html
p 367 ElectroFrac Testresultate: http://ceri-mines.org/documents/29thsymposium/papers09/Paper_03-4_Symington-Bill.pdf
p 369 Forsberg Schieferöl:
http://web.mit.edu/nse/pdf/faculty/forsberg/ANS%202011%20Transport%20Panel%20Nov%20Ext.pdf
p 368 Oil Drum EROI Schieferöl Teersand: http://www.theoildrum.com/node/3839
p 370 Alberta Ölsand: http://www.world-nuclear.org/info/inf49a_Alberta_Tar_Sands.html
p 371 Benzin: http://en.wikipedia.org/wiki/Gasoline
p Uhrig et al Wasserstoffwirtschaft und Synfuels:
www.tbp.org/pages/publications/Bent/Features/Su07Uhrig.pdf
p Bogart et al Produktion Flüssiger Synfuels: ICAPP '
http://www.osti.gov/energycitations/product.biblio.jsp?osti_id=21016358
p 376 SRI Kohle und Erdgas Synfuels:
http://www.sri.com/news/releases/122011.html
p 377 Green Freedom:
http://www.lanl.gov/news/newsbulletin/pdf/Green_Freedom_Overview.pdf
p 377 Green Freedom Präsentation:
http://www.coal2nuclear.com/Green%20Freedom%20%20Martin_AEC_2008_revised.pdf
p 377 David Keith air capture: http://keith.seas.harvard.edu/AirCapture.html
p 379 Olah et al Recycling CO2:
https://wiki.ornl.gov/sites/carboncapture/Shared%20Documents/Background%20Materials/Alternative%20Methods/G.%20Olah.pdf
p Kupfer-Chlor-Zyklus: http://en.wikipedia.org/wiki/Copper-chlorine_cycle
p 379 Biomass to diesel, Seiler, Hohwiller:
http://www.wcce8.org/doc/090803_CH_Technico_economy_of_ScBtL.pdf
p 379 Biomasse zu Diesel: http://www-ist.cea.fr/publicea/exl-doc/200500001687.pdf
p 379 DOE Biomasse-Studie:
http://www.eere.energy.gov/biomass/pdfs/final_billionton_vision_report2.pdf
p 379 Entrained flow gasifier: http://www.biofuelstp.eu/btl.html

Ammoniak

p 381 Hargraves, Siemer, Nucleares Ammoniak:
http://www.itheo.org/sites/default/files/pdf/Nuclear%20Ammonia;%20Thorium's%20Killer%20App%20-%20Robert%20Hargraves%20-%20Dartmouth%20College%20-%20ThEC11.pdf
p 383 NH3 Fuel Association: http://www.nh3fuelassociation.org/

p 385 Freikolbenmotor hydraulic engine:
http://www.stevesturgess.com/2011/08/no-cam-no-crank-no-carbon-engine.html
p 385 Hydrofuel Inc NH3 vehicles: http://www.nh3fuel.com/
p 386 Apollo Fuel Cells: http://www.electricauto.com/prod_00.html
p 386 Festkörper-Ammoniaksynthese:
http://www.energy.iastate.edu/Renewable/ammonia/ammonia/2008/Sammes_2008
.pdf
p 388 Kalif. Benzinpreis: http://energyalmanac.ca.gov/gasoline/margins/index.php
p 390 Ammoniak-Gefahrenanalyse:
http://www.energy.iastate.edu/Renewable/ammonia/downloads/NH3_RiskAnalysis
_final.pdf
p 390 Hargraves Nukleares Ammoniak:
http://energyfromthorium.com/2011/10/29/nuclear-ammonia/

Nuklearer Zement

p 391 Hargraves Nuklearer Zement:
http://energyfromthorium.com/2011/11/07/nuclear-cement/

Wasserstoff

p Forsberg Nuklearer Wasserstoff:
http://www.ornl.gov/~webworks/cppr/y2001/pres/124155.pdf
p Forsberg Hydrogen markets:
www.ornl.gov/~webworks/cppr/y2001/pres/122902.pdf
p 395 Kupfer-Chlor Zyklus:
http://en.wikipedia.org/wiki/Copper%E2%80%93chlorine_cycle
p Honda Clarity: http://automobiles.honda.com/fcx-clarity/
p 395 Wie der Honda Clarity funktioniert: http://automobiles.honda.com/fcx-
clarity/how-fcx-works.aspx
p 396 Linde US Wasserstoff: http://www.linde-
gas.com/en/innovations/hydrogen_energy/index.html
p 396 Linde Wasserstoff:
http://www.lindegaz.com.tr/international/web/lg/com/likelgcom30.nsf/docbyalias/na
v_hydrogen
p 396 Wasserstoff-Wirtschaft: http://en.wikipedia.org/wiki/Hydrogen_economy
p 396 Wasserstoff PKW-Brand: http://evworld.com/library/Swainh2vgasVideo.pdf
p 396 Wasserstoff für Flugzeugantrieb:
http://en.wikipedia.org/wiki/Hydrogen_aircraft
p 397 Tupolev Flugzeug: http://www.tupolev.ru/English/Show.asp?SectionID=82

Wasser

p 397 UNESCO Wasserbericht:
http://www.unesco.org/new/fileadmin/MULTIMEDIA/HQ/SC/pdf/WWDR4%20Volum
e%201-Managing%20Water%20under%20Uncertainty%20and%20Risk.pdf
p 397 UN Wasser unter Druck:
http://unesdoc.unesco.org/images/0021/002156/215644e.pdf
p 398 Wikipedia Entsalzung: http://en.wikipedia.org/wiki/Desalination

p Siemens Entsalzung:
http://www.siemens.com/innovation/en/news/2011/desalinating-seawater-with-minimal-energy-use.htm
p 399 Peterson, Zhao Multi-Effekt Destillation: http://pb-ahtr.nuc.berkeley.edu/papers/05-003_HTR_MED_Desalt_E.pdf

ENERGIEPOLITIK

p CBO 2012 Energie-Subventionen und -Förderung:
http://www.cbo.gov/sites/default/files/cbofiles/attachments/03-06-FuelsandEnergy_Brief.pdf
p 403 EIA 2010 Subventionen: http://www.eia.gov/analysis/requests/subsidy/
p 403 DOE 2012 Budget:
http://www.cfo.doe.gov/budget/12budget/Content/FY2012Highlights.pdf
p 404 MIS Analyse der Subventionen für NEI:
http://www.nei.org/filefolder/60_Years_of_Energy_Incentives_-_Analysis_of_Federal_Expenditures_for_Energy_Development_-_1950-2010.pdf
p 405 Pew Char Trust Energie-Subventionen:
http://subsidyscope.org/energy/summary/
p 405 RGGI website: http://www.rggi.org/
p Sourcewatch RGGI:
http://www.sourcewatch.org/index.php?title=Regional_Greenhouse_Gas_Initiative
p 406 Vermont Einspeisetarif: http://vermontspeed.squarespace.com/
p 406 Einspeisetarife, Übersicht: http://en.wikipedia.org/wiki/Feed_in_tariff
p 406 Iowa Produktions-Steuerkredit:
http://www.state.ia.us/iub/energy/renewable_tax_credits.html
p 406 State Produktions-Steuerkredit: http://eetd.lbl.gov/ea/EMS/reports/51465.pdf
p 406 State Energie-Förderung Datenbank: http://www.dsireusa.org/
p 407 EPA Erneuerbare Energie Zertifikat:
http://www.epa.gov/greenpower/gpmarket/rec.htm
p 407 REC market: http://www.srectrade.com/
p 407 Kohle-Steuer: http://en.wikipedia.org/wiki/Carbon_tax
p 408 ORNL CO_2 Information Analyse-Zentrum: http://cdiac.ornl.gov/
p 408 IEA 2011 CO_2:
http://www.iea.org/newsroomandevents/news/2012/may/name,27216,en.html
p EIA projections: http://www.eia.gov/forecasts/ieo/
p 408 Tindale, Thorium MSR policy for EU:
http://www.cer.org.uk/sites/default/files/publications/attachments/pdf/2011/pb_thorium_june11-153.pdf
p 408 Deutsche Energiepolitik:
http://www.nytimes.com/2012/05/29/world/europe/29iht-letter29.html?_r=2
p 408 Europas Energiepreise: http://www.energy.eu

Index

D

E

N

O